“十二五”普通高等教育本科国家级规划教材
北京高等教育精品教材

人工智能原理及其应用
（第4版）

王万森　编著

電子工業出版社
Publishing House of Electronics Industry
北京 • BEIJING

内 容 简 介

本书是"十二五"普通高等教育本科国家级规划教材和北京高等教育精品教材。

全书包括8章和附录，主要内容包括：人工智能概述，确定性知识系统，不确定性知识系统，智能搜索技术，机器学习，人工神经网络与连接学习，分布智能，智能应用简介。附录A是新一代人工智能简介与思考。本书为任课教师免费提供电子课件。

本书可以作为高等院校计算机类各专业及相关专业相关课程的教材。

图书在版编目（CIP）数据

人工智能原理及其应用 / 王万森编著. —4版. —北京：电子工业出版社，2018.8
ISBN 978-7-121-34443-5

Ⅰ. ① 人…　Ⅱ. ① 王…　Ⅲ. ① 人工智能－高等学校－教材　Ⅳ. ① TP18

中国版本图书馆CIP数据核字（2018）第119821号

策划编辑：章海涛
责任编辑：章海涛
印　　刷：三河市鑫金马印装有限公司
装　　订：三河市鑫金马印装有限公司
出版发行：电子工业出版社
　　　　　北京市海淀区万寿路173信箱　邮编　100036
开　　本：787×1092　1/16　　印张：19.25　　字数：490千字
版　　次：2007年1月第1版
　　　　　2018年8月第4版
印　　次：2024年1月第15次印刷
定　　价：52.00元

凡所购买电子工业出版社图书有缺损问题，请向购买书店调换。若书店售缺，请与本社发行部联系，联系及邮购电话：（010）88254888，88258888。

质量投诉请发邮件至zlts@phei.com.cn，盗版侵权举报请发邮件至dbqq@phei.com.cn。

本书咨询联系方式：192910558（QQ群）。

前　　言

2016 年 3 月，在人工智能迈向其 60“寿辰”的脚步中，一个震惊世人的事件出现，AlphaGo 战胜了人类职业围棋冠军，使世人的目光再度聚焦于人工智能技术，引发了人工智能技术认知和发展的又一热潮。

认真分析本轮人工智能热潮的起因，AlphaGo 仅仅是一根导火索，其深层的根源在于，云计算为人工智能跨越式发展提供了强大的计算能力，大数据为人工智能大规模机器学习提供了丰富的数据资源，深度学习为人工智能认知模拟提供了一条有效途径，尤其是经济社会智能化进程的加速为人工智能落地带来了巨大的应用需求。

与以往人工智能的几度兴衰相比，本次热潮有四大特点，即技术引领、国家重视、企业推动、需求牵引。从国家层面，世界多国政府近年纷纷出台政策，迅速将人工智能上升为国家战略，并将其视为国家核心竞争力的基本要素和重要标志。例如，美国政府于 2016 年 10 月 13 日发布了《国家人工智能研究与发展策略规划》，英国政府于 2017 年 10 月 15 日再次发布了名为《在英国发展人工智能》的报告，我国政府也于 2017 年 7 月 8 日发布了《国务院关于印发新一代人工智能发展规划的通知》等。从企业层面，全球各科技巨头之间的“人工智能竞争”愈演愈烈，美国的谷歌、微软、脸书、IBM、亚马逊等公司与企业，我国的百度、讯飞、华为、阿里等公司与企业，都不惜重金，投入巨资，抢占人工智能的高地。

纵观当今人工智能领域，其技术发展之迅猛、政府热情之高涨、企业竞争之激烈、社会需求之巨大，均前所未有。正因为有这些坚实基础的强力支撑和社会需求的大力牵引，相信本轮人工智能热潮将会在一个较长时期内持续，并将为整个人类的科技进步和社会文明做出巨大贡献。

本次教材修订正是在这一大背景下进行的。希望修订后的第 4 版能不负时代所望，能对我国人工智能教育及人才培养有所贡献。其实，本教材自第 1 版以来，一直备受读者的支持与厚爱，前 3 版分别印刷了 9 次、9 次、10 次，共 28 次。同时，本教材先后被评为普通高等教育“十一五”国家级规划教材、“十二五”普通高等教育本科国家级规划教材，以及北京高等教育精品教材。在此，向所有关心和支持过本教材建设，阅读或使用过本教材的各位专家、学者和读者表示诚挚的感谢。

本次修订的基本思路是：在保证教材内容系统性、完整性的前提下，尽量反映人工智能技术的最新进展，以适应人工智能技术发展的时代需求。修订后的第 4 版与第 3 版相比，主要改动情况如下：

（1）新增了集成学习的内容。集成学习作为一种集众多个体学习器学习结果为一体的机器学习方法，具有明显的优越性和广泛的应用价值。

（2）新增了深层神经网络模型和深度学习方法。其中，深度学习方面较详细地讨论了深度卷积神经网络的学习问题。

（3）重写了 ID3 算法的算法描述及例子。在 ID3 算法中明确定义了信息增益的概念，给出了由信息增益引导的 ID3 算法的过程描述，并完善了 ID3 算法例子的整个求解过程。

（4）充实了 Hopfield 网络学习的推导过程。给出了 Hopfield 网络能量函数的完整描述和详细推导过程，改善了该内容的可读性和可理解性。

（5）补充了人工神经网络的生物机理。包括生物神经元的基本结构、工作方式、连接方法及突触传递过程等，为读者对人工神经网络的深入认知提供了机理方面的基础。

（6）修改和部分重写了第 1 章的有关内容。结合人工智能的最新进展，对原第 1 章的部分内容做了适当修改，并重写了 1.5.9 节。同时，把原 1.6 节改写为“新一代人工智能简介”，并作为附录 A 放在了全书最后，实际上是对全书内容的提升和深化。

（7）全书组织架构做了适当调整。本次修订撤销了原第 3 版中的第 4 章计算智能，有关内容在第 4 版中调整如下：

① 神经计算作为连接学习的人工神经网络基础，放到了本书第 6 章人工神经网络与连接学习中。

② 进化计算作为一种随机（或演化）搜索方法，放到了本书第 4 章智能搜索技术中。

③ 模糊计算作为模糊推理的数学和逻辑基础，放到了第 4 版的第 3 章不确定性知识系统中。

④ 粗糙集作为一种知识发现方法，放到了本书第 5 章机器学习中。

（8）调整了原第 3 章和第 5 章的次序。在调整后，第 3 章为不确定性知识系统，第 4 章为智能搜索技术。

（9）结合人工智能发展，删除了第 3 版中的个别陈旧内容，如框架知识表示的推理过程、用归结反演求取问题答案等。

通过本次修订，第 4 版的知识更加系统、结构更加完整，内容更加新颖，方法更加明确、技术更趋可用、例子更切实际，可更好地满足人工智能教学需求。

修订后的第 4 版共 8 章，新增一个附录。其中：

第 1 章为人工智能概述，主要介绍人工智能的定义、形成过程、研究内容、学派之争、应用领域等，以建立起人工智能的初步概念。

第 2 章为确定性知识系统，包括确定性知识的表示和推理。

第 3 章为不确定性知识系统，给出了 5 种不确定性推理方法。

第 4 章为智能搜索技术，包括基于搜索空间的启发式搜索方法和基于生物演化过程的进化搜索方法。

第 5 章为机器学习，主要讨论基于符号主义人工智能的机器学习方法。

第 6 章为人工神经网络与连接学习，包括浅层神经网络模型及学习方法和深层神经网络模型及深度学习方法。

第 7 章为分布智能，主要讨论基于多 Agent 的分布智能技术及分布智能系统。

第 8 章为智能应用简介。包括对自然语言理解和专家系统两个方面的简单介绍。

附录 A 是新一代人工智能简介。新一代人工智能作为我国人工智能发展的国家战略，深化其认识、加深其理解，无论从人工智能理论、技术发展的角度，还是从人工智能研究、应用的角度都十分必要。

本教材可为任课教师免费提供电子课件和重要练习题的参考答案，任课教师可到华信教育网 http://www.hxedu.com.cn 注册下载。

本教材建议总学时为 48 学时。其中，课堂教学 42 学时，实验 6 学时（实验内容由任课老师根据需要和条件确定），具体分配如下：

章次	1	2	3	4	5	6	7	8	理论课	实验课	合计
学时	2	7	10	8	6	5	2	2	42	6	48

若课时不足，可依此删除证据理论不确定性推理、概率推理中的贝叶斯网络近似推理、及粗糙集等内容。

本教材的编写吸取了众多国内外同行的报告、演讲、专著、教材和论文中的精华。在此，谨向这些专家和作者表示真诚的感谢。

本教材的修订和出版，同样得到了电子工业出版社的大力支持，在此表示诚挚的谢意。马献英副编审参加了本书的资料、文稿整理和部分内容编写等工作，在此也深表感谢。

人工智能是一门正在快速发展的年轻学科，其研究和应用领域十分宽广。由于作者水平有限，加之时间仓促，教材中难免存在一些缺点和错误，恳请各位专家和读者不吝赐教。

王万森

2018 年 5 月于北京

目　　录

第 1 章　人工智能概述

2016 年 3 月 15 日，“一条”会下围棋的“狗”打破了世界的宁静，由 Google 旗下 DeepMind 公司研制的人工智能围棋程序 AlphaGo 对战世界围棋冠军、职业九段选手李世石，并以 4：1 的总比分获胜。AlphaGo 的成功，在全球范围内点燃了人工智能的新一轮热潮。人工智能的新闻、技术研讨、学术会议、政府调研、企业布局等等铺天盖地而来，上到国家战略，下到百姓生活，人工智能无处不在、无人不晓。当今，人工智能（Artificial Intelligence，AI）这个具有无限潜力的学科，正在以其无穷的魅力引领着现代科学技术的发展和人类文明的进步。人工智能前景诱人，同时任重而道远。

本章主要讨论人工智能的基本概念、形成过程、基本内容、研究学派、应用领域及发展趋势等，以建立起读者对人工智能的初步认识。

1.1　人工智能的基本概念

人工智能到目前为止还没有一个统一的定义。所谓人工智能，不过是不同学科背景的人从不同角度对其给出了不同的解释。出现这种现象的主要原因是，人工智能的定义要依赖于智能的定义，而智能目前还无法严格定义。尽管如此，本节还是从智能的概念入手，来讨论人工智能的基本概念。

1.1.1　智能的概念

智能是对自然智能的简称，其确切含义还有待于对人脑奥秘的彻底揭示。按照脑科学和认知科学的现有解释，从生理角度看，智能是中枢神经系统的信号加工过程及产物；从心理角度看，智能是智力和能力的总称，其中智力侧重于认知，能力侧重于活动。

1. 认识智能的不同观点

人工智能学者在认识智能的过程中，对智能的特质提出了多种观点，其中最具代表性的观点有以下 3 种。

① 智能来源于思维活动。这种观点被称为思维理论，强调思维的重要性，认为智能的核心是思维，人的一切智慧或智力都来自大脑的思维活动，人的一切知识都是思维的产物，因而通过对思维规律和思维方法的研究，可望揭示智能的本质。

② 智能取决于可运用的知识。这种观点被称为知识阈值理论，其智能定义为：智能是在巨大的搜索空间中迅速找到一个满意解的能力。知识阈值理论着重强调知识对智能

的重要意义和作用，认为智能行为取决于知识的数量及其可运用的程度，一个系统具有的可运用知识越多，其智能会越高。

③ 智能可由逐步进化来实现。这种观点被称为进化理论，是由美国麻省理工学院（MIT）的布鲁克斯（R.A. Brooks）教授在对人造机器虫研究的基础上提出的。他认为，智能取决于感知和行为，取决于对外界复杂环境的适应，智能不需要知识、不需要表示、不需要推理，智能可以由逐步进化来实现。

由于上述 3 种观点对智能的认识角度不同，有些看起来好像是相互对立的，但如果把它们放到智能的层次结构中去考虑，又是统一的。

2. 智能的层次结构

按照神经认知科学的观点，智能的物质基础和信息加工机构是中枢神经系统。从结构上看，中枢神经系统由大脑皮层、前脑、丘脑、中脑、后脑、小脑、脊髓等组成。与此结构对应，人类的智能总体上可分为高、中、低三个层次，不同层次智能的活动由不同的神经系统来完成。其中，高层智能以大脑皮层（也称为抑制中枢）为主，主要完成记忆和思维等活动；中层智能以丘脑（也称为感觉中枢）为主，主要完成感知活动；低层智能以小脑、脊髓为主，主要完成动作反应。并且，智能的每个层次可以进行细分。例如，思维活动可按思维的功能分为记忆、联想、推理、学习、识别、理解等，或按思维的特性分为形象思维、抽象思维、灵感思维等；感知活动可按感知功能分为视觉、听觉、嗅觉、触觉等；行为活动可按行为的功能分为运动控制、生理调节、语言生成等。

可见，上述不同观点中的思维理论和知识阈值理论对应于高层智能，而进化理论对应中层智能和低层智能。

3. 智能所包含的能力

按照认知科学的观点，智能是由中枢神经系统表现出来的一种综合能力，主要包括以下 4 方面。

（1）感知能力

感知能力是指人们通过感觉器官感知外部世界的能力，是人类最基本的生理、心理现象，也是人类获取外界信息的基本途径。人类对感知到的外界信息，通常有两种处理方式。一种是对简单或紧急情况，可不经大脑思索，直接由低层智能做出反应；另一种是对复杂情况，一定要经过大脑的思维，然后才能做出反应。

（2）记忆和思维能力

记忆和思维是人脑最重要的功能，也是人类智能最主要的表现形式。记忆是对感知到的外界信息或由思维产生的内部知识的存储过程。思维是对存储的信息或知识的本质属性、内部规律等的认识过程。

人类基本的思维方式有形象思维、抽象思维和灵感思维。其中，抽象思维也称为逻辑思维，是一种基于抽象概念，根据逻辑规则对信息或知识进行处理的理性思维形式。形象思维也称为直感思维，是基于形象概念，根据感性形象认识材料，对客观现象进行处理的一种思维方式。灵感思维也称为顿悟思维，是一种显意识和潜意识相互作用的思维方式。平常，人们在考虑问题时往往会因获得灵感而顿时开窍。这说明人脑在思维时除那种能够感觉到的显意识在起作用，还有一种感觉不到的潜意识在起作用，只不过人们意识不到而已。

（3）学习和自适应能力

学习是一个具有特定目的的知识获取过程。学习和自适应是人类的一种本能，一个人只有通过学习，才能增加知识、提高能力、适应环境。尽管不同人在学习方法、学习效果等方面有较大差异，但学习是每个人都具有的一种基本能力。

（4）行为能力

行为能力是指人们对感知到的外界信息做出动作反应的能力。引起动作反应的信息可以是由感知直接获得的外部信息，也可以是经思维加工后的内部信息。完成动作反应的过程一般通过脊髓来控制，并由语言、表情、体态等实现。

1.1.2 人工智能的概念

人工智能是一个含义很广的术语，在其发展过程中，具有不同学科背景的人工智能学者对它有着不同的理解，提出过多种观点，如符号主义观点、连接主义观点和行为主义观点等。这些不同观点将在后面专门讨论，这里主要关注人工智能的定义。

综合各种人工智能观点，可以从“能力”和“学科”两方面对人工智能进行定义。从能力的角度看，人工智能是指用人工的方法在机器（如计算机）上实现的智能。从学科的角度看，人工智能是一门研究如何构造智能机器或智能系统，使其能模拟、延伸和扩展人类智能的学科。

那么，如何衡量机器是否具有智能呢？早在1950年人工智能还没有作为一门学科正式出现之前，英国数学家图灵（A.M. Turing，1912—1954年）就在他发表的一篇题为《*Computing Machinery and Intelligence*》（计算机器与智能）的文章中提出了“机器能思维”的观点，并设计了一个著名的测试机器智能的实验，称为“图灵测试”或“图灵实验”。

“图灵实验”可描述如下：该实验的参加者由一位测试主持人和两个被测试对象组成。其中，两个被测试对象中一个是人，另一个是机器。测试规则为：测试主持人和每个被测试对象分别位于彼此不能看见的房间中，相互之间只能通过计算机终端进行会话。测试开始后，由测试主持人向被测试对象提出各种具有智能性的问题，但不能询问测试者的物理特征。被测试对象在回答问题时，都应尽量使测试者相信自己是“人”，而另一位是“机器”。在这个前提下，要求测试主持人区分这两个被测试对象中哪个是人，哪个是机器。如果无论如何更换测试主持人，都会有超过30%的测试主持人认为与自己对话的机器是人而不是机器，则认为该机器具有了智能。

也有人对图灵的这个测试标准提出了质疑，认为该测试只反映了结果的比较，既没有涉及思维的过程，也没有明确参加实验的人是小孩还是具有良好素质的成年人。尽管如此，“图灵测试”对人工智能学科发展产生的影响却十分深远。

1.1.3 人工智能的研究目标

关于人工智能的研究目标，目前还没有一个统一的说法。1978年，斯洛曼（A. Sloman）对人工智能给出了以下3个主要目标：① 对智能行为有效解释的理论分析；② 解释人类智能；③ 构造具有智能的人工制品。

要实现斯洛曼的这些目标，需要同时开展对智能机理和智能构造技术的研究。对图灵期望的那种智能机器，尽管没有提到思维过程，但要真正实现这种智能机器，却同样离不开对智能机理的研究。因此，揭示人类智能的根本机理，用智能机器去模拟、延伸和扩展人类智能应该是人工智能研究的根本目标，或者叫远期目标。

人工智能的远期目标涉及脑科学、认知科学、计算机科学、系统科学、控制论及微电子学等学科，并依赖这些学科的共同发展。但从目前这些学科的发展现状来看，实现人工智能的远期目标还需要一个较长的时期。

在这种情况下，人工智能的近期目标是研究如何使现有的计算机更聪明，即使它能够运用知识去处理问题，能够模拟人类的智能行为，如推理、思考、分析、决策、预测、理解、规划、设计和学习等。为了实现这一目标，人们需要根据现有计算机的特点，研究实现智能的有关理论、方法和技术，建立相应的智能系统。

实际上，人工智能的远期目标与近期目标是相互依存的。远期目标为近期目标指明了方向，而近期目标为远期目标奠定了理论和技术基础。同时，近期目标和远期目标之间并无严格界限，近期目标会随人工智能研究的发展而变化，并最终达到远期目标。

1.2 人工智能的产生与发展

人工智能诞生以来走过了一条坎坷和曲折的发展道路。回顾历史，按照人工智能在不同时期的主要特征，可以将其产生和发展过程分为以下 5 个阶段。

1.2.1 孕育期（1956 年之前）

自远古以来，人类就有着用机器代替人们脑力劳动的幻想。早在公元前 900 多年，我国就有歌舞机器人流传的记载。公元前 850 年，古希腊也有了制造机器人帮助人们劳动的神话传说。此后，在世界的许多国家和地区都出现了类似的民间传说或神话故事。为追求和实现人类的这一美好愿望，很多科学家为之付出了艰辛的劳动和不懈的努力。人工智能可以在顷刻间爆发，而孕育这个学科却需要经历一个相当漫长的历史过程。

从古希腊伟大的哲学家亚里士多德（Aristotle，公元前 384—322 年）创立的演绎法，到德国数学和哲学家莱布尼茨（G. W. Leibnitz，1646—1716 年）奠定的数理逻辑的基础；再从英国数学家图灵 1936 年创立图灵机模型，到美国数学家、电子数字计算机的先驱莫克利（J. W. Mauchly，1907—1980 年）等人 1946 年研制成功世界上第一台通用电子计算机，这些都为人工智能的诞生奠定了重要思想理论和物质技术基础。

1943 年，美国神经生理学家麦卡洛克（W. McCulloch）和皮茨（W. Pitts）一起研制出了世界上第一个人工神经网络模型（MP 模型），开创了以仿生学观点和结构化方法模拟人类智能的途径；1948 年，美国著名数学家威纳（N. Wiener，1874—1956 年）创立了控制论，为以行为模拟观点研究人工智能奠定了理论和技术基础；1950 年，图灵发表了题为《计算机能思维吗》的著名论文，明确提出了“机器能思维”的观点。至此，人工智能的基本雏形已初步形成，人工智能的诞生条件也已基本具备。通常，人们把这一时期称为人工智能的孕育期。

1.2.2 形成期（1956 年到 20 世纪 60 年代末）

人工智能诞生于一次历史性的聚会。为使计算机变得更“聪明”，或者说使计算机具有智能，1956 年夏季，当时在美国达特茅斯（Dartmouth）大学的年轻数学家、计算机专家麦卡锡（J. McCarthy，后为麻省理工学院教授）和他的三位朋友——哈佛大学数学家、神经学家明斯基（M. L. Minsky，后为麻省理工学院教授）、IBM 公司信息中心负责人罗切斯特（N. Lochester）、贝尔实验室信息部数学研究员香农（C.E. Shannon）——共同发起，并邀请 IBM 公司的莫尔（T. More）和塞缪尔（A.L. Samuel）、麻省理工学院的塞尔弗里奇（O. Selfridge）和索罗蒙夫（R. Solomonff），以及兰德（RAND）公司和卡内基（Carnagie）工科大学的纽厄尔（A. Newell）和西蒙（H.A. Simon）共 10 人，在达特茅斯大学举行了一个为期两个月的夏季学术研讨会。这些来自美国数学、神经学、心理学、信息科学和计算机科学方面的杰出年轻科学家，在一起共同学习和探讨了用机器模拟人类智能的有关问题，并由麦卡锡提议，正式采用了“人工智能 AI（Artificial Intelligence）”这一术语。从而一个以研究如何用机器来模拟人类智能的新兴学科——人工智能诞生了。

在这次会议之后 10 多年中，人工智能在定理证明、问题求解、博弈论等众多领域取得了一大批重要研究成果。例如，1956 年，塞缪尔研制成功了具有自学习、自组织和自适应能力的西洋跳棋程序。该程序可以从棋谱中学习，也可以在下棋过程中积累经验、提高棋艺。1957 年，纽厄尔、肖（J. Shaw）和西蒙等人的心理学小组研制了一个称为逻辑理论机（Logic Theory machine，LT）的数学定理证明程序。该程序可以模拟人类用数理逻辑证明定理时的思维规律，去证明如不定积分、三角函数、代数方程等数学问题。1958 年，麦卡锡建立了行动规划咨询系统。1960 年，麦卡锡又研制了人工智能语言 LISP。1965 年，鲁滨逊（J.A. Robinson）提出了归结（消解）原理。1968 年，美国斯坦福大学的费根鲍姆（E.A. Feigenbaum）领导的研究小组研制成功了化学专家系统 DENDRAL。此外，在人工神经网络方面，1957 年，罗森布拉特（F. Rosenblatt）等人研制了感知器（perceptron），利用感知器可进行简单的文字、图像、声音识别。

1.2.3 知识应用期（20 世纪 70 年代初到 80 年代初）

正当人们在为人工智能所取得的成就而高兴的时候，人工智能却遇到了许多困难，遭受了很大的挫折。然而，在困难和挫折面前，人工智能的先驱者们并没有退缩，他们在反思中认真总结了人工智能发展过程中的经验教训，从而开创了一条以知识为中心、面向应用开发的新的发展道路。通常，人们把从 1971 年到 20 世纪 80 年代末这段时间称为人工智能的知识应用期，也有人称为低潮时期。

1. 挫折和教训

人工智能在经过形成时期的快速发展之后，很快就遇到了许多麻烦。例如：

① 在博弈方面，塞缪尔的下棋程序在与世界冠军对弈时，5 局中败了 4 局。

② 在定理证明方面，鲁滨逊归结法的能力有限。当用归结原理证明“两个连续函数之和还是连续函数”时，推了 10 万步也没证明出结果。

③ 在问题求解方面，由于过去的研究一般针对具有良好结构的问题，而现实世界中

的问题多为不良结构，如果仍用那些方法去处理，将会产生组合爆炸问题。

④ 在机器翻译方面，原来人们以为只要有一本双解字典和一些语法知识就可以实现两种语言的互译，但后来发现并不那么简单，甚至会闹出笑话。例如，把“心有余而力不足”的英语句子“The spirit is willing but the flesh is weak”翻译成俄语，再由俄语翻译成英语时竟变成了“酒是好的，肉变质了”，即英语句子为“The wine is good but the meat is spoiled”。

⑤ 在神经生理学方面，研究发现人脑由10^{11}～10^{12}个神经元组成，按当时的技术条件用机器从结构上模拟人脑是根本不可能的。对单层感知器模型，明斯基出版的专著《*Perceptrons*》中指出了其存在的严重缺陷，致使人工神经网络的研究落入低潮。

⑥ 在人工智能的本质、理论、思想和机理方面，人工智能受到了来自哲学、心理学、神经生理学等社会各界的责难、怀疑和批评。

在其他方面，人工智能也遇到了这样或那样的问题。一些西方国家的人工智能研究经费被削减，研究机构被解散，一时间全世界范围内的人工智能研究陷入困境，跌入低谷。

2．以知识为中心的研究

科学的真理常常是先由少数人发现和创造。早在20世纪60年代中期，当大多数人工智能学者正热衷于对博弈、定理证明、问题求解等进行研究时，专家系统这一重要研究领域开始悄悄孕育。正是由于专家系统这棵幼小萌芽的存在，才使得人工智能能够在后来出现的困难和挫折中很快找到了前进的方向，又迅速再度兴起。

专家系统（Expert System，ES）是一类具有大量专门知识，并能够利用这些知识去解决特定领域中需要由专家才能解决的那些问题的计算机程序。专家系统实现了人工智能从理论研究走向实际应用、从一般思维规律探讨走向专门知识运用的重大突破，是人工智能发展史上的一次重要转折。

当时，国际上最著名的两个专家系统分别是，1976年费根鲍姆领导研制成功的MYCIN专家系统和1981年斯坦福大学国际人工智能中心杜达（R.D. Duda）等人研制成功的地质勘探专家系统PROSPECTOR。其中，MYCIN专家系统可以识别51种病菌，能正确使用23种抗生素，能协助内科医生诊断、治疗细菌感染疾病，并从技术上解决了诸如知识表示、不确定性推理、搜索策略、人机联系、知识获取及专家系统基本结构等一系列重大问题。

1977年，费根鲍姆正式提出了知识工程（Knowledge Engineering，KE）的概念，进一步推动了基于知识的专家系统及其他知识工程系统的发展。专家系统的成功说明了知识在智能系统中的重要性，使人们更清楚地认识到人工智能系统应该是一个知识处理系统，而知识表示、知识获取、知识利用是人工智能系统的三个基本问题。

这一时期，与专家系统同时发展的重要领域还有计算机视觉、机器人、自然语言理解和机器翻译等。此外，在知识工程长足发展的同时，一直处于低谷的人工神经网络开始慢慢复苏。1982年，美国物理学家霍普菲尔特（J. Hopfield）提出了一种新的全互连型人工神经网络，成功地解决了计算复杂度为NP完全的“旅行商”问题。1986年，鲁梅尔哈特（D. Rumelhart）等研制出了具有误差反向传播（error Back-Propagation，BP）功能的多层前馈网络（BP网络），实现了明斯基关于多层网络的设想。

1.2.4 从学派分立走向综合（20 世纪 80 年代中到 21 世纪初）

在人工智能领域，人们通常把 1956 年诞生的人工智能称为符号主义学派，把基于神经网络的研究称为连接主义学派。由于感知器模型所存在的局限性，连接主义学派从 1969 年开始后的十多年中一直处于低潮。直到 1982 年，霍普菲尔特提出了 Hopfield 模型，神经网络才又开始逐步复苏，其真正重新兴起则是 1986 年鲁梅尔哈特提出的 BP 网络。BP 网络的出现使得连接主义学派迅速崛起，并与符号主义学派形成了一种严重对立的局面。

在上述两个学派之外，MIT 的布鲁克斯教授于 1991 年研制成功了一个六脚机器虫，并提出了一种智能无需知识、无需推理，可通过进化来实现的观点，形成了人工智能研究领域的行为主义学派。一时间，人工智能领域三派鼎立，互不相让。随着时间的推移和各自研究的深化，人们逐步认识到，三派各有所长、各有所短，应取长补短、综合集成。故从 21 世纪初开始，三大学派开始由分立逐步走向综合。

严格地说，到目前为止，学派综合仍然是人工智能发展的主流。例如，AlphaGo 采用的就是深度强化学习。其中，深度属于连接主义，而强化学习属于符号主义。

1.2.5 机器学习和深度学习引领发展（21 世纪初至今）

机器学习的历史几乎与人工智能相当，如 20 世纪 50 年代的感知器学习、60～70 年代基于逻辑的符号主义学习、80 年代的决策树学习、90 年代的连接学习和统计学习。

进入 21 世纪初，人工智能依赖的计算环境、计算资源和学习模型发生了巨大变化，云计算为人工智能提供了强大的计算环境，大数据为人工智能提供了丰富的数据资源，深度学习为人工智能提供了有效的学习模型。机器学习和深度学习在一个新的背景下异军突起，以机器学习和深度学习为引领是这一时期人工智能发展的一个最主要特征。例如，2006 年多伦多大学教授辛顿（Hinton G E）在前向神经网络的基础上提出的深度学习，以及近几年迅速崛起的迁移学习等。

除了上述主要特征外，这一时期的人工智能发展还呈现出了明显的多样性，如国家战略需求、企业应用推动、类脑智能引导、群体智能支撑、数据知识融合、混合增强协调、跨媒体感知理解及跨媒体推理决策等。

1.3 人工智能研究的基本内容

关于人工智能的研究内容，各种学派、不同研究领域，在人工智能发展的不同时期，对其有着不同的看法。下面主要从智能机理和对智能的模拟两方面进行讨论。

1.3.1 智能的脑与认知机理研究

脑科学和认知科学是人工智能的重要理论基础，对人工智能研究具有重要的指导和启迪作用，因此人工智能应该重视与脑科学和认知科学的交叉研究。

1．智能的脑科学基础

脑科学又称为神经科学，其目的是认识脑、保护脑和创造脑。在众多关于脑科学或神经科学的定义中，美国神经科学学会的定义最具权威性，他们认为：神经科学是为了了解神经系统内分子水平、细胞水平及细胞间的变化过程，以及这些过程在中枢的功能、控制系统内的整合作用所进行的研究。

在脑科学中，脑的含义可从狭义和广义两方面来理解。从狭义方面，脑是指中枢神经系统，有时特指大脑；从广义方面，脑可泛指整个神经系统。由于人们一般是从最广泛的交叉学科的角度来理解脑科学的，因此其学科范畴涵盖了所有与认识脑和神经系统有关的研究。又由于人工智能的主要任务是要用机器来模拟人脑，因此脑科学的研究应该是人工智能研究的必然前提。

人脑被认为是自然界中最复杂、最高级的智能系统。这种复杂性主要表现在人脑是由巨量神经元经其突触的广泛并行互连所形成的一个巨复杂系统。现代脑科学的基本问题主要包括：揭示神经元之间的连接形式，奠定行为的脑机制的结构基础；阐明神经活动的基本过程，说明在分子、细胞到行为等不同层次上神经信号的产生、传递、调制等基本过程；鉴别神经元的特殊细胞生物学特性；认识实现各种功能的神经回路基础；解释脑的高级功能机制等。

脑科学研究的任何进展，都将对人工智能的研究起到积极的推动作用，因此脑科学是人工智能的一个重要基础，人工智能应该加强与脑科学的交叉研究，以及人类智能与机器智能的集成研究。

2. 智能的认知科学基础

认知（cognition）可以被认为是与情感、动机、意志相对应的理智或认识过程，或者说是为了一定目的，在一定的心理结构中进行的信息加工过程。美国心理学家霍斯顿（Houston）等人把对认知的看法归纳为以下 5 种：① 认知是信息的处理过程；② 认知是心理上的符号运算；③ 认知是问题求解；④ 认知是思维；⑤ 认知是一组相关的活动，如知觉、记忆、思维、判断、推理、问题求解、学习、想象、概念形成及语言使用等。

人类的认知过程是一种非常复杂的行为，人们对其研究形成了认知科学。认知科学也称为思维科学，是一门研究人类感知和思维信息处理过程的学科，包括从感觉的输入到复杂问题的求解，从人类个体智能到人类社会智能的活动，以及人类智能和机器智能的性质。其主要研究目的是说明和解释人类在完成认知活动时是如何进行信息加工的。

认知科学也是人工智能的重要理论基础，对人工智能发展起着根本性的作用。认知科学涉及的问题非常广泛，除霍斯顿提出的知觉、语言、学习、记忆、思维、问题求解、创造、注意、想象等相关联活动外，还会受到环境、社会、文化背景等方面的影响。从认知观点看，人工智能不能仅限于逻辑思维的研究，还必须深入开展对形象思维和灵感思维的研究。只有这样，才能使人工智能具有更坚实的理论基础，才能为智能计算机系统的研制提供更新的思想，创造更新的途径。

1.3.2 智能模拟的理论、方法和技术研究

要用机器模拟人类智能，就必须开展对机器感知、思维、学习、行为的研究，以及对于智能系统和智能机器建造技术的研究。

机器感知，就是要让计算机具有类似人的感知能力，如视觉、听觉、触觉等。在机

器感知中，目前研究较多和较成功的是机器视觉（或叫计算机视觉）和机器听觉（或叫计算机听觉）。人们对机器感知的研究已在人工智能中形成了一些专门的研究领域，如计算机视觉、模式识别、自然语言处理等。

机器思维，就是让计算机能够对感知到的外界信息和自己产生的内部信息进行思维性加工。由于人类智能主要来自大脑的思维活动，因此机器思维应该是机器智能的重要组成部分。为了实现机器的思维功能，需要在知识的表示、组织及推理方法，各种启发式搜索及控制策略，神经网络、思维机理等方面进行研究。

机器学习，就是让计算机能够像人那样自动地获取新知识，并在实践中不断地完善自我和增强能力。机器学习是机器具有智能的重要标志，也是人工智能研究的核心问题之一。目前，人们根据对人类自身学习的已有认识，已经研究出了不少机器学习方法，如记忆学习、归纳学习、解释学习、发现学习、连接学习和遗传学习等。

机器行为，就是让计算机能够具有像人那样的行动和表达能力，如走、跑、拿、说、唱、写、画等。如果把机器感知看成智能系统的输入部分，那么机器行为可看成智能系统的输出部分，如智能控制、智能制造、智能调度、智能机器人等。

建立智能系统或构造智能机器既是人工智能面向实际应用的关键，也是人工智能近期目标和远期目标的一种必然要求，因此需要开展对智能系统和智能机器建造技术的研究，包括系统模型、构造技术、构造工具及语言环境等方面的研究。

1.4 人工智能研究中的不同学派

由于智能问题的复杂性，具有不同学科背景或不同研究应用领域的学者，在从不同角度、用不同方法、沿着不同途径对人工智能本质进行探索的过程中，逐渐形成了符号主义、连接主义和行为主义三大学派。目前，这三大学派正在由早期的激烈争论和分立研究逐步走向取长补短和综合研究。

1.4.1 符号主义

符号主义（symbolicism），又称为逻辑主义（logicism）、心理学派（psychlogism）或计算机学派（computerism），是基于物理符号系统假设和有限合理性原理的人工智能学派。符号主义认为，人工智能起源于数理逻辑，人类认知（智能）的基本元素是符号（symbol），认知过程是符号表示上的一种运算。

符号主义的代表性成果是1957年纽厄尔和西蒙等人研制的称为逻辑理论机的数学定理证明程序LT（Logic Theorist）。LT的成功说明了可以用计算机来研究人的思维过程，模拟人的智能活动。符号主义诞生的标志是1956年夏季的那次历史性聚会，符号主义者最先正式采用了人工智能这个术语。几十年来，符号主义走过了一条“启发式算法→专家系统→知识工程”的发展道路，并一直在人工智能中处于主导地位，即使在其他学派出现之后，它也仍然是人工智能的主流学派。符号主义学派的主要代表性人物有纽厄尔、肖、西蒙和尼尔森（Nilsson）等。

从理论上，符号主义认为：认知的基元是符号；认知过程就是符号运算过程；智能行为的充要条件是物理符号系统，人脑、计算机都是物理符号系统；智能的基础是知识，其核心是知识表示和知识推理；知识可用符号表示，也可用符号进行推理，因而可以建立基于知识的人类智能和机器智能的统一的理论体系。

从研究方法上，符号主义认为，人工智能的研究应该采用功能模拟的方法。即通过研究人类认知系统的功能和机理，再用计算机进行模拟，从而实现人工智能。符号主义主张用逻辑方法来建立人工智能的统一理论体系，却遇到了“常识”问题的障碍，以及不确知事物的知识表示和问题求解等难题，因此受到了其他学派的批评和否定。

1.4.2 连接主义

连接主义（connectionism），又称为仿生学派（bionicsism）或生理学派（physiologism），是基于神经网络及网络间的连接机制与学习算法的人工智能学派。连接主义认为，人工智能起源于仿生学，特别是对人脑模型的研究。

连接主义的代表性成果是 1943 年由麦卡洛克和皮茨创立的脑模型，即 BM（Brain Model）。连接主义从神经元开始，进而研究神经网络模型和脑模型，为人工智能开创了一条用电子装置模仿人脑结构和功能的新途径。从 20 世纪 60 年代到 70 年代中期，连接主义尤其是对以感知器（perceptron）为代表的脑模型研究曾出现过热潮，但由于当时的理论模型、生物原型和技术条件的限制，70 年代中期到 80 年代初期跌入低谷，直到 1982 年霍普菲尔德提出了 Hopfield 网络模型后，才开始复苏。1986 年，鲁梅尔哈特等人提出了 BP 网络，使得多层网络的理论模型有所突破，再加上人工神经网络在图像处理、模式识别等方面表现出来的优势，连接主义在新的技术条件下又掀起了一个研究热潮。

从理论上，连接主义认为：思维的基元是神经元，而不是符号；思维过程是神经元的连接活动过程，而不是符号运算过程；反对符号主义关于物理符号系统的假设，认为人脑不同于计算机；提出连接主义的人脑工作模式，以取代符号主义的计算机工作模式。

从研究方法上，连接主义主张：人工智能研究应采用结构模拟的方法，即着重于模拟人类神经网络的生理结构；功能、结构与智能行为是密切相关的，不同的结构表现出不同的智能行为。包括深度学习在内，连接主义目前已经提出了多种人工神经网络结构模型和连接学习算法。

1.4.3 行为主义

行为主义（actionism），又称为进化主义（evolutionism）或控制论学派（cyberneticsism），是基于控制论和“感知—动作”控制系统的人工智能学派。行为主义认为，人工智能起源于控制论，提出智能取决于感知和行为，取决于对外界复杂环境的适应，而不是表示和推理。

行为主义的代表性成果是布鲁克斯研制的机器虫。布鲁克斯认为，要求机器人像人一样去思维太困难了，在做出一个像样的机器人之前，不如先做出一个像样的机器虫，由机器虫慢慢进化，或许可以做出机器人。于是他在 MIT 的人工智能实验室研制成功了一个由 150 个传感器和 23 个执行器构成的像蝗虫一样能够六足行走的机器虫实验系统。这个机器虫虽然不具有像人那样的推理、规划能力，但其应付复杂环境的能力大大超过了原有的机器人，在自然环境下，具有灵活的防碰撞和漫游行为。1991 年 8 月，在悉尼召开的第 12 届国际人工智能联合会议上，布鲁克斯在他多年进行人造机器虫研究和实践的基础上发表了《没有推理的智能》的论文，对传统人工智能进行了批评和否定，提出了基于行为（进化）的人工智能新途径，从而在国际人工智能界形成了行为主义这个新的学派。

从理论上，行为主义认为：智能取决于感知和行动，提出了智能行为的“感知—动作”模型；智能不需要知识、不需要表示、不需要推理；人工智能可以像人类智能那样逐步进化，智能只有在现实世界中通过与周围环境的交互作用才能表现出来；传统人工智能（主要指符号主义，也涉及连接主义）对现实世界中客观事物的描述和复杂智能行为的工作模式做了虚假的、过于简单的抽象，因而不能真实反映现实世界的客观事物。

从研究方法上，行为主义主张，人工智能研究应采用行为模拟的方法，功能、结构和智能行为是不可分的，不同的行为表现出不同的功能和不同的控制结构。

1.5 人工智能的研究和应用领域

尽管目前人工智能的理论体系还没有完全形成，不同研究学派在理论基础、研究方法等方面还存在一定差异，但这些并没有影响人工智能的发展，反而使人工智能的研究更加客观、全面和深入。今天，被冠以智能的科技领域和社会现实数不胜数，智能已成为一个极具价值的学术标志、技术特征和商业标签，并在科技进步和社会发展中扮演着越来越重要的角色。面对人工智能这样一个高度交叉的新兴学科，其研究和应用领域的划分可以有多种方法。为了能给读者一个更清晰的人工智能的概念，这里采用了基于智能本质和作用的划分方法，即从感知、思维、行为、学习、计算智能、分布智能、智能机器、智能系统、智能应用等方面进行讨论。

1.5.1 机器思维

机器思维主要模拟人类的思维功能。在人工智能中，与机器思维有关的研究主要包括推理、搜索、规划等。

1. 推理

推理是人工智能中的基本问题之一。推理是指按照某种策略，从已知事实出发，利用知识推出所需结论的过程。根据所用知识的确定性，机器推理可分为确定性推理和不确定性推理两大类。确定性推理是指推理所使用的知识和推出的结论都是可以精确表示的，其真值要么为真，要么为假。不确定性推理是指推理所使用的知识和推出的结论可以是不确定的。不确定性是对非精确性、模糊性、非单调性和非完备性等的统称。

确定性推理的理论基础是一阶经典逻辑，包括一阶命题逻辑和一阶谓词逻辑。其主要推理方法包括，直接运用一阶逻辑中的推理规则进行的自然演绎推理，基于鲁滨逊归结原理的归结演绎推理和基于产生式规则的产生式推理。由于现实世界中的大多数问题是不能精确描述的，因此确定性推理能解决的问题很有限，更多的问题应该采用不确定性推理方法。

不确定性推理的理论基础是非经典逻辑和概率理论等。非经典逻辑泛指除一阶经典逻辑外的其他各种逻辑，如多值逻辑、模糊逻辑、模态逻辑、概率逻辑等。最常用的不确定性推理方法包括：基于可信度的确定性理论，基于 Bayes 公式的主观 Bayes 方法，基于概率的证据理论和基于模糊逻辑的可能性理论等。

2. 搜索

搜索也是人工智能中的最基本问题之一。搜索是指为了达到某一目标，不断寻找推理线路，以引导和控制推理，使问题得以解决的过程。根据搜索机理，搜索可分为基于搜索空间的方法和基于随机算法的方法两大类。其中，基于搜索空间的方法主要包括状态空间搜索、与/或树搜索及博弈树搜索等。基于随机算法的搜索方法主要包括基于演化机理的进化搜索，如遗传算法；基于免疫优化的免疫算法；基于种群优化的蚁群算法、粒群算法；基于统计模型的蒙特卡洛算法；以及一些别的搜索方法，如爬山搜索、模拟退火搜索等。

对搜索问题，人工智能最关心的是如何利用搜索过程所得到的、对尽快达到目标有用的信息来引导搜索过程，即启发式搜索方法，包括状态空间的启发式搜索方法和与/或树的启发式搜索方法等。

3. 规划

规划是一种重要的问题求解技术，是从某个特定问题状态出发，寻找并建立一个操作序列，直到求得目标状态为止的一个行动过程的描述。例如，2.2.1 节的谓词逻辑表示法中将要讨论的“猴子摘香蕉问题”等。

比较完整的规划系统是斯坦福研究所问题求解系统（STanford Research Institute Problem Solver，STRIPS），它是一种基于状态空间和 F 规则的规划系统。F 规则是指以正向推理使用的规则。整个 STRIPS 系统由以下 3 部分组成。

① 世界模型：用一阶谓词公式表示，包括问题的初始状态和目标状态。

② 操作符（即 F 规则）：包括先决条件、删除表和添加表。其中，先决条件是 F 规则能够执行的前提条件；删除表和添加表是执行一条 F 规则后对问题状态的改变，删除表包含的是要从问题状态中删去的谓词，添加表包含的是要在问题状态中添加的谓词。

③ 操作方法：采用状态空间表示和“中间—结局”分析的方法。其中，状态空间包括初始状态、中间状态和目标状态；“中间—结局”分析是一个迭代过程，每次都选择能够缩小当前状态、与目标状态之间的差距的先决条件可以满足的 F 规则执行，直至到达目标。

1.5.2 机器学习

机器学习（machine learning）是机器获取知识的根本途径，也是机器具有智能的重要标志。机器学习有多种分类方法，如果按照对人类学习的模拟方式，机器学习可分为符号主义机器学习和连接主义机器学习两大类。

1. 符号主义机器学习

符号主义机器学习泛指各种从功能上模拟人类学习能力的机器学习方法，是基于符号主义学派的机器学习观点。与符号主义人工智能对应，这种学习观点认为，知识可以用符号来表示，机器学习过程可以用符号上的运算来实现。根据学习策略、理论基础及学习能力等，符号主义机器学习可分为多种类型，如记忆学习、归纳学习、统计学习、集成学习、强化学习、大规模机器学习等。

记忆学习也叫死记硬背学习，是最基本的学习方法，原因是任何学习系统都必须记住它们所获取的知识，以便将来使用。归纳学习是指以归纳推理为基础的学习，是机器学习中研究得较多的一种学习类型，其任务是从关于某个概念的一系列已知的具体例子出发，归纳出一般的结论。示例学习、决策树学习和统计学习等都是典型的归纳学习方法。统计学习是一种基于小样本统计学习理论的机器学习方法，其典型代表是支持向量机。集成学习是一种集众多个体学习器学习结果为一体的机器学习方法。其基本思想是为解决同一问题，先训练出多个个体学习器，再将这些个体学习器结合到一起，得到最终的学习结果，如 AdaBoost 算法等。强化学习是通过与环境交互，利用环境提供的强化信号对学习过程进行评价和引导的一种机器学习方法。它把学习过程看成一种试探评价过程，通过动态调整参数，使强化信号达到最大，实现学习的目的。大规模机器学习是指那种可支持大规模数据并行学习的机器学习方法，如支持向量机、最近邻学习等。

2. 连接主义机器学习

连接主义机器学习也称为神经学习，是一种基于人工神经网络的学习方法。现有研究表明，人脑的学习和记忆过程都是通过中枢神经系统来完成的。在中枢神经系统中，神经元既是学习的基本单位，也是记忆的基本单位。随着神经网络的发展，连接学习目前已形成了多种类型，如比较典型的感知器学习、BP 网络学习和 Hopfield 网络学习等浅层学习方法，以及卷积神经网络学习、深度信念网络学习等深度学习方法。

感知器学习实际上是一种基于纠错学习规则，采用迭代思想，对连接权值和阈值进行不断调整，直到满足结束条件为止的学习算法。BP 网络学习是一种误差反向传播网络学习算法，由输出模式的正向传播过程和误差的反向传播过程所组成。其中，误差的反向传播过程用于修改各层神经元的连接权值，以逐步减少误差信号，直至得到期望的输出模式为止。Hopfield 网络学习实际上是要寻求系统的稳定状态，即从网络的初始状态开始，逐渐向其稳定状态过渡，直至达到稳定状态为止。网络的稳定性则是通过一个能量函数来描述的。深度卷积神经网络学习是一种基于深层卷积神经网络，依据生物学界“感受野”的概念和机理，采用逐层抽象、逐次迭代方式所形成的一种深度学习方法。深度信念网络学习是一种基于深度信念网络的学习方式，深度信念网络则是由多层受限波尔茨曼机再加上一层 BP 网络所构成的一种深层网络结构。

3. 知识发现和数据挖掘

知识发现（knowledge discover）和数据挖掘（data mining）是在庞大的数据库中寻找和提取出人们感兴趣的知识的方法。即通过综合运用统计学、粗糙集、模糊数学、机器学习和专家系统等多种学习手段和方法，从数据库中提炼和抽取知识，从而揭示出蕴涵在这些数据背后的客观世界的内在联系和本质原理，实现知识的自动获取。

传统的数据库技术仅限于对数据库的查询和检索，不能从数据库中提取知识，使得数据库中蕴涵的丰富知识被白白浪费。知识发现和数据挖掘以数据库作为知识源去抽取知识，不仅可以提高数据库中数据的利用价值，也为各种智能系统的知识获取开辟了一条新的途径。目前，随着大规模数据库和互联网的迅速发展，知识发现和数据挖掘已从面向数据库结构化信息的数据挖掘，发展到面向数据仓库和互联网的海量、半结构化或非结构化信息的数据挖掘。

1.5.3 机器感知

机器感知作为机器获取外界信息的主要途径，是人工智能的重要组成部分。下面主要介绍机器视觉、模式识别、自然语言理解。

1．机器视觉

机器视觉是一门用计算机模拟或实现人类视觉功能的新兴学科，其主要研究目标是使计算机具有通过二维图像认知三维环境信息的能力。这种能力不仅包括对三维环境中物体形状、位置、姿态、运动等几何信息的感知，还包括对这些信息的描述、存储、识别与理解。

视觉是人类各种感知能力中最重要的一部分，在人类感知到的外界信息中，约有80%以上是通过视觉得到的，正如一句俗话所说："百闻不如一见"。人类对视觉信息获取、处理与理解的大致过程是：人们视野中的物体在可见光的照射下，先在眼睛的视网膜上形成图像，再由感光细胞转换成神经脉冲信号，经神经纤维传入大脑皮层，最后由大脑皮层对其进行处理与理解。可见，视觉不仅指对光信号的感受，还包括了对视觉信息的获取、传输、处理、存储和理解的全过程。

目前，机器视觉已在人类社会的许多领域得到了成功应用。例如，在图像、图形识别方面，有指纹识别、染色体识别、字符识别等；在航天与军事方面，有卫星图像处理、飞行器跟踪、成像精确制导、景物识别、目标检测等；在医学方面，有CT图像的脏器重建、医学图像分析等；在工业方面，有各种监测系统和生产过程监控系统等。

2．模式识别

模式识别（pattern recognition）是人工智能最早的研究领域之一。"模式"一词的原意是指供模仿用的完美无缺的一些标本。在日常生活中，可以把那些客观存在的事物形式称为模式，如一幅画、一个景物、一段音乐、一幢建筑等。在模式识别理论中，通常把对某一事物所做的定量或结构性描述的集合称为模式。

模式识别就是让计算机能够对给定的事务进行鉴别，并把它归入与其相同或相似的模式中。其中，被鉴别的事物可以是物理的、化学的、生理的，也可以是文字、图像、声音等。为了能使计算机进行模式识别，通常需要给它配上各种感知器官，使其能够直接感知外界信息。模式识别的一般过程是先采集待识别事物的模式信息，然后对其进行各种变换和预处理，从中抽出有意义的特征或基元，得到待识别事物的模式，再与机器中原有的各种标准模式进行比较，完成对待识别事物的分类识别，最后输出识别结果。

根据给出的标准模式的不同，模式识别技术可有不同的识别方法，经常采用的方法有模板匹配法、统计模式法、模糊模式法、神经网络法等。

模板匹配法是把机器中原有的待识别事物的标准模式看成一个典型模板，并把待识别事物的模式与典型模板进行比较，从而完成识别工作。

统计模式法是根据待识别事物的有关统计特征，构造出一些彼此存在一定差别的样本，并把这些样本作为待识别事物的标准模式，然后利用这些标准模式及相应的决策函数对待识别事物进行分类识别。统计模式法适合那些不易给出典型模板的待识别事物。例如，对手写体数字的识别，其识别方法是先请很多人来书写同一个字，再按照它们的统计特征给出识别该字的标准模式和决策函数。

模糊模式法是模式识别的一种新方法，是建立在模糊集理论基础上的，用来实现对客观世界中那些带有模糊特征的事物的识别和分类。

神经网络法是把神经网络与模式识别相结合所产生的一种新方法。这种方法在进行识别之前，首先需要用一组训练样例对网络进行训练，将连接权值确定下来，然后才能对待识别事物进行识别。

3. 自然语言处理

自然语言处理（natural language processing）一直是人工智能的一个重要领域，主要研究如何实现人与机器之间进行自然语言有效交流的各种理论和方法，主要包括自然语言理解、机器翻译及自然语言生成等。自然语言是人类进行信息交流的主要媒介，但由于它的多义性和不确定性，使得人类与计算机系统之间的交流还主要依靠那种受到严格限制的非自然语言。要真正实现人机之间的直接自然语言交流，还有待于自然语言处理研究的突破性进展。

自然语言理解可分为声音语言理解和书面语言理解两大类。其中，声音语言的理解过程包括语音分析、词法分析、句法分析、语义分析和语用分析 5 个阶段；书面语言的理解过程除不需要语音分析外，其他 4 个阶段与声音语言理解相同。自然语言理解的主要困难在语用分析阶段，原因是它涉及上下文知识，需要考虑语境对语意的影响。

机器翻译是指用机器把一种语言翻译成另一种语言。是不同民族和国家之间交流的重要基础，在政治、经济、文化交往中起着非常重要的作用。自然语言生成是指让机器具有像人那样的自然语言表达和写作功能。在自然语言处理方面。尽管目前已取得了很大的进展，如机器翻译、自然语言生成等，但离计算机完全理解人类自然语言的目标还有一定距离。实际上，自然语言处理的研究不仅对智能人机接口有着重要的实际意义，还对不确定性人工智能的研究具有重大的理论价值。

1.5.4 机器行为

机器行为作为计算机作用于外界环境的主要途径，也是机器智能的主要组成部分。下面主要介绍智能控制、智能制造。

1. 智能控制

智能控制（intelligent control）是指那种无须或需要尽可能少的人工干预，就能独立地驱动智能机器，实现其目标的控制过程。智能控制是一种把人工智能技术与传统自动控制技术相结合，研制智能控制系统的方法和技术。

智能控制系统是指能够实现某种控制任务，具有自学习、自适应和自组织功能的智能系统。从结构上，它由传感器、感知信息处理模块、认知模块、规划与控制模块、执行器、通信接口模块等主要部件组成。其中，传感器用于获取被控制对象的现场信息；感知信息处理模块用于处理由传感器获得的原始控制信息；认知模块根据感知信息处理模块送来的当前控制信息，利用控制知识和经验进行分析、推理和决策；规划和控制模块根据给定的任务要求和认知模块的决策完成控制动作规划；执行器根据规划和控制模块提供的动作规划去完成相应的动作；通信接口模块实现人机之间的交互和系统中各模块之间的联系。

目前，常用的智能控制方法主要包括模糊控制、神经网络控制、分层递阶智能控制、专家控制和学习控制等。智能控制的主要应用领域包括智能机器人系统、计算机集成制造系统（Computer Integrated Manufacturing System，CIMS）、复杂工业过程的控制系统、航空航天控制系统、社会经济管理系统、交通运输系统、环保及能源系统等。

2. 智能制造

智能制造是指以计算机为核心，集成有关技术，以取代、延伸与强化有关专门人才在制造中的相关智能活动所形成、发展乃至创新了的制造。智能制造中采用的技术称为智能制造技术，是指在制造系统和制造过程中的各环节，通过计算机来模拟人类专家的制造智能活动，并与制造环境中人的智能进行柔性集成与交互的各种制造技术的总称。智能制造技术主要包括机器智能的实现技术、人工智能与机器智能的融合技术、多智能源的集成技术。

在实际智能制造模式下，智能制造系统一般为分布式协同求解系统，其本质特征表现为智能单元的“自主性”和系统整体的“自组织能力”。近年来，智能 Agent 技术被广泛应用于网络环境下的智能制造系统开发。

1.5.5 计算智能

计算智能（Computational Intelligence，CI）是借鉴仿生学的思想，基于人们对生物体智能机理的认识，采用数值计算的方法去模拟和实现人类的智能。其概念最早于 1992 年由贝兹德克提出，但作为一个统一的学科称呼，则产生于 1994 年在美国召开的首届国际计算知能大会（WCCI’94）。该次会议首次将神经网络、进化计算和模糊系统这三个领域合并在一起，形成了计算智能这个统一的学科概念。

本书考虑到计算智能作为一门学科的结构松散性，以及整个人工智能学科的结构紧凑性，未将计算智能单列一章，而是将其分散到了不同章节。不过，作为全书的概述，这里还是从计算智能的角度对神经计算、进化计算和模糊计算给予简单讨论。

1. 神经计算

神经计算，也称为神经网络（Neural Network，NN），是通过对大量人工神经元的广泛并行互连形成的一种人工网络系统，用于模拟生物神经系统的结构和功能。神经计算是一种对人类智能的结构模拟方法，其主要研究内容包括人工神经元的结构和模型，人工神经网络的互连结构和系统模型，基于神经网络的连接学习机制等。

人工神经元是指用人工方法构造的单个神经元，有抑制和兴奋两种工作状态，可以接受外界刺激，也可以向外界输出自身的状态，用于模拟生物神经元的结构和功能，是人工神经网络的基本处理单元。

人工神经网络的互连结构（或称为拓扑结构）指不同神经元之间的连接模式，是构造神经网络的基础。从互连结构的角度，神经网络可分为前馈网络和反馈网络两种。人工神经网络模型是对网络结构、连接权值和学习能力的总括。在现有的网络模型中，最常用的有传统的感知器模型、具有误差反向传播功能的 BP 网络模型、采用反馈连接方式的

Hopfield 网络模型，以及具有深层结构的深层卷积神经网络模型、深层波尔茨曼机模型等。

神经网络具有自学习、自组织、自适应、联想、模糊推理等能力，在模仿生物神经计算方面有一定优势。目前，神经计算的研究和应用已渗透到许多领域，如机器学习、专家系统、智能控制、模式识别、计算机视觉、图像处理、视频信息处理、音频信息处理、非线性系统辨识及非线性系统组合优化等。

2. 进化计算

进化计算（Evolutionary Computation，EC）是一种模拟自然界生物进化过程和机制，进行问题求解的自组织、自适应的随机搜索技术。它以达尔文进化论的“物竞天择，适者生存”作为算法的进化规则，并结合孟德尔的遗传变异理论，将生物进化过程中的繁殖（reproduction）、变异（mutation）、竞争（competition）和选择（selection）引入到了算法中，是一种对人类智能的演化模拟方法。

进化计算主要包括遗传算法（Genetic Algorithm，GA）、进化策略（Evolutionary Strategy，ES）、进化规划（Evolutionary Programming，EP）和遗传规划（Genetic Programming，GP）四大分支。其中，遗传算法是进化计算中最初形成的一种具有普遍影响的模拟进化优化算法。

遗传算法的基本思想是使用模拟生物和人类进化的方法来求解复杂问题：从初始种群出发，采用优胜劣汰、适者生存的自然法则选择个体，并通过杂交、变异来产生新一代种群，如此逐代进化，直到满足目标为止。

3. 模糊计算

模糊计算，也称为模糊系统（Fuzzy System，FS），通过对人类处理模糊现象的认知能力的认识，用模糊集合和模糊逻辑去模拟人类的智能行为。模糊集合和模糊逻辑是美国加州大学扎德（Zadeh）教授提出的一种处理因模糊而引起的不确定性的有效方法。

通常，人们把那种因没有严格边界划分而无法精确刻画的现象称为模糊现象，并把反映模糊现象的各种概念称为模糊概念。例如，人们常说的“大”“小”“多”“少”等都属于模糊概念。

在模糊系统中，模糊概念通常由模糊集合来表示，而模糊集合又是用隶属函数来刻画的。一个隶属函数描述一个模糊概念，其函数值为[0, 1]区间的实数，用来描述函数自变量代表的模糊事件隶属该模糊概念的程度。目前，模糊计算已经在推理、控制、决策等方面得到了非常广泛的应用。

1.5.6 分布智能

分布式人工智能（Distributed Artificial Intelligence，DAI）是随着计算机网络、计算机通信和并发程序设计技术而发展起来的一个新的人工智能研究领域，主要研究在逻辑上或物理上分布的智能系统之间如何相互协调各自的智能行为，实现问题的并行求解。

分布式人工智能的研究目前有两个主要方向：分布式问题求解、多 Agent 系统。分布式问题求解主要研究如何在多个合作者之间进行任务划分和问题求解。多 Agent 系统主要研究如何在一群自主的 Agent 之间进行智能行为的协调，是由多个自主 Agent 组成的一个分布式系统。在这种系统中，每个 Agent 都可以自主运行和自主交互，即当一个

Agent 需要与别的 Agent 合作时，就通过相应的通信机制，去寻找可以合作并愿意合作的 Agent，以共同解决问题。

1.5.7 智能系统

智能系统可以泛指各种具有智能特征和功能的软硬件系统。从这种意义上讲，前面讨论的研究内容几乎都能以智能系统的形式来出现，如智能控制系统、智能检索系统等。下面主要介绍一些除上述研究内容外的智能系统，如专家系统和智能决策支持系统。

1. 专家系统

专家系统是一种基于知识的智能系统，其基本结构由知识库、数据库、推理机、解释模块、知识获取模块和人机接口六部分组成。其中，知识库是专家系统的知识存储器，用来存放求解问题的领域知识；数据库也称为全局数据库或综合数据库，用来存储有关领域问题的事实、数据、初始状态（证据）和推理过程中得到的中间状态等；推理机是一组用来控制、协调整个专家系统的程序；解释模块以用户便于接受的方式向用户解释自己的推理过程；知识获取模块可为修改知识库中的原有知识和扩充新知识提供相应手段；人机接口主要用于专家系统和外界之间的通信和信息交换。

高级专家系统是目前专家系统发展的主流，是指为了克服传统专家系统的缺陷，引入一些新思想、新技术所得到的新型专家系统，包括分布式专家系统、协同式专家系统、模糊专家系统、神经网络专家系统和基于 Web 的专家系统等。

2. 智能决策支持系统

智能决策支持系统（Intelligent Decision Support System，IDSS）是指在传统决策支持系统（Decision Support System，DSS）中增加了相应的智能部件的决策支持系统。它把 AI 技术与 DSS 相结合，综合运用 DSS 在定量模型求解与分析方面的优势，以及 AI 在定性分析与不确定性推理方面的优势，利用人类在问题求解中的知识，通过人机对话的方式，为解决半结构化和非结构化问题提供决策支持。

智能决策支持系统通常由数据库、模型库、知识库、方法库和人机接口等部件组成。目前，实现系统部件的综合集成和基于知识的智能决策是 IDSS 发展的必然趋势，结合数据仓库和 OLAP 技术构造企业级决策支持系统是 IDSS 走向实际应用的重要方向。

1.5.8 人工心理和人工情感

在人类神经系统中，智能并不是一个孤立现象，它往往与心理和情感联系在一起。心理学的研究结果表明，心理和情感会影响人的认知，即影响人的思维，因此在研究人类智能的同时，也应该开展对人工心理和人工情感的研究。

人工心理（artificial psychology）就是利用信息科学的手段，对人的心理活动（重点是人的情感、意志、性格、创造）进行更全面的人工机器（计算机、模型算法）模拟，其目的在于从心理学广义层次上研究情感、情绪与认知，以及动机和情绪的人工机器实现问题。

人工情感（artificial emotion）是利用信息科学的手段对人类情感过程进行模拟、识别和理解，使机器能够产生类人情感，并与人类自然、和谐地进行人机交互的研究领域。

目前，人工情感研究的两个主要领域是情感计算（affective computing）和感性工程学（kansei engineering）。

人工心理和人工情感有着广阔的应用前景，如支持开发具有情感和意识的智能机器人，实现真正意义上的拟人机器研究，使控制理论更接近于人脑的控制模式，人性化的商品设计和市场开发，以及人性化的电子化教育等。

1.5.9 人工智能的典型应用

人工智能的应用领域十分广泛，只要有人涉足甚至只要人想涉足的地方，都会有人工智能的用武之地，如智能机器人、智能教育、智能医疗、智能农业、智能金融、智能交通、智能健康、智能商务、智慧城市、智能家居、智能制造、智能政务、智慧法庭、智能国防、智能公安等。作为概述，下面仅简单介绍几个重要领域。

1．智能机器人

机器人是一种可以自动执行人类指定工作的机器装置。智能机器人则是指具有一定感知、学习、思维和行为能力的机器人。更进一步，还有人把情感也作为智能机器人的一种重要能力，或者把那种具有一定情感功能的智能机器人称为情感机器人。智能机器人既是人工智能的一个重要研究对象和应用领域，也是人工智能研究的一个很好的试验场，几乎所有的人工智能技术都可以在机器人上实现和验证。智能机器人的类型可有多种分类方法，如工业机器人、农业机器人、医疗机器人、军用机器人、服务机器人等。

这里不讨论不同类型智能机器人的个性，主要讨论智能机器人的共性。通常情况下，一个真正的智能机器人应该具有如下功能。

（1）环境感知能力

环境感知能力是机器人感知外界环境的必要手段和重要途径，相对于人的感觉器官，智能机器人应具有对视觉、听觉、触觉等信息的感知能力。其实现方法通常是增加相应的传感装置，如摄像机、麦克风、压电元件等。

（2）自学习能力

学习能力应该是智能机器人的基本功能，能够将感知到的环境信息加工为知识，以作为机器人思维和环境自适应的基础。

（3）思维能力

思维能力是智能机器人智力的主要体现，主要包括推理能力和决策能力。其中，推理是让智能机器人能够利用知识去解决问题，决策是让机器人在现有约束条件下根据推理结果给出行为方案。

（4）行为能力

行为能力是指机器人对外界做出反应的能力，相当于人类器官的能力，如走、跑、跳、说、唱等。

（5）情感功能

情感功能包括对情感信息的感知、加工和表达。情感作为智慧的重要组成部分，对智能机器人尤其是服务机器人尤为重要。

除以上功能，随着人工智能技术的发展，还需要考虑智能机器人的更多功能，如云环境下智能机器人之间的协作交互功能，基于自然语言的人机对话交流功能，以及人与机器人之间的和谐交互及协同工作能力等。

2. 智能教育

教育是距人工智能最近的一个领域，更是人工智能应用最直接的一个领域。智能教育是指基于现代教育理念利用人工智能技术及现代信息技术所形成的智能化、泛在化、个性化、开放性教育模式。其基本架构可分为硬件环境、支撑条件、教育大脑和智能教育教学活动4个层次，其中教育大脑技术和智能教育教学活动是智能教育的主要内容。

（1）教育大脑技术。

教育大脑相当于人类智能的中枢神经系统，在整个智能教育活动中起着指挥和控制的作用。在大数据支撑下的教育大脑技术主要包括：

① 跨媒体感知和理解技术，包括对语音、图像、视频、学习场景等教育教学环境信息的感知、识别与理解，以及对学生学习情绪、情感的感知、识别、理解和引导。

② 机器学习和教育知识库技术，包括教育教学知识获取、表示，以及教育教学知识库构建、维护和使用。

③ 教育教学专家系统技术，包括情感认知交互的教育教学活动知识推理。

④ 教育评价和决策系统技术，包括教学评价、教育评估及预测等。

（2）智能教育教学活动

智能教育教学活动处在智能教育的实现和应用层面。在大数据支撑下的智能教育教学活动主要包括智能教学过程、智能教室构建、智能课堂设计，以及智能教学机器人、智能教育管理系统等。

3. 智能医疗

医疗事业关系到每个人的生命和健康，是最大的国计民生问题。智能医疗是在现代信息技术的支撑下，利用人工智能的方法和技术提高医疗服务的能力和质量，实现医疗的精准化、个性化和智能化。智能医疗涉及的人工智能技术主要包括机器学习技术、大数据挖掘技术、图像理解技术、知识推理技术、自然语言处理技术、智能机器人技术等。

（1）智能诊断

诊断是医疗的首要环节，医生通常是根据观察到的患者的症状，利用自己的医学知识和诊断经验对病状做出主观判断，并给出相应的治疗方案。但由于种种原因，医生的判断通常存在一定的局限性。智能诊断就是利用人工智能技术，基于海量医疗数据，通过对患者自身的个性化分析，利用机器推理和决策技术给出疾病诊断结果，或者利用图像理解、深度学习等方法给出对各种医学影像资料的分析结果等。

（2）智能治疗

治疗是解除患者疾病的必要环节。智能治疗是利用智能医疗设备进行个性化的精准治疗。比较典型的智能治疗设备有手术机器人、可穿戴治疗设备及智能治疗机器人等。

（3）智能诊疗设备

利用人工智能的感知、理解、分析、决策技术，研发新的智能诊疗设备，提升现有诊疗设备的智能水平和智能化程度，也是智能医疗的一个重要方面。例如，增加CT、核磁、X光、B超等医学影像设备的后端再处理能力和分析理解能力，增加多种医学影像设备检查结果之间的配准和融合分析能力等。

（4）智能医疗数据管理

医疗健康领域的数据量非常庞大，并具备大数据的各种特征。对医疗大数据的管理和利用主要包括以下几方面。① 通过对各种多来源、多模态数据的整合，形成健康大数据，让每个人都有自己的电子健康档案；② 利用大规模机器学习、大数据分析挖掘、跨媒体感知理解、多模态自动推理、群专家协同决策等技术，实现对医疗大数据的有效利用；③ 利用人工智能技术和物联网、传感网、移动互联等技术，实现大众健康全过程、医院医疗全过程，以及医药研发、生产、流通、使用全过程的有效监控和管理。

4. 智能农业

农业是国计民生的头等大事，改进农业生产的传统方式，发展智能农业，是我国农业发展的必经之路。智能农业是指以知识为核心要素，将人工智能和现代信息技术应用于农业生产全过程所形成的一种全新的农业生产方式。其目标是实现农业生产全过程的信息感知、定量决策、智能控制、精准投入和个性化服务。

智能农业涉及的人工智能技术主要有大数据分析挖掘、图像分析理解、深度强化学习、智能农业机器人、智能人机对话交流等。其主要研究领域如下。

（1）农业智能感知

农业智能感知是智能农业的必要基础和首要环节，利用智能感知、无线传感技术等获取农业生产过程和农作物种植、栽培、生长、收获、存储、流通等全过程的环境信息和实时数据，形成天地空一体、产供销结合的农业大数据，以支撑智能农业全过程的信息加工和数据分析挖掘需求。

（2）农业智能控制和田间自主作业

利用人工智能、智能机器人等技术，实现农业生产过程的智能控制和田间操作的自主作业，可极大地解放劳动生产力、提高农业精准化水平，是智能农业的核心技术。实现农业智能控制和田间自主作业的关键技术主要包括农业智能化装备和农业智能机器人。其中，农业智能机器人可根据田间作业的不同类型，划分为采摘机器人、除草机器人、施肥机器人、喷药机器人、收割机器人等。研究具有多种田间作业功能的田间综合作业智能机器人应该是农业智能机器人技术发展的一个重要方向。

（3）农业大数据分析与服务

基于农业智能感知所形成的农业大数据，利用大数据分析挖掘技术及大规模机器学习技术，建立农业大数据决策分析系统，可支持智能农业全过程的定量决策、精准投入和个性化服务，也是智能农业的重要组成部分。

（4）农业智能技术集成与应用

集成农业智能感知、农业智能控制、农业智能机器人、田间自主作业及农业大数据分析与服务等技术，建立智能农场、智能牧场、智能渔场、智能果园、智能温室、智能养殖场、农产品加工智能车间、农产品绿色智能供应链等技术集成系统，是智能农业一种社会呈现形式，具有极大的研究价值和广阔的应用前景。

习 题 1

1.1 什么是智能？智能包含哪几种能力？

1.2　人类有哪几种思维方式？各有什么特点？
1.3　什么是人工智能？它的研究目标是什么？
1.4　什么是图灵实验？图灵实验说明了什么？
1.5　人工智能的发展经历了哪几个阶段？
1.6　人工智能研究的基本内容有哪些？
1.7　人工智能有哪几个主要学派？各自的特点是什么？
1.8　人工智能有哪些主要研究和应用领域？其中哪些是新的研究热点？
1.9　人工智能的典型应用有哪些？请谈谈自己的看法。

第 2 章　确定性知识系统

按照符号主义的观点，知识是一切智能行为的基础，要使机器具有智能，就必须使它拥有并可以使用知识。但在现有条件下，计算机还不能直接识别人们日常使用的、用自然语言描述的知识，因此要使计算机拥有知识，首先必须用一定方法将知识表示出来。知识的使用实际上是一个知识推理过程。根据知识的确定化程度，知识表示和推理方法可分为确定性和不确定性两大类。本章主要讨论前一类，后一类将在后面章节中讨论。

2.1　确定性知识系统概述

知识系统是一种拥有知识并且可以使用知识进行推理的智能系统。知识系统的构建涉及两大基本技术：知识表示、知识推理。

2.1.1　确定性知识表示概述

知识的概念可以从如下两方面来讨论：知识的定义和知识的类型。

1. 知识的定义

对大多数人而言，知识是一个习以为常的概念，但要给出其严格定义却并非易事，还有待于对它的进一步研究和认识。一种普遍的观点认为，知识是人们在改造客观世界的实践中积累起来的认识和经验。

也有人认为，知识是对信息进行智能性加工所形成的对客观世界规律性的认识。信息的加工过程实际上是一种把有关信息关联在一起，形成信息结构的过程。从这种意义上讲，“信息”和“关联”是构成知识的两个关键要素。实现信息之间关联的形式可以有很多种，其中最常用的一种形式是“如果……，则……”。到目前为止，知识还没有一个统一的定义，对其解释众说纷纭，其中最具代表性的解释有以下 3 种。

① 知识是经过消减、塑造、解释、选择和转换的信息。（费根鲍姆（Feigenbaum））

② 知识是由特定领域的描述、关系和过程组成的。（伯恩斯坦（Bernstein））

③ 知识 = 事实+信念+启发式。（海叶斯·罗斯（Heyes-Roth））

2. 知识的类型

知识的类型可以从不同的角度来划分，下面给出常见的几种划分方法。

（1）按知识的适用范围

知识可分为常识性知识和领域性知识。常识性知识是指通用通识的知识，即人们普遍知道的、适用于所有领域的知识。领域性知识是指面向某个具体领域的专业性知识，这些知识只有该领域的专业人员才能够掌握和运用它，如领域专家的经验等。

（2）按知识的作用效果

知识可分为陈述性知识、过程性知识和控制性知识。其中，陈述性知识是关于世界的事实性知识，主要回答“是什么”“为什么”等问题。过程性知识是描述在问题求解过程所需要的操作、算法或行为等规律性的知识，主要回答“怎么做”的问题。控制性知识是关于如何使用前两种知识去学习和解决问题的知识。

（3）按知识的确定性

知识可分为确定性知识和不确定性知识。确定性知识是可以给出其真值为“真”或“假”的知识，是可以精确表示的知识。不确定性知识是指具有“不确定”特性的知识，这种不确定特性包括不完备性、不精确性和模糊性等。其中，不完备性是指在解决问题时，不具备解决该问题所需要的全部知识；不精确性是指知识具有的既不能完全被确定为真又不能完全被确定为假的特性；模糊性是指知识的“边界”不明确的特性。

3．知识表示的概念和方法

知识表示就是对知识的描述，即用一些约定的符号把知识编码成一组可以被计算机直接识别，并便于系统使用的数据结构。由此可知，知识表示不仅是为了把知识用某种机器可以直接识别的数据结构表示出来，更重要的是要能够方便系统正确地运用和管理知识。事实上，合理的知识表示可以使问题求解变得容易、高效，反之则会导致问题求解的麻烦和低效。

通常，对知识表示的要求可从以下 4 方面考虑。

（1）表示能力

知识的表示能力是指能否正确、有效地将问题求解所需要的各种知识表示出来，可包括三方面：一是知识表示范围的广泛性，二是领域知识表示的高效性，三是对非确定性知识表示的支持程度。

（2）可利用性

知识的可利用性是指通过使用知识进行推理，可求得问题的解，包括对推理的适应性和对高效算法的支持性。推理是指根据问题的已知事实，通过使用存储在计算机中的知识推出新的事实（或结论）或执行某个操作的过程。对高效算法的支持性是指知识表示要能够获得较高的处理效率。

（3）可组织性和可维护性

知识的可组织性是指把有关知识按照某种组织方式组成一种知识结构。知识的可维护性是指在保证知识的一致性和完整性的前提下，对知识进行的增加、删除、修改等操作。

（4）可理解性和可实现性

知识的可理解性是指所表示的知识应易读、易懂、易获取、易维护。知识的可实现性是指知识表示要便于在计算机上实现，便于直接由计算机对其进行处理。

对上述 4 方面，如果要求一种知识表示形式同时满足它们，可能比较困难，常用的方法是选择其中的最主要因素，或者采用多种知识表示形式的组合。

知识表示方法又称为知识表示技术，其表示形式被称为知识表示模式。根据知识的不同存在方式，知识表示方法可以分为陈述性知识表示和过程性知识表示两大类。其中，陈述性知识表示是一种用特殊的数据结构描述知识的方法，知识本身与使用该知识的过程是分离的。过程性知识表示是一种把知识和使用该知识的过程结合在一起的一种方法。本书主要讨论前一种方法。

陈述性知识表示方法又可分为非结构化方法和结构化方法两大类。其中，非结构化方法包括一阶谓词逻辑表示法、产生式表示法等。结构化方法包括语义网络表示法和框架表示法等。此外，状态空间法也是一种知识表示方法，但由于它与搜索的联系更加紧密，因此本书将其放在搜索部分叙述。

2.1.2 确定性知识推理概述

人工智能的推理研究就是要基于人类的思维机理，去实现机器的自动推理。除推理的思维机理外，它包括两个基本问题：一是推理的方法，二是推理的控制策略。下面先给出推理的概念，再讨论推理的方法和控制策略。

1．推理的概念

（1）推理的心理学观点

按照心理学的观点，推理是由具体事例归纳出一般规律，或者根据已有知识推出新的结论的思维过程。其中，比较典型的观点有以下两种。

① 结构观点。这种观点从结构的角度出发，认为推理由两个以上判断组成，每个判断揭示的是概念之间的联系和关系，推理过程是一种对客观事物做出肯定或否定的思维活动。例如，若有以下两个判断：

计算机系的学生都会编程序；

程强是计算机系的一名学生；

则可得出下面第三个判断：

程强会编程序。

可见，推理就是对已有判断进行分析和综合，再得出新的判断的过程。

② 过程观点。这种观点从过程的角度出发，认为推理是在给定信息和已有知识的基础上进行的一系列加工操作。其代表人物克茨（Kurtz）提出了如下人类推理的公式：

$$y = F(x,k)$$

式中，x 是推理时给出的信息，k 是推理时可用的领域知识和特殊事例，F 是可用的一系列操作，y 是推理过程所得到的结论。

可见，推理的结论是在给定信息和已有知识基础上经一系列操作所得到的结果。

（2）推理的心理过程

从心理学的角度看，推理是一种心理过程，根据这一过程的性质，推理主要有以下 4 种形式：

① 三段论推理，由两个假定真实的前提和一个可能符合也可能不符合这两个前提的结论组成。例如，上面给出的计算机系学生的例子。

② 线性推理，或称为线性三段论。这种推理的三个判断之间具有线性关系。例如，由“5 比 4 大”、“4 比 3 大”，则可推出“5 比 3 大”。

③ 条件推理，即前一命题是后一命题的条件。例如，“如果一个系统会使用知识进行推理，我们就称它为智能系统”。

④ 概率推理，即用概率来表示知识的不确定性，并根据所给出的概率来估计新的概率。这种推理形式将在第 3 章讨论。

（3）推理的机器实现

在人工智能系统中，推理过程是由推理机完成的。所谓推理机，是指系统中用来实现推理的那段程序。根据推理所用知识以及推理方式和推理方法的不同，推理机的构造也有所不同。对推理机的更详细讨论将放在后面的具体推理方法中。

2. 推理方法及其分类

推理方法是指进行推理所采用的具体办法，主要解决在推理过程中前提与结论之间的逻辑关系，以及在不确定性推理中不确定性的传递问题等。推理可以有多种分类方法，如可以按照推理的逻辑基础、所用知识的确定性、推理过程的单调性，以及是否使用启发性信息等来划分。

（1）按推理的逻辑基础分类

按照推理的逻辑基础，常用的推理方法可分为演绎推理和归纳推理。

① 演绎推理

演绎推理是从已知的一般性知识出发，去推出蕴涵在这些知识中的适合某种个别情况的结论，是一种由一般到个别的推理方法，其核心是三段论。常用的三段论由一个大前提、一个小前提和一个结论三部分组成。其中，大前提是由已知的一般性知识或推理过程得到的判断；小前提是关于某种具体情况或某个具体实例的判断；结论是由大前提推出的，并且适合于小前提的判断。

例如，在前面所给出的例子中，“计算机系的学生都会编程序”是大前提，“程强是计算机系的一名学生”是小前提，“程强会编程序”是经演绎推理得到的结论。这是一个三段论推理，就是从已知的大前提中推导出适应于小前提的结论，即从已知的一般性知识中抽取包含的特殊性知识。

② 归纳推理

归纳推理是从一类事物的大量特殊事例出发，去推出该类事物的一般性结论，是一种由个别到一般的推理方法。归纳推理的基本思想是：先从已知事实中猜测出一个结论，然后对这个结论的正确性加以证明确认。数学归纳法就是归纳推理的一种典型例子。按照所选事例的广泛性，归纳推理可分为完全归纳推理和不完全归纳推理。

完全归纳推理是指在进行归纳时需要考察相应事物的全部对象，并根据这些对象是否都具有某种属性，来推出该类事物是否具有此属性。例如，某公司购进一批计算机，如果对每台机器都进行了质量检验，并且都合格，则可得出结论：这批计算机的质量是合格的。

不完全归纳推理是指在进行归纳时只考察了相应事物的部分对象，就得出了关于该事物的结论。例如，某公司购进一批计算机，如果只是随机地抽查了其中的部分机器，便可根据这些被抽查机器的质量来推出整批机器的质量。

③ 演绎推理与归纳推理的区别

演绎推理与归纳推理是两种完全不同的推理。演绎推理是在已知领域内的一般性知识的前提下，通过演绎求解一个具体问题或者证明一个给定的结论。这个结论实际上早已蕴涵在一般性知识的前提中，演绎推理只不过是将其揭示出来，因此不能增殖新知识。而在归纳推理中，所推出的结论是没有包含在前提内容中的。这种由个别事物或现象推出一般性知识的过程是增殖新知识的过程。

（2）按所用知识的确定性分类

按所用知识的确定性，推理可分为确定性推理和不确定性推理。

确定性推理是指推理所使用的知识和推出的结论都是可以精确表示的，其真值要么为真，要么为假，不会有第三种情况出现。本章主要讨论的是确定性推理。

不确定性推理是指推理时所用的知识不都是确定的，推出的结论也不完全是确定的，其值会位于真与假之间。由于现实世界中的大多数事物都具有一定程度的不确定性，并且这些事物是很难用精确的数学模型来进行表示与处理的，因此不确定性推理也就成了人工智能的一个重要研究课题。不确定性推理问题将放在下一章讨论。

（3）按推理过程的单调性分类

按照推理过程的单调性，或者说按照推理过程所得到的结论是否越来越接近目标，推理可分为单调推理和非单调推理。单调推理是指在推理过程中，每当使用新的知识后，得到的结论会越来越接近于目标。非单调推理是指在推理过程中，当某些新知识加入后，会否定原来推出的结论，使推理过程退回到先前的某一步。限于篇幅，本书不讨论非单调推理方法。

3. 推理控制策略及其分类

推理过程不仅依赖于所用的推理方法，也依赖于推理的控制策略。推理的控制策略是指如何使用领域知识使推理过程尽快达到目标的策略。由于智能系统的推理过程一般表现为一种搜索过程，因此推理控制策略又可分为推理策略和搜索策略。

推理策略主要解决推理方向、求解策略、限制策略、冲突消解策略等。其中，推理方向是指推理过程是从初始证据开始到目标，还是从目标开始到初始证据，包括正向推理、逆向推理和混合推理等。求解策略是指仅求一个解，还是求所有解或最优解等。限制策略是指对推理的深度、宽度、时间、空间等进行的限制。冲突消解策略是指当推理过程有多条知识可用时，如何从这多条可用知识中选出一条最佳知识用于推理的策略，常用的冲突消解策略有领域知识优先和新鲜知识优先等。

搜索策略主要解决推理线路、推理效果、推理效率等问题。本章主要讨论推理策略，搜索策略将在第 4 章讨论。

2.2 确定性知识表示方法

确定性知识是指其真假可以明确给出的知识。确定性知识其表示方法主要包括谓词逻辑表示法、产生式表示法、语义网络表示法、框架表示法等。

2.2.1 谓词逻辑表示法

谓词逻辑表示法是一种基于数理逻辑的知识表示方式。数理逻辑是一门研究推理的科学，在人工智能发展中起到了重要的基础作用。人工智能中用到的逻辑包括一阶经典逻辑和一些非经典逻辑。本节主要讨论基于一阶经典逻辑的知识表示方法。

1．谓词逻辑表示的逻辑学基础

谓词逻辑知识表示所需要的逻辑基础主要包括命题、谓词、连词、量词、谓词公式等。

（1）命题与真值

定义 2.1 一个陈述句称为一个断言。凡有真假意义的断言称为命题。

命题的意义通常称为真值，只有真、假两种情况。当命题的意义为真时，则称该命题的真值为真，记为 T；反之，则称该命题的真值为假，记为 F。在命题逻辑中，命题通常用大写的英文字母来表示。

没有真假意义的感叹句、疑问句等都不是命题。例如，“今天好冷啊！”和“今天的温度有多少度？”都不是命题。

（2）论域和谓词

论域是由所讨论对象之全体构成的非空集合。论域中的元素称为个体，论域也常称为个体域。例如，整数的个体域是由所有整数构成的集合，每个整数都是该个体域中的一个个体。

在谓词逻辑中，命题是用谓词来表示的。谓词可分为谓词名和个体两部分。其中，个体是命题中的主语，用来表示某个独立存在的事物或者某个抽象的概念；谓词名是命题的谓语，用来表示个体的性质、状态或个体之间的关系等。例如，对于命题“王宏是一个学生”可用谓词表示为 STUDENT（Wang Hong）。其中，Wang Hong 是个体，代表王宏；STUDENT 是谓词名，说明王宏是学生这一特征。通常，谓词名用大写英文字母表示，个体用小写英文字母表示。

谓词可形式化地定义如下。

定义 2.2 设 D 是个体域，$P:D^n \rightarrow \{T, F\}$是一个映射，其中，$D^n = \{(x_1, x_2, \cdots, x_n) | x_1, x_2, \cdots, x_n \in D\}$，则称 P 是一个 n 元谓词（$n = 1, 2, \cdots$），记为 $P(x_1, x_2, \cdots, x_n)$。其中，$x_1, x_2, \cdots, x_n$ 为个体变元。

在谓词中，个体可以是常量、变元或函数。例如，“x>6”可用谓词表示为 Greater(x, 6)，式中 x 是变元。再如，“王宏的父亲是教师”可用谓词表示为 TEACHER(father(WangHong))，其中 father(WangHong)是一个函数。

函数可形式化地定义如下。

定义 2.3 设 D 是个体域，$f:D^n \rightarrow D$ 是一个映射，则称 f 是 D 上的一个 n 元函数，记为

$$f(x_1, x_2, \cdots, x_n)$$

式中，x_1，x_2，…，x_n 是个体变元。

谓词和函数从形式上看很相似，容易混淆，但是它们是两个完全不同的概念。谓词的真值是真或假，而函数无真值可言，其值是个体域中的某个个体。谓词实现的是从个体域中的个体到 T 或 F 的映射，而函数实现的是同一个个体域中从一个个体到另一个个体的映射。在谓词逻辑中，函数本身不能单独使用，它必须嵌入到谓词之中。

在谓词 $P(x_1, x_2, \cdots, x_n)$中，如果 x_i（$i = 1, 2, \cdots, n$）都是个体常量、变元或函数，称它为一阶谓词。如果某个 x_i 本身又是一个一阶谓词，则称它为二阶谓词。本书仅讨论一阶谓词。

（3）连接词和量词

一阶谓词逻辑有 5 个连接词和 2 个量词。由于命题逻辑可看成谓词逻辑的一种特殊形式，因此谓词逻辑中的 5 个连接词也适用于命题逻辑，但 2 个量词仅适用于谓词逻辑。

① 连接词，用来连接简单命题，并由简单命题构成复合命题的逻辑运算符号。它们分别是：

“$\neg$”称为“非”或者“否定”。它表示对其后面的命题的否定，使该命题的真值与原来相反。

“$\vee$”称为“析取”。它表示所连接的两个命题之间具有“或”的关系。

“$\wedge$”称为“合取”。它表示所连接的两个命题之间具有“与”的关系。

“$\rightarrow$”称为“条件”或“蕴涵”。它表示“若…，则…”的语义。例如，对命题 P 和 Q，蕴涵式 $P \rightarrow Q$ 表示“P 蕴涵 Q”。

“$\leftrightarrow$”称为“双条件”。它表示“当且仅当”的语义。例如，对命题 P 和 Q，$P \leftrightarrow Q$ 表示“P 当且仅当 Q”。

在谓词公式中，连接词的优先级别是：$\neg$，$\wedge$，$\vee$，$\rightarrow$，$\leftrightarrow$。命题公式是谓词公式的一种特殊情况，也可用连接词把单个命题连接起来，构成命题公式。例如，$\neg(P \vee Q)$，$P \rightarrow (Q \vee R)$，$(P \rightarrow Q) \wedge (Q \leftrightarrow R)$都是命题公式。

② 量词。量词是由量词符号和被其量化的变元组成的表达式，用来对谓词中的个体做出量的规定。一阶谓词逻辑中引入了两个量词符号：全称量词符号“$\forall$”，意思是“所有的”“任一个”；存在量词符号“$\exists$”，意思是“至少有一个”“存在有”。例如，$\forall x$ 是一个全称量词，表示“对论域中的所有个体 x”，读为“对于所有 x”；$\exists x$ 是一个存在量词，表示“在论域中存在个体 x”，读为“存在 x”。

全称量词的定义：命题$(\forall x)P(x)$为真，当且仅当对论域中的所有 x，都有 $P(x)$为真。命题$(\forall x)P(x)$为假，当且仅当至少存在一个 $x_0 \in D$，使得 $P(x_0)$为假。

存在量词的定义：命题$(\exists x)P(x)$为真，当且仅当至少存在一个 $x_0 \in D$，使得 $P(x_0)$为真。命题$(\exists x)P(x)$为假，当且仅当对论域中的所有 x，都有 $P(x)$为假。

（4）自由变元和约束变元

当一个谓词公式含有量词时，区分个体变元是否受量词的约束是很重要的。通常，把位于量词后面的单个谓词或者用“( )”括起来的合式公式称为该量词的辖域，辖域内与量词中同名的变元称为约束变元，不受约束的变元称为自由变元。例如：

$$(\forall x)(P(x, y) \rightarrow Q(x, y) \vee R(x, y)$$

式中，$(P(x, y) \rightarrow Q(x, y))$是$(\forall x)$的辖域，辖域内的变元 x 是受$(\forall x)$约束的变元；$R(x, y)$中的 x 是自由变元；所有的 y 都是自由变元。

在谓词公式中，变元的名字是无关紧要的，可以把一个名字换成别的名字。但在换名时需注意以下两点：① 当对量词辖域内的约束变元更名时，必须把同名的约束变元都统一换成另外一个相同的名字，且不能与辖域内的自由变元同名。例如，对公式$(\forall x)P(x, y)$，可把约束变元 x 换成 z，得到公式$(\forall z)P(z, y)$。② 当对辖域内的自由变元更名时，不能改成与约束变元相同的名字。例如，对公式$(\forall x)P(x, y)$，可把自由变元 y 换成 z（但不能换成 x），得到公式$(\forall x)P(x, z)$。

2．谓词逻辑表示方法

谓词逻辑不仅可以用来表示事物的状态、属性、概念等事实性知识，也可以用来表示事物的因果关系，即规则。对事实性知识，通常是用否定、析取或合取符号连接起来的谓词公式表示。对事物间的因果关系，通常用蕴涵式表示，例如，对“如果 x，则 y”可表示为“$x \rightarrow y$”。

当用谓词逻辑表示知识时，首先需要根据所表示的知识定义谓词，再用连接词或量词把这些谓词连接起来，形成一个谓词公式。

例 2.1 用谓词逻辑表示知识“所有教师都有自己的学生”。

解：首先定义谓词：TEACHER(x)：表示 x 是教师。

STUDENT(y)：表示 y 是学生。

TEACHES(x, y)：表示 x 是 y 的老师。

此时，该知识可用谓词表示为

$$(\forall x)(\exists y)(\mathrm{TEACHER}(x) \rightarrow \mathrm{TEACHES}(x, y) \wedge \mathrm{STUDENT}(y))$$

该谓词公式可读为：对所有 x，如果 x 是一个教师，那么一定存在一个个体 y，x 是 y 的老师，且 y 是一个学生。

例 2.2 用谓词逻辑表示知识“所有的整数不是偶数就是奇数”。

解：首先定义谓词：$I(x)$：x 是整数。

$E(x)$：x 是偶数。

$O(x)$：x 是奇数。

此时，该知识可用谓词表示为

$$(\forall x)(I(x) \rightarrow E(x) \vee O(x))$$

例 2.3 用谓词逻辑表示如下知识：

王宏是计算机系的一名学生。

王宏和李明是同班同学。

凡是计算机系的学生都喜欢编程序。

解：首先定义谓词：CS(x)：表示 x 是计算机系的学生。

CM(x, y)：表示 x 和 y 是同班同学。

$L(x, z)$：表示 x 喜欢 z。

此时，可用谓词公式把上述知识表示为：

CS(WangHong)

CM(WangHong, LiMing)

$(\forall x)(\mathrm{CS}(x) \rightarrow L(x, \mathrm{programing}))$

3．谓词逻辑表示的经典例子

上面讨论了一阶谓词逻辑的基础和逻辑知识表示方法，为加深对这些内容的理解，下面举出两个逻辑表示法的应用例子。

（1）机器人移盒子问题

例 2.4 设在一房间里，c 处有一个机器人，a 和 b 处各有一张桌子，分别称为 a 桌和 b 桌，a 桌上有一盒子，如图 2.1 所示。要求机器人从 c 处出发把盒子从 a 桌上拿到 b

桌上，再回到 c 处。请用谓词逻辑来描述机器人的行动过程。

解：在这个例子中，不仅要用谓词公式来描述事物的状态、位置，还要用谓词公式表示动作。为此，需要定义谓词如下：

TABLE(x)：x 是桌子。

EMPTY(y)：y 手中是空的。

AT(y, z)：y 在 z 处。

HOLDS(y, w)：y 拿着 w。

ON(w, x)：w 在 x 桌面上。

图 2.1　机器人移盒子

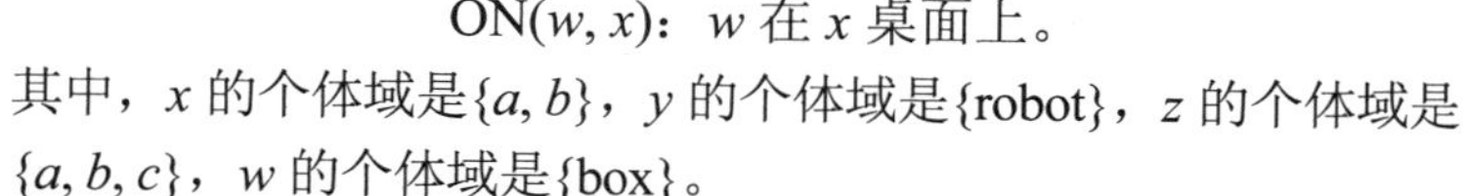

其中，x 的个体域是$\{a, b\}$，y 的个体域是{robot}，z 的个体域是$\{a, b, c\}$，w 的个体域是{box}。

问题的初始状态是：

AT(robot, c)
EMPTY(robot)
ON(box, a)
TABLE(a)
TABLE(b)

问题的目标状态是：

AT(robot, c)
EMPTY(robot)
ON(box, b)
TABLE(a)
TABLE(b)

机器人行动的目标是把问题的初始状态转换为目标状态，需要完成一系列的操作。每个操作一般可分为条件和动作两部分。条件部分用来说明执行该操作必须具备的先决条件，动作部分给出了该操作对问题状态的改变情况。条件部分可用谓词公式来表示，动作部分则是通过在执行该操作前的问题状态中删去和增加相应的谓词来实现的。在本问题中，机器人需要执行以下 3 个操作：

GOTO(x, y)：从 x 处走到 y 处。

PICKUP(x)：在 x 处拿起盒子。

SETDOWN(x)：在 x 处放下盒子。

这 3 个操作对应的条件与动作如下：

GOTO(x, y)
　　条件：AT(robot, x)
　　动作：删除表：AT(robot, x)
　　　　　添加表：AT(robot, y)

PICKUP(x)
　　条件：ON(box, x)，TABLE(x)，AT(robot, x)，EMPTY(robot)
　　动作：删除表：EMPTY(robot)，ON(box, x)
　　　　　添加表：HOLDS(robot, box)

SETDOWN(x)

条件：AT(robot, x)，TABLE(x)，HOLDS(robot, box)

动作：删除表：HOLDS(robot, box)

添加表：EMPTY(robot)，ON(box, x)

机器人在执行每个操作之前，都需要检查当前状态是否可以满足该操作的先决条件。如果满足，就执行相应的操作，否则检查下一个操作所要求的先决条件。而检查先决条件是否成立实际上是一种归结方法，即把当前状态看成已知条件，把将要验证的先决条件看成结论，然后进行归结。至于归结方法将在下一节专门讨论，这里讨论的重点是谓词逻辑知识表示方法。

作为谓词逻辑知识表示方法的应用，下面给出机器人移盒子问题的求解过程，它实际上是一个规划过程。需要指出的是，在实际求解过程中，检查先决条件是否满足是通过对操作谓词的变量的代换来实现的。

	状态 1（初始状态）		状态 2
	AT(robot, c)		AT(robot, a)
开始	EMPTY(robot)	GOTO(c, a)	EMPTY(robot)
======〉	ON(box, a)	======〉	ON(box, a)
	TABLE(a)		TABLE(a)
	TABLE(b)		TABLE(b)
	状态 3		**状态 4**
	AT(robot, a)		AT(robot, b)
PICKUP(a)	HOLDS(robot, box)	GOTO(a, b)	HOLDS(robot, box)
======〉	TABLE(a)	======〉	TABLE(a)
	TABLE(b)		TABLE(b)
	状态 5		**状态 6（目标状态）**
	AT(robot, b)		AT(robot, c)
SETDOWN(b)	EMPTY(robot)	GOTO(b, c)	EMPTY(robot)
======〉	ON(box, b)	======〉	ON(box, b)
	TABLE(a)		TABLE(a)
	TABLE(b)		TABLE(b)

（2）猴子摘香蕉问题

例 2.5 如图 2.2 所示，设房间里有一只猴子（即机器人），位于 a 处。在 c 处上方的天花板上有一串香蕉，猴子想吃，但摘不到。房间的 b 处还有一个箱子，如果猴子站到箱子上，就可以摸着天花板。请用谓词逻辑知识表示描述上述问题。

图 2.2 猴子摘香蕉问题

解： 要解决这个问题，需要定义如下谓词：

AT(x, y)：表示 x 在 y 处。

ONBOX：表示猴子在箱子上面。

HB：猴子摘到香蕉。

其中，x 的个体域是{monkey, box, banana}，y 的个体域是$\{a, b, c\}$。

问题的初始状态：	问题的目标状态：
AT(monkey, a)	AT(monkey, c)
AT(box, b)	AT(box, c)
¬ONBOX	ONBOX
¬HB	HB

猴子的动作将会改变问题的状态，其目的是把问题的初始状态转换为目标状态。与机器人移盒子问题类似，猴子的每个操作都可分为条件和动作两部分。在本问题中，猴子需要执行的 4 个操作可用谓词描述如下：

GOTO(u, v)：表示猴子从 u 处走到 v 处。

PUSHBOX(v, w)：表示猴子推着箱子从 v 处移到 w 处。

CLIMBBOX：表示猴子爬上箱子。

GRASP：表示猴子摘取香蕉。

这些操作对应的先决条件及动作如下：

GOTO(u, v)

条件：¬ONBOX, AT(monkey, u)，

动作：删除表：AT(monkey, u)

添加表：AT(monkey, v)

PUSHBOX(v, w)

条件：¬ONBOX, AT(monkey, v)，AT(box, v)

动作：删除表：AT(monkey, v)，AT(box, v)

添加表：AT(monkey, w)，AT(box, w)

CLIMBBOX

条件：¬ONBOX, AT(monkey, w)，AT(box, w)

动作：删除表：¬ONBOX

添加表：ONBOX

GRASP

条件：ONBOX, AT(box, c)，¬HB

动作：删除表：¬HB

添加表：HB

利用上述谓词和操作，即可完成猴子摘香蕉问题的求解。其求解过程与前述机器人移盒子问题类似，这里从略。

4．谓词逻辑表示的特性

逻辑知识表示的主要特点是建立在一阶逻辑的基础上，并利用逻辑运算方法研究推理的规律，即条件与结论之间的蕴涵关系。逻辑表示法的主要优点如下。

① 自然。一阶谓词逻辑是一种接近于自然语言的形式语言系统，谓词逻辑表示法接近于人们对问题的直观理解，易于被人们接受。

② 明确。逻辑表示法对如何由简单陈述句构造复杂陈述句的方法有明确规定，如连接词、量词的用法和含义等。对于用逻辑表示法表示的知识，人们都可以按照一种标准的方法去解释它，因此用这种方法表示的知识明确、易于理解。

③ 精确。谓词逻辑是一种二值逻辑，其谓词公式的真值只有“真”和“假”，因此可用来表示精确知识，并可保证经演绎推理所得结论的精确性。

④ 灵活。逻辑表示法把知识和处理知识的程序有效地分开，无须考虑程序中处理知识的细节。

⑤ 模块化。在逻辑表示法中，各条知识都是相对独立的，它们之间不直接发生联系，因此添加、删除、修改知识的工作比较容易进行。

逻辑表示法也存在一些不足，包括：

① 知识表示能力差。逻辑表示法只能表示确定性知识，而不能表示非确定性知识，如不精确、模糊性知识。实际上，人类的大部分知识都不同程度地具有某种不确定性，这就使得逻辑表示法表示知识的范围和能力受到了一定的限制。另外，逻辑表示法难以表示过程性知识和启发性知识。

② 知识库管理困难。逻辑表示法缺乏知识的组织原则，形成的知识库管理比较困难。

③ 存在组合爆炸。由于逻辑表示法难以表示启发性知识，因此在推理过程中只能盲目地使用推理规则。这样，当系统知识量较大时，容易发生组合爆炸。

④ 系统效率低。逻辑表示法的推理过程是根据形式逻辑进行的，把推理演算与知识含义截然分开，抛弃了表达内容中所含有的语义信息，往往使推理过程冗长，降低了系统效率。

2.2.2 产生式表示法

产生式（production）这一术语是 1943 年由美国数学家波斯特（E.Post）首次提出并使用的。到 1972 年，纽厄尔和西蒙在研究人类的认知模型中开发了基于规则的产生式系统。目前，产生式表示法已成为人工智能中应用最多的一种知识表示模式，尤其是在专家系统方面，许多成功的专家系统都采用产生式表示方法。本节重点讨论确定性知识的产生式表示方法，至于其推理稍后讨论。

1．产生式表示的基本方法

产生式表示法可以容易地描述事实和规则，下面给出其表示方法。

（1）事实的表示

事实可看成断言一个语言变量的值或断言多个语言变量之间关系的陈述句。其中，语言变量的值或语言变量之间的关系可以是数字，也可以是一个词等。例如，陈述句“雪是白的”，其中“雪”是语言变量，“白的”是语言变量的值。再如，陈述句“王峰热爱祖国”，其中，“王峰”和“祖国”是两个语言变量，“热爱”是语言变量之间的关系。在产生式表示法中，事实通常是用三元组或四元组来表示的。

对确定性知识，一个事实可用一个三元组

(对象, 属性, 值)　　或　　(关系, 对象 1, 对象 2)

来表示。其中，对象就是语言变量。这种表示方式，在机器内部可用一个表来实现。

（2）规则的表示

规则描述的是事物间的因果关系，其含义是“如果……则……”。规则的产生式表示形式常称为产生式规则，简称产生式称规则。一个规则由前件和后件两部分组成，其基本形式为：

IF <前件> THEN <后件>

或

<前件> → <后件>

其中，前件是该规则可否使用的先决条件，由单个事实或多个事实的逻辑组合构成；后件是一组结论或操作，指出当“前件”满足时，应该推出的“结论”或应该执行的“动作”。

严格地讲，用巴克斯范式给出的规则的形式化描述如下：

<规则>:: = <前提>→<结论>

<前提>:: = <简单条件>|<复合条件>

<结论>:: = <事实>|<动作>

<复合条件>:: = <简单条件>AND<简单条件>[(AND<简单条件>⋯)]|

<简单条件>OR<简单条件>[(OR<简单条件>⋯)]

<动作>:: = <动作名>|[(<变元>, ⋯)]

2．产生式表示简例

上面给出的是产生式表示的一般方法，下面以“动物识别系统”中的产生式规则为例，给出两个具体的产生式知识表示方法。

在经典的“动物识别系统”中，有以下两条产生式规则：

r_3：IF 动物有羽毛 THEN 动物是鸟

r_{15}：IF 动物是鸟 AND 动物善飞 THEN 动物是信天翁

其中，r_3 和 r_{15} 分别是相应产生式在“动物识别系统”中的编号，被称为规则序号。

对 r_3，其前提条件是“动物有羽毛”，结论是“动物是鸟”，其含义是“如果动物有羽毛，则动物是鸟”。

对 r_{15}，其前提条件是“动物是鸟 AND 动物善飞”，其前提条件是由子条件“动物是鸟”和另一个子条件“动物善飞”通过合取构成的一个组合条件。该产生式的含义是“如果动物有羽毛，并且动物善飞，则该动物是信天翁”。

3．产生式表示的特性

产生式表示法的主要优点如下：

① 自然性。产生式表示法用“如果……，则……”的形式表示知识，这种表示形式与人类的判断性知识基本一致，既直观、自然，又便于进行推理。

② 模块性。每条产生式规则都是一个独立的知识单元，描述了前提与结论之间的一种静态关系，其正确性可以独立地得到保证；各产生式规则之间不存在相互调用关系，这就大大增加了规则的模块性。

③ 有效性。产生式表示除用来表示确定性知识外，稍做变形就可用来表示不确定性知识。

产生式表示法的主要缺点如下：

① 效率较低。在产生式表示中，各规则之间的联系必须以综合数据库为媒介，并且其求解过程是一种反复进行的“匹配—冲突消解—执行”过程，即先用规则前提与综合数据库中的已知事实进行匹配，再从规则库中选择可用规则，当有多条规则可用时，还

需要按一定策略进行“冲突消解”，然后才能执行选中的规则。这样的执行方式将导致执行的效率较低。

② 不便于表示结构性知识。由于产生式表示中的知识具有一致格式，且规则之间不能相互调用，因此那种具有结构关系或层次关系的知识，用产生式很难将其以自然的方式来表示。

2.2.3 语义网络表示法

语义网络是奎利恩（J. R. Quillian）于1968年提出的一种心理学模型，后来奎利恩又把它用于知识表示。1972年，西蒙在他的自然语言理解系统中也采用了语义网络表示法。1975年，亨德里克斯（G. G. Hendrix）又对全称量词的表示提出了语义网络分区技术。目前，语义网络已成为人工智能中应用较多的一种知识表示方法。

1．语义网络概述

（1）语义网络的概念

语义网络是一种用实体及其语义关系来表达知识的有向图。其中，节点代表实体，表示各种事物、概念、情况、属性、状态、事件、动作等；弧代表语义关系，表示它所连接的两个实体之间的语义联系。在语义网络中，每一个节点和弧都必须带有标志，这些标志用来说明它所代表的实体或语义。

在语义网络表示中，最基本的语义单元称为语义基元，语义基元对应的那部分网络结构称为基本网元。一个语义基元可用三元组(节点 1, 弧, 节点 2)来描述，其结构可用一个基本网元来表示。例如，若用 A、B 分别表示三元组中的节点 1 和节点 2，用 R 表示 A 与 B 之间的语义联系，则它对应的基本网元的结构如图 2.3 所示。

例 2.6 用语义基元描述“鸵鸟是一种鸟”这一事实。

解：由于“鸵鸟”与“鸟”之间的语义联系为“是一种”，因此在此语义网络中，弧被标志为“是一种”，如图 2.4 所示。

当把多个语义基元用相应的语义联系关联在一起时，就形成了一个语义网络。在语义网络中，弧的方向是有意义的，不能随意调换。至于基本网元之间的关联方法，后面将详细讨论。

语义网络表示法和产生式表示法之间有着对应的表示能力。例如，对事实“雪是白的”，可用语义网络表示如图 2.5 所示。

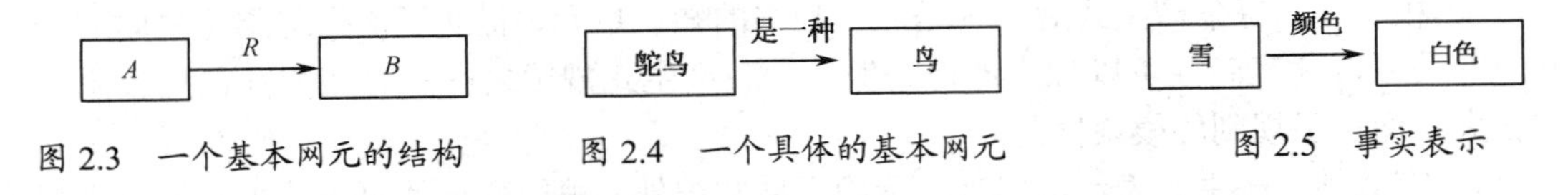

图 2.3 一个基本网元的结构　　图 2.4 一个具体的基本网元　　图 2.5 事实表示

再如，对规则 R，若其含义是“如果 A…则 B”，则可表示为图 2.3 的形式。

可见，事实与规则的语义网络的表示形式是相同的，区别仅是弧上的标志不同。

语义网络表示和谓词逻辑表示之间有着对应的表示能力。从逻辑表示来看，基本网元相当于二元谓词。因为三元组(节点 1, 弧, 节点 2)可写成 P(个体 1, 个体 2)，其中，节点 1、节点 2 分别对应个体 1、个体 2，而弧及其上面的标志是由谓词 P 来体现的。

（2）基本的语义关系

从功能上讲，语义网络可以描述任何事物间的任意复杂关系。但是，这种描述是通过把许多基本的语义关系关联到一起来实现的。基本语义关系是构成复杂语义关系的基石，也是语义网络知识表示的基础。由于基本语义关系的多样性和灵活性，因此又不可能对其进行全面讨论。作为参考，下面给出的仅是一些最常用的基本语义关系。

① 实例关系。实例关系体现的是“具体与抽象”的概念，用来描述“一个事物是另外一个事物的具体例子”。其语义标志为 ISA，即 Is-a 的简写形式，含义为“是一个”。

例如，实例关系“李刚是一个人”，可用如图 2.6 所示的语义网络来表示。

② 分类关系。分类关系也称为泛化关系，它体现的是“子类与超类”的概念，用来描述“一个事物是另外一个事物的一个成员”。其语义标志为 AKO，即 A-Kind-of 的缩写，其含义为“是一种”。

例如，分类关系“鸟是一种动物”可用如图 2.7 所示的语义网络来表示。

③ 成员关系。成员关系体现的是“个体与集体”的概念，用来描述“一个事物是另外一个事物中的一个成员”。其语义标志为 A-Member-of，含义为“是一员”。

例如，成员关系“张强是共青团员”可用如图 2.8 所示的语义网络来表示。

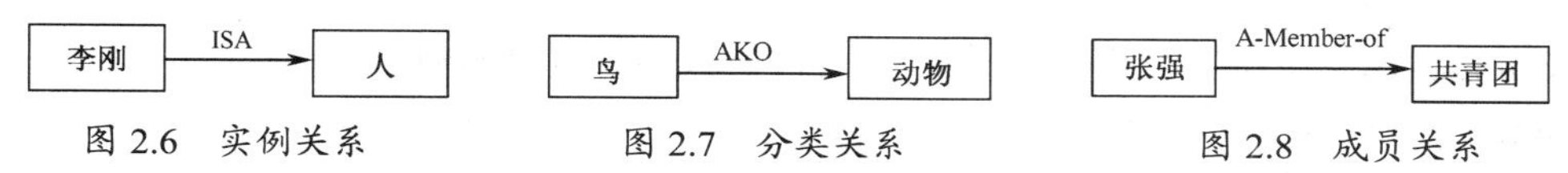

图 2.6 实例关系　　图 2.7 分类关系　　图 2.8 成员关系

前面讨论的实例关系、分类关系和成员关系有时统称为类属关系，它们都具有属性的继承性，处在具体层、子类层和个体层的节点可以继承抽象层、父类层和集体层的属性。例如，李刚可以继承人的会说话、能走路、会思考等属性，鸟可以继承动物能吃、会叫等属性，张强可以继承共青团的先锋性等特性。

④ 属性关系。属性关系是指事物与其行为、能力、状态、特征等属性之间的关系。由于不同事物的属性不同，因此属性关系可以有很多种。例如：

Have，含义是“有”，表示一个节点具有另一个节点所描述的属性。

Can，含义是“能”、“会”，表示一个节点能做另一个节点所描述的事情。

Age，含义是“年龄”，表示一个节点是另一个节点在年龄方面的属性。

例如，“鸟有翅膀”可用如图 2.9 所示的语义网络来表示。再如，“张强 18 岁”可用如图 2.10 所示的语义网络来表示。

图 2.9 属性关系一　　图 2.10 属性关系二

⑤ 包含关系。包含关系也称为聚类关系，是指具有组织或结构特征的“部分与整体”之间的关系，与类属关系的最主要区别是包含关系一般不具备属性的继承性。常用的包含关系有：Part-of，含义为“是一部分”，表示一个事物是另一个事物的一部分。

例如，“大脑是人体的一部分”可用如图 2.11 所示的语义网络来表示。再如，“黑板是墙壁的一部分”可用图 2.12 来表示。从继承性的角度看，大脑不具有人体的各种属性，黑板也不具有墙壁的各种属性。

⑥ 时间关系。时间关系是指不同事件在其发生时间方面的先后次序关系。常用的时

间关系有：Before，含义为“在前”，表示一个事件在另一个事件之前发生；After，含义为“在后”，表示一个事件在另一个事件之后发生。

例如，“AlphaGo-Zero 在 AlphaGo 之后”可用如图 2.13 所示的语义网络来表示。

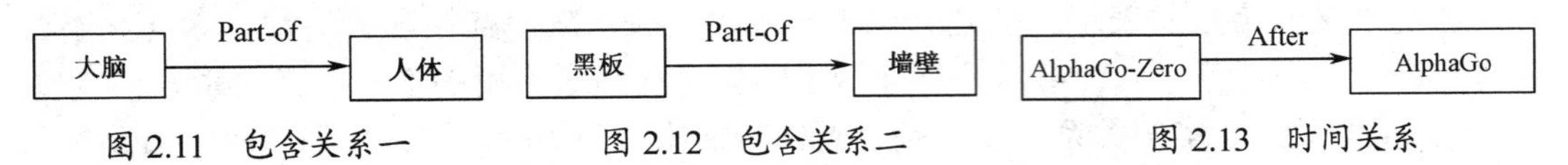

图 2.11 包含关系一　　图 2.12 包含关系二　　图 2.13 时间关系

⑦ 位置关系。位置关系是指不同事物在位置方面的关系。常用的位置关系有：

Located-on，含义为“在上”，表示某一物体在另一物体之上。

Located-at，含义为“在”，表示某一物体所在的位置。

Located-under，含义为“在下”，表示某一物体在另一物体之下。

Located-inside，含义为“在内”，表示某一物体在另一物体之内。

Located-outside，含义为“在外”，表示某一物体在另一物体之外。

例如，“书在桌子上”可用如图 2.14 所示的语义网络来表示。

⑧ 相近关系。相近关系是指不同事物在形状、内容等方面相似或接近。常用的相近关系有：

Similar-to，含义为“相似”，表示某一事物与另一事物相似。

Near-to，含义为“接近”，表示某一事物与另一事物接近。

例如，“猫似虎”可用如图 2.15 所示的语义网络来表示。

图 2.14 位置关系　　图 2.15 相近关系

2. 事物和概念的表示

（1）用语义网络表示一元关系

一元关系是指可以用一元谓词 $P(x)$ 表示的关系。其中，个体 x 为实体，谓词 P 说明实体的性质、属性等。一元关系描述的是一些最简单、最直观的事物或概念，常用“是”“有”“会”“能”等语义关系来说明。例如，“雪是白的”就是一个一元关系。

按道理讲，语义网络描述的是两个节点之间的二元关系。那么，如何用它来描述一元关系呢？通常的做法是用节点 1 表示实体，用节点 2 表示实体的性质或属性等，用弧表示节点 1 和节点 2 之间的语义关系。例如，“李刚是一个人”是一个一元关系，其语义网络见图 2.6。为了进一步说明一元关系的语义网络表示，下面再给出一个例子。

例 2.7 用语义网络表示“动物能运动、会吃”。

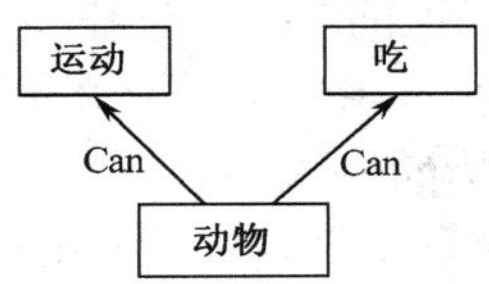

图 2.16 动物的属性

解：在这个例子中，能运动和会吃是动物的两个属性。其表示方法是在“动物”节点上增加它具有的属性“能运动”“会吃”，如图 2.16 所示。

从这个例子可以看出，尽管语义网络描述的是两个节点之间的二元关系，但它同样可以方便地表示一元关系。

（2）用语义网络表示二元关系

二元关系是指可用二元谓词 $P(x, y)$ 表示的关系。其中，个体 x 和 y 为实体，谓词 P

说明两个实体之间的关系。二元关系可以方便地用语义网络来表示，前面介绍了一些常用二元关系的表示方法，下面主要讨论较复杂关系的表示方法。

有些关系看起来比较复杂，但可以较容易地分解成一些相对独立的二元关系或一元关系。对于这类问题，可先给出每个二元关系或一元关系的语义网络表示，再把它们关联到一起，得到问题的完整表示。

例 2.8 用语义网络表示：

动物能运动、会吃。

鸟是一种动物，鸟有翅膀、会飞。

鱼是一种动物，鱼生活在水中、会游泳。

对于这个问题，各种动物的属性按属性关系描述，动物之间的分类用分类关系描述。其语义网络如图 2.17 所示。

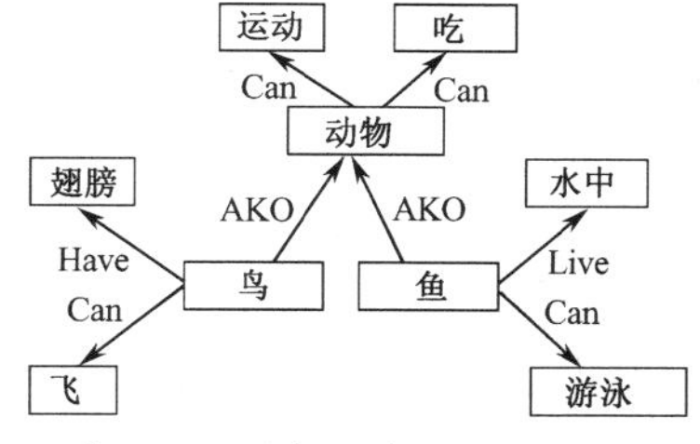

图 2.17 动物分类的语义网络

例 2.9 用语义网络表示：

王强是理想公司的经理；

理想公司位于中关村；

王强 28 岁。

对于这个问题，其语义网络如图 2.18 所示。

例 2.10 用语义网络表示以下两个简单事实：

李新的手机是“华为”、土豪金色。

王红的手机是“中兴”、玫瑰红色。

这两个事实相互独立，但又有一定联系。不管是李新的手机，还是王红的手机，都是一款特定的手机，属于具体概念。为使该问题的表示更加一般化和便于扩充，可在语义网络中增加“手机”这个抽象概念，并用手机 1、手机 2 分别代表李新和王红的手机。其语义网络如图 2.19 所示。

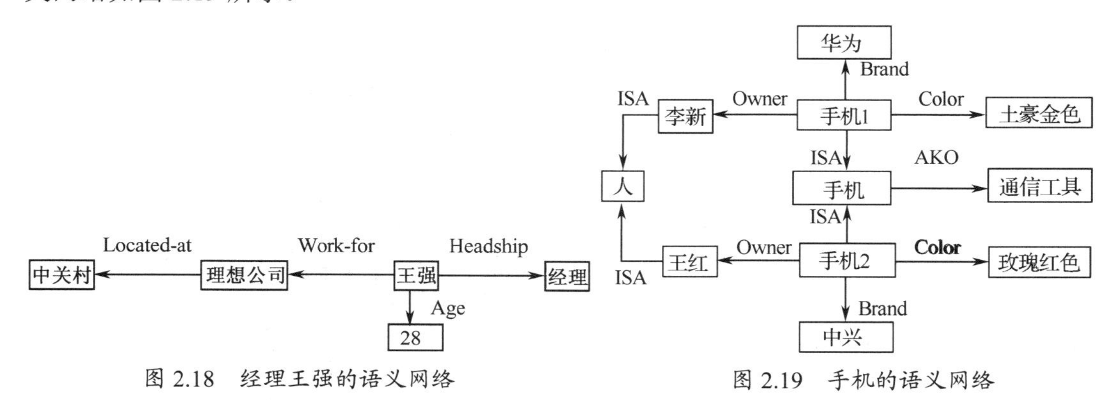

图 2.18 经理王强的语义网络

图 2.19 手机的语义网络

（3）用语义网络表示多元关系

多元关系是指可用多元谓词 $P(x_1, x_2, \cdots)$表示的关系。其中，个体 x_1，x_2，$\cdots$为实体，谓词 P 说明这些实体之间的关系。在现实世界中，往往需要通过某种关系把多种事物联系起来，这就构成了一种多元关系。当用语义网络表示多元关系时，需要先将其转化为多个一元或二元关系，再把这些一元关系、二元关系组合起来实现对多元关系的表示。

3．情况和动作的表示

为了描述那些复杂的情况和动作，西蒙在他提出的表示方法中增加了情况节点和动作节点，允许用一个节点来表示情况或动作。

（1）情况的表示

用语义网络表示情况时，需要设立一个情况节点。该节点有一组向外引出的弧，用于指出各种不同的情况。

例 2.11 用语义网络表示：

小燕子这只燕子从春天到秋天一直占有一个巢。

需要设立一个占有节点，表示占有物和占有时间。其语义网络如图 2.20 所示。

对上述问题，也可以把占有作为一种关系，并用一条弧来表示，其语义网络如图 2.21 所示。但在这种表示方法下，占有关系就无法表示了。

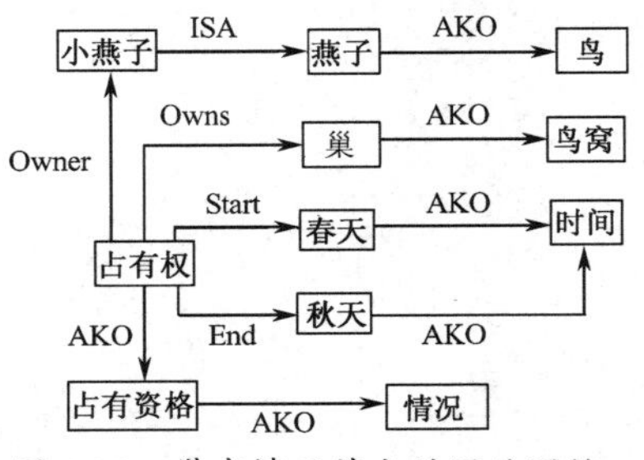

图 2.20 带有情况节点的语义网络

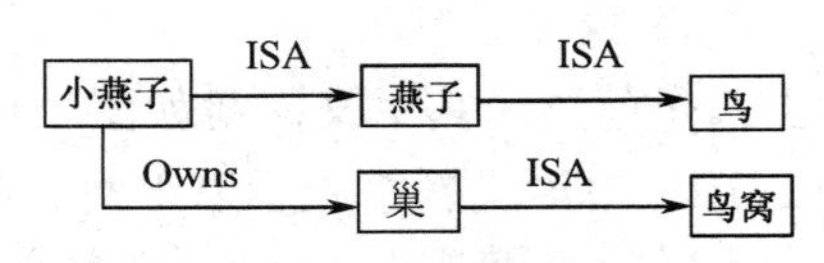

图 2.21 不带情况节点的语义网络

（2）事件和动作的表示

用语义网络表示事件或动作时，也需要设立一个事件节点。事件节点也有一些向外引出的弧，用于指出动作的主体和客体。

例 2.12 用语义网络表示：

常河给江涛一个优盘。

如果把“给”作为一个动作节点，其语义网络如图 2.22 所示。如果把“常河给江涛一个优盘”作为一个事件，并在语义网络中增加一个“事件”节点，则其语义网络如图 2.23 所示。

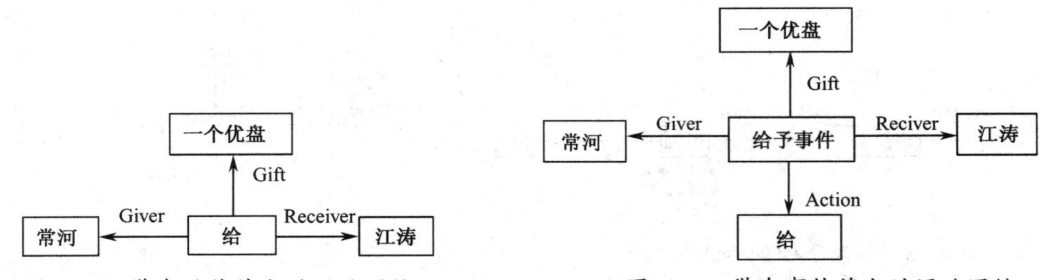

图 2.22 带有动作节点的语义网络

图 2.23 带有事件节点的语义网络

4．语义网络的基本推理过程

采用语义网络表示知识的问题求解系统主要由两大部分组成，一部分是由语义网络构成的知识库，另一部分是用于问题求解的推理机构。语义网络的推理过程主要有两种，继承和匹配。

（1）继承

继承是指把对事物的描述从抽象节点传递到具体节点。通过继承可以得到所需节点的一些属性值，它通常是沿着 ISA、AKO 等继承弧进行的。继承的一般过程为：

① 建立一个节点表，用来存放待求解节点和所有以 ISA、AKO 等继承弧与此节点相连的那些节点。在初始情况下，表中只有待求解节点。

② 检查表中的第一个节点是否有继承弧。如果有，就把该弧所指的所有节点放入节点表的末尾，记录这些节点的所有属性，并从节点表中删除第一个节点。如果没有，仅从节点表中删除第一个节点。

③ 重复②，直到节点表为空。此时记录下来的所有属性都是待求解节点继承来的属性。

例如，在如图 2.17 所示的语义网络中，通过继承关系可以得到“鸟”具有会吃、能运动的属性。

（2）匹配

匹配是指在知识库的语义网络中寻找与待求解问题相符的语义网络模式。其主要过程为：

① 根据待求解问题的要求构造一个网络片段，该网络片段中有些节点或弧的标志是空的，称为询问处，它反映的是待求解的问题。

② 根据该语义片段到知识库中去寻找需要的信息。

③ 当待求解问题的网络片段与知识库中的某个语义网络片段相匹配时，则与询问处所对应的事实就是该问题的解。

为了说明这一过程，下面看一个例子。

例 2.13 假设在知识库中存放着如图 2.18 所示的语义网络，问王强在哪个公司工作。

根据这个问题的要求，可构造如图 2.24 所示的语义网络片段。当用该语义网络片段与图 2.18 所示的语义网络进行匹配时，由“Work-for”弧所指的节点可知，王强工作在“理想公司”，这就得到了问题的答案。如果还想知道职员王强的其他情况，可通过在语义网络中增加相应的空节点来实现。

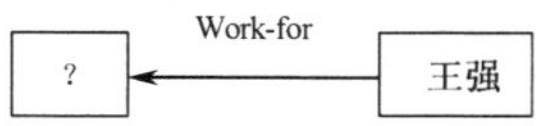

Work-for
?
王强

图 2.24 求解王强所在公司的语义网络片段

5. 语义网络表示的特征

语义网络表示法的主要优点如下：

① 结构性。语义网络把事物的属性及事物间的各种语义联系显式地表示出来，是一种结构化的知识表示方法。在这种方法中，下层节点可以继承、新增和变异上层节点的属性，从而实现了信息的共享。

② 联想性。语义网络本来是作为人类联想记忆模型提出来的，着重强调事物间的语义联系，体现了人类的联想思维过程。

③ 自然性。语义网络实际上是一个带有标志的有向图，可以直观地把知识表示出来，符合人们表达事物间关系的习惯，并且自然语言与语义网络之间的转换比较容易实现。

语义网络表示法也存在一定的缺点，主要表现为：

① 非严格性。语义网络没有像谓词那样严格的形式表示体系，一个给定语义网络的含义完全依赖于处理程序对它进行的解释，通过语义网络实现的推理不能保证其正确性。

② 复杂性。语义网络表示知识的手段是多种多样的，虽然对其表示带来了灵活性，但由于表示形式的不一致，也使得对它的处理增加了复杂性。

2.2.4 框架表示法

框架表示法是在框架理论的基础上发展起来的一种结构化知识表示方法，目前已成为一种被广泛使用的知识表示方法。

1. 框架理论

框架理论是明斯基于1975年在其论文 *A Framework for Representing Knowledge* 中作为理解视觉、自然语言对话及其他复杂行为的一种基础提出来的。

框架理论认为，人们对现实世界中各种事物的认识都是以一种类似框架的结构存储在记忆中的。当遇到一个新事物时，就从记忆中找出一个合适的框架，并根据新的情况对其细节加以修改、补充，从而形成对这个新事物的认识。例如，当一个人走进一家从未去过的饭店前，会根据以往的经验，想象到在饭店里将看到菜单、餐桌、服务员等。至于菜单的样式、餐桌的颜色、服务员的服饰等细节，都需要在进入饭店之后通过观察来得到。但是这样的一种知识结构却是事先可以预见到的。

像这样根据以往经验去认识新事物的方法是人们经常采用的。但是，人们又不可能把过去的经验全部存放在脑子里，而只能以一种通用的数据结构形式把它们存储起来，当新情况发生时，只要把新的数据加入到该通用数据结构中便可形成一个具体的实体，这种通用数据结构就称为框架。

当人们把观察或认识到的具体细节填入框架后，就得到了该框架的一个具体实例，框架的这种具体实例被称为实例框架。

在框架理论中，框架是知识的基本单位，把一组有关的框架连接起来便可形成一个框架系统。在框架系统中，系统的行为由该系统内框架的变化来实现，系统的推理过程由框架之间的协调来完成。

2. 框架结构和框架表示

（1）框架的基本结构

框架（frame）通常由描述事物各方面的若干槽（slot）组成，每个槽也可以根据实际情况拥有若干个侧面（aspect），每个侧面又可以拥有若干值（value）。在框架系统中，每个框架都有自己的名字，称为框架名。同样，每个槽和侧面都有自己的槽名和侧面名。框架的基本结构如下：

```
Frame<框架名>
    槽名 1:   侧面名 1_1      值 1_11, 值 1_12, …
              侧面名 1_2      值 1_21, 值 1_22, …
                ⋮
    槽名 2:   侧面名 2_1      值 2_11, 值 2_12, …
              侧面名 2_2      值 2_21, 值 2_22, …

    槽名 n:   侧面名 n_1      值 n_11, 值 n_12, …
              侧面名 n_2      值 n_21, 值 n_22, …

              侧面名 n_m      值 n_m1, 值 n_m2, …
```

框架的槽值和侧面值，既可以是数字、字符串、布尔值，也可以是一个给定的操作，甚至可以是另一个框架的名字。当其值为一个给定的操作时，系统可通过在推理过程中调用该操作，实现对侧面值的动态计算或修改等。当其值为另一个框架的名字时，系统可通过在推理过程中调用该框架，实现这些框架之间的联系。为了说明框架的这种基本结构，下面先看一个较简单的框架例子。

例 2.14 给出一个直接描述“硕士生”有关情况的框架。

解： 设该框架结构如下：

```
Frame<MASTER>
    Name: Unit(Lastname, Firstname)
    Sex: Area(male, female)
        Default: male
    Age: Unit(Years)
    Major: Unit(Major)
    Field: Unit(Field)
    Advisor: Unit(Lastname, Firstname)
    Project: Area(National, Provincial, Other)
            Default: National
    Paper: Area(SCI, EI, Core, General)
           Default: Core
    Address: <S-Address>
    Telephone: HomeUnit(Number)
               MobileUnit(Number)
```

这个框架有 10 个槽，分别描述了一个硕士生在姓名（Name）、性别（Sex）、年龄（Age）、专业（Major）、研究方向（Field）、导师（Advisor）、参加项目（Project）、发表论文（Paper）、住址（Address）、电话（Telephone）这 10 方面的情况。其中，性别、参加项目、发表论文这 3 个槽中的第二个侧面均为默认值；电话槽的两个侧面分别是住宅电话（Home）和移动电话（Mobile）。

该框架中的每个槽或侧面都给出了相应的说明信息，这些说明信息用来指出填写槽值或侧面值时的一些格式限制。其中，单位（Unit）用来指出填写槽值或侧面值时的书写格式。例如，姓名槽和导师槽应按先写姓（Lastname）、后写名（Firstname）的格式填写；学习专业槽应按专业名（Major）填写；研究方向槽应按方向名（Field）填写；住宅电话、移动电话侧面应按电话号码填写。范围（Area）用来指出所填的槽值仅能在指定的范围内选择槽值。例如，参加项目槽只能在国家级（National）、省级（Provincial）、其他（Other）这三种级别中挑选；发表论文槽只能在 SCI 收录、EI 收录、核心（Core）刊物、一般（General）刊物这四种类型中选择。默认值（Default）用来指出当相应槽未填入槽值时，以其默认值作为该槽的槽值，可以节省一些填槽工作。例如，参加项目槽，当没填入任何信息时，就以默认值国家级（National）作为该槽的槽值；发表论文槽，当没填入任何信息时，就以默认值核心期刊（Core）作为该槽的槽值。“<>”表示由它括起来的是框架名。例如，住址槽的槽值是学生住址框架的框架名“S-Address”。

在框架中给出这些说明信息，可以使框架的问题描述更加清楚。但这些说明信息并非必需的，框架表示也可以进一步简化，省略其中的“Unit”“Area”“Default”，而直接放置槽值或侧面值。

（2）框架的表示

上面给出的仅是一种框架的基本结构和一个比较简单的例子。一般来说，单个框架只能用来表示那些比较简单的知识。当知识的结构比较复杂时，往往需要用多个相互联系的框架来表示。例如，对分类问题，若采用多层框架结构表示，既可以使知识结构清晰，又可以减少冗余。为了便于理解，下面仍以例 2.14 的硕士生框架为例，来进行说明。

这里把例 2.14 的“MASTER”框架用两个相互联系的“Student”框架和“Master”框架来表示。“Master”框架是“Student”框架的一个子框架。“Student”框架描述所有学生的共性。“Master”框架描述硕士生的个性，并继承“Student”框架的所有属性。

学生框架：

```
Frame<Student>
    Name: Unit(Lastname, Firstname)
    Sex: Area(male, female)
         Default: male
    Age: Unit(Years)
    Address: <S-Address>
    Telephone: HomeUnit(Number)
               MobileUnit(Number)
```

硕士生框架：

```
Frame<Master>
    AKO: <Student>
    Major: Unit(Major)
    Field: Unit(Field)
    Advisor: Unit(Lastname, Firstname)
    Project: Area(National, Provincial, Other)
             Default: National
    Paper: Area(SCI, EI, Core, General)
           Default: Core
```

Master 框架中，用到了一个系统预定义槽名 AKO。所谓系统预定义槽名，是指框架表示法中事先定义好的可公用的一些标准槽名。框架中的预定义槽名 AKO 与语义网络中的 AKO 弧的含义相似，其直观含义为“是一种”。当 AKO 作为下层框架的槽名时，其槽值为上层框架的框架名，表示该下层框架是 AKO 槽所给出的上层框架的子框架，并且该子框架可以继承其上层框架的属性和操作。

（3）实例框架

假设有杨叶和柳青两个硕士生，当把她们的具体情况分别填入 Master 框架后，可得到两个实例框架 Master-1 和 Master-2。这两个实例框架可表示如下。

硕士生-1 框架：

```
Frame<Master-1>
    ISA: <Master>
    Name: YangYe
    Sex: female
```

```
        Major: Computer
        Field: Web-Intelligence
        Advisor: LinHai
        Project: Provincial
```

硕士生-2 框架：

```
    Frame<Master-2>
        ISA: <Master>
        Name: LiuQing
        Age: 22
        Major: Computer
        Advisor: LinHai
        Paper: EI
```

这两个实例框架中又用到了一个系统预定义槽名 ISA。该预定义槽名与语义网络中的 ISA 弧的语义相似，其直观含义为“是一个”，表示一个事物是另一个事物的一个具体实例，用来描述一个具体事物与其抽象概念间的实例关系。例如，Master-1 和 Master-2 是两个具体的 Master。

3. 框架系统

当用框架来描述一个复杂知识时，往往需要用一组相互联系的框架来表示的，这组相互联系的框架称为框架系统。在实际应用中，绝大多数的问题都是用框架系统来表示的。在框架系统中，诸框架之间的联系可以是纵向的，也可以是横向的。

（1）框架之间的纵向联系

当用框架来表示那种具有演绎关系的知识结构时，下层框架与上层框架之间具有一种继承关系，这种具有继承关系的框架之间的联系称为纵向联系。例如，在图 2.25 中，学生可按照接受教育的层次分为本科生、硕士生和博士生。每类学生又可按照所学专业的不同，分为不同专业的学生等。

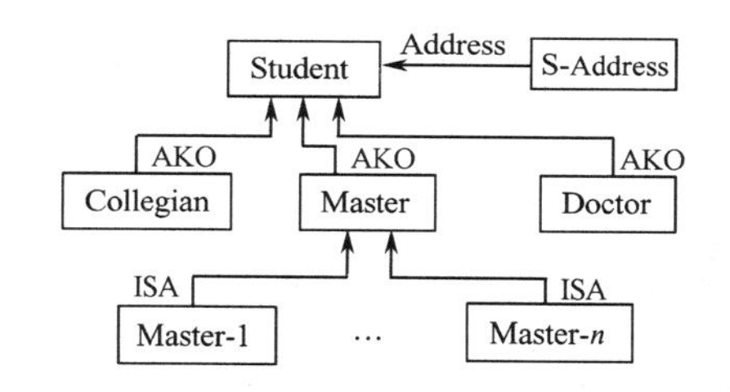

图 2.25 描述学生分类的框架系统的例子

在框架系统中，框架之间的纵向联系是通过预定义槽名 AKO 和 ISA 等来实现的。正像前面给出的例子一样，AKO 实现了框架与 Master 框架之间的纵向联系，ISA 实现了 Master 框架与 Master-1 实例框架之间的联系。

（2）框架之间的横向联系

由于一个框架的槽值或侧面值可以是另一个框架的名字，这就在框架之间建立起了另一种联系，被称为横向联系。例如，在图 2.25 描述的框架系统中，Student 框架与 S-Address 框架之间就是一种横向联系，是通过在 Student 框架的 Address 槽中填入另一个框架的框架名 S-Address 来实现的。

4. 框架表示的特性

框架表示法的主要优点如下：

① 结构性。框架表示法的最突出特点是善于表示结构性知识，能够把知识的内部结构关系及知识间的特殊联系表示出来。在框架表示中，知识的基本单位是框架，而框架由若干

槽组成，一个槽又由若干个侧面组成，这样就可以把知识的内部结构显式地表示出来。

② 深层性。框架表示法不仅可以从多方面、多重属性表示知识，还可以通过 ISA 和 AKO 等槽以嵌套结构分层地对知识进行表示，因此能用来表达事物间复杂的深层联系。

③ 继承性。在框架系统中，下层框架可以继承上层框架的槽值，这样不仅可以减少知识的冗余，较好地保证了知识的一致性。

④ 自然性。框架系统对知识的描述在直觉上是很吸引人的，把与某个实体或实体集的相关特性都集中在一起，从而高度模拟了人脑对实体的多方面、多层次的存储结构，直观自然，易于理解。

框架表示法的主要不足如下：

① 缺乏框架的形式理论。至今还没有建立框架的形式理论，其推理和一致性检查机制并非基于良好定义的语义。

② 缺乏过程性知识表示。框架系统不便于表示过程性知识，缺乏如何使用框架中知识的描述能力。框架推理过程需要用到一些与领域无关的推理规则，而这些规则在框架系统中又很难表达。

③ 清晰性难以保证。各框架本身的数据结构不一定相同，从而框架系统的清晰性很难保证。

综上所述，框架表示法为概念、结构和功能模型等陈述性知识的描述提供了一种结构化的典型方法，但对过程性知识的表达能力还比较差。因此，框架表示法经常与产生式表示法结合起来使用，它们之间的有机结合将取得令人满意的表示效果。

2.3 确定性知识推理方法

本节主要针对确定性知识，讨论基于规则的产生式推理、基于标准逻辑的自然演绎推理，以及基于鲁滨逊归结原理的归结演绎推理。

2.3.1 产生式推理

通常，人们把利用产生式知识表示方法所进行的推理称为产生式推理，把由此所形成的系统称为产生式系统。按照推理的控制方向，产生式推理可分为正向、逆向和混合三种方式。

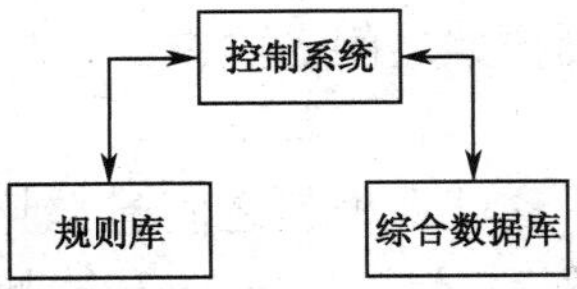

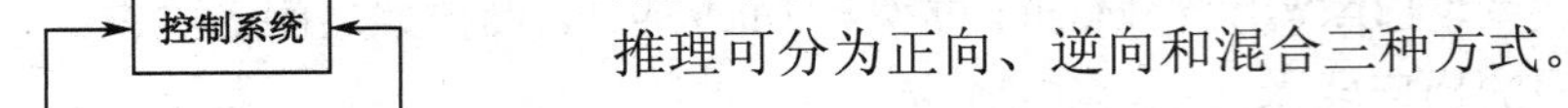

图 2.26 产生式推理的基本结构

1. 产生式推理的基本结构

产生式推理的基本结构如图 2.26 所示，包括综合数据库、规则库和控制系统这三个重要组成部分。

（1）综合数据库

综合数据库 DB（database）也称为事实库，是一个用来存放与求解问题有关的各种当前信息的数据结构。例如，问题的初始状态、输入的事实、推理得到的中间结论及最终结论等。在推理过程中，当规则库中某条规则的前提可以和综合数据库中的已知事实相匹配时，该规则被激活，由它推出的结论将被作为新的事实放入综合数据库，成为后面推理的已知事实。

（2）规则库

规则库 RB（rulebase）是一个用来存放与求解问题有关的所有规则的集合，也称为知识库 KB（knowlegebase），包含了将问题从初始状态转换成目标状态所需要的所有变换规则。这些规则描述了问题领域中的一般性知识。可见，规则库是产生式系统进行推理求解的基础，其知识的完整性、一致性、准确性、灵活性以及知识组织的合理性等，对规则库的运行效率都有着重要影响。

（3）控制系统

控制系统（controlsystem），也称为推理机，由一组程序构成，用来控制整个产生式系统的运行，决定问题求解过程的推理线路，实现对问题的求解。其主要工作包括：初始化综合数据库，选择可用规则，执行选定的规则，决定推理线路，终止推理过程等。

2．产生式的正向推理

正向推理是一种从已知事实出发、正向使用推理规则的推理方式，也称为数据驱动推理或前向链推理，其基本思想是：用户需要事先提供一组初始证据，并将其放入综合数据库；推理开始后，推理机根据综合数据库中的已有事实，到知识库中寻找当前可用知识，形成一个当前可用知识集，然后按照冲突消解策略，从该知识集中选择一条知识进行推理，并将新推出的事实加入综合数据库，作为后面继续推理时可用的已知事实；如此重复这一过程，直到求出所需要的解或者知识库中再无可用知识为止。

正向推理过程可用如下算法描述（如图 2.27 所示）：

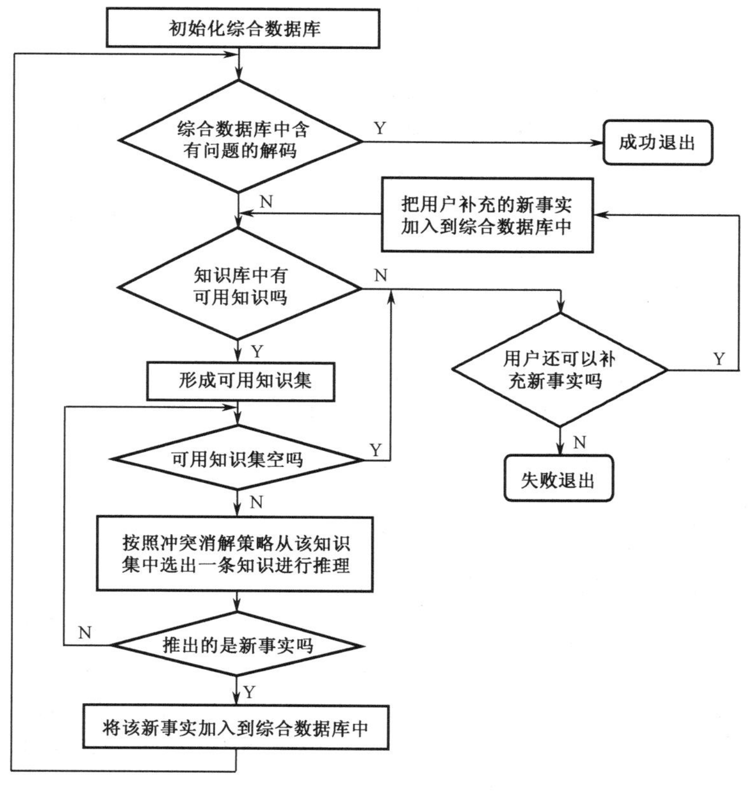

图 2.27　正向推理的流程图

① 把用户提供的初始证据放入综合数据库。

② 检查综合数据库中是否包含了问题的解，若已包含，则求解结束，并成功退出，否则执行下一步。

③ 检查知识库中是否有可用知识，若有，形成当前可用知识集，执行下一步，否则转⑤。

④ 按照某种冲突消解策略，从当前可用知识集中选出一条知识进行推理，并将推出的新事实加入综合数据库中，然后转②。

⑤ 询问用户是否可以进一步补充新的事实，若可补充，则将补充的新事实加入综合数据库中，然后转③；否则表示无解，失败退出。

仅从正向推理的算法来看好像比较简单，但实际上，推理的每一步都有许多工作要做。例如，如何根据综合数据库中的事实在知识库中选取可用知识；当知识库中有多条知识可用时，应该先使用哪一条知识等。这些问题涉及知识的匹配方法和冲突消解策略，如何解决，稍候再进行讨论，下面先看一个简单例子。

例 2.15 请用正向推理完成如下问题的求解。

假设知识库中包含以下两条规则：

r_1：IF B THEN C

r_2：IF A THEN B

已知初始证据 A，求证目标 C。

解：正向推理过程如下。

推理开始前，综合数据库为空。推理开始后，先把初始证据 A 放入综合数据库，然后检查综合数据库中是否含有该问题的解，回答为“N”。接着检查知识库中是否有可用知识，显然 r_2 可用，形成仅含 r_2 的可用知识集。从该知识集中取出 r_2，推出新的实事 B，将 B 加入综合数据库，检查综合数据库中是否含有目标 C，回答为“N”。再检查知识库中是否有可用知识，此时由于 B 的加入使得 r_1 为可用，形成仅含 r_1 的可用知识集。从该知识集中取出 r_1，推出新的事实 C，将 C 加入综合数据库，检查综合数据库中是否含有目标 C，回答为“Y”。它说明综合数据库中已经包含了问题的解，推理过程成功结束，目标 C 得证。其推理过程如图 2.28 所示。

例 2.16 设有以下两条规则：

r_3：IF 动物有羽毛 THEN 动物是鸟

r_{15}：IF 动物是鸟 AND 动物善飞 THEN 动物是信天翁

其中，r_3 和 r_{15} 是上述两条规则在“动物识别系统”中的规则编号。

假设已知下面两个事实：

动物有羽毛，动物善飞

请按正向推理，求出满足以上事实的动物是何种动物。

解：按照规则的含义，由于已知事实“动物有羽毛”，即 r_3 的前提条件满足，因此 r_3 可用，承认 r_3 的结论，即推出新的事实“动物是鸟”。此时，r_{15} 的两个前提条件均满足，即 r_{15} 的前提条件满足，因此 r_{15} 可用，承认 r_{15} 的结论，即推出新的事实“动物是信天翁”。由于信天翁已经是一种具体的动物，因此已求出该动物是信天翁，如图 2.29 所示。

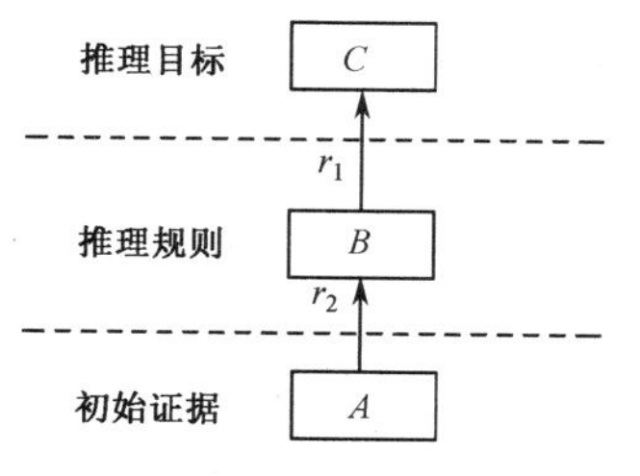

图 2.28 例 2.15 的推理过程

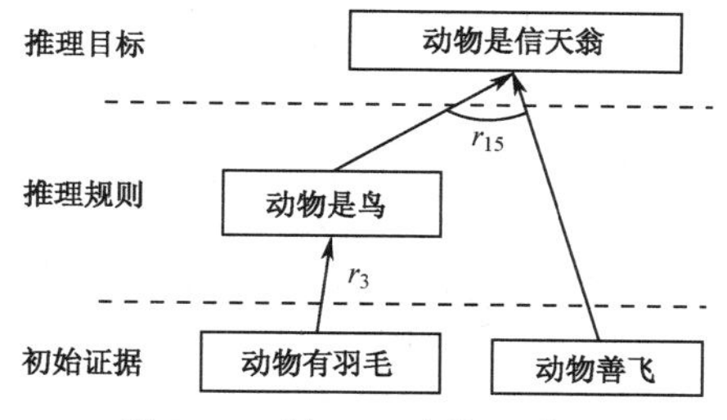

图 2.29 例 2.16 的推理过程

正向推理的优点是比较直观，允许用户主动提供有用的事实信息，适合于诊断、设计、预测、监控等领域的问题求解。其主要缺点是推理无明确的目标，求解问题时可能会执行许多与解无关的操作，导致推理效率较低。

3. 产生式的逆向推理

逆向推理是一种以某个假设目标作为出发点的推理方法，也称为目标驱动推理或逆向链推理。其基本思想是：首先根据问题求解的要求，将要求证的目标（称为假设）构成一个假设集，然后从假设集中取出一个假设对其进行验证，检查该假设是否在综合数据库中，即是否为用户认可的事实。当该假设在综合数据库中时，说明该假设成立，此时若假设集为空，则成功退出。若该假设不在综合数据库中，但通过询问用户可被用户证实为原始证据时，将该假设放入综合数据库，此时若假设集为空，则成功退出；若假设可由知识库中的一个或多个知识导出，则将知识库中所有可以导出该假设的知识构成一个可用知识集，并根据冲突消解策略，从可用知识集中取出一个知识，将其前提中的所有子条件都作为新的假设放入假设集。重复上述过程，直到假设集为空时成功退出，或假设集非空但可用知识集为空时失败退出为止。

逆向推理过程可用如下算法描述：

① 将问题的初始证据和要求证的目标（称为假设）分别放入综合数据库和假设集。

② 从假设集中选出一个假设，检查该假设是否在综合数据库中。若在，则该假设成立。此时，若假设集为空，则成功退出，否则仍执行②。若该假设不在数据库中，则执行下一步。

③ 检查该假设是否可由知识库的某个知识导出。若不能由某个知识导出，则询问用户该假设是否为可由用户证实的原始事实。若是，该假设成立，并将其放入综合数据库，再重新寻找新的假设；若不是，则转⑤。若能由某个知识导出，则执行下一步。

④ 将知识库中可以导出该假设的所有知识构成一个可用知识集。

⑤ 检查可用知识集是否为空，若空，失败退出；否则，执行下一步。

⑥ 按冲突消解策略从可用知识集中取出一个知识，继续执行下一步。

⑦ 将该知识的前提中的每个子条件都作为新的假设放入假设集，转②。

以上算法的流程图如图 2.30 所示。

例 2.17 对例 2.15 的问题，请用逆向推理方法完成其推理过程。

解：其逆向推理过程如下。

推理开始前，综合数据库和假设集均为空。推理开始后，先将初始证据 A 和目标 C 分别放入综合数据库和假设集，然后从假设集中取出一个假设 C，查找 C 是否为综合数

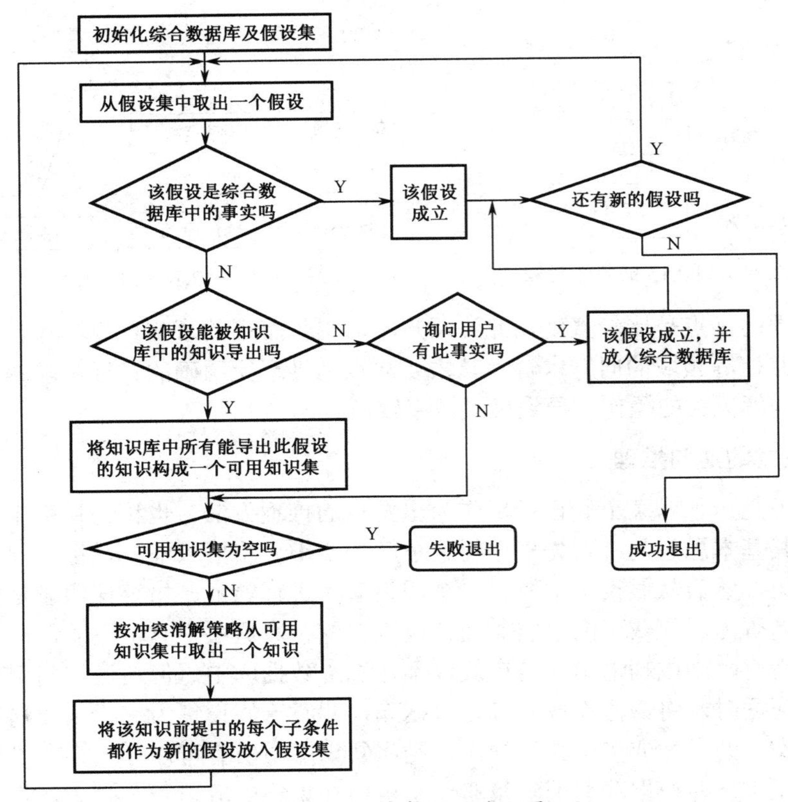

图 2.30　逆向推理的流程图

据库中的已知事实，回答为“N”。再检查 C 是否能被规则库中的规则所导出，发现 C 可由 r_1 导出，于是 r_1 被放入可用规则集。由于规则库中只有 r_1 可用，故可用规则集中仅含 r_1。接着从可用规则集中取出 r_1，将其前提条件 B 作为新的假设放入假设集。从假设集中取出 B，检查 B 是否为综合数据库中的事实，回答为“N”。

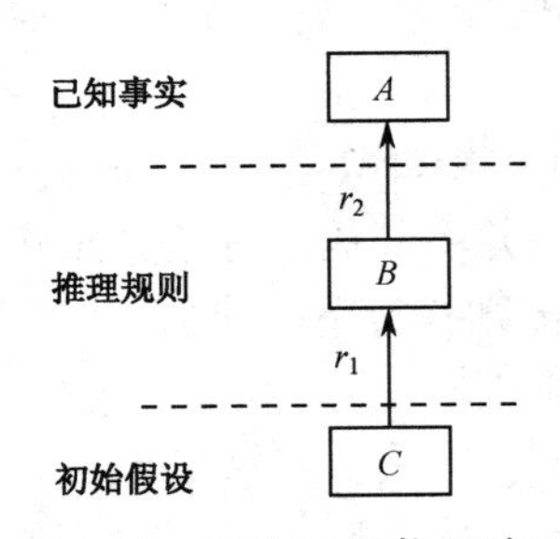

图 2.31　例 2.17 的推理过程

再检查 B 是否能被规则库中的规则所导出，发现 B 可由 r_2 导出，于是 r_2 被放入可用规则集。由于规则库中只有 r_2 可用，故可用规则集中仅含 r_2。从可用规则集中取出 r_2，将其前提条件 A 作为新的假设放入假设集。然后从假设集中取出 A，检查 A 是否为综合数据库中的事实，回答为“Y”。说明该假设成立，由于假设集中无新的假设，故推理过程成功结束，于是目标 C 得证。其推理过程如图 2.31 所示。

例 2.18　对例 2.16 的问题，请用逆向推理方法完成其推理过程。

解：其逆向推理过程如下。

推理开始前，综合数据库和假设集均为空。推理开始后，先将初始证据“动物有羽毛”和“动物善飞”放入综合数据库，把“动物是信天翁”放入初始假设集，然后从假设集中取出一个假设“动物是信天翁”，查找该假设是否为综合数据库中的已知事实，回答为“N”。

再检查“动物是信天翁”是否能被规则库中的规则所导出，发现“动物是信天翁”

可由 r_{15} 导出，于是 r_{15} 被放入可用规则集。由于规则库中只有 r_{15} 可用，故可用规则集中仅含 r_{15}。接着从可用规则集中取出 r_{15}，将其前提条件“动物是鸟”和“动物善飞”分别作为新的子假设放入假设集。在当前假设集中，取出一个假设“动物是鸟”，检查该假设是否为综合数据库中的事实，回答为“N”。

再检查“动物是鸟”是否能被规则库中的规则所导出，发现该子假设可由 r_3 导出，于是 r_3 被放入可用规则集。由于规则库中只有 r_3 可用，故取出 r_3，将其前提条件“动物有羽毛”作为新的假设放入假设集。此时，假设集中的假设已全部被综合数据库中的已知事实所满足，推理过程成功结束，于是目标“动物是信天翁”得证。其推理过程如图 2.32 所示。

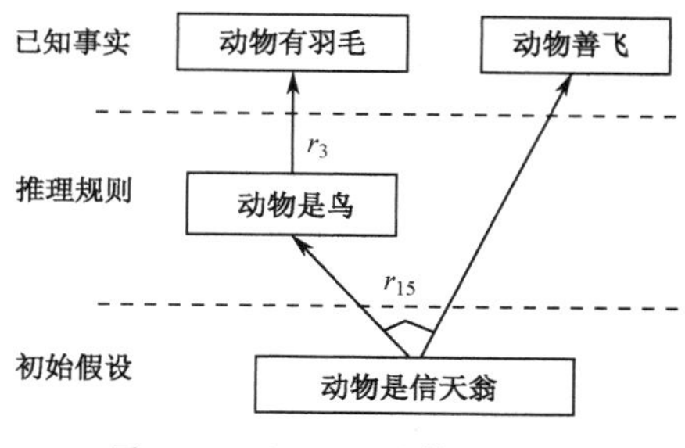

图 2.32 例 2.18 的推理过程

逆向推理的主要优点是，不必寻找和使用那些与假设目标无关的信息和知识，推理过程的目标明确，也有利于向用户提供解释，在诊断性专家系统中较为有效。其主要缺点是当用户对解的情况认识不清时，由系统自主选择假设目标的盲目性比较大，若选择不好，可能需要多次提出假设，会影响系统效率。

4．产生式的混合推理

由以上讨论可知，正向推理和逆向推理都有各自的优缺点。当问题较复杂时，单独使用其中的哪一种，都会影响到推理效率。为了更好地发挥这两种算法各自的长处，避免各自的短处，取长补短，可以将它们结合起来使用。这种把正向推理和逆向推理结合起来进行的推理称为混合推理。

混合推理可有多种具体的实现方法。例如，可以采用先正向推理后逆向推理的方法，也可以采用先逆向推理后正向推理的方法,还可以采用随机选择正向和逆向推理的方法。由于这些方法仅是正向推理和逆向推理的某种结合，因此对这三种情况不再进行讨论。

2.3.2 自然演绎推理

从一组已知为真的事实出发，直接运用经典逻辑中的推理规则推出结论的过程称为自然演绎推理。

1．自然演绎推理的逻辑基础

自然演绎推理所基于的逻辑基础主要包括等价式、永真蕴涵式、置换和合一。

（1）等价式

谓词公式的等价式可定义如下。

定义 2.4 设 P 和 Q 是 D 上的两个谓词公式，若对 D 上的任意解释，P 和 Q 都有相同的真值，则称 P 和 Q 在 D 上是等价的。如果 D 是任意非空个体域，则称 P 和 Q 是等价的，记做 $P \Leftrightarrow Q$。

谓词公式的一个解释是指对谓词公式中各个变元的一次真值指派，即指定各变元的真值为“真”或为“假”。

常用的等价式如下：

① 双重否定律 $\neg\neg P \Leftrightarrow P$

② 交换律 $P\vee Q \Leftrightarrow Q\vee P$，$P\wedge Q \Leftrightarrow Q\wedge P$

③ 结合律 $(P\vee Q)\vee R \Leftrightarrow P\vee(Q\vee R)$

$(P\wedge Q)\wedge R \Leftrightarrow P\wedge(Q\wedge R)$

④ 分配律 $P\vee(Q\wedge R) \Leftrightarrow (P\vee Q)\wedge\wedge(P\vee R)$

$P\wedge(Q\vee R) \Leftrightarrow (P\wedge Q)\vee(P\wedge R)$

⑤ 摩根定律 $\neg(P\vee Q) \Leftrightarrow \neg P\wedge\neg Q$

$\neg(P\wedge Q) \Leftrightarrow \neg P\vee\neg Q$

⑥ 吸收律 $P\vee(P\wedge Q) \Leftrightarrow P$，$P\wedge(P\vee Q) \Leftrightarrow P$

⑦ 补余律 $P\vee\neg P \Leftrightarrow T$，$P\wedge\neg P \Leftrightarrow F$

⑧ 连词化归律 $P\rightarrow Q \Leftrightarrow \neg P\vee Q$

$P\leftrightarrow Q \Leftrightarrow (P\rightarrow Q)\wedge(Q\rightarrow P)$

$P\leftrightarrow Q \Leftrightarrow (P\wedge Q)\vee(\neg Q\wedge\neg P)$

⑨ 量词转换律 $\neg(\exists x)P(x) \Leftrightarrow (\forall x)(\neg P(x))$

$\neg(\forall x)P(x) \Leftrightarrow (\exists x)(\neg P(x))$

⑩ 量词分配律 $(\forall x)(P(x)\wedge Q(x)) \Leftrightarrow (\forall x)P(x)\wedge(\forall x)Q(x)$

$(\exists x)(P(x)\vee Q(x)) \Leftrightarrow (\exists x)P(x)\vee(\exists x)Q(x)$

（2）永真蕴涵式

谓词公式的永真蕴涵式可定义如下。

定义 2.5 对谓词公式 P 和 Q，如果 $P\rightarrow Q$ 永真，则称 P 永真蕴涵 Q，且称 Q 为 P 的逻辑结论，P 为 Q 的前提，记做 $P\Rightarrow Q$。

常用的永真蕴涵式如下：

① 化简式 $P\wedge Q \Rightarrow P$，$P\wedge Q \Rightarrow Q$

② 附加式 $P \Rightarrow P\vee Q$，$Q \Rightarrow P\vee Q$

③ 析取三段论 $\neg P$，$P\vee Q \Rightarrow Q$

④ 假言推理 P，$P\rightarrow Q \Rightarrow Q$

⑤ 拒取式 $\neg Q$，$P\rightarrow Q \Rightarrow \neg P$

⑥ 假言三段论 $P\rightarrow Q$，$Q\rightarrow R \Rightarrow P\rightarrow R$

⑦ 二难推理 $P\vee Q$，$P\rightarrow R$，$Q\rightarrow R \Rightarrow R$

⑧ 全称固化 $(\forall x)P(x) \Rightarrow P(y)$

式中，y 是个体域中的任一个体，利用此永真蕴涵式可消去谓词公式中的全称量词。

⑨ 存在固化 $(\exists x)P(x) \Rightarrow P(y)$

式中，y 是个体域中某一个可以使 $P(y)$ 为真的个体，利用此永真蕴涵式可消去谓词公式中的存在量词。

上面给出的等价式和永真蕴涵式是进行自然演绎推理的重要依据，因此这些公式也被称为推理规则。

（3）置换

在不同谓词公式中，往往会出现多个谓词的谓词名相同但个体不同的情况，此时推理过程是不能直接进行匹配的，需要先进行变元的替换。例如，对如下谓词公式

$$W(a) \quad 和 \quad W(x) \to Q(x)$$

式中，$W(a)$与 $W(x)$的谓词名相同，但个体不同，不能直接进行推理。首先需要找到项 a 对变元 x 的替换，使 $W(a)$和 $W(x)$不仅谓词名相同，而且个体也相同。这种利用项对变元进行替换叫置换（substitution）。其形式化定义如下。

定义 2.6 置换是形如$\{t_1/x_1, t_2/x_2, \cdots, t_n/x_n\}$的有限集合。其中，$t_1$，$t_2$，…，$t_n$ 是项；x_1，x_2，…，x_n 是互不相同的变元；t_i/x_i 表示用 t_i 替换 x_i，并且要求 t_i 不能与 x_i 相同，x_i 不能循环地出现在另一个 t_i 中。

例如，$\{a/x, c/y, f(b)/z\}$是一个置换，但是$\{g(z)/x, f(x)/z\}$不是一个置换，原因是它在 x 与 z 之间出现了循环置换现象。引入置换的目的本来是要将某些变元用其他变元、常量或函数来替换，使其不在公式中出现。但在$\{g(z)/x, f(x)/z\}$中，它用 $g(z)$置换 x，用 $f(g(z))$ 置换 z，既没有消去 x，也没有消去 z，因此它不是一个置换。

通常，置换是用希腊字母 θ、σ、α、λ 等来表示的。

定义 2.7 设 $\theta = \{t_1/x_1, t_2/x_2, \cdots, t_n/x_n\}$是一个置换，$F$ 是一个谓词公式，把公式 F 中出现的所有 x_i 换成 t_i（$i = 1, 2, \cdots, n$），得到一个新的公式 G，称 G 为 F 在置换 θ 下的例示，记做 $G = F\theta$。

一个谓词公式的任何例示都是该公式的逻辑结论。

定义 2.8 设 $\theta = \{t_1/x_1, t_2/x_2, \cdots, t_n/x_n\}$和 $\lambda = \{u_1/y_1, u_2/y_2, \cdots, u_m/y_m\}$是两个置换，则 θ 与 λ 的合成也是一个置换，记做 $\theta \circ \lambda$。它是从集合

$$\{t_1\lambda/x_1, t_2\lambda/x_2, \cdots, t_n\lambda/x_n, u_1/y_1, u_2/y_2, \cdots, u_m/y_m\}$$

中删去以下两种元素：

① 当 $t_i\lambda = x_i$ 时，删去 $t_i\lambda/x_i$（$i = 1, 2, \cdots, n$）；

② 当 $y_j \in \{x_1, x_2, \cdots, x_n\}$时，删去 u_j/y_j（$j = 1, 2, \cdots, m$）。

最后剩下的元素所构成的集合。

例 2.19 设 $\theta = \{f(y)/x, z/y\}$，$\lambda = \{a/x, b/y, y/z\}$，求 θ 与 λ 的合成。

解：先求出集合

$$\{f(b/y)/x, (y/z)/y, a/x, b/y, y/z\} = \{f(b)/x, y/y, a/x, b/y, y/z\}$$

式中，$f(b)/x$ 中的 $f(b)$是置换 λ 作用于 $f(y)$的结果；y/y 中的 y 是置换 λ 作用于 z 的结果。在该集合中，y/y 符合定义中的条件①，需要删除；a/x 和 b/y 符合定义中的条件②，也需要删除。最后得到 $\theta \circ \lambda = \{f(b)/x, y/z\}$

（4）合一

合一（unifier）可以简单地理解为利用置换使两个或多个谓词的个体一致。其形式定义如下。

定义 2.9 设有公式集 $F = \{F_1, F_2, \cdots, F_n\}$，若存在一个置换 θ，可使 $F_1\theta = F_2\theta = \cdots = F_n\theta$，则称 θ 是 F 的一个合一，称 F_1，F_2，…，F_n 是可合一的。

例如，设有公式集 $F = \{P(x, y, f(y)), P(a, g(x), z)\}$，则 $\lambda = \{a/x, g(a)/y, f(g(a))/z\}$是它的一个合一，也称为 F 中的两个谓词 $P(x, y, f(y))$和 $P(a, g(x), z)$是可合一的。

2．自然演绎推理的方法

自然演绎推理最基本的方法是三段论推理，包括假言推理、拒取式推理、假言三段

论等。下面通过具体的例子来讨论。

例 2.20 设已知如下事实：

$$A, B, A\to C, B\wedge C\to D, D\to Q$$

求证：Q 为真。

证明：因为 $A, A\to C\Rightarrow C$ 假言推理

$B, C\Rightarrow B\wedge C$ 引入合取词

$B\wedge C, B\wedge C\to D\Rightarrow D$ 假言推理

$D, D\to Q\Rightarrow Q$ 假言推理

所以 Q 为真。

例 2.21 设已知如下事实：

（1）如果是需要编程序的课，王程就喜欢。

（2）所有的程序设计语言课都是需要编程序的课。

（3）C 是一门程序设计语言课。

求证：王程喜欢 C 这门课。

证明：首先定义谓词：

Prog(x) x 是需要编程序的课。

Like(x, y) x 喜欢 y。

Lang(x) x 是一门程序设计语言课。

把上述已知事实和待求解问题用谓词公式表示如下：

$\text{Prog}(x)\to\text{Like}(\text{Wang}, x)$

$(\forall x)(\text{Lang}(x)\to\text{Prog}(x))$

$\text{Lang}(C)$

应用推理规则进行推理：

$\text{Lang}(y)\to\text{Prog}(y)$ 全称固化

$\text{Lang}(C), \text{Lang}(y)\to\text{Prog}(y)\Rightarrow\text{Prog}(C)$ $\{C/y\}$ 假言推理

$\text{Prog}(C), \text{Prog}(x)\to\text{Like}(\text{Wang}, x)\Rightarrow\text{Like}(\text{Wang}, C)$ $\{C/x\}$ 假言推理

因此，王程喜欢 C 这门课。

一般来说，自然演绎推理由已知事实推出的结论可能有多个，只要其中包含了需要证明的结论，就认为该问题的解已经得到。

自然演绎推理的优点是定理证明过程自然，易于理解，并且有丰富的推理规则可用。其主要缺点是容易产生知识爆炸，推理过程中得到的中间结论一般按指数规律递增，对于复杂问题的推理不利，甚至难以实现。

2.3.3 归结演绎推理

归结演绎推理是一种基于鲁滨逊（Robinson）归结原理的机器推理技术。鲁滨逊归结原理也称为消解原理，是鲁滨逊于 1965 年在海伯伦（Herbrand）理论的基础上提出的一种基于逻辑“反证法”的机械化定理证明方法。其基本思想是把永真性的证明转化为不可满足性的证明，即要证明 $P\to Q$ 永真，只要能够证明 $P\wedge\neg Q$ 为不可满足即可。

1. 归结演绎推理的逻辑基础

（1）谓词公式的永真性和可满足性

为了以后推理的需要，下面先定义谓词公式的永真性、永假性、可满足性与不可满足性。

定义 2.10 如果谓词公式 P 对非空个体域 D 上的任一解释都取得真值 T，则称 P 在 D 上是永真的；如果 P 在任何非空个体域上均是永真的，则称 P 永真。

由于谓词公式的一个解释是指对谓词公式中各个变元的一次真值指派，因此要利用该定义去判定一个谓词公式为永真，就必须对每个非空个体域上的每个解释逐一进行判断。当解释的个数有限时，尽管工作量大，公式的永真性毕竟还可以判定，但当解释个数无限时，其永真性就很难判定了。

定义 2.11 对于谓词公式 P，如果至少存在 D 上的一个解释，使公式 P 在此解释下的真值为 T，则称公式 P 在 D 上是可满足的。

谓词公式的可满足性也称为相容性。

定义 2.12 如果谓词公式 P 对非空个体域 D 上的任一解释都取真值 F，则称 P 在 D 上是永假的；如果 P 在任何非空个体域上均是永假的，则称 P 永假。

谓词公式的永假性又称为不可满足性或不相容性。

（2）谓词公式的范式

范式是谓词公式的标准形式。对谓词公式，往往需要将其变换为同它等价的范式，以便进行一般性的处理。在谓词逻辑中，根据量词在公式中出现的情况，可将谓词公式的范式分为以下两种。

① 前束范式

定义 2.13 设 F 为一谓词公式，如果其中的所有量词均非否定地出现在公式的最前面，而它们的辖域为整个公式，则称 F 为前束范式。一般地，前束范式可写成

$$(Q_1x_1)(Q_2x_2)\cdots(Q_mx_m)M(x_1, x_2, \cdots, x_n)$$

式中，Q_i（$i=1, 2, \cdots, m$）为前缀，是一个由全称量词或存在量词组成的量词串；$M(x_1, x_2, \cdots, x_n)$为母式，是一个不含任何量词的谓词公式。

例如，$(\forall x)(\forall y)(\exists z)(P(x) \wedge Q(y, z) \vee R(x, z))$是前束范式。

任一含有量词的谓词公式均可化为与其对应的前束范式，其化简方法将在后面的子句集的化简中讨论。

② Skolem 范式

定义 2.14 如果前束范式中所有的存在量词都在全称量词之前，则称这种形式的谓词公式为 Skolem 范式。

例如，$(\exists x)(\exists z)(\forall y)(P(x) \vee Q(y, z) \wedge R(x, z))$是 Skolem 范式。

任一含有量词的谓词公式均可化为与其对应的 Skolem 范式，其化简方法也将在后面的子句集的化简中讨论。

2. 子句集及其化简

采用归结演绎推理方法，其问题是用谓词公式表示的，其推理则是在子句集的基础上进行的，因此在讨论该方法之前，需要先介绍子句集的有关概念及化简方法。

（1）子句和子句集

定义 2.15 原子谓词公式及其否定统称为文字。

例如，$P(x)$，$Q(x)$，$\neg P(x)$，$\neg Q(x)$等都是文字。

定义 2.16 任何文字的析取式称为子句。

例如，$P(x)\vee Q(x)$，$P(x, f(x))\vee Q(x, g(x))$都是子句。

定义 2.17 不包含任何文字的子句称为空子句。

由于空子句不含有任何文字，也就不能被任何解释所满足，因此空子句是永假的，不可满足的。空子句一般被记为□或 NIL。

定义 2.18 由子句或空子句所构成的集合称为子句集。

（2）子句集的化简

在谓词逻辑中，任何一个谓词公式都可以通过应用等价关系及推理规则将其转化成相应的子句集。其化简步骤如下：

① 消去连接词“→”和“↔”

反复使用如下等价公式

$$P\to Q \Leftrightarrow \neg P\vee Q$$

$$P\leftrightarrow Q \Leftrightarrow (P\wedge Q)\vee(\neg P\wedge \neg Q)$$

即可消去谓词公式中的连接词“→”和“↔”。

如公式$(\forall x)((\forall y)P(x, y)\to \neg(\forall y)(Q(x, y)\to R(x, y)))$经等价变化后为

$$(\forall x)(\neg(\forall y)P(x, y)\vee \neg(\forall y)(\neg Q(x, y)\vee R(x, y)))$$

② 减少否定符号的辖域

反复使用双重否定律 $\neg(\neg P)\Leftrightarrow P$

摩根定律 $\neg(P\wedge Q)\Leftrightarrow \neg P\vee \neg Q$

$\neg(P\vee Q)\Leftrightarrow \neg P\wedge \neg Q$

量词转换律 $\neg(\forall x)P(x)\Leftrightarrow (\exists x)\neg P(x)$

$\neg(\exists x)P(x)\Leftrightarrow (\forall x)\neg P(x)$

将每个否定符号“¬”移到紧靠谓词的位置，使得每个否定符号最多只作用于一个谓词上。

例如，上步所得公式经本步变换后为

$$(\forall x)((\exists y)\neg P(x, y)\vee(\exists y)(Q(x, y)\wedge \neg R(x, y)))$$

③ 对变元标准化

在一个量词的辖域内，把谓词公式中受该量词约束的变元全部用另一个没有出现过的任意变元代替，使不同量词约束的变元有不同的名字。

例如，上步所得公式经本步变换后为

$$(\forall x)((\exists y)\neg P(x, y)\vee(\exists z)(Q(x, z)\wedge \neg R(x, z)))$$

④ 化为前束范式

化为前束范式的方法是把所有量词都移到公式的左边，并且在移动时不能改变其相对顺序。由于第③步已对变元进行了标准化，每个量词都有自己的变元，这就消除了任何由变元引起冲突的可能，因此这种移动是可行的。

例如，上步所得公式化为前束范式后为

$$(\forall x)(\exists y)(\exists z)(\neg P(x, y)\vee(Q(x, z)\wedge\neg R(x, z)))$$

⑤ 消去存在量词

消去存在量词时，需要区分以下两种情况。

若存在量词不出现在全称量词的辖域内（即它的左边没有全称量词），只要用一个新的个体常量替换受该存在量词约束的变元，就可消去该存在量词。

若存在量词位于一个或多个全称量词的辖域内，如

$$(\forall x_1)(\forall x_2)\cdots(\forall x_n)(\exists y)P(x_1, x_2, \cdots, x_n, y)$$

则需要用 Skolem 函数 $f(x_1, x_2, \cdots, x_n)$ 替换受该存在量词约束的变元，再消去该存在量词。

例如，在上步所得公式中存在量词 $(\exists y)$ 和 $(\exists z)$ 都位于 $(\forall x)$ 的辖域内，因此需要用 Skolem 函数来替换。设替换 y 和 z 的 Skolem 函数分别是 $f(x)$ 和 $g(x)$，则替换后的公式为

$$(\forall x)(\neg P(x, f(x))\vee(Q(x, g(x))\wedge\neg R(x, g(x))))$$

⑥ 化为 Skolem 标准形

Skolem 标准形的一般形式为

$$(\forall x_1)(\forall x_2)\cdots(\forall x_n)M(x_1, x_2, \cdots, x_n)$$

式中，$M(x_1, x_2, \cdots, x_n)$ 是 Skolem 标准形的母式，由子句的合取构成。

把谓词公式化为 Skolem 标准形需要使用以下等价关系

$$P\vee(Q\wedge R)\Leftrightarrow(P\vee Q)\wedge(P\vee R)$$

例如，上步所得的公式化为 Skolem 标准形后为

$$(\forall x)((\neg P(x, f(x))\vee Q(x, g(x)))\wedge(\neg P(x, f(x))\vee\neg R(x, g(x))))$$

⑦ 消去全称量词

由于母式中的全部变元均受全称量词的约束，并且全称量词的次序已无关紧要，因此可以省掉全称量词。但剩下的母式仍假设其变元是被全称量词量化的。

例如，上步所得公式消去全称量词后为

$$(\neg P(x, f(x))\vee Q(x, g(x)))\wedge(\neg P(x, f(x))\vee\neg R(x, g(x)))$$

⑧ 消去合取词

在母式中消去所有合取词，把母式用子句集的形式表示出来。其中，子句集中的每个元素都是一个子句。

例如，上步所得公式的子句集中包含以下两个子句

$$\neg P(x, f(x))\vee Q(x, g(x))$$

$$\neg P(x, f(x))\vee\neg R(x, g(x))$$

⑨ 更换变元名称

对子句集中的某些变元重新命名，使任意两个子句中不出现相同的变元名。由于每一个子句都对应着母式中的一个合取元，并且所有变元都是由全称量词量化的，因此任意两个不同子句的变元之间实际上不存在任何关系。这样，更换变元名是不会影响公式的真值的。

例如，对上步所得公式，可把第二个子句集中的变元名 x 更换为 y，得到如下子句集

$$\neg P(x, f(x)) \vee Q(x, g(x))$$
$$\neg P(y, f(y)) \vee \neg R(y, g(y))$$

（3）子句集的应用

通过上述化简步骤，可以将谓词公式化简为一个标准子句集。由于在消去存在量词时所用的 Skolem 函数可以不同，因此化简后的标准子句集是不唯一的。这样，当原谓词公式为非永假时，它与其标准子句集并不一定等价。但是，当原谓词公式为永假（即不可满足）时，其标准子句集则一定是永假的，即 Skolem 化并不影响原谓词公式的永假性。这个结论很重要，是归结原理的主要依据，可用定理的形式来描述。

定理 2.1 设有谓词公式 F，其标准子句集为 S，则 F 为不可满足的充要条件是 S 为不可满足的。

此定理的证明思路是：为讨论问题方便，设给定的谓词公式 F 已为前束形

$$(Q_1x_1)\cdots(Q_rx_r)\cdots(Q_nx_n)M(x_1, x_2, \cdots, x_n)$$

式中，$M(x_1, x_2, \cdots, x_n)$已化为合取范式。由于将 F 化为这种前束形是一种很容易实现的等值运算，因此这种假设是可以的。

又设(Q_rx_r)是第一个出现的存在量词$(\exists x_r)$，即

$$F = (\forall x_1)\cdots(\forall x_{r-1})(\exists x_r)(Q_{r+1}x_{r+1})\cdots(Q_nx_n)M(x_1, \cdots, x_{r-1}, x_r, x_{r+1}, \cdots, x_n)$$

为把 F 化为 Skolem 形，需要先消去这个$(\exists x_r)$，并引入 Skolem 函数，得到

$$F_1 = (\forall x_1)\cdots(\forall x_{r-1})(Q_{r+1}x_{r+1})\cdots(Q_nx_n)M(x_1, \cdots, x_{r-1}, f(x_1, \cdots, x_{r-1}), x_{r+1}, \cdots, x_n)$$

若能证明

$$F\text{ 不可满足} \Leftrightarrow F_1\text{ 不可满足}$$

则同理可证

$$F_1\text{ 不可满足} \Leftrightarrow F_2\text{ 不可满足}$$

重复这一过程，直到证明了

$$F_{m-1}\text{ 不可满足} \Leftrightarrow F_m\text{ 不可满足}$$

为止。此时，F_m 已为 F 的 Skolem 标准形。S 只不过是 F_m 的一种集合表示形式。因此有

$$F_m\text{ 不可满足} \Leftrightarrow S\text{ 不可满足}$$

这样，就把“F 不可满足 $\Leftrightarrow$ S 不可满足”的证明转化成了“F 不可满足 $\Leftrightarrow$ F_1 不可满足”的证明。其证明方法为反证法，详细证明过程有省略。

由此定理可知，要证明一个谓词公式是不可满足的，只要证明其相应的标准子句集是不可满足的就可以了。证明一个子句集的不可满足性可由鲁滨逊归结原理来解决。

3．鲁滨逊归结原理

鲁滨逊归结原理是通过对子句集中的子句做逐次归结来证明子句集的不可满足性的，是对定理自动证明的一个重大突破。

（1）基本思想

由谓词公式转化为子句集的方法可以知道，在子句集中子句之间是合取关系。只要有一个子句为不可满足，则整个子句集就是不可满足的。另外，前面已经指出空子句是不可满足的。因此，一个子句集中如果包含有空子句，则此子句集就一定是不可满足的。

鲁滨逊归结原理就是基于上述认识提出来的。其基本思想是：首先把欲证明问题的结论否定，并加入子句集，得到一个扩充的子句集 S'；然后设法检验子句集 S'是否含有空子句，若含有空子句，则表明 S'是不可满足的；若不含有空子句，则继续使用归结法，在子句集中选择合适的子句进行归结，直至导出空子句或不能继续归结为止。鲁滨逊归结原理可分为命题逻辑归结原理和谓词逻辑归结原理。

（2）命题逻辑的归结

归结推理的核心是求两个子句的归结式，因此需要先讨论归结式的定义和性质，再讨论命题逻辑的归结过程。

① 命题逻辑的归结式

定义 2.19 若 P 是原子谓词公式，则称 P 与 $\neg P$ 为互补文字。

定义 2.20 设 C_1 和 C_2 是子句集中的任意两个子句，如果 C_1 中的文字 L_1 与 C_2 中的文字 L_2 互补，那么可从 C_1 和 C_2 中分别消去 L_1 和 L_2，并将 C_1 和 C_2 中余下的部分按析取关系构成一个新的子句 C_{12}，则称这一过程为归结，称 C_{12} 为 C_1 和 C_2 的归结式，称 C_1 和 C_2 为 C_{12} 的亲本子句。

例 2.22 设 $C_1 = P \vee Q \vee R, C_2 = \neg P \vee S$，求 C_1 和 C_2 的归结式 C_{12}。

解：这里 $L_1 = P, L_2 = \neg P$，通过归结可以得到

$$C_{12} = Q \vee R \vee S$$

例 2.23 设 $C_1 = \neg Q, C_2 = Q$，求 C_1 和 C_2 的归结式 C_{12}。

解：这里 $L_1 = \neg Q, L_2 = Q$，通过归结可以得到

$$C_{12} = \text{NIL}$$

例 2.24 设 $C_1 = \neg P \vee Q, C_2 = \neg Q, C_3 = P$，求 C_1、C_2、C_3 的归结式 C_{123}。

解：若先对 C_1、C_2 归结，可得到

$$C_{12} = \neg P$$

再对 C_{12} 和 C_3 归结，得到

$$C_{123} = \text{NIL}$$

如果改变归结顺序，同样可以得到相同的结果，即其归结过程是不唯一的。归结可用一棵树来表示，如例 2.24 的归结过程可用图 2.33 来表示。

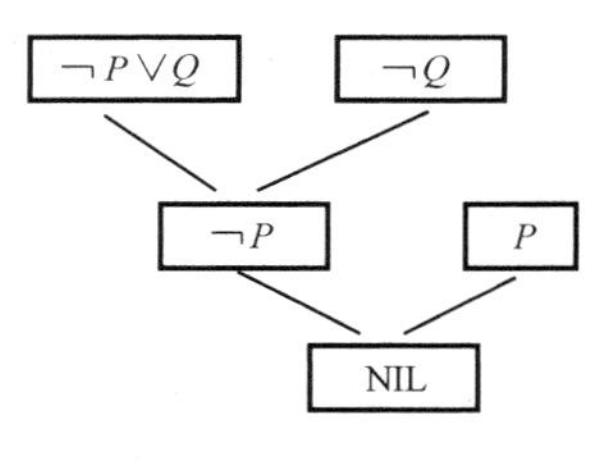

图 2.33 归结过程的树形表示

② 命题逻辑归结式的性质

对命题逻辑归结式的性质可用如下定理、推论描述。

定理 2.2 归结式 C_{12} 是其亲本子句 C_1 和 C_2 的逻辑结论。

证明：设 $C_1 = L \vee C_1'$，$C_2 = \neg L \vee C_2'$ 关于解释 I 为真，则只需证明 $C_{12} = C_1' \vee C_2'$ 关于解释 I 也为真。对于解释 I，L 和 $\neg L$ 中必有一个为假。

若 L 为假，则必有 C_1' 为真，不然会使 C_1 为假，这与前提假设 C_1 为真矛盾，因此只能有 C_1' 为真。

同理，若 $\neg L$ 为假，则必有 C_2' 为真。

因此，必有 $C_{12} = C_1' \vee C_2'$ 关于解释 I 也为真。即 C_{12} 是 C_1 和 C_2 的逻辑结论。

这个定理是归结原理中很重要的一个定理，由它可得到以下两个推论。

推论 1：设 C_1 和 C_2 是子句集 S 中的两个子句，C_{12} 是 C_1 和 C_2 的归结式，若用 C_{12} 代替 C_1 和 C_2 后得到新的子句集 S_1，则由 S_1 的不可满足性可以推出原子句集 S 的不可满足性。即

$$S_1\text{的不可满足性} \Rightarrow S\text{的不可满足性}$$

推论 2：设 C_1 和 C_2 是子句集 S 中的两个子句，C_{12} 是 C_1 和 C_2 的归结式，若把 C_{12} 加入 S 中得到新的子句集 S_2，则 S 与 S_2 的不可满足性是等价的，即

$$S_2\text{的不可满足性} \Leftrightarrow S\text{的不可满足性}$$

推论 1 和推论 2 的证明可利用不可满足性的定义和解释 I 的概念来完成，本书从略。

这两个推论说明，为证明子句集 S 的不可满足性，只要对其中可进行归结的子句进行归结，并把归结式加入到子句集 S 中，或者用归结式代替它的亲本子句，然后对新的子句集证明其不可满足性就可以了。如果经归结能得到空子句，根据空子句的不可满足性，即可得到原子句集 S 是不可满足的结论。

在命题逻辑中，对不可满足的子句集 S，其归结原理是完备的。这种不可满足性可用如下定理描述。

定理 2.3 子句集 S 是不可满足的，当且仅当存在一个从 S 到空子句的归结过程。

要证明此定理，需要用到海伯伦原理，正是从这种意义上说，鲁滨逊归结原理是建立在海伯伦原理的基础上的。对此定理的证明从略，有兴趣者请查阅参考文献中所列的有关材料。最后需要指出，鲁滨逊归结原理对可满足的子句集 S 是得不出任何结果的。

（3）谓词逻辑的归结

在谓词逻辑中，由于子句集中的谓词一般都含有变元，因此不能像命题逻辑那样直接消去互补文字，而需要先用一个最一般合一对变元进行代换，然后才能进行归结。可见，谓词逻辑的归结要比命题逻辑的归结复杂一些。

① 谓词逻辑的归结式

定义 2.21 设 C_1 和 C_2 是两个没有公共变元的子句，L_1 和 L_2 分别是 C_1 和 C_2 中的文字。如果 L_1 和 $\neg L_2$ 存在最一般合一 σ，则称

$$C_{12}=(\{C_1\sigma\}-\{L_1\sigma\})\cup(\{C_2\sigma\}-\{L_2\sigma\})$$

为 C_1 和 C_2 的二元归结式，而 L_1 和 L_2 为归结式上的文字。

这里使用集合符号和集合的运算，是为了说明问题的方便。即先将子句 $C_i\sigma$ 和 $L_i\sigma$ 写成集合的形式，并在集合表示下做减法和并集运算，再写成子句集的形式。

此外，定义中要求 C_1 和 C_2 无公共变元，这也是合理的。例如，$C_1=P(x)$，$C_2=\neg P(f(x))$，而 $S=\{C_1, C_2\}$ 是不可满足的，由于 C_1 和 C_2 的变元相同，就无法合一了。没有归结式，就不能用归结法证明 S 的不可满足性，这就限制了归结法的使用范围。如果对 C_1 或 C_2 的变元进行换名，便可通过合一对 C_1 和 C_2 进行归结。如上例，若先对 C_2 进行换名，即 $C_2=\neg P(f(y))$，则可对 C_1 和 C_2 进行归结，得到一个空子句，从而证明了 S 是不可满足的。事实上，在由公式集化为子句集的过程中，其最后一步是进行换名处理。因此，定义中假设 C_1 和 C_2 没有相同变元是可以的。

例 2.25 设 $C_1=P(a)\vee R(x)$，$C_2=\neg P(y)\vee Q(b)$，求 C_{12}。

解：取 $L_1=P(a)$, $L_2=\neg P(y)$，则 L_1 和 L_2 的最一般合一是 $\sigma=\{a/y\}$。根据定义 2. 21 可得

$$
\begin{aligned}
C_{12} &= (\{C_1\sigma\}-\{L_1\sigma\})\cup(\{C_2\sigma\}-\{L_2\sigma\}) \\
&= (\{P(a), R(x)\}-\{P(a)\})\cup(\{\neg P(a), Q(b)\}-\{\neg P(a)\}) \\
&= \{R(x)\}\cup\{Q(b)\} = \{R(x), Q(b)\} \\
&= R(x)\vee Q(b)
\end{aligned}
$$

例 2.26 设 $C_1 = P(x)\vee Q(a)$，$C_2 = \neg P(b)\vee R(x)$，求 C_{12}。

解：由于 C_1 和 C_2 有相同的变元 x，不符合定义 2.21 的要求。为了进行归结，需要修改 C_2 中变元的名字，令 $C_2 = \neg P(b)\vee R(y)$。此时 $L_1 = P(x), L_2 = \neg P(b)$，$L_1$ 和 $\neg L_2$ 的最一般合一是 $\sigma = \{b/x\}$，则

$$
\begin{aligned}
C_{12} &= (\{C_1\sigma\}-\{L_1\sigma\})\cup(\{C_2\sigma\}-\{L_2\sigma\}) \\
&= (\{P(b), Q(a)\}-\{P(b)\})\cup(\{\neg P(b), R(y)\}-\{\neg P(b)\}) \\
&= \{Q(a)\}\cup\{R(y)\} = \{Q(a), R(y)\} \\
&= Q(a)\vee R(y)
\end{aligned}
$$

例 2.27 设 $C_1 = P(x)\vee\neg Q(b)$，$C_2 = \neg P(a)\vee Q(y)\vee R(z)$。

解：对 C_1 和 C_2 通过最一般合一的作用，可以得到两个互补对。但是需要注意，求归结式不能同时消去两个互补对，同时消去两个互补对的结果不是二元归结式。如在 $\sigma = \{a/x, b/y\}$ 下，若同时消去两个互补对，所得的 $R(z)$ 不是 C_1 和 C_2 的二元归结式。

例 2.28 设 $C_1 = P(x)\vee P(f(a))\vee Q(x)$，$C_2 = \neg P(y)\vee R(b)$，求 C_{12}。

解：对参加归结的某个子句，若其内部有可合一的文字，则在进行归结之前应先对这些文字进行合一。本例的 C_1 中有可合一的文字 $P(x)$ 与 $P(f(a))$，若用它们的最一般合一 $\sigma = \{f(a)/x\}$ 进行代换，可得到

$$C_1\sigma = P(f(a))\vee Q(f(a))$$

此时可对 $C_1\sigma$ 与 C_2 进行归结。选 $L_1 = P(f(a)), L_2 = \neg P(y)$，$L_1$ 和 $\neg L_2$ 的最一般合一是 $\sigma = \{f(a)/y\}$，则可得到 C_1 和 C_2 的二元归结式为

$$C_{12} = R(b)\vee Q(f(a))$$

在这个例子中，把 $C_1\sigma$ 称为 C_1 的因子。一般来说，若子句 C 中有两个或两个以上的文字具有最一般合一 σ，则称 $C\sigma$ 为子句 C 的因子。如果 $C\sigma$ 是一个单文字，则称它为 C 的单元因子。

② 谓词逻辑归结式的性质

对谓词逻辑，定理 2.2 仍然适用，即归结式 C_{12} 是其亲本子句 C_1 和 C_2 的逻辑结论。用归结式取代它在子句集 S 中的亲本子句，得到的子句集仍然保持着原子句集 S 的不可满足性。

此外，对谓词逻辑，定理 2.3 也仍然适用，即从不可满足的意义上说，一阶谓词逻辑的归结原理也是完备的。

4. 归结演绎推理的方法

（1）命题逻辑的归结演绎推理

归结原理给出了证明子句集不可满足性的方法。若假设 F 为已知的前提条件，G 为欲证明的结论，且 F 和 G 都是公式集的形式。根据前面提到的反证法：“G 为 F 的逻辑结论，当且仅当 $F\wedge\neg G$ 是不可满足的”，可把已知 F 证明 G 为真的问题，转化为证明 F

$\wedge\neg G$ 为不可满足的问题。再根据定理 2.1，在不可满足的意义上，公式集 $F\wedge\neg G$ 与其子句集是等价的，又可把 $F\wedge\neg G$ 在公式集上的不可满足问题，转化为子句集上的不可满足问题。这样，就可用归结原理来进行定理的自动证明。

应用归结原理证明定理的过程称为归结反演。在命题逻辑中，已知 F，证明 G 为真的归结反演过程如下：

① 否定目标公式 G，得 $\neg G$。

② 把 $\neg G$ 并入到公式集 F 中，得到 $\{F, \neg G\}$。

③ 把 $\{F, \neg G\}$ 化为子句集 S。

④ 应用归结原理对子句集 S 中的子句进行归结，并把每次得到的归结式并入 S 中。如此反复，若出现空子句，则停止归结，此时就证明了 G 为真。

例 2.29 设已知的公式集为 $\{P, (P\wedge Q)\rightarrow R, (S\vee T)\rightarrow Q, T\}$，求证结论 R。

解： 假设结论 R 为假，即 $\neg R$ 为真，将 $\neg R$ 加入公式集，并化为子句集

$$S=\{P, \neg P\vee\neg Q\vee R, \neg S\vee Q, \neg T\vee Q, T, \neg R\}$$

其归结演绎树如图 2.34 所示。在该树中，由于根部出现空子句，因此命题 R 得到证明。

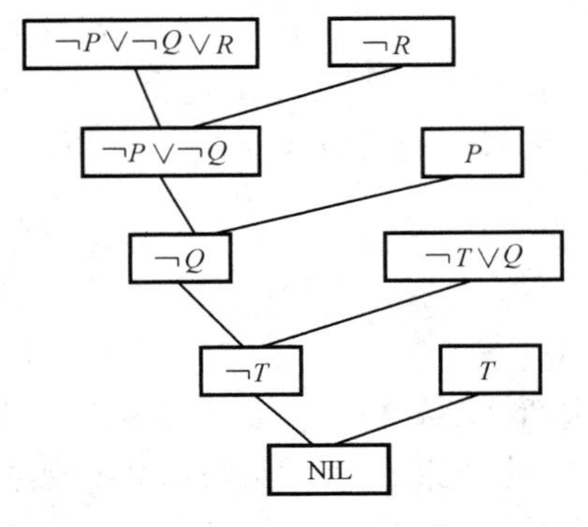

图 2.34 一个命题逻辑的归结演绎树

这个归结证明过程的含义为：开始假设子句集 S 中的所有子句均为真，即原公式集为真，$\neg R$ 也为真；然后利用归结原理，对子句集中含有互补文字的子句进行归结，并把所得的归结式并入子句集中；重复这一过程，最后归结出了空子句。根据归结原理的完备性，可知子句集 S 是不可满足的，即开始时假设 $\neg R$ 为真是错误的，这就证明了 R 为真。

（2）谓词逻辑的归结演绎推理

谓词逻辑的归结反演过程与命题逻辑的归结反演过程相比，其步骤基本相同，但每步的处理对象不同。

例 2.30 已知

$$F: (\forall x)((\exists y)(A(x, y)\wedge B(y))\rightarrow(\exists y)(C(y)\wedge D(x, y)))$$

$$G: \neg(\exists x)C(x)\rightarrow(\forall x)(\forall y)(A(x, y)\rightarrow\neg B(y))$$

求证：G 是 F 的逻辑结论。

证明： 先把 G 否定，并放入 F 中，得到的 $\{F, \neg G\}$ 为

$$\{(\forall x)((\exists y)(A(x, y)\wedge B(y))\rightarrow(\exists y)(C(y)\wedge D(x, y))),$$
$$\neg(\neg(\exists x)C(x)\rightarrow(\forall x)(\forall y)(A(x, y)\rightarrow\neg B(y)))\}$$

再把 $\{F, \neg G\}$ 化成子句集，得到

① $\neg A(x, y)\vee\neg B(y)\vee C(f(x))$

② $\neg A(u, v)\vee\neg B(v)\vee D(u, f(u))$

③ $\neg C(z)$

④ $A(m, n)$

⑤ $B(k)$

其中，①、②是由 F 化出的两个子句，③、④、⑤是由 $\neg G$ 化出的三个子句。

最后应用谓词逻辑的归结原理，对上述子句集进行归结，其过程为

⑥ $\neg A(x, y) \vee \neg B(y)$　　由①和③归结，取 $\sigma = \{f(x)/z\}$

⑦ $\neg B(n)$　　由④和⑥归结，取 $\sigma = \{m/x, n/y\}$

⑧ NIL　　由⑤和⑦归结，取 $\sigma = \{k/n\}$

因此 G 是 F 的逻辑结论。上述归结过程可用如图 2.35 所示的归结树来表示。

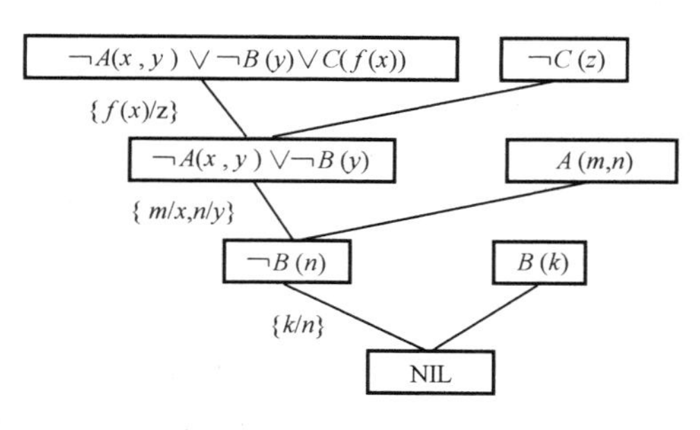

图 2.35　例 2.30 的归结树

2.4　确定性知识系统简例

利用确定性知识表示和确定性知识推理方法构造的智能系统称为确定性知识系统。下面主要基于产生式推理和归结推理给出两种知识系统的简例。

2.4.1　产生式系统简例

产生式系统是指以产生式知识表示方法和产生式推理方法所实现的系统。下面以“动物识别”系统为例，给出一个简单、完整的产生式系统。

例 2.31　一个用于动物识别的产生式系统。

设该系统可以识别老虎、金钱豹、斑马、长颈鹿、企鹅、信天翁这 6 种动物。其规则库包含如下 15 条规则：

r_1：IF　该动物有毛发　THEN　该动物是哺乳动物

r_2：IF　该动物有奶　THEN　该动物是哺乳动物

r_3：IF　该动物有羽毛　THEN　该动物是鸟

r_4：IF　该动物会飞 AND 动物会下蛋　THEN　该动物是鸟

r_5：IF　该动物吃肉　THEN　该动物是肉食动物

r_6：IF　该动物有犬齿 AND 有爪 AND 眼盯前方　THEN　该动物是肉食动物

r_7：IF　该动物是哺乳动物 AND 有蹄　THEN　该动物是有蹄类动物

r_8：IF　该动物是哺乳动物 AND 是嚼反刍动物　THEN　该动物是有蹄类动物

r_9：IF　该动物是哺乳动物 AND 是肉食动物 AND 是黄褐色
AND 身上有暗斑点　THEN　该动物是金钱豹

r_{10}：IF　该动物是哺乳动物 AND 是肉食动物 AND 是黄褐色
AND 身上有黑色条纹　THEN　该动物是虎

r_{11}：IF　该动物是有蹄类动物　AND　有长脖子　AND　有长腿

AND　身上有暗斑点　THEN　该动物是长颈鹿

r_{12}：IF　该动物是有蹄类动物　AND　身上有黑色条纹　THEN　该动物是斑马

r_{13}：IF　该动物是鸟　AND　有长脖子　AND　有长腿　AND　不会飞

THEN　该动物是鸵鸟

r_{14}：IF　该动物是鸟　AND　会游泳　AND　不会飞　AND　有黑白二色

THEN　该动物是企鹅

r_{15}：IF　该动物是鸟　AND　善飞　THEN　该动物是信天翁

其中，r_i（$i = 1, 2, \cdots, 15$）是规则的编号。如图 2.36 所示，最上层的节点称为“假设”或“结论”，中间节点称为“中间假设”，终节点称为“证据”或“事实”。其中，每个“结论”都是本问题的一个目标，所有“假设”构成了本问题的一个目标集合。

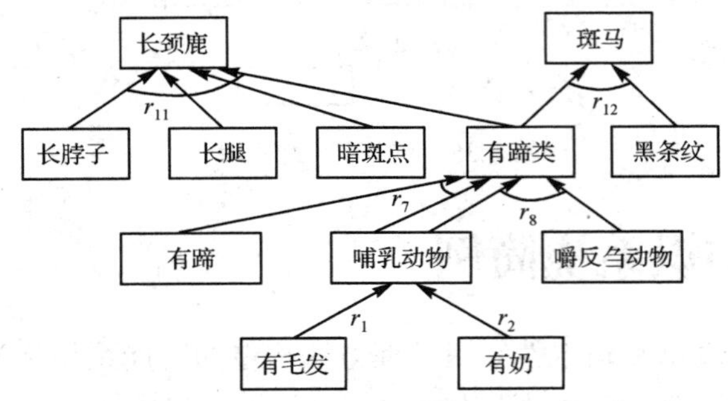

图 2.36　“动物识别系统”的部分推理网络

若推理开始前，综合数据库中存放有以下事实：

动物有暗斑，有长脖子，有长腿，有奶，有蹄

当推理开始后，推理机的工作过程如下。

① 从规则库中取出第一条规则 r_1，检查其前提是否可与综合数据库中的已知事实相匹配。r_1 的前提是“有毛发”，但事实库中没有这一事实，故匹配失败。然后取 r_2，该前提可与事实库中的已知事实“有奶”相匹配，r_2 被执行，并将其结论“该动物是哺乳动物”作为新的事实加入到综合数据库中。此时，综合数据库的内容变为：

动物有暗斑，有长脖子，有长腿，有奶，有蹄，是哺乳动物

② 从规则库中取 r_3，r_4，r_5，r_6 进行匹配，结果都匹配失败。接着取 r_7，该前提与事实库中的已知事实“是哺乳动物 AND 有蹄”相匹配，r_7 被执行，并将其结论“该动物是有蹄类动物”作为新的事实加入到综合数据库中。此时，综合数据库的内容变为：

动物有暗斑，有长脖子，有长腿，有奶，有蹄，是哺乳动物，是有蹄类动物

③ 此后，r_8，r_9，r_{10} 均匹配失败。接着取 r_{11}，该前提“该动物是有蹄类动物 AND 有长脖子 AND 有长腿 AND 身上有暗斑”与事实库中的已知事实相匹配，r_{11} 被执行，并推出“该动物是长颈鹿”。由于“长颈鹿”已是目标集合中的一个结论，即已推出最终结果，故问题求解过程结束。

最后需要指出的是，上述规则库中的规则是一种直接表示方式，也可用三元组来表示前提中的事实和后件中的假设。例如，r_{15} 可表示为：

r_{15}：IF　(动物, 类别, 鸟) AND (动物, 本领, 善飞)　THEN (动物, 名称, 信天翁)

2.4.2 归结演绎系统简例

归结演绎系统是指基于归结演绎推理方法所实现的系统。下面以两个经典的演绎推理为例，给出相应的归结演绎系统。

例 2.32 “快乐学生”问题。

假设：任何通过计算机考试并获奖的人都是快乐的，任何肯学习或幸运的人都可以通过所有考试，马不肯学习但她是幸运的，任何幸运的人都能获奖。求证：马是快乐的。

解：先将问题用谓词表示如下：

“任何通过计算机考试并获奖的人都是快乐的”

$(\forall x)(\text{Pass}(x, \text{computer}) \wedge \text{Win}(x, \text{prize}) \rightarrow \text{Happy}(x))$

“任何肯学习或幸运的人都可以通过所有考试”

$(\forall x)(\forall y)(\text{Study}(x) \vee \text{Lucky}(x) \rightarrow \text{Pass}(x, y))$

“马不肯学习但他是幸运的”

$\neg \text{Study}(\text{Ma}) \wedge \text{Lucky}(\text{Ma})$

“任何幸运的人都能获奖”

$(\forall x)(\text{Lucky}(x) \rightarrow \text{Win}(x, \text{prize}))$

目标“马是快乐的”的否定

$\neg \text{Happy}(\text{Ma})$

将上述谓词公式转化为子句集如下：

① $\neg \text{Pass}(x, \text{computer}) \vee \neg \text{Win}(x, \text{prize}) \vee \text{Happy}(x)$

② $\neg \text{Study}(y) \vee \text{Pass}(y, z)$

③ $\neg \text{Lucky}(u) \vee \text{Pass}(u, v)$

④ $\neg \text{Study}(\text{Ma})$

⑤ $\text{Lucky}(\text{Ma})$

⑥ $\neg \text{Lucky}(w) \vee \text{Win}(w, \text{prize})$

⑦ $\neg \text{Happy}(\text{Ma})$（本子句为结论的否定）

按谓词逻辑的归结原理对此子句集进行归结，其归结反演树如图 2.37 所示。由于归结出了空子句，这就证明了马是快乐的。

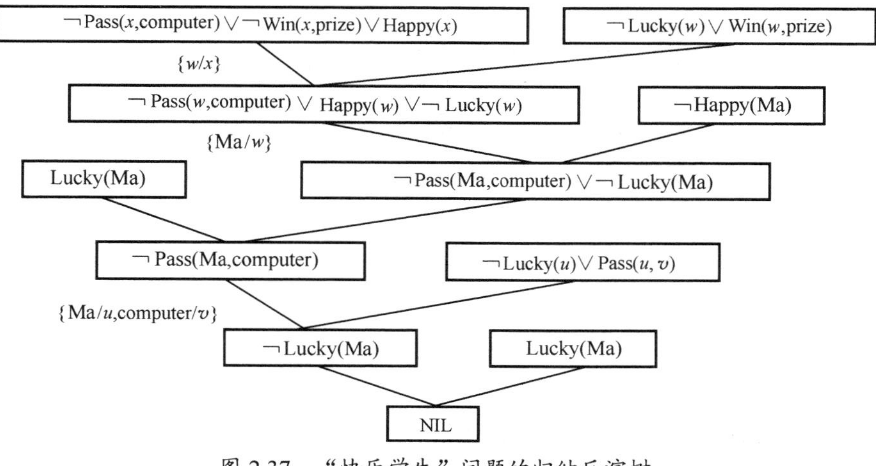

图 2.37 “快乐学生”问题的归结反演树

例 2.33 “激动人心的生活”问题。

假设：所有不贫穷并且聪明的人都是快乐的。那些看书的人是聪明的。黎明能看书且不贫穷。快乐的人过着激动人心的生活。求证：黎明过着激动人心的生活。

解：先将问题用谓词表示如下：

“所有不贫穷并且聪明的人都是快乐的”

$(\forall x)((\neg \mathrm{Poor}(x) \wedge \mathrm{Smart}(x)) \rightarrow \mathrm{Happy}(x))$

“那些看书的人是聪明的”

$(\forall y)(\mathrm{Read}(y) \rightarrow \mathrm{Smart}(y))$

“黎明能看书且不贫穷”

$\mathrm{Read}(\mathrm{LiMing}) \wedge \neg \mathrm{Poor}(\mathrm{LiMing})$

“快乐的人过着激动人心的生活”

$(\forall z)(\mathrm{Happy}(z) \rightarrow \mathrm{Exciting}(z))$

目标“黎明过着激动人心的生活”的否定

$\neg \mathrm{Exciting}(\mathrm{LiMing})$

将上述谓词公式转化为子句集如下：

① $\mathrm{Poor}(x) \vee \neg \mathrm{Smart}(x) \vee \mathrm{Happy}(x)$

② $\neg \mathrm{Read}(y) \vee \mathrm{Smart}(y)$

③ $\mathrm{Read}(\mathrm{LiMing})$

④ $\neg \mathrm{Poor}(\mathrm{LiMing})$

⑤ $\neg \mathrm{Happy}(z) \vee \mathrm{Exciting}(z)$

⑥ $\neg \mathrm{Exciting}(\mathrm{LiMing})$

按谓词逻辑的归结原理对此子句集进行归结，其归结反演树如图 2.38 所示。由于归结出了空子句，这就证明了黎明过着激动人心的生活。

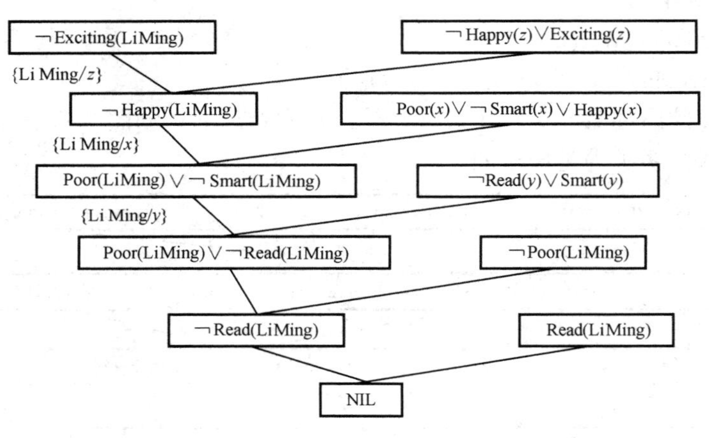

图 2.38 “激动人心的生活”问题的归结反演树

习 题 2

2.1 什么是知识？有哪几种主要的知识分类方法？

2.2　什么是知识表示？知识表示有哪些要求？

2.3　从心理学的角度看，推理有哪两种比较典型的观点？它们的含义是什么？

2.4　什么是推理？它有哪些分类方法？

2.5　推理中的控制策略包括哪几方面的内容？主要解决哪些问题？

2.6　什么是命题？什么是命题的真值？

2.7　什么是论域？什么是谓词？

2.8　什么是自由变元？什么是约束变元？

2.9　设有如下语句，请用相应的谓词公式分别把它们表示出来：

（1）有的人喜欢梅花，有的人喜欢菊花，有的人既喜欢梅花又喜欢菊花。

（2）有的人每天下午都去打篮球。

（3）新型计算机速度又快，存储容量又大。

（4）不是每个计算机系的学生都喜欢在计算机上编程序。

（5）凡是喜欢编程序的人都喜欢计算机。

2.10　用谓词表示法表示机器人摞积木问题。设机器人有一只机械手，要处理的世界有一张桌子，桌上可堆放若干相同的方积木块。机械手有 4 个操作积木的典型动作：从桌上拣起一块积木；将手中的积木放到桌上；在积木上再摞上一块积木；从积木上面拣起一块积木，如图 2.39 所示。

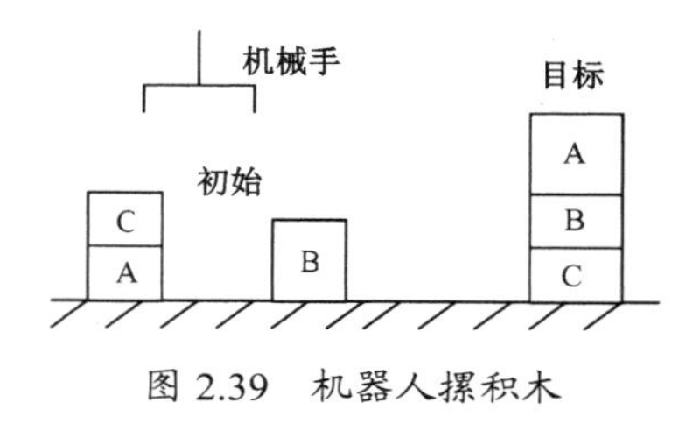

图 2.39　机器人摞积木

2.11　用谓词表示法表示农夫、狼、山羊、白菜问题。

设农夫、狼、山羊、白菜全部在一条河的左岸，现在要把它们全部送到河的右岸去，农夫有一条船，过河时，除农夫外，船上至多能载狼、山羊、白菜中的一种。狼要吃山羊，山羊要吃白菜，除非农夫在那里。试规划出一个确保全部安全过河的计划。请写出所用谓词的定义，并给出每个谓词的功能及变量的个体域。

2.12　用谓词表示法表示修道士和野人问题。

在河的左岸有三个修道士、三个野人和一条船，修道士们想用这条船将所有的人都运到河对岸，但要受到以下条件限制：

（1）修道士和野人都会划船，但船一次只能装运两个人。

（2）在任何岸边，野人数不能超过修道士，否则修道士会被野人吃掉。

假定野人愿意服从任何一种过河安排，请规划出一种确保修道士安全的过河方案。要求写出所用谓词的定义、功能及变量的个体域。

2.13　什么是产生式？它的基本形式是什么？代表什么含义？

2.14　产生式表示的特性是什么？

2.15　何谓语义网络？它有哪些基本的语义关系？

2.16　请对下列命题分别写出它们的语义网络：

（1）高老师从 3 月到 7 月给计算机系学生讲《计算机网络》课程。

（2）创新公司在科海大街 56 号，刘洋是该公司的经理，他 32 岁，硕士学位。

（3）红队与蓝队进行足球比赛，最后以 3 : 2 的比分结束。

2.17　请把下列命题用一个语义网络表示出来：

（1）树和草都是植物。

（2）树和草都有叶和根。

（3）水草是草，且生长在水中。

（4）果树是树，且会结果。

（5）梨树是果树中的一种，它会结梨。

2.18　试述语义网络中求解问题的一般过程。

2.19　试述语义网络表示法的特点。

2.20　何谓框架？框架的一般形式是什么？

2.21　何谓实例框架？它与框架有什么关系？

2.22　何谓框架系统？何谓框架系统的横向联系？何谓框架系统的纵向联系？

2.23　假设有以下一段天气预报：“北京地区今天白天晴，偏北风 3 级，最高气温 12°，最低气温–2°，降水概率 15%。”请用框架表示这一知识。

2.24　按“师生框架”“教师框架”“学生框架”的形式写出一个框架系统的描述。

2.25　框架系统中有哪两个预定义槽名？它们的作用分别是什么？

2.26　框架表示法的特点有哪些？

2.27　何谓产生式系统？产生式推理的基本结构由哪几部分组成？

2.28　什么是产生式的正向推理？其基本过程是什么？

2.29　什么是逆向推理？其基本过程是什么？

2.30　什么是混合推理？它有哪几种实现方式？

2.31　什么是置换？什么是合一？

2.32　判断下列公式是否为可合一，若可合一，则求出其相应的置换。

（1）$P(a, b), P(x, y)$

（2）$P(f(x), b), P(y, z)$

（3）$P(f(x), y), P(y, f(b))$

（4）$P(f(y), y, x), P(x, f(a), f(b))$

（5）$P(x, y), P(y, x)$

2.33　什么是自然演绎推理？它所依据的推理规则是什么？

2.34　什么是谓词公式的可满足性？什么是谓词公式的不可满足性？

2.35　什么是谓词公式的前束范式？什么是谓词公式的 Skolem 范式？

2.36　什么是子句集？如何将谓词公式化为子句集？

2.37　把下列谓词公式化成子句集：

（1）$(\forall x)(\forall y)(P(x, y) \wedge Q(x, y))$

（2）$(\forall x)(\forall y)(P(x, y) \rightarrow Q(x, y))$

（3）$(\forall x)(\exists y)(P(x, y) \vee (Q(x, y) \rightarrow R(x, y)))$

（4）$(\forall x)(\forall y)(\exists z)(P(x, y) \rightarrow Q(x, y) \vee R(x, z))$

2.38　鲁滨逊归结原理的基本思想是什么？

2.39　判断下列子句集中哪些是不可满足的。

（1）$\{\neg P \vee Q, \neg Q, P, \neg P\}$

（2）$\{P \vee Q, \neg P \vee Q, P \vee \neg Q, \neg P \vee \neg Q\}$

（3）$\{P(y) \vee Q(y), \neg P(f(x)) \vee R(a)\}$

（4）$\{\neg P(x) \vee Q(x), \neg P(y) \vee R(y), P(a), S(a), \neg S(z) \vee \neg R(z)\}$

（5）$\{\neg P(x)\vee Q(f(x), a), \neg P(h(y))\vee Q(f(h(y)), a)\vee \neg P(z)\}$

（6）$\{P(x)\vee Q(x)\vee R(x), \neg P(y)\vee R(y), \neg Q(a), \neg R(b)\}$

2.40　对下列各题分别证明 G 是否为 $F_1, F_2, \cdots, F_n$ 的逻辑结论。

（1）$F:(\exists x)(\exists y)P(x, y)$

$G:(\forall y)(\exists x)P(x, y)$

（2）$F:(\forall x)(P(x)\wedge(Q(a)\vee Q(b)))$

$G:(\exists x)(P(x)\wedge Q(x))$

（3）$F:(\exists x)(\exists y)(P(f(x))\wedge Q(f(y)))$

$G:P(f(a))\wedge P(y)\wedge Q(y)$

（4）$F_1:(\forall x)(P(x)\rightarrow(\forall y)(Q(y)\rightarrow\neg L(x, y)))$

$F_2:(\exists x)(P(x)\wedge(\forall y)(R(y)\rightarrow L(x, y)))$

$G:(\forall x)(R(x)\rightarrow\neg Q(x))$

（5）$F_1:(\forall x)(P(x)\rightarrow(Q(x)\wedge R(x)))$

$F_2:(\exists x)(P(x)\wedge S(x))$

$G:(\exists x)(S(x)\wedge R(x))$

2.41　设已知：

（1）如果 x 是 y 的父亲，y 是 z 的父亲，则 x 是 z 的祖父。

（2）每个人都有一个父亲。

试用归结演绎推理证明：对于某人 u，一定存在一个人 v, v 是 u 的祖父。

2.42　设已知：

（1）能阅读的人是识字的。

（2）海豚不识字。

（3）有些海豚是很聪明的。

请用归结演绎推理证明：有些很聪明的人并不识字。

第3章　不确定性知识系统

在现实世界中，能够进行精确描述的问题只占较少一部分，大多数问题是不确定的。对于这些不确定性问题，若采用确定性推理方法显然是无法解决的。为满足现实世界的问题求解需求，人工智能需要研究不确定性推理方法。

3.1　不确定性推理概述

不确定性是智能问题的一个本质特征，研究不确定性推理是人工智能的一项基本内容。为加深对不确定性推理的理解和认识，在讨论各种不确定性推理方法前，首先对不确定性推理的含义、不确定性推理的基本问题及不确定性推理的基本类型进行简单讨论。

3.1.1　不确定性推理的含义

1. 什么是不确定性推理

不确定性推理是指建立在不确定性知识和证据基础上的推理，如不完备、不精确知识的推理、模糊知识的推理等。不确定性推理实际上是一种从不确定的初始证据出发，通过运用不确定性知识，最终推出具有一定程度的不确定性又是合理或基本合理的结论的思维过程。

2. 为什么要采用不确定性推理

采用不确定性推理是解决客观问题的需要，其原因包括以下4方面。

（1）所需知识不完备、不精确

在很多情况下，解决问题需要的知识往往是不完备、不精确的。知识不完备是指在解决某一问题时，不具备解决该问题所需要的全部知识。例如，医生在看病时，一般是从病人的部分症状开始诊断的。知识不精确是指既不能完全确定知识为真，又不能完全确定知识为假。例如，专家系统中的知识多为专家经验，专家经验又多为不确定性知识。

（2）所需知识描述模糊

知识描述模糊是指知识的边界不明确。例如，平常人们所说的“很好”“好”“比较好”“不很好”“不好”“很不好”等概念，其边界都是比较模糊的。那么，当用这类概念来描述知识时，所描述的知识也是模糊的。例如，“如果李清这个人比较好，那么我就把他当成好朋友”所描述的就是比较模糊的知识。

（3）多种原因导致同一结论

在现实世界中，由多种原因导出同一结论的情况有很多。例如，引起人体低烧的原因至少有几十种，医生在看病时只能根据病人的症状，低烧的持续时间和方式，以及病人的体质、病史等，做出猜测性的推断。

（4）解题方案不唯一

现实生活中的问题一般存在着多种解决方案，这些方案之间又很难绝对地判断其优劣。对于这些情况，人们往往优先选择主观上认为相对较优的方案，这也是一种不确定性推理。

总之，在人类的认知和思维行为中，确定性只能是相对的，而不确定性才是绝对的。人工智能要解决这些不确定性问题，必须采用不确定性的知识表示和推理方法。

3.1.2 不确定性推理的基本问题

在不确定性推理中，除了需要解决在确定性推理中所提到的推理方向、推理方法、控制策略等基本问题，一般还需要解决不确定性的表示、不确定性的匹配、不确定性结论的合成和不确定性的更新等问题。

1. 不确定性的表示

不确定性的表示包括知识的不确定性表示和证据的不确定性表示。

（1）知识不确定性的表示

知识不确定性的表示方式是与不确定性推理方法密切相关的一个问题。在选择知识的不确定性表示方式时，通常需要考虑两方面的因素：能够比较准确地描述问题本身的不确定性，便于推理过程中不确定性的计算。对这两方面的因素，一般是将它们结合起来综合考虑的，只有这样才会得到较好的表示效果。

知识的不确定性通常是用一个数值来描述的，该数值表示相应知识的确定性程度，也称为知识的静态强度。知识的静态强度可以是该知识在应用中成功的概率，也可以是该知识的可信程度等。如果用概率来表示静态强度，则其取值范围为[0, 1]，该值越接近于 1，说明该知识越接近“真”；其值越接近于 0，说明该知识越接近“假”。如果用可信度来表示静态强度，则其取值范围一般为[1, 1]。当该值大于 0 时，值越大，说明知识越接近“真”；当其值小于 0 时，值越小，说明知识越接近“假”。在实际应用中，知识的不确定性是由领域专家给出的。

（2）证据的不确定性表示

推理中的证据有两种来源：一种是用户在求解问题时提供的初始证据，如病人的症状、检查结果等；另一种是在推理中得出的中间结果，即把当前推理中得到的中间结论放入综合数据库，并作为以后推理的证据来使用。通常，证据的不确定性表示应该与知识的不确定性表示保持一致，以便推理过程能对不确定性进行统一处理。

2. 不确定性的匹配

推理过程实际上是一个不断寻找和运用可用知识的过程。可用知识是指其前提条件可与综合数据库中的已知事实相匹配的知识。只有匹配成功的知识才可以被使用。

在不确定性推理中，由于知识和证据都是不确定的，而且知识要求的不确定性程度与证据实际具有的不确定性程度不一定相同，那么，怎样才算匹配成功呢？这是一个需要解决的问题。目前，常用的解决方法是，设计一个用来计算匹配双方相似程度的算法，并给出一个相似的限度，如果匹配双方的相似程度落在规定的限度内，则称匹配双方是可匹配的，否则称匹配双方是不可匹配的。

3．组合证据不确定性的计算

在不确定性的系统中，知识的前提条件既可以是简单的单个条件，也可以是复杂的组合条件。当进行匹配时，一个简单条件只对应一个单一的证据，一个复合条件将对应一组证据。又因为结论的不确定性是通过对证据和知识的不确定性进行某种运算得到的，所以当知识的前提条件为组合条件时，需要有合适的算法来计算复合证据的不确定性。目前，用来计算复合证据不确定性的主要方法有最大/最小方法、概率方法和有界方法等。

4．不确定性的更新

在不确定性推理中，由于证据和知识均是不确定的，就存在两个问题：一是在推理的每步如何利用证据和知识的不确定性去更新结论（在产生式规则表示中也称为假设）的不确定性；二是在整个推理过程中如何把初始证据的不确定性传递给最终结论。

对于第一个问题，一般做法是按照某种算法由证据和知识的不确定性计算出结论的不确定性。至于如何计算，不同的不确定性推理方法的处理方式各有不同。

对于第二个问题，不同的不确定性推理方法的处理方式基本相同，都是把当前推出的结论及其不确定性作为新的证据放入综合数据库，供以后推理使用。由于推理第一步得出的结论是由初始证据推出的，该结论的非精确性当然要受初始证据的不确定性的影响，而把它放入综合数据库作为新的证据进一步推理时，该不确定性又会传递给后面的结论，如此进行下去，就会把初始证据的不确定性逐步传递到最终结论。

5．不确定性结论的合成

在不确定性推理过程中，很可能出现由多个不同知识推出同一结论，并且推出的结论的不确定性程度各不相同的情况。对此，需要采用某种算法对这些不同的不确定性进行合成，求出该结论的综合不确定性。

以上问题是不确定性推理中需要考虑的一些基本问题，但并非每种不确定性推理方法都必须全部包括这些内容。实际上，不同的不确定性推理方法包括的内容可以不同，并且对这些问题的处理方法也可以不同。

3.1.3 不确定性推理的类型

目前，关于不确定性推理的类型有多种分类方法，如果按照是否采用数值来描述不确定性，可将其分为数值方法和非数值方法两大类型。数值方法是一种用数值对不确定性进行定量表示和处理的方法。人工智能对它的研究和应用较多，目前已形成了多种不确定性推理模型。非数值方法是指除数值方法以外的其他各种对不确定性进行表示和处理的方法，如非单调推理等。按其依据的理论，数值方法可以分为两种类型：一是基于概率论的有关理论发展起来的方法，如确定性理论、主观 Bayes 方法、证据理论和概率推理等；二是基于模糊逻辑理论发展起来的方法，如模糊推理。

3.2 可信度推理

可信度推理是一种基于确定性理论（confirmation theory）的不确定性推理方法。确定性理论是由美国斯坦福大学的肖特里菲（E.H. Shortliffe）等人于 1975 年提出的一种不确定性推理模型，并于 1976 年首次在血液病诊断专家系统 MYCIN 中得到了成功应用。可信度推理是不确定性推理中使用最早且十分有效的一种推理方法。本节主要讨论其基本概念和推理模型（即 CF 模型），并给出一个不确性推理的例子。

3.2.1 可信度的概念

可信度是指人们根据以往经验对某个事物或现象为真的程度做出的一个判断，或者是人们对某个事物或现象为真的相信程度。

例如，沈强昨天没来上课，他的理由是头疼。就此理由而言，只有以下两种可能：一种是沈强真的头疼了，即理由为真；另一种是沈强根本没有头疼，只是找个借口，即理由为假。但就听话的人来说，对沈强的理由可能完全相信，也可能完全不信，还可能是在某种程度上相信，这与沈强过去的表现和人们对他积累起来的看法有关。这里的相信程度就是我们所说的可信度。

显然，可信度具有较大的主观性和经验性，其准确性是难以把握的。但是，对某一具体领域而言，由于该领域专家具有丰富的专业知识及实践经验，要给出该领域知识的可信度还是完全有可能的，因此可信度方法不失为一种实用的不确定性推理方法。

3.2.2 可信度推理模型

可信度推理模型也称为 CF（Certainty Factor）模型，是由肖特里菲等人在确定性理论的基础上，结合概率论和模糊集合论等方法，提出的一种基本的不确定性推理方法。

1. 知识不确定性的表示

在 CF 模型中，知识是用产生式规则表示的，其一般形式为

$$\text{IF} \quad E \quad \text{THEN} \quad H\,(\text{CF}(H, E))$$

其中，E 是知识的前提证据；H 是知识的结论；$\text{CF}(H, E)$是知识的可信度。对该表示形式简单说明如下。

① 前提证据 E 可以是一个简单条件，也可以是由合取和析取构成的复合条件。例如：

$$E = (E_1 \text{ OR } E_2) \text{ AND } E_3 \text{ AND } E_4$$

就是一个复合条件。

② 结论 H 可以是一个单一的结论，也可以是多个结论。

③ 可信度因子 CF 通常简称为可信度，或称为规则强度，实际上是知识的静态强度。$\text{CF}(H, E)$的取值范围是$[-1, 1]$，其值表示当证据 E 为真时，该证据对结论 H 为真的支持程度。$\text{CF}(H, E)$的值越大，说明 E 对结论 H 为真的支持程度越大。例如

IF 发烧 AND 流鼻涕 THEN 感冒 (0.8)

表示当某人确实有“发烧”及“流鼻涕”症状时，则有 80%的把握是患了感冒。可见，CF(*H*, *E*)反映的是前提证据与结论之间的联系强度，即相应知识的知识强度。

2．可信度的定义与性质

（1）可信度的定义

在 CF 模型中，把 CF(*H*, *E*)定义为

$$CF(H, E) = MB(H, E) - MD(H, E)$$

式中，MB（Measure Belief）称为信任增长度，表示因证据 *E* 的出现，使结论 *H* 为真的信任增长度。MB(*H*, *E*)定义为

$$MB(H,E)=\begin{cases}1 & P(H)=1\\ \dfrac{\max\{P(H\mid E),P(H)\}-P(H)}{1-P(H)} & \text{其他}\end{cases}$$

MD（Measure Disbelief）称为不信任增长度，表示因证据 *E* 的出现，对结论 *H* 为真的不信任增长度，或称为对结论 *H* 为假的信任增长度。MD(*H*, *E*)定义为

$$MD(H,E)=\begin{cases}1 & P(H)=0\\ \dfrac{\min\{P(H\mid E),P(H)\}-P(H)}{-P(H)} & \text{其他}\end{cases}$$

在以上两个式子中，*P*(*H*)表示 *H* 的先验概率；*P*(*H*|*E*)表示在证据 *E* 下，结论 *H* 的条件概率。由 MB 与 MD 的定义可以看出：

当 MB(*H*, *E*)>0 时，有 *P*(*H*|*E*)>*P*(*H*)，说明由于证据 *E* 的出现增加了 *H* 的信任程度。

当 MD(*H*, *E*)>0 时，有 *P*(*H*|*E*)<*P*(*H*)，说明由于证据 *E* 的出现增加了 *H* 的不信任程度。

根据前面对 CF(*H*, *E*)、MB(*H*, *E*)、MD(*H*, *E*)的定义，可得到 CF(*H*, *E*)的计算公式

$$CF(H,E)=\begin{cases}MB(H,E)-1=\dfrac{P(H\mid E)-P(H)}{1-P(H)} & \text{若}P(H\mid E)>P(H)\\ 0 & \text{若}P(H\mid E)=P(H)\\ 0-MD(H,E)=-\dfrac{P(H)-P(H\mid E)}{P(H)} & \text{若}P(H\mid E)<P(H)\end{cases}$$

从此公式可以看出：

若 CF(*H*, *E*)>0，则 *P*(*H*|*E*)>*P*(*H*)。说明由于证据 *E* 的出现增加了 *H* 为真的概率，即增加了 *H* 的可信度，CF(*H*, *E*)的值越大，增加 *H* 为真的可信度就越大。

若 CF(*H*, *E*) = 0，则 *P*(*H*|*E*) = *P*(*H*)，即 *H* 的后验概率等于其先验概率。说明证据 *E* 与 *H* 无关。

若 CF(*H*, *E*)<0，则 *P*(*H*|*E*)<*P*(*H*)。说明由于证据 *E* 的出现减少了 *H* 为真的概率，即增加了 *H* 为假的可信度，CF(*H*, *E*)的值越小，增加 *H* 为假的可信度就越大。

（2）可信度的性质

根据以上对 CF、MB、MD 的定义，可得到它们的如下性质。

① 互斥性。对同一证据，它不可能既增加对 *H* 的信任程度，同时增加对 *H* 的不信任程度，这说明 MB 与 MD 是互斥的。即有如下互斥性：

当 MB(*H*, *E*)>0 时，MD(*H*, *E*) = 0；当 MD(*H*, *E*)>0 时，MB(*H*, *E*) = 0。

② 值域。

$$\begin{cases} 0 \leqslant \text{MB}(H,E) \leqslant 1 \\ 0 \leqslant \text{MD}(H,E) \leqslant 1 \\ -1 \leqslant \text{CF}(H,E) \leqslant 1 \end{cases}$$

③ 典型值。

当 $\text{CF}(H, E) = 1$ 时，有 $P(H|E) = 1$，说明由于证据 E 的出现，使 H 为真。此时，$\text{MB}(H, E) = 1$，$\text{MD}(H, E) = 0$。

当 $\text{CF}(H, E) = -1$ 时，有 $P(H|E) = 0$，说明由于证据 E 的出现，使 H 为假。此时，$\text{MB}(H, E) = 0$，$\text{MD}(H, E) = 1$。

当 $\text{CF}(H, E) = 0$ 时，有 $\text{MB}(H, E) = 0$，$\text{MD}(H, E) = 0$。前者说明证据 E 的出现不证实 H，后者说明证据 E 的出现不否认 H。

④ 对 H 的信任增长度等于对非 H 的不信任增长度。

根据 MB、MD 的定义及概率的性质有

$$\begin{aligned} \text{MD}(\neg H,E) &= \frac{P(\neg H \mid E) - P(\neg H)}{-P(\neg H)} = \frac{(1 - P(H \mid E)) - (1 - P(H))}{-(1 - P(H))} \\ &= \frac{-P(H \mid E) + P(H)}{-(1 - P(H))} = \frac{-(P(H \mid E) - P(H))}{-(1 - P(H))} \\ &= \frac{P(H \mid E) - P(H)}{1 - P(H)} = \text{MB}(H,E) \end{aligned}$$

再根据 CF 的定义及 MB、MD 的互斥性，有

$$\begin{aligned} \text{CF}(H,E) + \text{CF}(\neg H,E) &= (\text{MB}(H,E) - \text{MD}(H,E)) + (\text{MB}(\neg H,E) - \text{MD}(\neg H,E)) \\ &= (\text{MB}(H,E) - 0) + (0 - \text{MD}(\neg H,E)) \\ &= \text{MB}(H,E) - \text{MD}(\neg H,E) = 0 \end{aligned}$$

该公式说明了以下三个问题：

第一，对 H 的信任增长度等于对非 H 的不信任增长度。

第二，对 H 的可信度与对非 H 的可信度之和等于 0。

第三，可信度不是概率。对概率，有 $P(H)+P(\neg H) = 1$ 且 $0 \leqslant P(H), P(\neg H) \leqslant 1$，而可信度不满足此条件。

⑤ 对同一证据 E，若支持若干个不同的结论 H_i（$i = 1, 2, \cdots, n$），则

$$\sum_{i=1}^{n} \text{CF}(H_i,E) \leqslant 1$$

因此，如果发现专家给出的知识有如下情况

$$\text{CF}(H_1, E) = 0.7, \qquad \text{CF}(H_2, E) = 0.4$$

则因 $0.7+0.4 = 1.1>1$ 为非法，应进行调整或规范化。

最后需要指出，在实际应用中 $P(H)$和 $P(H|E)$的值是很难获得的，因此 $\text{CF}(H, E)$的值应由领域专家直接给出，其原则是：若相应证据的出现会增加 H 为真的可信度，则 $\text{CF}(H, E)>0$，证据的出现对 H 为真的支持程度越高，则 $\text{CF}(H, E)$的值越大；反之，证据

的出现减少 H 为真的可信度，则 $CF(H, E)<0$，证据的出现对 H 为假的支持程度越高，就使 $CF(H, E)$ 的值越小；若相应证据的出现与 H 无关，则使 $CF(H, E) = 0$。

3．证据不确定性的表示

在 CF 模型中，证据的不确定性也是用可信度来表示的，其取值范围同样是[−1, 1]。证据可信度的来源有以下两种情况：① 如果是初始证据，其可信度是由提供证据的用户给出的；② 如果是先前推出的中间结论又作为当前推理的证据，则其可信度是原来在推出该结论时由不确定性的更新算法计算得到的。

对证据 E，其可信度 $CF(E)$ 的值的含义如下：

① $CF(E) = 1$，证据 E 肯定为真。

② $CF(E) = -1$，证据 E 肯定为假。

③ $CF(E) = 0$，对证据 E 一无所知。

④ $0<CF(E)<1$，证据 E 以 $CF(E)$ 程度为真。

⑤ $-1<CF(E)<0$，证据 E 以 $CF(E)$ 程度为假。

4．否定证据不确定性的计算

设 E 为证据，则该证据的否定记为 $\neg E$。若已知 E 的可信度为 $CF(E)$，则

$$CF(\neg E) = -CF(E)$$

5．组合证据不确定性的计算

对证据的组合形式可分为“合取”和“析取”两种基本情况。

当组合证据是多个单一证据的合取时，即

$$E = E_1 \quad \text{AND} \quad E_2 \quad \text{AND} \quad \cdots \quad \text{AND} \quad E_n$$

时，若已知 $CF(E_1)$，$CF(E_2)$，…，$CF(E_n)$，则

$$CF(E) = \min\{CF(E_1), CF(E_2), \cdots, CF(E_n)\}$$

当组合证据是多个单一证据的析取时，即

$$E = E_1 \quad \text{OR} \quad E_2 \quad \text{OR} \quad \cdots \quad \text{OR} \quad E_n$$

时，若已知 $CF(E_1)$，$CF(E_2)$，…，$CF(E_n)$，则

$$CF(E) = \max\{CF(E_1), CF(E_2), \cdots, CF(E_n)\}$$

6．不确定性的更新

CF 模型中的不确定性推理实际上是从不确定性的初始证据出发，不断运用相关的不确定性知识，逐步推出最终结论和该结论的可信度的过程。每次运用不确定性知识，都需要由证据的不确定性和知识的不确定性去计算结论的不确定性。其计算公式如下

$$CF(H) = CF(H, E) \times \max\{0, CF(E)\}$$

由上式可以看出，若 $CF(E)<0$，即相应证据以某种程度为假，则

$$CF(H) = 0$$

这说明，在该模型中没有考虑证据为假时对结论 H 所产生的影响。另外，当证据为真，即 $CF(E) = 1$ 时，由上式可推出 $CF(H) = CF(H, E)$。这说明，知识中的规则强度 $CF(H, E)$ 实际上是在前提条件对应的证据为真时结论 H 的可信度。

7．结论不确定性的合成

如果可由多条知识推出一个相同结论，并且这些知识的前提证据相互独立，结论的可信度又不相同，则可用不确定性的合成算法求出该结论的综合可信度。其合成过程是先把第一条与第二条合成，再用该合成后的结论与第三条合成，以此类推，直到全部合成为止。由于多条知识的合成是通过两两合成来实现的，因此下面仅考虑对两条知识进行合成的情况。

设有如下知识：

$$\text{IF}\quad E_1\quad \text{THEN}\quad H\quad (\text{CF}(H, E_1))$$
$$\text{IF}\quad E_2\quad \text{THEN}\quad H\quad (\text{CF}(H, E_2))$$

则结论 H 的综合可信度可分以下两步计算：

① 分别对每条知识求出其 $\text{CF}(H)$，即

$$\text{CF}_1(H) = \text{CF}(H, E_1)\cdot\max\{0, \text{CF}(E_1)\}$$
$$\text{CF}_2(H) = \text{CF}(H, E_2)\cdot\max\{0, \text{CF}(E_2)\}$$

② 用如下公式求 E_1 与 E_2 对 H 的综合可信度

$$\text{CF}(H)=\begin{cases}\text{CF}_1(H)+\text{CF}_2(H)-\text{CF}_1(H)\text{CF}_2(H) & \text{若CF}_1(H)\geqslant 0\text{且CF}_2(H)\geqslant 0\\ \text{CF}_1(H)+\text{CF}_2(H)+\text{CF}_1(H)\text{CF}_2(H) & \text{若CF}_1(H)<0\text{且CF}_2(H)<0\\ \dfrac{\text{CF}_1(H)+\text{CF}_2(H)}{1-\min\{|\text{CF}_1(H)|,|\text{CF}_2(H)|\}} & \text{若CF}_1(H)\text{与CF}_2(H)\text{异号}\end{cases}$$

3.2.3 可信度推理的例子

例 3.1 设有如下一组知识：

r_1：IF E_1 THEN H (0.9)

r_2：IF E_2 THEN H (0.6)

r_3：IF E_3 THEN H (−0.5)

r_4：IF E_4 AND (E_5 OR E_6) THEN E_1 (0.8)

已知：$\text{CF}(E_2) = 0.8$，$\text{CF}(E_3) = 0.6$，$\text{CF}(E_4) = 0.5$，$\text{CF}(E_5) = 0.6$, $\text{CF}(E_6) = 0.8$。

求：$\text{CF}(H) = ?$

解：由 r_4 得

$$\begin{aligned}\text{CF}(E_1) &= 0.8\times\max\{0, \text{CF}(E_4\ \text{AND}\ (E_5\ \text{OR}\ E_6))\}\\ &= 0.8\times\max\{0, \min\{\text{CF}(E_4), \text{CF}(E_5\ \text{OR}\ E_6)\}\}\\ &= 0.8\times\max\{0, \min\{\text{CF}(E_4), \max\{\text{CF}(E_5), \text{CF}(E_6)\}\}\}\\ &= 0.8\times\max\{0, \min\{\text{CF}(E_4), \max\{0.6, 0.8\}\}\}\\ &= 0.8\times\max\{0, \min\{0.5, 0.8\}\}\\ &= 0.8\times\max\{0, 0.5\}\\ &= 0.4\end{aligned}$$

由 r_1 得

$$\begin{aligned}\text{CF}_1(H) &= \text{CF}(H, E_1)\times\max\{0, \text{CF}(E_1)\}\\ &= 0.9\times\max\{0, 0.4\} = 0.36\end{aligned}$$

由 r_2 得

$$\begin{aligned}\text{CF}_2(H) &= \text{CF}(H, E_2)\times\max\{0, \text{CF}(E_2)\}\\ &= 0.6\times\max\{0, 0.8\} = 0.48\end{aligned}$$

由 r_3 得

$$\begin{aligned}\text{CF}_3(H) &= \text{CF}(H, E_3)\times\max\{0, \text{CF}(E_3)\}\\ &= -0.5\times\max\{0, 0.6\} = -0.3\end{aligned}$$

根据结论不确定性的合成算法得

$$\begin{aligned}\text{CF}_{1,2}(H) &= \text{CF}_1(H)+\text{CF}_2(H)-\text{CF}_1(H)\text{CF}_2(H)\\ &= 0.36+0.48-0.36\times 0.48\\ &= 0.84-0.17=0.67\end{aligned}$$

$$\begin{aligned}\text{CF}_{1,2,3}(H) &= \frac{\text{CF}_{1,2}(H)+\text{CF}_3(H)}{1-\min\{|\text{CF}_{1,2}(H)|,|\text{CF}_3(H)|\}}\\ &= \frac{0.67-0.3}{1-\min\{0.67,0.3\}} = \frac{0.37}{0.7} = 0.53\end{aligned}$$

这就是所求的综合可信度，即 $\text{CF}(H) = 0.53$。

3.3 主观 Bayes 推理

主观 Bayes 方法是由杜达（R.O. Duda）等人于 1976 年提出的一种不确定性推理模型，是为了解决标准 Bayes 公式所存在的需要由逆概率去求原概率的问题而提出的。杜达等人对 Bayes 公式进行适当改进，提出了主观 Bayes 方法，并将其成功地应用在他自己开发的地矿勘探专家系统 PROSPECTOR 中。

3.3.1 主观 Bayes 方法的概率论基础

1．全概率公式

定理 3.1 设事件 $A_1, A_2, \cdots, A_n$ 满足：

（1）任意两个事件都互不相容，即当 $i\neq j$ 时，有 $A_i \cap A_j = \varnothing$（$i = 1, 2, \cdots, n$；$j = 1, 2, \cdots, n$）。

（2）$P(A_i)>0$（$i = 1, 2, \cdots, n$）。

（3）$D = \bigcup_{i=1}^{n} A_i$。

则对任何事件 B 有 $P(B) = \sum_{i=1}^{n} P(A_i)\times P(B\,|\,A_i)$ 成立。该公式称为全概率公式，提供了一种计算 $P(B)$的方法。

2．Bayes 公式

定理 3.2 设事件 $A_1, A_2, \cdots, A_n$ 满足定理 3.1 规定的条件，则对任何事件 B 有下式成立

$$P(A_i \mid B) = \frac{P(A_i) \times P(B \mid A_i)}{\sum_{j=1}^{n} P(A_j) \times P(B \mid A_j)} \qquad (i = 1, 2, \cdots, n)$$

该定理称为 Bayes 定理，上式称为 Bayes 公式。

在 Bayes 公式中，$P(A_i)$是事件 A_i 的先验概率，$P(B|A_i)$是在事件 A_i 发生条件下事件 B 的条件概率，$P(A_i|B)$是在事件 B 发生条件下事件 A_i 的条件概率。

如果把全概率公式代入 Bayes 公式中，就可得到

$$P(A_i \mid B) = \frac{P(A_i) \cdot P(B \mid A_i)}{P(B)} \qquad (i = 1, 2, \cdots, n)$$

即

$$P(A_i \mid B) \cdot P(B) = P(B \mid A_i) \cdot P(A_i) \qquad (i = 1, 2, \cdots, n)$$

这是 Bayes 公式的另一种形式。

Bayes 公式实际上是一种用逆概率 $P(B|A_i)$求原概率 $P(A_i|B)$的方法。假设用 B 代表咳嗽，A 代表肺炎，若要得到在咳嗽的人中有多少是患肺炎的，相当于求 $P(A|B)$。由于患咳嗽的人较多，因此需要做大量的统计工作。但是，如果要得到患肺炎的人中有多少人是咳嗽的，则要容易得多，原因是在所有咳嗽的人中只有一小部分是患肺炎的，即患肺炎的人要比咳嗽的人少得多。Bayes 定理非常有用，后面将讨论的主观 Bayes 方法就是在其基础上提出来的。

3.3.2 主观 Bayes 方法的推理模型

主观 Bayes 方法的推理模型同样包括知识不确定性表示、证据不确定性表示、不确定性的更新和结论不确定性的合成等方法。

1. 知识不确定性表示

在主观 Bayes 方法中，其知识不确定性表示主要涉及知识的表示形式、LS 和 LN 的含义、性质、关系等。

（1）知识的表示形式

主观 Bayes 方法中的知识是用产生式表示的，其形式为

$$\text{IF} \quad E \quad \text{THEN} \quad (\text{LS}, \text{LN}) \quad H$$

其中，(LS, LN)用来表示该知识的知识强度，LS 和 LN 的表示形式分别为

$$\text{LS} = \frac{P(E \mid H)}{P(E \mid \neg H)}$$

$$\text{LN} = \frac{P(\neg E \mid H)}{P(\neg E \mid \neg H)} = \frac{1 - P(E \mid H)}{1 - P(E \mid \neg H)}$$

LS 和 LN 的取值范围均为$[0, +\infty)$。

（2）LS 和 LN 的含义

下面进一步讨论 LS 和 LN 的含义。由本节前面给出的 Bayes 公式可知

$$P(H \mid E)=\frac{P(E \mid H)P(H)}{P(E)}$$

$$P(\neg H \mid E)=\frac{P(E \mid \neg H)P(\neg H)}{P(E)}$$

将两式相除，得

$$\frac{P(H \mid E)}{P(\neg H \mid E)}=\frac{P(E \mid H)}{P(E \mid \neg H)}\times\frac{P(H)}{P(\neg H)} \tag{3.1}$$

为讨论方便，下面引入几率函数

$$O(X)=\frac{P(X)}{1-P(X)} \quad \text{或} \quad O(X)=\frac{P(X)}{P(\neg X)} \tag{3.2}$$

可见，X 的几率等于 X 出现的概率与 X 不出现的概率之比。显然，随着 $P(X)$的增大，$O(X)$也在增大，并且 $P(X)=0$ 时，有 $O(X)=0$；$P(X)=1$ 时，有 $O(X)=+\infty$。这样，就可以把取值为[0, 1]的 $P(X)$放大到取值为[0,+∞)的 $O(X)$。

把式（3.2）中几率和概率的关系代入式（3.1），有

$$O(H \mid E)=\frac{P(E \mid H)}{P(E \mid \neg H)}O(H)$$

再把 LS 代入此式，可得

$$O(H \mid E)=\text{LS}\times O(H) \tag{3.3}$$

同理，可得到关于 LN 的公式

$$O(H \mid \neg E)=\text{LN}\times O(H) \tag{3.4}$$

式（3.3）和式（3.4）就是修改的 Bayes 公式。从这两个公式可以看出：当 E 为真时，可以利用 LS 将 H 的先验几率 $O(H)$更新为其后验几率 $O(H \mid E)$；当 E 为假时，可以利用 LN 将 H 的先验几率 $O(H)$更新为其后验几率 $O(H \mid \neg E)$。

（3）LS 的性质

当 LS>1 时，$O(H \mid E)>O(H)$，说明 E 支持 H；LS 越大，$O(H \mid E)$比 $O(H)$大得越多，即 LS 越大，E 对 H 的支持越充分。当 LS→∞时，$O(H \mid E)\to\infty$，即 $P(H \mid E)\to 1$，表示由于 E 的存在，将导致 H 为真。

当 LS = 1 时，$O(H \mid E)=O(H)$，说明 E 对 H 没有影响。

当 LS<1 时，$O(H \mid E)<O(H)$，说明 E 不支持 H。

当 LS = 0 时，$O(H \mid E)=0$，说明 E 的存在使 H 为假。

由上述分析可以看出，LS 反映的是 E 的出现对 H 为真的影响程度。因此，称 LS 为知识的充分性度量。

（4）LN 的性质

当 LN>1 时，$O(H \mid \neg E)>O(H)$，说明$\neg E$ 支持 H，即由于 E 的不出现，增大了 H 为真的概率。并且，LN 越大，$P(H \mid \neg E)$就越大，即$\neg E$ 对 H 为真的支持就越强。当 LN→∞时，$O(H \mid \neg E)\to\infty$，即 $P(H \mid \neg E)\to 1$，表示由于$\neg E$ 的存在，将导致 H 为真。

当 LN = 1 时，$O(H \mid \neg E)=O(H)$，说明$\neg E$ 对 H 没有影响。

当 LN<1 时，$O(H\mid\neg E)<O(H)$，说明$\neg E$不支持 H，即由于$\neg E$的存在，将使 H 为真的可能性下降，或者说由于 E 不存在，将反对 H 为真。当 LN→0 时，$O(H\mid\neg E)\to 0$，即 LN 越小，E 的不出现就越反对 H 为真，这说明 H 越需要 E 的出现。

当 LN = 0 时，$O(H\mid\neg E)=0$，说明$\neg E$的存在（即 E 不存在）将导致 H 为假。

由上述分析可以看出，LN 反映的是当 E 不存在时对 H 为真的影响，因此称 LN 为知识的必要性度量。

（5）LS 与 LN 的关系

由于 E 和$\neg E$不会同时支持或同时排斥 H，因此只有下述 3 种情况存在：① LS>1 且 LN<1；② LS<1 且 LN>1；③ LS = LN = 1。事实上，如果 LS>1，即

$$
\begin{aligned}
\mathrm{LS}>1 &\Leftrightarrow \frac{P(E\mid H)}{P(E\mid\neg H)}>1\\
&\Leftrightarrow P(E\mid H)>P(E\mid\neg H)\\
&\Leftrightarrow 1-P(E\mid H)<1-P(E\mid\neg H)\\
&\Leftrightarrow P(\neg E\mid H)<P(\neg E\mid\neg H)\\
&\Leftrightarrow \frac{P(\neg E\mid H)}{P(\neg E\mid\neg H)}<1\\
&\Leftrightarrow \mathrm{LN}<1
\end{aligned}
$$

同理，可以证明“LS<1 且 LN>1”和“LS = LN = 1”。

计算公式 LS 和 LN 除在推理过程中使用外，还可以作为领域专家为 LS 和 LN 赋值的依据。在实际系统中，LS 和 LN 的值均是由领域专家根据经验给出的，而不是由 LS 和 LN 计算出来的。当证据 E 越是支持 H 为真时，则 LS 的值应该越大；当证据 E 对 H 越是重要时，则相应的 LN 的值应该越小。

2. 证据不确定性的表示

主观 Bayes 方法中的证据同样包括基本证据和组合证据两种类型。

（1）基本证据的表示

在主观 Bayes 方法中，证据 E 的不确定性是用其概率或几率来表示的。概率与几率之间的关系为

$$
O(E)=\frac{P(E)}{1-P(E)}=\begin{cases}0 & E\text{为假时}\\ \infty & E\text{为真时}\\ (0,+\infty) & E\text{非真也非假时}\end{cases}
$$

上式给出的仅是证据 E 的先验概率与其先验几率之间的关系，但在有些情况下，除需要考虑证据 E 的先验概率与先验几率外，往往还需要考虑在当前观察下证据 E 的后验概率或后验几率。以概率情况为例，对初始证据 E，用户可以根据当前观察 S 将其先验概率 $P(E)$更改为后验概率 $P(E\mid S)$，即相当于给出证据 E 的动态强度。

（2）组合证据不确定性的计算

无论组合证据有多么复杂，其基本组合形式只有合取和析取两种。

当组合证据是多个单一证据的合取时，即

$$
E=E_1\quad \text{AND}\quad E_2\quad \text{AND}\quad \cdots\quad \text{AND}\quad E_n
$$

如果已知在当前观察 S 下，每个单一证据 E_i 有概率 $P(E_1 | S), P(E_2 | S), \cdots, P(E_n | S)$，则

$$P(E | S) = \min\{P(E_1 | S), P(E_2 | S), \cdots, P(E_n | S)\}$$

当组合证据是多个单一证据的析取时，即

$$E = E_1 \quad \text{OR} \quad E_2 \quad \text{OR} \quad \cdots \quad \text{OR} \quad E_n$$

如果已知在当前观察 S 下，每个单一证据 E_i 有概率 $P(E_1 | S), P(E_2 | S), \cdots, P(E_n | S)$，则

$$P(E | S) = \max\{P(E_1 | S), P(E_2 | S), \cdots, P(E_n | S)\}$$

3．不确定性的更新

主观 Bayes 方法推理的任务是，根据证据 E 的概率 $P(E)$及 LS 和 LN 的值，把 H 的先验概率 $P(H)$或先验几率 $O(H)$更新为当前观察 S 下的后验概率 $P(H | S)$或后验几率 $O(H | S)$。由于一条知识对应的证据可能肯定为真，也可能肯定为假，还可能既非为真又非为假，因此在把 H 的先验概率或先验几率更新为后验概率或后验几率时，需要根据证据的不同情况去计算其后验概率或后验几率。下面分别讨论这些情况。

（1）证据在当前观察下肯定为真

当证据 E 肯定为真时，$P(E) = P(E | S) = 1$。将 H 的先验几率更新为后验几率的公式为式（3.3），即

$$O(H | E) = \text{LS} \times O(H)$$

如果是把 H 的先验概率更新为其后验概率，则可将式（3.2）关于几率和概率的对应关系代入式（3.3），得

$$P(H | E) = \frac{\text{LS} \times P(H)}{(\text{LS} - 1) \times P(H) + 1} \tag{3.5}$$

这是把先验概率 $P(H)$更新为后验概率 $P(H | E)$的计算公式。

（2）证据在当前观察下肯定为假

当证据 E 肯定为假时，$P(E) = P(E | S) = 0$，$P(\neg E) = 1$。将 H 的先验几率更新为后验几率的公式为式（3.4），即 $O(H | \neg E) = \text{LN} \times O(H)$。如果把 H 的先验概率更新为其后验概率，则可将式（3.2）关于几率和概率的对应关系代入式（3.4），得

$$P(H | \neg E) = \frac{\text{LN} \times P(H)}{(\text{LN} - 1) \times P(H) + 1} \tag{3.6}$$

这是把先验概率 $P(H)$更新为后验概率 $P(H | \neg E)$的计算公式。

（3）证据在当前观察下既非为真又非为假

当证据既非为真又非为假时，不能再用上面的方法计算 H 的后验概率，而需要使用杜达等人 1976 年给出的公式

$$P(H | S) = P(H | E)P(E | S) + P(H | \neg E)P(\neg E | S) \tag{3.7}$$

下面分 4 种情况来讨论这个公式。

① $P(E | S) = 1$

当 $P(E | S) = 1$ 时，$P(\neg E | S) = 0$。由式（3.7）和式（3.5）可得

$$P(H | S) = P(H | E) = \frac{\text{LS} \times P(H)}{(\text{LS} - 1) \times P(H) + 1}$$

这实际上就是证据肯定存在的情况。

② $P(E \mid S)=0$

当 $P(E \mid S)=0$ 时，$P(\neg E \mid S)=1$。由式（3.7）和式（3.6）可得

$$P(H \mid S)=P(H \mid \neg E)=\frac{\mathrm{LN}\times P(H)}{(\mathrm{LN}-1)\times P(H)+1}$$

这实际上是证据肯定不存在的情况。

③ $P(E \mid S)=P(E)$

当 $P(E \mid S)=P(E)$时，表示 E 与 S 无关。由式（3.7）和全概率公式可得

$$\begin{aligned}P(H \mid S)&=P(H \mid E)P(E \mid S)+P(H \mid \neg E)P(\neg E \mid S)\\&=P(H \mid E)P(E)+P(H \mid \neg E)P(\neg E)\\&=P(H)\end{aligned}$$

通过上述分析，得到了 $P(E \mid S)$上的 3 个特殊值：0、$P(E)$及 1。并分别取得了对应值 $P(H \mid \neg E)$，$P(H)$及 $P(H \mid E)$。这样就构成了 3 个特殊点。

④ $P(E \mid S)$为其他值

当 $P(E \mid S)$为其他值时，$P(H \mid S)$的值可通过上述三个特殊点的分段线性插值函数求得。该分段线性插值函数 $P(H \mid S)$如图 3.1 所示，函数的解析表达式为

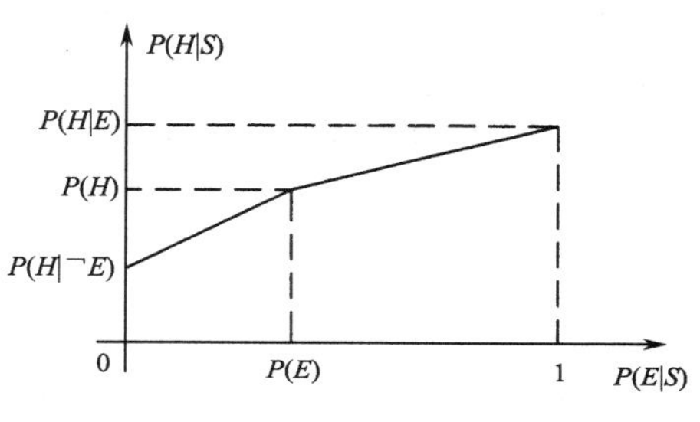

图 3.1　分段线性插值函数

$$P(H \mid S)=\begin{cases}P(H \mid \neg E)+\dfrac{P(H)-P(H \mid \neg E)}{P(E)}\times P(E \mid S) & 0\leqslant P(E \mid S)<P(E)\\[2ex] P(H)+\dfrac{P(H \mid E)-P(H)}{1-P(E)}\times[P(E \mid S)-P(E)] & P(E)\leqslant P(E \mid S)\leqslant 1\end{cases}\qquad(3.8)$$

4．结论不确定性的合成

假设有 n 条知识都支持同一结论 H，并且这些知识的前提条件分别是 n 个相互独立的证据 E_1，E_2，…，E_n，而每个证据所对应的观察又分别是 S_1，S_2，…，S_n。在这些观察下，求 H 的后验概率的方法是：首先对每条知识分别求出 H 的后验几率 $O(H \mid S_i)$，然后利用这些后验几率并按下述公式求出所有观察下 H 的后验几率

$$O(H \mid S_1,S_2,\cdots,S_n)=\frac{O(H \mid S_1)}{O(H)}\times\frac{O(H \mid S_2)}{O(H)}\times\cdots\times\frac{O(H \mid S_n)}{O(H)}\times O(H)\qquad(3.9)$$

3.3.3　主观 Bayes 推理的例子

为了进一步说明主观 Bayes 方法的推理过程，下面给出一个例子。

例 3.2　设有规则：

r_1：IF　E_1　THEN　(2, 0.001)　H_1

r_2：IF　E_1　AND　E_2　THEN　(100, 0.001)　H_1

r_3：IF　H_1　THEN　(200, 0.01)　H_2

已知：$P(E_1) = P(E_2) = 0.6$，$P(H_1) = 0.091$，$P(H_2) = 0.01$。

用户回答：$P(E_1 \mid S_1) = 0.76$，$P(E_2 \mid S_2) = 0.68$。

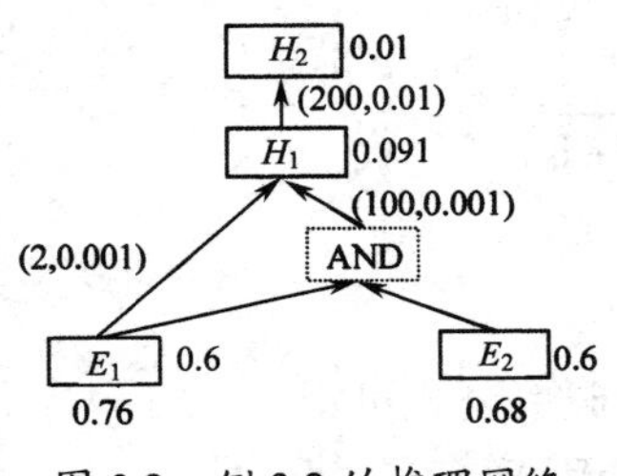

图 3.2　例 3.2 的推理网络

求：$P(H_2 \mid S_1, S_2) = ?$

解： 由已知知识得到的推理网络如图 3.2 所示。

（1）计算 $O(H_1 \mid S_1)$

先把 H_1 的先验概率 $P(H_1)$更新为在 E_1 下的后验概率

$$P(H_1 \mid E_1) = \frac{\text{LS}_1 \times P(H_1)}{(\text{LS}_1 - 1) \times P(H_1) + 1}$$

$$= \frac{2 \times 0.091}{(2-1) \times 0.091 + 1} = 0.167$$

由于 $P(E_1 \mid S_1) = 0.76 > P(E_1)$，使用式（3.8)的后半部分，得到在当前观察 S_1 下 H_1 的后验概率

$$P(H_1 \mid S_1) = P(H_1) + \frac{P(H_1 \mid E_1) - P(H_1)}{1 - P(E_1)}(P(E_1 \mid S_1) - P(E_1))$$

$$= 0.091 + \frac{(0.167 - 0.091)}{1 - 0.6} \times (0.76 - 0.6) = 0.121$$

$$O(H_1 \mid S_1) = \frac{P(H_1 \mid S_1)}{1 - P(H_1 \mid S_1)} = \frac{0.121}{1 - 0.121} = 0.138$$

（2）计算 $O(H_1 \mid (S_1 \text{AND} S_2))$

由于 r_2 的前件是 E_1、E_2 的合取关系，且 $P(E_1 \mid S_1) = 0.76$，$P(E_2 \mid S_2) = 0.68$，即 $P(E_2 \mid S_2) < P(E_1 \mid S_1)$。按合取取最小的原则，这里仅考虑 E_2 对 H_1 的影响，即把计算 $P(H_1 \mid (S_1 \text{ AND } S_2))$的问题转化为计算 $O(H_1 \mid S_2)$的问题。

把 H_1 的先验概率 $P(H_1)$更新为在 E_2 下的后验概率

$$P(H_1 \mid E_2) = \frac{\text{LS}_2 \times P(H_1)}{(\text{LS}_2 - 1) \times P(H_1) + 1}$$

$$= \frac{100 \times 0.091}{(100-1) \times 0.091 + 1} = 0.909$$

又由于 $P(E_2 \mid S_2) > P(E_2)$，还使用式（3.8)的后半部分，得到在当前观察 S_2 下 H_1 的后验概率

$$P(H_1 \mid S_2) = P(H_1) + \frac{P(H_1 \mid E_2) - P(H_1)}{1 - P(E_2)} \times (P(E_2 \mid S_2) - P(E_2))$$

$$= 0.091 + \frac{(0.909 - 0.091)}{1 - 0.6} \times (0.68 - 0.6) = 0.255$$

$$O(H_1 \mid S_2) = \frac{P(H_1 \mid S_2)}{1 - P(H_1 \mid S_2)} = \frac{0.255}{1 - 0.255} = 0.342$$

（3）计算 $O(H_1 \mid S_1, S_2)$

先将 H_1 的先验概率转换为先验几率

$$O(H_1)=\frac{P(H_1)}{1-P(H_1)}=\frac{0.091}{1-0.091}=0.100$$

再根据合成公式（3.9）计算 H_1 的后验几率

$$O(H_1|S_1,S_2)=\frac{O(H_1|S_1)}{O(H_1)}\times\frac{O(H_1|S_2)}{O(H_1)}\times O(H_1)$$
$$=\frac{0.138}{0.1}\times\frac{0.342}{0.1}\times 0.1=0.472$$

然后将后验几率转换为后验概率

$$P(H_1|S_1,S_2)=\frac{O(H_1|S_1,S_2)}{1+O(H_1|S_1,S_2)}=\frac{0.472}{1+0.472}=0.321$$

（4）计算 $P(H_2 | S_1, S_2)$

对 r_3，H_1 相当于已知事实，H_2 为结论。将 H_2 的先验概率 $P(H_2)$更新为在 H_1 下的后验概率

$$P(H_2|H_1)=\frac{\mathrm{LS}_3\times P(H_2)}{(\mathrm{LS}_3-1)\times P(H_2)+1}$$
$$=\frac{200\times 0.01}{(200-1)\times 0.01+1}=0.669$$

由于 $P(H_1 | S_1, S_2) = 0.321>P(H_1)$，仍使用式（3.8)的后半部分，得到在当前观察 S_1 和 S_2 下 H_2 的后验概率

$$P(H_2|S_1,S_2)=P(H_2)+\frac{P(H_2|H_1)-P(H_2)}{1-P(H_1)}\times[P(H_1|S_1,S_2)-P(H_1)]$$
$$=0.01+\frac{0.669-0.01}{1-0.091}\times(0.321-0.091)=0.177$$

从例 3.2 可以看出，H_2 先验概率是 0.01，通过运用知识 r_1、r_2、r_3 及初始证据的概率进行推理，最后推出的 H_2 的后验概率为 0.177，相当于概率增加了 16 倍多。

3.3.4 主观 Bayes 推理的特性

主观 Bayes 方法的主要优点是理论模型精确，灵敏度高，不仅考虑了证据间的关系，还考虑了证据存在与否对假设的影响，因此是一种较好的方法。其主要缺点是需要的主观概率太多，专家不易给出。

3.4 证据理论

证据理论是由德普斯特（A. P. Dempster）首先提出，并由沙佛（G. Shafer）进一步发展起来的用于处理不确定性的一种理论。证据理论（Dempster/Shafer theory of evidence）也称为 DS 理论，将概率论中的单点赋值扩展为集合赋值，弱化了相应的公理系统，即满足比概率更弱的要求，可看成一种广义概率论。DS 理论可以处理由“不知道”引起的不

确定性，并且不必事先给出知识的先验概率，与主观 Bayes 方法相比，具有较大的灵活性，因此得到了广泛的应用。

3.4.1 证据理论的形式化描述

证据理论的基本思想是：先定义一个概率分配函数；再利用该概率分配函数建立相应的信任函数、似然函数及类概率函数，分别用于描述知识的精确信任度、不可驳斥信任度和估计信任度；最后利用这些不确定性度量，按照证据理论的推理模型，去完成其推理工作。

1．概率分配函数

概率分配函数是一种把一个有限集合的幂集映射到[0, 1]区间的函数，其作用是把命题的不确定性转化为集合的不确定性。由于概率分配函数的定义需要用到幂集的概念，因此我们在讨论概率分配函数之前先讨论幂集的概念。

（1）幂集

设 Ω 为变量 x 的所有可能取值的有限集合（亦称为样本空间），且 Ω 中的每个元素都相互独立，则由 Ω 的所有子集构成的幂集记为 2^{Ω}。当 Ω 中的元素个数为 N 时，则其幂集 2^{Ω} 的元素个数为 2^N，且其中的每个元素都对应一个关于 x 取值情况的命题。

例 3.3 设 $\Omega = \{红, 黄, 白\}$，求 Ω 的幂集 2^{Ω}。

解：Ω 的幂集包括如下子集：

$A_0 = \varnothing$， $A_1 = \{红\}$， $A_2 = \{黄\}$ $A_3 = \{白\}$，

$A_4 = \{红, 黄\}$， $A_5 = \{红, 白\}$， $A_6 = \{黄, 白\}$， $A_7 = \{红, 黄, 白\}$

其中，$\varnothing$ 表示空集，空集也可表示为$\{\ \ \}$。上述子集的个数正好是 $2^3 = 8$。

（2）一般的概率分配函数

定义 3.1 设函数 m：$2^{\Omega} \to [0, 1]$，且满足

$$m(\varnothing) = 0$$

$$\sum_{A \subseteq \Omega} m(A) = 1$$

则称 m 是 2^{Ω} 上的概率分配函数，$m(A)$称为 A 的基本概率数。

例 3.4 对例 3.3 所给出的有限集 Ω，若给定 2^{Ω} 上的一个基本函数 m：

$$m(\{\}, \{红\}, \{黄\}, \{白\}, \{红, 黄\}, \{红, 白\}, \{黄, 白\}, \{红, 黄, 白\})$$
$$= (0, 0.3, 0, 0.1, 0.2, 0.2, 0, 0.2)$$

请说明该函数满足概率分配函数的定义。

解：(0, 0.3, 0, 0.1, 0.2, 0.2, 0, 0.2)分别是幂集 2^{Ω} 中各子集的基本概率数。显然 m 满足

$$m(\varnothing) = 0$$

$$\sum_{A \subseteq \Omega} m(A) = 1$$

概率分配函数的定义。

对一般概率分配函数须说明以下两点。

① 概率分配函数的作用是把 Ω 的任意一个子集都映射为[0, 1]上的一个数 $m(A)$。当

$A\subset\Omega$ 且 A 由单个元素组成时，$m(A)$表示对 A 的精确信任度；当 $A\subset\Omega$、$A\neq\Omega$ 且 A 由多个元素组成时，$m(A)$也表示对 A 的精确信任度，但不知道这部分信任度该分给 A 中哪些元素；当 $A=\Omega$ 时，则 $m(A)$也表示不知道该如何分配。

例如，对例 3.4 给出的有限集 Ω 及基本函数 m：

当 $A=\{红\}$时，有 $m(A)=0.3$，表示对命题“x 是红色”的精确信任度为 0.3。

当 $B=\{红, 黄\}$时，有 $m(B)=0.2$，表示对命题“x 或者是红色，或者是黄色”的精确信任度为 0.2，却不知道该把这 0.2 分给$\{红\}$还是分给$\{黄\}$。

当 $C=\Omega=\{红, 黄, 白\}$时，有 $m(\Omega)=0.2$，表示不知道该对这 0.2 如何分配，但它不属于$\{红\}$，就一定属于$\{黄\}$或$\{白\}$，只是在现有认识下，还不知道该如何分配而已。

② 概率分配函数不是概率。

例如，在例 3.3 中，m 符合概率分配函数的定义，但是

$$m(\{红\})+m(\{黄\})+m(\{白\})=0.3+0+0.1=0.4<1$$

因此 m 不是概率，而概率 P 要求

$$P(红)+P(黄)+P(白)=1$$

（3）一个特殊的概率分配函数

设 $\Omega=\{s_1, s_2, \cdots, s_n\}$，$m$ 为定义在 2^Ω 上的概率分配函数，且 m 满足：

① $m(\{s_i\})\geqslant 0$，对任何 $s_i\in\Omega$；

② $\sum\limits_{i=1}^{n} m(\{s_i\})\leqslant 1$；

③ $m(\Omega)=1-\sum\limits_{i=1}^{n} m(\{s_i\})$；

④ 当 $A\subset\Omega$ 且 $|A|>1$ 或 $|A|=0$ 时，$m(A)=0$，其中$|A|$表示命题 A 对应的集合中元素的个数。

可以看出，对这个特殊的概率分配函数，只有当子集中的元素个数为 1 时，其概率分配数才有可能大于 0；当子集中有多个或 0 个元素（即空集），且不等于全集时，其概率分配数均为 0；全集 Ω 的概率分配数按第③式计算。

例 3.5 设 $\Omega=\{红, 黄, 白\}$，有如下概率分配函数

$$m(\{\}, \{红\}, \{黄\}, \{白\}, \{红, 黄, 白\})=(0, 0.6, 0.2, 0.1, 0.1)$$

式中，$m(\{红, 黄\})=m(\{红, 白\})=m(\{黄, 白\})=0$ 符合上述概率分配函数的定义。

（4）概率分配函数的合成

在实际问题中，由于证据的来源不同，对同一个幂集，可能得到不同的概率分配函数。在这种情况下，需要对它们进行合成。概率分配函数的合成方法是求两个概率分配函数的正交和。对前面定义的特殊概率分配函数，其正交和可用如下定义描述。

定义 3.2 设 m_1 和 m_2 是 2^Ω 上的基本概率分配函数，它们的正交和 $m=m_1\oplus+m_2$ 定义为

$$m(\{s_i\})=K^{-1}[m_1(\{s_i\})m_2(\{s\}_i)+m_1(\{s_i\})m_2(\Omega)+m_1(\Omega)m_2(\{s_i\})]$$

式中，

$$K = m_1(\Omega)m_2(\Omega) + \sum_{i=1}^{n}[m_1(\{s_i\})m_2(\{s_i\}) + m_1(\{s_i\})m_2(\Omega) + m_1(\Omega)m_2(\{s_i\})]$$

2．信任函数和似然函数

根据上述特殊概率分配函数，我们可以定义相应的信任函数和似然函数。

定义 3.3 对任何命题 $A \subseteq \Omega$，其信任函数为

$$\begin{cases} \mathrm{Bel}(A) = \sum_{s_i \in A} m(\{s_i\}) \\ \mathrm{Bel}(\Omega) = \sum_{B \subseteq \Omega} m(B) = \sum_{i=1}^{n} m(\{s_i\}) + m(\Omega) = 1 \end{cases}$$

信任函数也称为下限函数，Bel(A)表示对 A 的总体信任度。

定义 3.4 对任何命题 $A \subseteq \Omega$，其似然函数为

$$\begin{aligned} \mathrm{Pl}(A) &= 1 - \mathrm{Bel}(\neg A) = 1 - \sum_{S_i \in \neg A} m(\{s_i\}) = 1 - \left[\sum_{i=1}^{n} m(\{s_i\}) - \sum_{S_i \in A} m(\{s_i\})\right] \\ &= 1 - [1 - m(\Omega) - \mathrm{Bel}(A)] \\ &= m(\Omega) + \mathrm{Bel}(A) \end{aligned}$$

$$\mathrm{Pl}(\Omega) = 1 - \mathrm{Bel}(\neg\Omega) = 1 - \mathrm{Bel}(\varnothing) = 1$$

似然函数也称为不可驳斥函数或上限函数，Pl(A)表示对 A 非假的信任度。

从上面的定义可以看出，对任何命题 $A \subseteq \Omega$ 和 $B \subseteq \Omega$ 均有

$$\mathrm{Pl}(A) - \mathrm{Bel}(A) = \mathrm{Pl}(B) - \mathrm{Bel}(B) = m(\Omega)$$

它表示对 A（或者 B）不知道的程度。

例 3.6 设 Ω 和 m 与例 3.5 相同，$A = \{红, 黄\}$，求 $m(\Omega)$，Bel(A)和 Pl(A)的值。

解： $m(\Omega) = 1-[m(\{红\})+m(\{黄\})+m(\{白\})] = 1-(0.6+0.2+0.1) = 0.1$

$\mathrm{Bel}(\{红, 黄\}) = m(\{红\})+m(\{黄\}) = 0.6+0.2 = 0.8$

$\mathrm{Pl}(\{红, 黄\}) = m(\Omega)+\mathrm{Bel}(\{红, 黄\}) = 0.1+0.8 = 0.9$

或 $\mathrm{Pl}(\{红, 黄\}) = 1-\mathrm{Bel}(\neg\{红, 黄\}) = 1-\mathrm{Bel}(\{白\}) = 1-0.1 = 0.9$

3．类概率函数

利用信任函数 Bel(A)和似然函数 Pl(A)，可以定义 A 的类概率函数，并把它作为 A 的非精确性度量。

定义 3.5 设 Ω 为有限域，对任何命题 $A \subseteq \Omega$，命题 A 的类概率函数为

$$f(A) = \mathrm{Bel}(A) + \frac{|A|}{|\Omega|} \cdot [\mathrm{Pl}(A) - \mathrm{Bel}(A)]$$

式中，$|A|$ 和 $|\Omega|$ 分别是 A 及 Ω 中元素的个数。

类概率函数 $f(A)$具有以下性质。

（1）$\sum_{i=1}^{n} f(\{s_i\}) = 1$。

证明：

因 $$f(\{s_i\})=\mathrm{Bel}(\{s_i\})+\frac{|\{s_i\}|}{|\Omega|}\cdot[\mathrm{Pl}(\{s_i\})-\mathrm{Bel}(\{s_i\})]$$
$$=m(\{s_i\})+\frac{1}{n}\times m(\Omega)\qquad (i=1,2,\cdots,n)$$

故 $$\sum_{i=1}^{n}f(\{s_i\})=\sum_{i=1}^{n}\left[m(s_i)+\frac{1}{n}\times m(\Omega)\right]$$
$$=\sum_{i=1}^{n}m(\{s_i\})+m(\Omega)=1$$

（2）对任何 $A\subseteq\Omega$，有 $\mathrm{Bel}(A)\leqslant f(A)\leqslant \mathrm{Pl}(A)$。

证明：根据$f(A)$的定义

因 $$\mathrm{Pl}(A)-\mathrm{Bel}(A)=m(\Omega)\geqslant 0，\quad \frac{|A|}{|\Omega|}\geqslant 0$$

故 $$\mathrm{Bel}(A)\leqslant f(A)$$

又因 $\frac{|A|}{|\Omega|}\leqslant 1$，即 $$f(A)\leqslant \mathrm{Bel}(A)+\mathrm{Pl}(A)-\mathrm{Bel}(A)$$

所以 $$f(A)\leqslant \mathrm{Pl}(A)$$

（3）对任何 $A\subseteq\Omega$，有 $f(\neg A)=1-f(A)$。

证明：

因 $$f(\neg A)=\mathrm{Bel}(\neg A)+\frac{|\neg A|}{|\Omega|}\cdot[\mathrm{Pl}(\neg A)-\mathrm{Bel}(\neg A)]$$

$$\mathrm{Bel}(\neg A)=\sum_{S_i\in\neg A}m(\{s_i\})=1-\sum_{S_i\in A}m(\{s_i\})-m(\Omega)=1-\mathrm{Bel}(A)-m(\Omega)$$

$$|\neg A|=|\Omega|-|A|$$

$$\mathrm{Pl}(\neg A)-\mathrm{Bel}(\neg A)=m(\Omega)$$

故 $$f(\neg A)=1-\mathrm{Bel}(A)-m(\Omega)+\frac{|\Omega|-|A|}{|\Omega|}\times m(\Omega)$$
$$=1-\mathrm{Bel}(A)-m(\Omega)+m(\Omega)-\frac{|A|}{|\Omega|}\times m(\Omega)$$
$$=1-\left[\mathrm{Bel}(A)+\frac{|A|}{|\Omega|}\times m(\Omega)\right]=1-f(A)$$

根据以上性质，容易得到以下推论：

（1）$f(\varnothing)=0$。

（2）$f(\Omega)=1$。

（3）对任何 $A\subseteq\Omega$，有 $0\leqslant f(A)\leqslant 1$。

例 3.7 设 $\Omega=\{$红, 黄, 白$\}$，概率分配函数

$$m(\{\},\{红\},\{黄\},\{白\},\{红,黄,白\})=(0,0.6,0.2,0.1,0.1)$$

若 $A=\{$红，黄$\}$，求$f(A)$的值。

解：
$$f(A)=\mathrm{Bel}(A)+\frac{|A|}{|\Omega|}\cdot[\mathrm{Pl}(A)-\mathrm{Bel}(A)]$$
$$=m(\{红\})+m(\{黄\})+\frac{2}{3}\times m(\{红,黄,白\})$$
$$=0.6+0.2+\frac{2}{3}\times 0.1=0.87$$

3.4.2 证据理论的推理模型

基于上述特殊的概率分配函数、信任函数、似然函数和概率函数，下面给出其推理模型。

1. 知识不确定性的表示

在 DS 理论中，不确定性知识的表示形式为：

$$\text{IF } E \quad \text{THEN } H=\{h_1,h_2,\cdots,h_n\}\ \text{CF}=\{c_1,c_2,\cdots,c_n\}$$

其中，E 为前提条件，既可以是简单条件，也可以是用合取或析取词连接起来的复合条件；H 是结论，用样本空间中的子集表示，$h_1,h_2,\cdots,h_n$ 是该子集中的元素；CF 是可信度因子，用集合形式表示，其中的元素 $c_1,c_2,\cdots,c_n$ 用来表示 $h_1,h_2,\cdots,h_n$ 的可信度，c_i 与 h_i 一一对应，并且 c_i 应满足如下条件：

$$\begin{cases} c_i \geqslant 0 \\ \sum_{i=1}^{n} c_i \leqslant 1 \end{cases} \qquad (i=1,2,\cdots,n)$$

2. 证据不确定性的表示

DS 理论中将所有输入的已知数据、规则前提条件及结论部分的命题都称为证据。证据的不确定性用该证据的确定性表示。

定义 3.6 设 A 是规则条件部分的命题，E'是外部输入的证据和已证实的命题，在证据 E'的条件下，命题 A 与证据 E'的匹配程度为

$$\mathrm{MD}(A\,|\,E')=\begin{cases}1 & 如果A的所有元素都出现在E'中\\ 0 & 否则\end{cases}$$

定义 3.7 条件部分命题 A 的确定性为

$$\mathrm{CER}(A)=\mathrm{MD}(A\,|\,E')\times f(A)$$

式中，$f(A)$为类概率函数。由于 $f(A)\in[0,1]$，因此 $\mathrm{CER}(A)\in[0,1]$。

在实际系统中，如果是初始证据，其确定性是由用户给出的；如果是推理过程中得出的中间结论，则其确定性由推理得到。

3. 组合证据不确定性的表示

规则的前提条件可以是用合取或析取词连接起来的组合证据。

当组合证据是多个证据的合取时，即

$$E=E_1 \text{ AND } E_2 \quad \text{AND} \ \cdots \ \text{AND } E_n$$

则 $$\mathrm{CER}(E)=\min\{\mathrm{CER}(E_1),\mathrm{CER}(E_2),\cdots,\mathrm{CER}(E_n)\}$$

当组合证据是多个证据的析取时，即

$$E=E_1\ \mathrm{OR}\ E_2\ \mathrm{OR}\ \cdots\ \mathrm{OR}\ E_n$$

则 $$\mathrm{CER}(E)=\max\{\mathrm{CER}(E_1),\mathrm{CER}(E_2),\cdots,\mathrm{CER}(E_n)\}$$

4．不确定性的更新

设有知识

$$\mathrm{IF}\ E\quad \mathrm{THEN}\ H=\{h_1,h_2,\cdots,h_n\}\ \mathrm{CF}=\{c_1,c_2,\cdots,c_n\}$$

则求结论 H 的确定性 CER(H)的方法如下。

（1）求 H 的概率分配函数

$$m(\{h_1\},\{h_2\},\cdots,\{h_n\})=(\mathrm{CER}(E)\times c_1,CER(E)\times c_2,\cdots,\mathrm{CER}(E)\times c_n)$$

$$m(\Omega)=1-\sum_{i=1}^{n}\mathrm{CER}(E)\times c_i$$

如果有两条知识支持同一结论 H，即

$$\mathrm{IF}\ E_1\quad \mathrm{THEN}\ H=\{h_1,h_2,\cdots,h_n\}\ \mathrm{CF}_1=\{c_{11},c_{12},\cdots,c_{1n}\}$$

$$\mathrm{IF}\ E_2\quad \mathrm{THEN}\ H=\{h_1,h_2,\cdots,h_n\}\ \mathrm{CF}_2=\{c_{21},c_{22},\cdots,c_{2n}\}$$

则按正交和求 CER(H)，即先求出每一知识的概率分配函数

$$m_1(\{h_1\},\{h_2\},\cdots,\{h_n\})$$

$$m_2(\{h_1\},\{h_2\},\cdots,\{h_n\})$$

再用公式 $m=m_1\oplus m_2$ 对 m_1 和 m_2 求正交和，从而得到 H 的概率分配函数 m。

如果有多条规则支持同一结论，则用公式 $m=m_1\oplus m_2\oplus\cdots\oplus m_n$ 求出 H 的概率分配函数 m。

（2）求 Bel(H)、Pl(H)及 $f(H)$

$$\mathrm{Bel}(H)=\sum_{i=1}^{n}m(\{h_i\})$$

$$\mathrm{Pl}(H)=1-\mathrm{Bel}(\neg H)$$

$$f(H)=\mathrm{Bel}(H)+\frac{|H|}{|\Omega|}\cdot[\mathrm{Pl}(H)-\mathrm{Bel}(H)]=\mathrm{Bel}(H)+\frac{|H|}{|\Omega|}m(\Omega)$$

（3）求 CER(H)

按公式 $\mathrm{CER}(H)=\mathrm{MD}(H\mid E')\times f(H)$ 计算结论 H 的确定性。

3.4.3 推理实例

例 3.8 设有如下规则

r_1：IF E_1 AND E_2 THEN $A=\{a_1,a_2\}$ CF $=\{0.3,0.5\}$

r_2：IF E_3 THEN $H=\{h_1,h_2\}$ CF $=\{0.4,0.2\}$

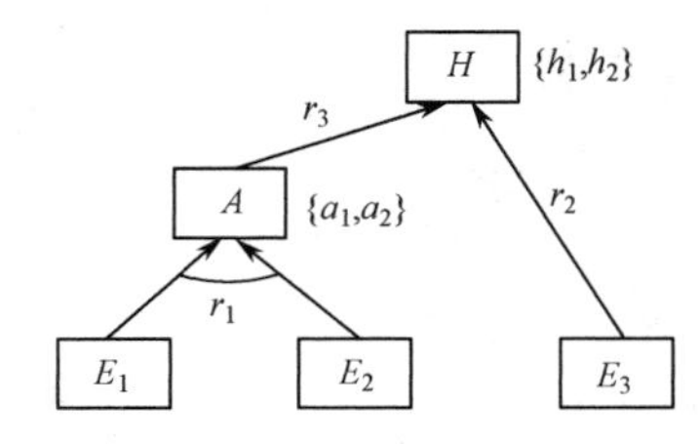

图 3.3　例 3.8 的推理网络

r_3：IF A　　　THEN $H=\{h_1, h_2\}$ CF = {0.1, 0.5}

已知用户对初始证据给出的确定性为

$$\text{CER}(E_1)=0.8 \quad \text{CER}(E_2)=0.6 \quad \text{CER}(E_3)=0.9$$

并假定 Ω 中的元素个数 $|\Omega|=10$，求 CER(H)（要求精确到小数点后两位有效数字）。

解：由给定知识形成的推理网络如图 3.3 所示。其求解步骤如下：

（1）求 CER(A)。

由 r_1 可得

$$\text{CER}(E_1 \text{ AND } E_2)=\min\{\text{CER}(E_1),\text{CER}(E_2)\}=\min\{0.8,0.6\}=0.6$$

$$m(\{a_1\},\{a_2\})=\{0.6\times0.3,0.6\times0.5\}=\{0.18,0.3\}$$

$$\text{Bel}(A)=m(\{a_1\})+m(\{a_2\})=0.18+0.3=0.48$$

$$\text{Pl}(A)=1-\text{Bel}(\neg A)=1-0=1$$

$$f(A)=\text{Bel}(A)+\frac{|A|}{|\Omega|}\cdot[\text{Pl}(A)-\text{Bel}(A)]=0.48+\frac{2}{10}\times0.52=0.58$$

故

$$\text{CER}(A)=\text{MD}(A\mid E')\times f(A)=0.58$$

（2）求 CER(H)。

由 r_2 可得

$$m_1(\{h_1\},\{h_2\})=\{\text{CER}(E_3)\times0.4,\text{CER}(E_3)\times0.2\}=\{0.9\times0.4,0.9\times0.2\}=\{0.36,0.18\}$$

$$m_1(\Omega)=1-[m_1(\{h_1\})+m_1(\{h_2\})]=1-(0.36+0.18)=0.46$$

再由 r_3 可得

$$\begin{aligned}m_2(\{h_1\},\{h_2\})&=\{\text{CER}(A)\times0.1,\text{CER}(A)\times0.5\}\\&=\{0.58\times0.1,0.58\times0.5\}=\{0.06,0.29\}\end{aligned}$$

$$m_2(\Omega)=1-[m_2(\{h_1\})+m_2(\{h_2\})]=1-(0.06+0.29)=0.65$$

求正交和 $m=m_1\oplus m_2$。

$$\begin{aligned}K&=m_1(\Omega)\times m_2(\Omega)+m_1(\{h_1\})\times m_2(\{h_1\})+m_1(\{h_1\})\times m_2(\Omega)+m_1(\Omega)\times m_2(\{h_1\})\\&\quad+m_1(\{h_2\})\times m_2(\{h_2\})+m_1(\{h_2\})\times m_2(\Omega)+m_1(\Omega)\times m_2(\{h_2\})\\&=0.46\times0.65+0.36\times0.06+0.36\times0.65+0.46\times0.06\\&\quad+0.18\times0.29+0.18\times0.65+0.46\times0.29\\&=0.30+(0.02+0.23+0.03)+(0.05+0.12+0.13)\\&=0.30+0.28+0.30=0.88\end{aligned}$$

$$\begin{aligned}m(h_1)&=\frac{1}{K}\times[m_1(\{h_1\})\times m_2(\{h_1\})+m_1(\{h_1\})\times m_2(\Omega)+m_1(\Omega)\times m_2(\{h_1\})]\\&=\frac{1}{0.88}\times(0.36\times0.06+0.36\times0.65+0.46\times0.06)=0.32\end{aligned}$$

同理

$$m(h_2)=\frac{1}{K}\times[m_1(\{h_2\})\times m_2(\{h_2\})+m_1(\{h_2\})\times m_2(\Omega)+m_1(\Omega)\times m_2(\{h_2\})]$$
$$=\frac{1}{0.88}\times(0.18\times0.29+0.18\times0.65+0.46\times0.29)$$
$$=0.34$$
$$m(\Omega)=1-[m(h_1)+m(h_2)]=1-(0.32+0.34)=1-0.66=0.34$$

再根据 m 可得

$$\text{Bel}(H)=m(\{h_1\})+m(\{h_2\})=0.32+0.34=0.66$$
$$\text{Pl}(H)=m(\Omega)+\text{Bel}(H)=0.34+0.66=1$$
$$f(H)=\text{Bel}(H)+\frac{|H|}{|\Omega|}\times[\text{Pl}(H)-\text{Bel}(H)]=0.66+\frac{2}{10}\times(1-0.66)=0.73$$
$$\text{CER}(H)=\text{MD}(H|E')\times f(H)=0.73$$

3.4.4 证据理论推理的特性

证据理论的主要优点是能满足比概率更弱的公理系统，能处理由“不知道”引起的不确定性，并且由于辨别框的子集可以是多个元素的集合，因而知识的结论部分不必限制在由单个元素表示的最明显的层次上，而可以是一个更一般的不明确的假设，这样更有利于领域专家在不同细节、不同层次上进行知识表示。

证据理论的主要缺点是要求 Ω 中的元素满足互斥条件，这在实际系统中不易实现，并且需要给出的概率分配数太多，计算比较复杂。

3.5 模糊推理

模糊推理是一种基于模糊逻辑的不确定性推理方法。模糊逻辑由美国加州大学的扎德（Zadeh）教授于 1965 年提出，主要用来处理现实世界中因模糊引起的不确定性。本节主要围绕模糊推理问题，重点讨论与其相关的模糊理论基础及模糊知识推理方法。

3.5.1 模糊集及其运算

通常，人们把因没有严格边界划分而无法精确刻画的现象称为模糊现象，并把反映模糊现象的各种概念称为模糊概念。例如，人们常说的“大”“小”“多”“少”等都属于模糊概念。在模糊计算中，模糊概念通常是用模糊集合来表示的。

1. 模糊集的定义

模糊集是一种用来描述模糊现象和模糊概念的数学工具，它是对普通集合的扩充，通常用隶属函数来刻画。对于模糊集和隶属函数的形式化描述，扎德给出了如下定义。

定义 3.8 设 U 是给定论域（即问题所限定的范围），μ 是把任意 $u\in U$ 映射为[0, 1]上某个实值的函数，即

$$\mu:U\rightarrow[0,1]$$
$$u\rightarrow\mu(u)$$

则称 μ 为定义在 U 上的一个隶属函数，若 F 是 U 上的一个模糊概念，则 $\mu_F(u)$为 F 在 U 上的一个隶属函数，由 $\mu_F(u)$（对所有 $u\in U$）所构成的集合 F 称为 U 上的一个模糊集，$\mu_F(u)$称为 u 对 F 的隶属度。

从定义 3.8 可以看出，模糊集 F 完全是由隶属函数 μ_F 来刻画的，μ_F 把 U 中的每个元素 u 都映射为[0, 1]上的一个值 $\mu_F(u)$。$\mu_F(u)$的值表示 u 隶属于 F 的程度，其值越大，表示 u 隶属于 F 的程度越高。当 $\mu_F(u)$仅取 0 和 1 两个值时，模糊集 F 便退化为一个普通集合。

一般来说，一个非空论域可以对应多个不同的模糊集，一个空的论域只能对应一个空的模糊集。但是，一个模糊集与其隶属函数之间却是一一对应关系，即一个模糊集只能由一个隶属函数来刻画，一个隶属函数也只能刻画一个模糊集。

例 3.9 设论域 U={20, 30, 40, 50, 60}给出的是年龄，请确定一个刻画模糊概念“年轻”的模糊集 F。

解： 由于模糊集是用其隶属函数来刻画的，因此需要先求出描述模糊概念“年轻”的隶属函数。假设对论域 U 中的元素，其隶属函数值分别为

$$\mu_F(20)=1，\mu_F(30)=0.8，\mu_F(40)=0.4，\mu_F(50)=0.1，\mu_F(60)=0$$

则可得到刻画模糊概念“年轻”的模糊集

$$F=\{1, 0.8, 0.4, 0.1, 0\}$$

即模糊集 F 的元素实际上就是 U 中相应元素的隶属函数值，该值表示的是某一年龄对模糊概念“年轻”的隶属程度。例如，30 岁对模糊概念“年轻”的隶属程度是 0.8。需要说明的是隶属度和概率是完全不同的两个量。例如，30 岁对年轻的隶属度是 0.8，可以理解为 30 岁的人有 80%的特征是和年轻人一样的。但是，绝对不能理解为 30 岁的人占年轻人数的 80%，也不能理解为 30 岁的人中有 80%是年轻人。

2．模糊集的表示

模糊集的表示方法与论域性质有关，对离散且有限论域

$$U = \{u_1, u_2, \cdots, u_n\}$$

其模糊集可表示为 $F = \{\mu_F(u_1), \mu_F(u_2), \cdots, \mu_F(u_n)\}$。

为了表示论域中元素与其隶属度之间的对应关系，扎德引入了一种模糊集的表示方式，为论域中的每个元素都标上其隶属度，再用“+”把它们连接起来，即

$$F=\mu_F(u_1)/u_1+\mu_F(u_2)/u_2+\cdots+\mu_F(u_n)/u_n$$

也可写成

$$F=\sum_{i=1}^{n}\mu_F(u_i)/u_i$$

式中，$\mu_F(u_i)$为 u_i 对 F 的隶属度；“$\mu_F(u_i)/u_i$”不是相除关系，只是一个记号；“+”也不是算术意义上的加，只是一个连接符号。

在这种表示方法中，当某个 u_i 对 F 的隶属度 $\mu_F(u_i)$=0 时，可省略不写。例如，前面模糊集 F 可表示为

$$F=1/20+0.8/30+0.4/40+0.1/50$$

有时，模糊集也可写成如下形式

$$F=\{\mu_F(u_1)/u_1, \mu_F(u_2)/u_2, \cdots, \mu_F(u_n)/u_n\}$$

或者　$F=\{(\mu_F(u_1), u_1), (\mu_F(u_2), u_2), \cdots, (\mu_F(u_n), u_n)\}$

其中，前一种称为单点形式，后一种称为序偶形式。

如果论域是连续的，则其模糊集可用一个实函数来表示。例如，扎德以年龄为论域，取 $U=[0, 100]$，给出了“年轻”和“年老”这两个模糊概念的隶属函数

$$\mu_{\text{Young}}(u)=\begin{cases}1 & 0\leqslant u\leqslant 25\\ \left[1+\left(\dfrac{u-25}{5}\right)^2\right]^{-1} & 25<u\leqslant 100\end{cases}$$

$$\mu_{\text{Old}}(u)=\begin{cases}0 & 0\leqslant u\leqslant 50\\ \left[1+\left(\dfrac{5}{u-50}\right)^2\right]^{-1} & 50<u\leqslant 100\end{cases}$$

不管论域 U 是有限还是无限，是连续还是离散，扎德又给出了一种类似于积分的一般表示形式

$$F=\int_{u\in U}\mu_F(u)/u$$

式中，记号“$\int$”不是数学中的积分符号，也不是求和，只是表示论域中各元素与其隶属度对应关系的总括。

3. 模糊集运算

与普通集合类似，模糊集也有相等、包含、交、并、补等运算。

定义 3.9　设 F 和 G 分别是 U 上的两个模糊集，若对任意 $u\in U$，都有 $\mu_F(u)=\mu_G(u)$ 成立，则称 F 等于 G，记为 $F=G$。

定义 3.10　设 F 和 G 分别是 U 上的两个模糊集，对任意 $u\in U$，都有 $\mu_F(u)\leqslant\mu_G(u)$ 成立，则称 F 含于 G，记为 $F\subseteq G$。

定义 3.11　设 F、G 分别是 U 上的两个模糊集，则 $F\bigcup G$ 和 $F\bigcap G$ 分别称为 F 与 G 的并集、交集，它们的隶属函数分别为

$$F\bigcup G:\mu_{F\cup G}(u)=\max_{u\in U}\{\mu_F(u),\mu_G(u)\}$$

$$F\bigcap G:\mu_{F\cap G}(u)=\min_{u\in U}\{\mu_F(u),\mu_G(u)\}$$

为叙述简便，模糊集合论中通常用“$\vee$”代表 max，“$\wedge$”代表 min，即

$$F\bigcup G:\mu_{F\cup G}(u)=\mu_F(u)\vee\mu_G(u)$$

$$F\bigcap G:\mu_{F\cap G}(u)=\mu_F(u)\wedge\mu_G(u)$$

定义 3.12　设 F 为 U 上的模糊集，称 $\neg F$ 为 F 的补集，其隶属函数为

$$\neg F:\mu_{\neg F}(u)=1-\mu_F(u)$$

例 3.10　设 $U=\{1, 2, 3\}$，F 和 G 分别是 U 上的两个模糊集，F 代表概念“小”，G 代表概念“大”，且

$$F=1/1+0.6/2+0.1/3$$

$$G=0.1/1+0.6/2+1/3$$

则　$F\bigcup G=(1\vee 0.1)/1+(0.6\vee 0.6)/2+(0.1\vee 1)/3=1/1+0.6/2+1/3$

$$F \cap G=(1 \wedge 0.1)/1+(0.6 \wedge 0.6)/2+(0.1 \wedge 1)/3=0.1/1+0.6/2+0.1/3$$

$$\neg F=(1-1)/1+(1-0.6)/2+(1-0.1)/3=0.4/2+0.9/3$$

可以看出，两个模糊集之间的运算实际上是逐点对隶属函数进行相应的运算。

3.5.2 模糊关系及其运算

1. 模糊关系的定义

模糊集上的模糊关系是对普通集合上的确定关系的扩充。在普通集合中，关系是通过笛卡儿乘积定义的。

设 V 与 W 是两个普通集合，V 与 W 的笛卡儿乘积为

$$V \times W=\{(v, w) \mid \text{任意 } v \in V,\text{ 任意 } w \in W\}$$

可见，V 与 W 的笛卡儿乘积是由 V 与 W 上所有可能的序偶(v, w)构成的一个集合。

从 V 到 W 的关系 R，是指 $V \times W$ 上的一个子集，即 $R \subseteq V \times W$，记为

$$V \xrightarrow{R} W$$

对于 $V \times W$ 中的元素(v, w)，若$(v, w) \in R$，则称 v 与 w 有关系 R；若$(v, w) \notin R$，则称 v 与 w 没有关系。

例 3.11 设 V={1 班, 2 班, 3 班}，W={男队, 女队}，则 $V \times W$ 中有 6 个元素，即

$V \times W$={(1 班, 男队), (2 班, 男队), (3 班, 男队), (1 班, 女队),
(2 班, 女队), (3 班, 女队)}

式中，每个元素都是一个代表队。假设要进行一种双方对垒的循环赛，则每个赛局都是 $V \times W$ 中的一个子集，构成了 $V \times W$ 上的一个关系。

在普通集合上定义的关系都是确定性关系，v 与 w 之间有没有某种关系是十分明确的。但在模糊集合上一般不存在这种明确关系，而是一种模糊关系。下面来定义模糊集合上的笛卡儿乘积和模糊关系。

定义 3.13 设 F_i 是 U_i（i=1, 2, …, n）上的模糊集，则称

$$F_1 \times F_2 \times \cdots \times F_n=\int_{U_1 \times U_2 \times \ldots \times U_n} (\mu_{F1}(u_1) \wedge \mu_{F2}(u_2) \wedge \cdots \wedge \mu_{Fn}(u_n))/(u_1, u_2, \cdots, u_n)$$

为 $F_1, F_2, \cdots, F_n$ 的笛卡儿乘积，它是 $U_1 \times U_2 \times \cdots \times U_n$ 上的一个模糊集。

定义 3.14 在 $U_1 \times U_2 \times \cdots \times U_n$ 上的一个 n 元模糊关系 R 是指以 $U_1 \times U_2 \times \cdots \times U_n$ 为论域的一个模糊集，记为

$$\boldsymbol{R}=\int_{U_1 \times U_2 \times \ldots \times U_n} \mu_R(u_1, u_2, \cdots, u_n)/(u_1, u_2, \cdots, u_n)$$

在上面的两个定义中，$\mu_{F_i}(u_i)$（i=1, 2, …, n）是模糊集 F_i 的隶属函数；$\mu_R(u_1, u_2, \cdots, u_n)$ 是模糊关系 R 的隶属函数，把 $U_1 \times U_2 \times \cdots \times U_n$ 上的每个元素$(u_1, u_2, \cdots, u_n)$都映射为[0, 1]上的一个实数，该实数反映出 $u_1, u_2, \cdots, u_n$ 具有关系 R 的程度。当 n=2 时，有

$$\boldsymbol{R}=\int_{U \times V} \mu_R(u,v)/(u,v)$$

式中，$\mu_R(u, v)$反映了 u 与 v 具有关系 R 的程度。

例 3.12 设有一组学生 $U=\{u_1, u_2\}=\{$秦学, 郝玩$\}$和一些在计算机上的活动 $V=\{v_1, v_2, v_3\}=\{$编程, 上网, 玩游戏$\}$；并设每个学生对各种活动的爱好程度分别为 $\mu_R(u_i, v_j)$（$i=1, 2, j=1, 2, 3$），即

$$\mu_R(\text{秦学, 编程})=0.9，\mu_R(\text{秦学, 上网})=0.4，\mu_R(\text{秦学, 玩游戏})=0.1$$

$$\mu_R(\text{郝玩, 编程})=0.2，\mu_R(\text{郝玩, 上网})=0.5，\mu_R(\text{郝玩, 玩游戏})=0.8$$

则 $U\times V$ 上的模糊关系

$$\boldsymbol{R}=\begin{bmatrix}0.9 & 0.4 & 0.1\\0.2 & 0.5 & 0.8\end{bmatrix}$$

此外，U 与 V 可以有相同的论域，即 $U=V$，从而 $\boldsymbol{R}$ 应该是 $U\times U$ 上的模糊关系。

2．模糊关系的合成

定义 3.15 设 $\boldsymbol{R}_1$ 与 $\boldsymbol{R}_2$ 分别是 $U\times V$ 与 $V\times W$ 上的两个模糊关系，则 $\boldsymbol{R}_1$ 与 $\boldsymbol{R}_2$ 的合成是从 U 到 W 的一个模糊关系，记为 $\boldsymbol{R}_1\circ\boldsymbol{R}_2$，其隶属函数为

$$\mu_{R_1\circ R_2}(u,w)=\vee\{\mu_{R_1}(u,v)\wedge\mu_{R_2}(v,w)\}$$

式中，$\wedge$和$\vee$分别表示取最小和取最大。

例 3.13 设有以下两个模糊关系

$$\boldsymbol{R}_1=\begin{bmatrix}0.4 & 0.5 & 0.6\\0.8 & 0.3 & 0.7\end{bmatrix}\qquad \boldsymbol{R}_2=\begin{bmatrix}0.7 & 0.9\\0.2 & 0.8\\0.5 & 0.3\end{bmatrix}$$

则 $\boldsymbol{R}_1$ 与 $\boldsymbol{R}_2$ 的合成

$$\boldsymbol{R}=\boldsymbol{R}_1\circ\boldsymbol{R}_2=\begin{bmatrix}0.5 & 0.5\\0.7 & 0.8\end{bmatrix}$$

其方法是，把 $\boldsymbol{R}_1$ 的第 i 行元素分别与 $\boldsymbol{R}_2$ 的第 j 列的对应元素相比较，两个数中取最小者，再在所得的一组最小数中取最大的一个，并以此数作为 $\boldsymbol{R}_1\circ\boldsymbol{R}_2$ 的元素 $\boldsymbol{R}(i,j)$。例如

$$\boldsymbol{R}(1,1)=(0.4\wedge0.7)\vee(0.5\wedge0.2)\vee(0.6\wedge0.5)=0.4\vee0.2\vee0.5=0.5$$

3．模糊变换

定义 3.16 设 $F=\{\mu_F(u_1), \mu_F(u_2), \cdots, \mu_F(u_n)\}$是论域 U 上的模糊集，$\boldsymbol{R}$ 是 $U\times V$ 上的模糊关系，则 $F\circ\boldsymbol{R}=G$ 称为模糊变换。

G 是 V 上的模糊集，其一般形式为

$$G=\int_{v\in V}\bigvee_u(\mu_F(u)\wedge\boldsymbol{R})/v$$

例 3.14 设 $F=\{1, 0.6, 0.2\}$

$$\boldsymbol{R}=\begin{bmatrix}1 & 0.5 & 0 & 0\\0.5 & 1 & 0.5 & 0\\0 & 0.5 & 1 & 0.5\end{bmatrix}$$

则

$$G=F\circ\boldsymbol{R}=\{1\wedge1\vee0.6\wedge0.5\vee0.2\wedge0,\ 1\wedge0.5\vee0.6\wedge1\vee0.2\wedge0.5,$$

$$1 \wedge 0 \vee 0.6 \wedge 0.5 \vee 0.2 \wedge 1, 1 \wedge 0 \vee 0.6 \wedge 0 \vee 0.2 \wedge 0.5\}$$
$$= \{1, 0.6, 0.5, 0.2\}$$

3.5.3 模糊知识表示

模糊集描述的是由模糊引起的不确定性。在模糊集的基础上，可实现对模糊命题和模糊知识的表示。

1．模糊命题的描述

模糊逻辑是通过模糊谓词、模糊量词、模糊修饰语等对命题的模糊性进行描述的。

（1）模糊谓词

设 x 为在 U 中取值的变量，F 为模糊谓词，即 U 中的一个模糊关系，则命题可表示为

$$x \text{ is } F$$

其中，模糊谓词可以是大、小、年轻、年老、冷、暖、长、短等。

（2）模糊量词

模糊逻辑中使用了大量的模糊量词，如极少、很少、几个、少数、多数、大多数、几乎所有等。这些模糊量词 F 可以使我们方便地描述类似于下面的命题：

大多数成绩好的学生学习都很刻苦。

很少有成绩好的学生特别贪玩。

（3）模糊修饰语

设 m 是模糊修饰语，x 是变量，F 为模糊谓词，则模糊命题可表示为

$$x \text{ is } mF$$

模糊修饰语也称为程度词，常用的程度词有“很”“非常”“有些”“绝对”等。模糊修饰语的表达主要通过以下 4 种运算实现：

① 求补。表示否定，如“不”“非”等，其隶属函数的表示为

$$\mu_{\text{非}F}(u) = 1 - \mu_F(u) \qquad \mu_F(u) \in [0,1]$$

② 集中。表示“很”“非常”等，其效果是减少隶属函数的值

$$\mu_{\text{非常}F}(u) = \mu_F^2(u) \qquad \mu_F(u) \in [0, 1]$$

③ 扩张。表示“有些”“稍微”等，其效果是增加隶属函数的值

$$\mu_{\text{有些}F}(u) = \mu_F^{\frac{1}{2}}(u) \qquad \mu_F(u) \in [0, 1]$$

④ 加强对比。表示“明确”“确定”等，其效果是增加 0.5 以上隶属函数的值，减少 0.5 以下隶属函数的值

$$\mu_{\text{确实}F}(u) = \begin{cases} 2\mu_F^2(u) & 0 \leqslant \mu_F(u) \leqslant 0.5 \\ 1 - 2(1 - \mu_F(u))^2 & 0.5 < \mu_F(u) \leqslant 1 \end{cases}$$

在以上 4 种运算中，集中和扩张用得最多。例如，语言变量“真实性”取值“真”和“假”的隶属函数定义为

$$\begin{cases} \mu_{\text{真}}(u) = z & z \in [0,1] \\ \mu_{\text{假}}(u) = 1 - z & z \in [0,1] \end{cases}$$

则“非常真”“有些真”“非常假”“有些假”可定义为

$$\begin{cases} \mu_{非常真}(u) = z^2 & z \in [0,1] \\ \mu_{有些真}(u) = z^{\frac{1}{2}} & z \in [0,1] \\ \mu_{非常假}(u) = (1-z)^2 & z \in [0,1] \\ \mu_{有些假}(u) = (1-z)^{\frac{1}{2}} & z \in [0,1] \end{cases}$$

由以上讨论可以看出，模糊逻辑对不确定性的描述要比传统的二值逻辑更为灵活、全面，也更接近于自然语言的描述。

2．模糊知识的表示方式

在扎德的推理模型中，产生式规则的表示形式是

$$\text{IF} \quad x \text{ is } F \qquad \text{THEN} \quad y \text{ is } G$$

其中，x 和 y 是变量，表示对象；F 和 G 分别是论域 U 及 V 上的模糊集，表示概念。并且条件部分可以是多个“x_i is F_i”的逻辑组合，此时诸隶属函数间的运算按模糊集的运算进行。

模糊推理中所用的证据是用模糊命题表示的，其一般形式为

$$x \quad \text{is} \quad F'$$

其中，F'是论域 U 上的模糊集。

3.5.4 模糊概念的匹配

模糊概念的匹配是指对两个模糊概念相似程度的比较与判断。两个模糊概念的相似程度又称为匹配度。本节主要讨论语义距离和贴近度这两种计算匹配度的方法。

1．语义距离

语义距离刻画的是两个模糊概念之间的差异，常用的计算语义距离的方法有多种，这里主要介绍汉明距离。

设 $U = \{u_1, u_2, \cdots, u_n\}$是一个离散有限论域，$F$ 和 G 分别是论域 U 上的两个模糊概念的模糊集，则 F 与 G 的汉明距离定义为

$$d(F,G) = \frac{1}{n}\sum_{i=1}^{n}\left|\mu_F(u_i) - \mu_G(u_i)\right|$$

如果论域 U 是实数域上的某个闭区间$[a, b]$，则汉明距离为

$$d(F,G) = \frac{1}{b-a}\int_a^b \left|\mu_F(u) - \mu_G(u)\right| \mathrm{d}u$$

例 3.15 设论域 $U = \{-10, 0, 10, 20, 30\}$表示温度，模糊集

$$F = 0.8/-10+0.5/0+0.1/10$$

$$G = 0.9/-10+0.6/0+0.2/10$$

分别表示“冷”和“比较冷”，求 F 和 G 的汉明距离。

解： $d(F, G) = 0.2\times(|0.8-0.9|+|0.5-0.6|+|0.1-0.2|) = 0.2\times0.3 = 0.06$，即 F 与 G 的汉明距离为 0.06。

对求出的汉明距离，可通过式 $1-d(F, G)$将其转换为匹配度。当匹配度大于某个事先给定的阈值时，认为两个模糊概念是相匹配的。当然，也可以直接用语义距离来判断两个模糊概念是否匹配。这时需要检查语义距离是否小于某个给定的阈值，距离越小，说明两者越相似。

2. 贴近度

贴近度是指两个概念的接近程度，可直接用来作为匹配度。设 F 和 G 分别是论域

$$U=\{u_1, u_2, \cdots, u_n\}$$

上的两个模糊概念的模糊集，则它们的贴近度定义为

$$(F,G)=\frac{1}{2}(F\cdot G+(1-F\odot G))$$

式中

$$F\cdot G=\bigvee_U(\mu_F(u_i)\wedge\mu_G(u_i))$$

$$F\odot G=\bigwedge_U(\mu_F(u_i)\vee\mu_G(u_i))$$

称 $F{\cdot}G$ 为 F 与 G 的内积，$F\odot G$ 为 F 与 G 的外积。

例 3.16 设论域 U 及其上的模糊集 F 和 G 如例 3.15 所示，求 F 和 G 的贴近度。

解：

$$F\cdot G=0.8\wedge0.9\vee0.5\wedge0.6\vee0.1\wedge0.2\vee0\wedge0\vee0\wedge0=0.8\vee0.5\vee0.10\vee0\vee0=0.8$$

$$F\odot G=(0.8\vee0.9)\wedge(0.5\vee0.6)\wedge(0.1\vee0.2)\wedge(0\vee0)\wedge(0\vee0)$$

$$=0.9\wedge0.6\wedge0.2\wedge0\wedge0=0$$

$$(F,G)=0.5\times(0.8+(1-0))=0.5\times1.8=0.9$$

即 F 和 G 的贴近度为 0.9。

实际上，当用贴近度作为匹配度时，其值越大越好，当贴近度大于某个事先给定的阈值时，认为两个模糊概念是相匹配的。

3.5.5 模糊推理的方法

模糊推理是按照给定的推理模式通过模糊集的合成来实现的。模糊集的合成实际上是通过模糊集与模糊关系的合成来实现的。可见，模糊关系在模糊推理中占有重要位置。为此，在讨论模糊推理方法前先介绍模糊关系的构造问题。

1. 模糊关系的构造

前面曾经介绍过模糊关系的概念，这里主要讨论由模糊集构造模糊关系的方法。目前已有多种构造模糊关系的方法，下面仅介绍最常用的几种。

（1）模糊关系 $\boldsymbol{R}_{\mathrm{m}}$

模糊关系 $\boldsymbol{R}_{\mathrm{m}}$ 是由扎德提出的一种构造模糊关系的方法。设 F 和 G 分别是论域 U 和 V 上的两个模糊集，则 $\boldsymbol{R}_{\mathrm{m}}$ 定义为

$$\boldsymbol{R}_{\mathrm{m}}=\int_{U\times V}(\mu_F(u)\wedge\mu_G(v))\vee(1-\mu_F(u))/(u,v)$$

式中，“×”表示模糊集的笛卡儿乘积。

例 3.17 设 $U=V=\{1, 2, 3\}$，F 和 G 分别是 U 和 V 上的两个模糊集，并设

$$F=1/1+0.6/2+0.1/3, \quad G=0.1/1+0.6/2+1/3$$

求 $U \times V$ 上的模糊关系 $\boldsymbol{R}_{\mathrm{m}}$。

解：

$$\boldsymbol{R}_{\mathrm{m}}=\begin{bmatrix} 0.1 & 0.6 & 1 \\ 0.4 & 0.6 & 0.6 \\ 0.9 & 0.9 & 0.9 \end{bmatrix}$$

下面以 $\boldsymbol{R}_{\mathrm{m}}(2, 3)$为例来说明 $\boldsymbol{R}_{\mathrm{m}}$ 中元素的求法。

$$\begin{aligned}\boldsymbol{R}_{\mathrm{m}}(2,3) &= (\mu_F(u_2) \wedge \mu_G(v_3)) \vee (1-\mu_F(u_2)) \\ &= (0.6 \wedge 1) \vee (1-0.6) = 0.6 \vee 0.4 = 0.6\end{aligned}$$

（2）模糊关系 $\boldsymbol{R}_{\mathrm{c}}$

模糊关系 $\boldsymbol{R}_{\mathrm{c}}$ 是由麦姆德尼（Mamdani）提出的一种构造模糊关系的方法。设 F 和 G 分别是论域 U 和 V 上的两个模糊集，则模糊关系 $\boldsymbol{R}_{\mathrm{c}}$ 定义为

$$\boldsymbol{R}_{\mathrm{c}}=\int_{U \times V} (\mu_F(u) \wedge \mu_G(v)) / (u,v)$$

对例 3.17 给出的模糊集，其

$$\boldsymbol{R}_{\mathrm{c}}=\begin{bmatrix} 0.1 & 0.6 & 1 \\ 0.1 & 0.6 & 0.6 \\ 0.1 & 0.1 & 0.1 \end{bmatrix}$$

下面以 $\boldsymbol{R}_{\mathrm{c}}(3, 2)$为例，来说明 $\boldsymbol{R}_{\mathrm{c}}$ 中元素的求法。

$$\boldsymbol{R}_{\mathrm{c}}(3,2)=\mu_F(u_3) \wedge \mu_G(v_2)=0.1 \wedge 0.6=0.1$$

（3）模糊关系 $\boldsymbol{R}_{\mathrm{g}}$

模糊关系 $\boldsymbol{R}_{\mathrm{g}}$ 是米祖莫托（Mizumoto）提出的一种构造模糊关系的方法。设 F 和 G 分别是论域 U 和 V 上的两个模糊集，则 $\boldsymbol{R}_{\mathrm{g}}$ 定义为

$$\boldsymbol{R}_{\mathrm{g}}=\int_{U \times V} (\mu_F(u) \to \mu_G(v)) / (u,v)$$

式中

$$\mu_F(u) \to \mu_G(v)=\begin{cases} 1 & \mu_F(u) \leqslant \mu_G(v) \\ \mu_G(v) & \mu_F(u) > \mu_G(v) \end{cases}$$

对例 3.17 给出的模糊集，其

$$\boldsymbol{R}_{\mathrm{g}}=\begin{bmatrix} 0.1 & 0.6 & 1 \\ 0.1 & 1 & 1 \\ 1 & 1 & 1 \end{bmatrix}$$

2．模糊推理的基本模式

与自然演绎推理相对应，模糊推理也有相应的三种基本模式，即模糊假言推理、模糊拒取式推理及模糊假言三段论推理。

（1）模糊假言推理

设 F 和 G 分别是 U 和 V 上的两个模糊集，且有知识

$$\text{IF} \quad x \text{ is } F \qquad \text{THEN} \quad y \text{ is } G$$

若有 U 上的一个模糊集 F'，且 F 可以和 F'匹配，则可以推出"y is G'"，且 G'是 V 上的一个模糊集。这种推理模式称为模糊假言推理，其表示形式为

知识：IF x is F THEN y is G

证据：x is F'

结论：y is G'

在这种推理模式下，模糊知识

$$\text{IF} \quad x \text{ is } F \qquad \text{THEN} \quad y \text{ is } G$$

表示在 F 与 G 之间存在着确定的模糊关系，设此模糊关系为 R。那么，当已知的模糊事实 F'可以与 F 匹配时，则可通过 F'与 R 的合成得到 G'，即

$$G' = F' \circ \boldsymbol{R}$$

式中，模糊关系 $\boldsymbol{R}$ 可以是 $\boldsymbol{R}_{\mathrm{m}}$、$\boldsymbol{R}_{\mathrm{c}}$ 或 $\boldsymbol{R}_{\mathrm{g}}$ 中的任何一种。

例 3.18 对例 3.17 给出的 F、G 以及求出的 $\boldsymbol{R}_{\mathrm{m}}$，设有已知事实

$$x \text{ is 较小}$$

并设"较小"的模糊集为

$$\text{较小} = 1/1+0.7/2+0.2/3$$

求在此已知事实下的模糊结论。

解： 本例的模糊关系 $\boldsymbol{R}_{\mathrm{m}}$ 已在例 3.17 中求出，设已知模糊事实"较小"为 F'，F'与 $\boldsymbol{R}_{\mathrm{m}}$ 的合成即为所求结论 G'。

$$G' = F' \circ \boldsymbol{R}_{\mathrm{m}} = [1, 0.7, 0.2] \circ \begin{bmatrix} 0.1 & 0.6 & 1 \\ 0.4 & 0.6 & 0.6 \\ 0.9 & 0.9 & 0.9 \end{bmatrix} = [0.4, 0.6, 1]$$

即求出的模糊结论

$$G' = 0.4/1+0.6/2+1/3$$

如果把计算 $\boldsymbol{R}_{\mathrm{m}}$ 的公式代入到求 G'的公式中，则可得到求 G'的一般公式

$$G' = F' \circ \boldsymbol{R}_{\mathrm{m}} = \int_{v \in V} \bigvee_{u} \{\mu_{F'}(u) \wedge [(\mu_F(u) \wedge \mu_G(v)) \vee (1 - \mu_F(u))]\} / v$$

在实际应用中，可直接利用此公式由 F、G 和 F'求出 G'。

同理，对模糊关系 $\boldsymbol{R}_{\mathrm{c}}$，也可推出求 G'的一般公式

$$G' = F' \circ \boldsymbol{R}_{\mathrm{c}} = \int_{v \in V} \bigvee_{u} \{\mu_{F'}(u) \wedge [(\mu_F(u) \wedge \mu_G(v)]\} / v$$

在实际应用中，也可直接利用此公式由 F、G 和 F'求出 G'。

（2）模糊拒取式推理

设 F 和 G 分别是 U 和 V 上的两个模糊集，且有知识

$$\text{IF } x \text{ is } F \quad \text{THEN } y \text{ is } G$$

若有 V 上的一个模糊集 G'，且 G'可以与 G 的补集 $\neg G$ 匹配，则可以推出“x is F'”，且 F' 是 U 上的一个模糊集。这种推理模式称为模糊拒取式推理，可表示为

知识：IF x is F THEN y is G

证据：y is G'

结论：x is F'

在这种推理模式下，模糊知识

$$\text{IF} \quad x \text{ is } F \qquad \text{THEN} \quad y \text{ is } G$$

也表示在 F 与 G 之间存在着确定的模糊关系，设此模糊关系为 $\boldsymbol{R}$。那么，当已知的模糊事实 G'可以与$\neg G$ 匹配时，则可通过 $\boldsymbol{R}$ 与 G'的合成得到 F'，即

$$F' = \boldsymbol{R} \circ G'$$

式中，模糊关系 $\boldsymbol{R}$ 可以是 $\boldsymbol{R}_{\text{m}}$、$\boldsymbol{R}_{\text{c}}$ 或 $\boldsymbol{R}_{\text{g}}$ 中的任何一种。

例 3.19 设 F 和 G 如例 3.17 所示，已知事实为

$$y \text{ is 较大}$$

且模糊概念“较大”的模糊集

$$G' = 0.2/1+0.7/2+1/3$$

若 G'与 $\neg G$ 匹配，以模糊关系 $\boldsymbol{R}_{\text{c}}$ 为例，推出 F'。

解：本例的模糊关系 $\boldsymbol{R}_{\text{c}}$ 已在前面求出，通过 $\boldsymbol{R}_{\text{c}}$ 与 G' 的合成即可得到所求的 F'。

$$F' = \boldsymbol{R}_{\text{c}} \circ G' = \begin{bmatrix} 0.1 & 0.6 & 1 \\ 0.1 & 0.6 & 0.6 \\ 0.1 & 0.1 & 0.1 \end{bmatrix} \circ \begin{bmatrix} 0.2 \\ 0.7 \\ 1 \end{bmatrix} = \begin{bmatrix} 1 \\ 0.6 \\ 0.1 \end{bmatrix}$$

即求出的 F'为

$$F' = 1/1+0.6/2+0.1/3$$

模糊拒取式推理与模糊假言推理类似，也可把计算 $\boldsymbol{R}_{\text{m}}$、$\boldsymbol{R}_{\text{c}}$ 的公式代入到求 F'的公式中，得到求 F'的一般公式。对 $\boldsymbol{R}_{\text{m}}$，有

$$F' = \boldsymbol{R}_{\text{m}} \circ G' = \int_{u \in U} \bigvee_{v} \{[\mu_F(u) \wedge \mu_G(v)) \vee (1 - \mu_F(u)] \wedge \mu_{G'}(v)\} / v$$

同理，对模糊关系 R_{c}，也可推出求 F'的一般公式

$$F' = \boldsymbol{R}_{\text{c}} \circ G' = \int_{u \in U} \bigvee_{v} \{[\mu_F(u) \wedge \mu_G(v))] \wedge \mu_{G'}(v)\} / v$$

在实际应用中，也可直接利用这些公式由 F、G 和 G'求出 F'。

（3）模糊假言三段论推理

设 F、G、H 分别是 U、V、W 上的三个模糊集，且由知识

$$\text{IF} \quad x \text{ is } F \qquad \text{THEN } y \text{ is } G$$

$$\text{IF} \quad y \text{ is } G \qquad \text{THEN } z \text{ is } H$$

则可推出

$$\text{IF} \quad x \text{ is } F \qquad \text{THEN} \quad z \text{ is } H$$

这种推理模式称为模糊假言三段论推理，可表示为

知识：IF　x is F　　THEN　y is G

证据：IF　y is G　　THEN　z is H

结论：IF　x is F　　THEN　z is H

在这种推理模式下，模糊知识

r_1：IF　x is F　　THEN　y is G

表示在 F 与 G 之间存在着确定的模糊关系，设此模糊关系为 $\boldsymbol{R}_1$。模糊知识

r_2：IF　x is G　　THEN　z is H

表示在 G 与 H 之间存在着确定的模糊关系，设此模糊关系为 $\boldsymbol{R}_2$。若模糊假言三段论成立，则 r_3 的模糊关系 $\boldsymbol{R}_3$ 可由 $\boldsymbol{R}_1$ 与 $\boldsymbol{R}_2$ 的合成得到，即

$$\boldsymbol{R}_3 = \boldsymbol{R}_1 \circ \boldsymbol{R}_2$$

这里的关系 $\boldsymbol{R}_1$、$\boldsymbol{R}_2$、$\boldsymbol{R}_3$ 可以是前面讨论过的 $\boldsymbol{R}_{\mathrm{m}}$、$\boldsymbol{R}_{\mathrm{c}}$、$\boldsymbol{R}_{\mathrm{g}}$ 中的任何一种。为说明这一方法，下面讨论一个例子。

例 3.20　设

$$U = W = V = \{1,2,3\}$$
$$E = 1/1 + 0.6/2 + 0.2/3$$
$$F = 0.8/1 + 0.5/2 + 0.1/3$$
$$G = 0.2/1 + 0.6/2 + 1/3$$

按 $\boldsymbol{R}_g$ 求 $E\times F\times G$ 上的关系 $\boldsymbol{R}$。

解：先求 $E\times F$ 上的关系 $\boldsymbol{R}_{g_1}$：

$$\boldsymbol{R}_{g_1} = \begin{bmatrix} 0.8 & 0.5 & 0.1 \\ 1 & 0.5 & 0.1 \\ 1 & 1 & 0.1 \end{bmatrix}$$

再求 $F\times G$ 上的关系 $\boldsymbol{R}_{g_2}$：

$$\boldsymbol{R}_{g_2} = \begin{bmatrix} 0.2 & 0.6 & 1 \\ 0.2 & 1 & 1 \\ 1 & 1 & 1 \end{bmatrix}$$

最后求 $E\times F\times G$ 上的关系：

$$\boldsymbol{R} = \boldsymbol{R}_{g_1} \circ \boldsymbol{R}_{g_2} = \begin{bmatrix} 0.2 & 0.6 & 0.8 \\ 0.2 & 0.6 & 1 \\ 0.2 & 1 & 1 \end{bmatrix}$$

3.6　概率推理

前面讨论的主观 Bayes 方法是一种基于变形的 Bayes 公式的不确定性推理，已超出了概率论的范畴。本节讨论的概率推理则是一种在概率框架内基于贝叶斯网络的不确定性推理方法。它以概率论为基础，通过给定的贝叶斯网络模型，依据网络中已知节点的

概率分布，利用贝叶斯概率公式，计算出想要的查询节点发生的概率，从而实现概率推理。目前，基于贝叶斯网络的概率推理已得到了深入的研究和广泛的应用。

3.6.1 贝叶斯网络的概念及理论

贝叶斯网络（Bayesian Network）是由美国加州大学的珀尔（J. Pearl）于 1985 年首先提出的一种模拟人类推理过程中因果关系的不确定性处理模型。本节主要讨论其定义、语义表示、构造及性质。贝叶斯网络的语义表示有两种方式：一种是把贝叶斯网络看做全联合概率分布的表示，另一种是把贝叶斯网络看做随机变量之间条件依赖关系的表示。这两种表示方式是等价的，前者有助于对贝叶斯网络的构造，后者有助于对贝叶斯网络的推理。

1．贝叶斯网络的定义

贝叶斯网络是概率论与图论的结合，也称为信念网络或概率网络，其拓扑结构是一个有向无环图，图中的节点表示问题求解中的命题或随机变量，节点间的有向边表示条件依赖关系，这些依赖关系可用条件概率来描述。贝叶斯网络的定义可用下述定义描述。

定义 3.17 设 $X=\{X_1, X_2, \cdots, X_n\}$是任何随机变量集，其上的贝叶斯网络可定义为 $\mathrm{BN}=(B_S, B_p)$。其中：

① B_S是贝叶斯网络的结构，即一个定义在 X 上的有向无环图。其中的每个节点 X_i 都唯一地对应着 X 中的一个随机变量，并需要标注定量的概率信息；每条有向边都表示它所连接的两个节点之间的条件依赖关系。若存在一条从节点 X_j到节点 X_i的有向边，则称 X_j是 X_i的父节点，X_i是 X_j的子节点。

② B_p 为贝叶斯网络的条件概率集合，$B_p=\{P(X_i\,|\,\mathrm{par}(X_i))\}$。其中，$\mathrm{par}(X_i)$表示 X_i 的所有父节点的相应取值，$P(X_i\,|\,\mathrm{par}(X_i))$是节点 X_i 的一个条件概率分布函数，描述 X_i 的每个父节点对 X_i的影响，即节点 X_i的条件概率表。

从以上定义可以看出，贝叶斯网络中的弧是有方向的，且不能形成回路，因此图有始点和终点。在始点上有一个初始概率，在每条弧所连接的节点上有一个条件概率。下面以学习心理为例，给出简单的贝叶斯网络示例。

例 3.21 假设学生在“碰见难题”和“遇到干扰”时会“产生焦虑”，而焦虑又可导致“认知迟缓”和“情绪波动”。请用贝叶斯网络描述这一问题。

解： 图 3.4 是对上述问题的一种贝叶斯网络描述，其中各节点的条件概率表仅是一种示意性描述。

在该贝叶斯网络中，分别用大写英文字母 A、D、I、C 和 E 表示节点（随机变量）“产生焦虑（Anxiety）”“碰见难题（Difficult）”“遇到干扰（Interference）”“认知（Cognitive）迟缓”和“情绪（Emotion）波动”，并将各节点的条件概率表分别置于相应节点的右侧，且所有随机变量都取布尔变量。因此可以分别用小写英文字母 a、d、i、c 和 e 来表示布尔变量 A、D、I、C 和 E 取逻辑值为“True”，用$\neg a$、$\neg d$、$\neg i$、$\neg c$ 和$\neg e$ 表示布尔变量 A、D、I、C 和 E 取逻辑值为“False”。这样可以在各节点的逻辑表中省掉相应随机变量取值为“False”的条件概率。此外，上述贝叶斯网络中每个节点的概率表就是该节点与其父节点之间的一个局部条件概率分布，由于节点 D 和 I 无父节点，因此它们的条件概率表需要用其先验概率来填充。

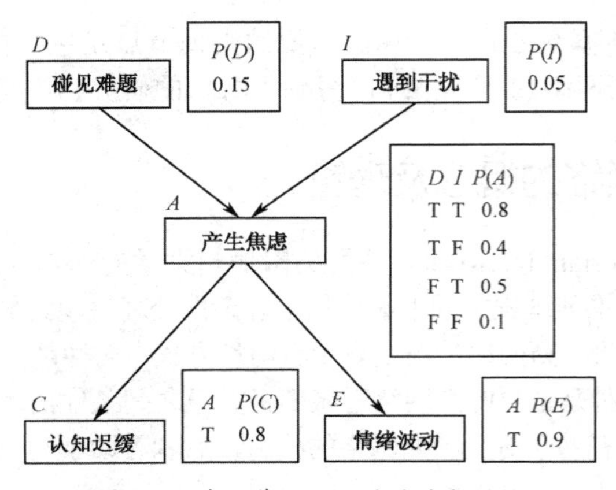

图 3.4　关于学习心理的贝叶斯网络

2．贝叶斯网络的全联合概率分布表示

全联合概率分布亦称为全联合概率或联合概率分布，是概率的一种合取形式，可用如下定义描述。

定义 3.18　设 $X=\{X_1, X_2, \cdots, X_n\}$为任何随机变量集，其全联合概率分布是指当对每个变量取特定值时 x_i（$i=1, 2, \cdots, n$）的合取概率，即

$$P(X_1=x_1 \wedge X_2=x_2 \wedge \cdots \wedge X_n=x_n)$$

其简化表示形式为 $P(x_1, x_2, \cdots, x_n)$。

由全联合概率分布，再重复使用乘法法则 $P(x_1, x_2, \cdots, x_n)=P(x_n|x_{n-1}, x_{n-2}, \cdots, x_1) \times P(x_{n-1}, x_{n-2}, \cdots, x_1)$，可以把每个合取概率简化为更小的条件概率和更小的合取式，直至得到如下全联合概率分布表示：

$$\begin{aligned} P(x_1,x_2,\cdots,x_n) &= P(x_n \mid x_{n-1},x_{n-2},\cdots,x_1)P(x_{n-1} \mid x_{n-2},x_{n-3},\cdots,x_1)\cdots P(x_2 \mid x_1)P(x_1) \\ &= \prod_{i=1}^{n} P(x_i \mid x_{i-1},x_{n-2},\cdots,x_1) \end{aligned}$$

这个恒等式对任何随机变量都是成立的，亦称为链式法则。

回顾贝叶斯网络的定义，对子节点变量 X_i，其取值 x_i 的条件概率仅依赖于 X_i 的所有父节点的影响。按照前面的假设，用 $\text{par}(X_i)$表示 X_i 的所有父节点的相应取值，$P(X_i|\text{par}(X_i))$是节点 X_i 的一个条件概率分布函数，则对 X 的所有节点，应有如下联合概率分布：

$$P(x_1,x_2,\cdots,x_n)=\prod_{i=1}^{n} P(X_i \mid \text{par}(X_i))$$

这个公式就是贝叶斯网络的联合概率分布表示。

从上面的分析可知，贝叶斯网络的联合概率分布比全联合概率分布简单得多，其计算复杂度比全联合概率分布小得多，才使得贝叶斯网络对复杂问题的应用成为可能。

贝叶斯网络之所以能够大大降低计算复杂度，一个重要原因是它具有的局部化特征。局部化特征是指每个节点只受到整个节点集中少数个别节点的直接影响，而不受这些节点外的其他节点的直接影响。例如，在贝叶斯网络中，节点仅受该节点的父节点的直接影响，而不受其他节点的直接影响。因此，贝叶斯网络是一种线性复杂度的方法。例如，在一个包含 n 个布尔随机变量的贝叶斯网络中，如果每个随机变量最多只受 k 个随机变量的直接影响，k 是某个常数，则贝叶斯网络最多可由 $2^k \times n$ 个数据描述，因此其复杂度

是线性的。由于现实世界中绝大多数领域问题都具有局部化特征，因此贝叶斯网络是一种很实用的不确定知识表示和推理方法。

3. 贝叶斯网络的条件依赖关系表示

从上面对贝叶斯网络的局部化特征的讨论还可以看出，贝叶斯网络能实现简化计算的最根本基础是条件独立性，即一个节点与它的祖先节点之间是条件独立的。我们可以从网络拓扑结构去定义以下两个等价的条件独立关系的判别准则：

① 给定父节点，一个节点与非其后代的节点之间是条件独立的。例如，在图 3.4 所示的贝叶斯网络中，给定父节点“产生焦虑”的取值（即 T 或 F），节点“认知迟缓”与非其后代节点“碰见难题”和节点“遇到干扰”之间是条件独立的。同样，节点“情绪波动”与非其后代节点“碰见难题”和节点“遇到干扰”之间也是条件独立的。

② 给定一个节点，该节点与其父节点、子节点和子节点的父节点一起构成了一个马尔科夫覆盖，则该节点与马尔科夫覆盖以外的所有节点之间都是条件独立的。例如，在图 3.4 所示的贝叶斯网络中，若给定一个节点“碰见难题”，由于该节点无父节点，因此该节点与其子节点“产生焦虑”，以及该子节点的父节点“遇到干扰”一起构成了一个马尔科夫覆盖。此时，节点“碰见难题”与处于马尔科夫覆盖以外的那些节点，如节点“认知迟缓”和节点“情绪波动”之间都是条件独立的。

4. 贝叶斯网络的构造

贝叶斯网络的联合概率分布表示同时给出了贝叶斯网络的构造方法，其主要依据是随机变量之间的条件依赖关系，即要确保满足联合概率分布。

贝叶斯网络的构造过程如下：

① 建立不依赖于其他节点的根节点，并且根节点可以不止一个。

② 加入受根节点影响的节点，并将这些节点作为根节点的子节点。此时，根节点已成为父节点。

③ 进一步建立依赖于已建立节点的子节点。重复这一过程，直到叶节点为止。

④ 对每个根节点，给出其先验概率；对每个中间节点和叶节点，给出其条件概率表。

贝叶斯网络构造过程应遵循的主要原则如下：

① 忽略过于微弱的依赖关系。对于两个节点之间的依赖关系，是不是一定要在语义网络中用相应的有向边将其表示出来，取决于计算精度要求与计算代价之间的权衡。

② 随机变量之间的因果关系是最常见、最直观的依赖关系，可用来指导贝叶斯网络的构建过程。

例如，图 3.4 所示贝叶斯网络的构建过程如下：

① 先建立根节点“碰见难题”和“遇到干扰”。

② 加入受根节点影响的节点“产生焦虑”，并将其作为两个根节点的子节点。

③ 进一步加入依赖于已建立节点“产生焦虑”的子节点“认知迟缓”和“情绪波动”。由于这两个新建节点已为叶节点，因此节点构建过程终止。

④ 对每个根节点，给出其先验概率；对每个中间节点和叶节点，给出其条件概率表。

5. 贝叶斯网络的简单应用示例

作为贝叶斯网络简单应用的示例，我们仍以图 3.4 所示的贝叶斯网络为例进行讨论。

例 3.22 对例 3.21 所示的贝叶斯网络，若假设已经产生了“焦虑情绪”，但实际上并未“碰见难题”，也未“遇到干扰”，请计算“认知迟缓”和“情绪波动”的概率。

解：令相应变量的取值分别为

$$a, \neg d, \neg i, c, e$$

其中，无否定符号表示变量取值为 True，有否定符号表示变量取值为 False，则按贝叶斯网络的联合概率分布表示 $P(x_1, x_2, \cdots, x_n) = \prod_{i=1}^{n} P(X_i \mid \text{par}(X_i))$，有

$$\begin{aligned} P(c \wedge e \wedge a \wedge \neg d \wedge \neg i) &= P(c \mid a)P(e \mid a)P(a \mid \neg d \wedge \neg i)P(\neg d)P(\neg i) \\ &= 0.8 \times 0.9 \times 0.1 \times 0.85 \times 0.95 = 0.05814 \end{aligned}$$

即所求的概率为 0.05814。

3.6.2 贝叶斯网络推理的概念和类型

贝叶斯网络推理的目的是通过联合概率分布公式，在给定的贝叶斯网络结构和已知证据下，计算某一事件发生的概率。

1. 贝叶斯网络推理的概念

贝叶斯网络推理是指利用贝叶斯网络模型进行计算的过程，其基本任务是在给定一组证据变量观察值的情况下，利用贝叶斯网络计算一组查询变量的后验概率分布。假设用 X 表示某查询变量，E 表示证据变量集 $\{E_1, E_2, \cdots, E_n\}$，$s$ 表示一个观察到的特定事件，Y 表示非证据变量（亦称隐含变量）集 $\{y_1, y_2, \cdots, y_m\}$，则全部变量的集合 $V = \{X\} \cup E \cup Y$，其推理就是要查询后验概率 $P(X|s)$。

例如，在例 3.21 所示的贝叶斯网络中，若已观察到的一个事件是“认知迟缓”和“情绪波动”，现在要询问的是“遇到干扰”的概率是多少。这是一个贝叶斯网络推理问题，其查询变量为 I，观察到的特定事件 $s = \{c, e\}$，即求 $P(I|c, e)$。

2. 贝叶斯网络推理的类型

贝叶斯网络推理的一般步骤是：首先确定各相邻节点之间的初始条件概率分布，然后对各证据节点取值，接着选择适当推理算法对各节点的条件概率分布进行更新，最终得到推理结果。贝叶斯网络推理算法可根据对查询变量后验概率计算的精确度，分为精确推理和近似推理两大类。

精确推理是一种可以精确地计算查询变量的后验概率的一种推理方法。它的一个重要前提是贝叶斯网络具有单连通特性，即任意两个节点之间至多只有一条无向路径连接。但在现实世界中，复杂问题的贝叶斯网络往往不具有单连通性，而是多连通的。例如，在例 3.21 所示的贝叶斯网络中，若节点“遇到干扰”到节点“认知迟缓”之间存在有向边，则这两个节点之间就有两条无向路径相连。事实上，对多连通贝叶斯网络，其复杂度是指数级的。亦即，多连通贝叶斯网络精确推理算法具有指数级的复杂度。因此，精确推理算法仅适用于规模较小、结构较简单的贝叶斯网络推理，而对那些复杂得多连通贝叶斯网络应该采用近似推理方法。

近似推理算法是在不影响推理正确性的前提下，通过适当降低推理精确度来提高推理效率的一类方法。常用的近似推理算法主要有马尔科夫链蒙特卡洛（Markov Chain Monte Carlo，MCMC）算法等。

3.6.3 贝叶斯网络的精确推理

贝叶斯网络精确推理的主要方法包括基于枚举的算法、基于变量消元的算法和基于团树传播的算法等。最基本的方法是基于枚举的算法，使用全联合概率分布去推断查询变量的后验概率：

$$P(X\mid s)=\alpha P(X,s)=\alpha\sum_{Y}P(X,s,Y)$$

各变量的含义如前所述：X 表示查询变量；s 表示一个观察到的特定事件；Y 表示隐含变量集 $\{y_1, y_2, \cdots, y_m\}$；$\alpha$ 是归一化常数，用于保证相对于 X 所有取值的后验概率总和等于 1。

为了对贝叶斯网络进行推理，可利用贝叶斯网络的概率分布公式

$$P(x_1,x_2,\cdots,x_n)=\prod_{i=1}^{n}P(X_i\mid \mathrm{par}(X_i))$$

将上式中的 $P(X, s, Y)$改写为条件概率乘积的形式。这样就可通过先对 Y 的各枚举值求其条件概率乘积，再对各条件概率乘积求总和的方式去计算查询变量的条件概率。下面看一个精确推理的简单例子。

例 3.23 仍以例 3.21 所示的贝叶斯网络为例，假设目前观察到的一个事件 $s = \{c, e\}$，求在该事件的前提下“碰见难题”的概率 $P(D|c, e)$是多少？

解：按照精确推理算法，该查询可表示为：

$$P(D\mid c,e)=\alpha P(D,c,e)=\alpha\sum_{I}\sum_{A}P(D,I,A,c,e)$$

式中，α 是归一化常数，用于保证相对于 D 所有取值的条件概率的总和等于 1；D 有两个取值，即 d 和 $\neg d$。应用贝叶斯网络的概率分布公式

$$P(x_1,x_2,\cdots,x_n)=\prod_{i=1}^{n}P(X_i\mid \mathrm{par}(X_i))$$

先对 D 的不同取值 d 和 $\neg d$ 分别进行处理。当 D 取值 d 时，有

$$\begin{aligned}
P(d\mid c,e)&=\alpha\sum_{I}\sum_{A}P(d,I,A,c,e)\\
&=\alpha\sum_{I}\sum_{A}P(d)P(I)P(A\mid d,I)P(c\mid A)P(e\mid A)\\
&=\alpha P(d)\sum_{I}P(I)\sum_{A}P(A\mid d,I)P(c\mid A)P(e\mid A)\\
&=\alpha P(d)[P(i)(P(a\mid d,i)P(c\mid a)P(e\mid a)+\\
&\quad P(\neg a\mid d,i)P(c\mid \neg a)P(e\mid \neg a)+P(\neg i)P(a\mid d,\neg i)P(c\mid a)P(e\mid a)+\\
&\quad P(\neg a\mid d,\neg i)P(c\mid \neg a)P(e\mid \neg a))]\\
&=\alpha\times 0.15\times[0.05\times(0.8\times 0.8\times 0.9+0.2\times 0.2\times 0.1)+\\
&\quad 0.95\times(0.4\times 0.8\times 0.9+0.6\times 0.2\times 0.1)]\\
&=\alpha\times 0.15\times(0.05\times 0.58+0.95\times 0.30)=\alpha\times 0.15\times 0.314=\alpha\times 0.047
\end{aligned}$$

当 D 取值 $\neg d$ 时，有

$$
\begin{aligned}
P(\neg d \mid c,e) &= \alpha\sum_{I}\sum_{A}P(\neg d,I,A,c,e)\\
&= \alpha\sum_{I}\sum_{A}P(\neg d)P(I)P(A\mid \neg d,I)P(c\mid A)P(e\mid A)\\
&= \alpha P(\neg d)[P(i)(P(a\mid \neg d,i)P(c\mid a)P(e\mid a)+\\
&\quad P(\neg a\mid \neg d,i)P(c\mid \neg a)P(e\mid \neg a)+P(\neg i)P(a\mid \neg d,\neg i)P(c\mid a)P(e\mid a)+\\
&\quad P(\neg a\mid \neg d,\neg i)P(c\mid \neg a)P(e\mid \neg a))]\\
&= \alpha\times 0.85\times[0.05\times(0.5\times 0.8\times 0.9+0.5\times 0.2\times 0.1)+\\
&\quad 0.95\times(0.1\times 0.8\times 0.9+0.9\times 0.2\times 0.1)]\\
&= \alpha\times 0.85\times(0.05\times 0.37+0.95\times 0.09)=\alpha\times 0.85\times 0.104\\
&= \alpha\times 0.088
\end{aligned}
$$

取 $\alpha = 1/(0.047+0.088) = 1/0.135$，因此有 $P(D|c, e) = \alpha(0.047, 0.088) = (0.348, 0.652)$，即在“认知迟缓”和“情绪波动”都发生时，“碰见难题”的概率是 $P(d|c, e) = 0.348$，不是因为“碰见难题”的概率是 $P(\neg d|c, e) = 0.652$。

3.6.4 贝叶斯网络的近似推理

马尔科夫链蒙特卡洛（MCMC）算法是目前使用较广的一种贝叶斯网络近似推理方法，通过对前一个世界状态进行随机改变来生成下一个问题状态，通过对某个隐变量进行随机采样来实现对随机变量的改变。为了说明其具体推理过程，下面看一个简单例子。

例 3.24 学习情绪会影响学习效果。假设有一个知识点，考虑学生在愉快学习状态下对该知识点的识记、理解、运用的情况，得到了如图 3.5 所示的多连通贝叶斯网络。如果目前观察到一个学生不但记住了该知识，并且可以运用该知识，询问这位学生是否理解了该知识。

解：为解决这一问题，令 E、M、U 和 A 分别表示布尔变量节点“愉快学习”“知识识记”“知识理解”和“知识运用”；e、m、u 和 a 分别表示这些变量取值为“True”，各节点边上的表格为相应节点的条件概率表。

在上述假设下，本例子的询问句为 $P(U|m, a)$。应用 MCMC 算法的推理步骤如下：

（1）将“知识识记”节点 M 和“知识运用”节点 A 作为证据变量，并保持它们的观察值不变。

（2）将“愉快学习”节点 E 和“知识理解”节点 U 作为隐变量，并进行随机初始化。假设，它们的值分别为 e 和 $\neg u$。这样，问题的初始状态为 $\{e, m, \neg u, a\}$。

（3）反复执行如下步骤：

① 对隐变量 E 进行采样，由于 E 的马尔科夫覆盖仅包含节点 M 和 U，可以按照变量 M 和 U 的当前值进行采样，若采样得到 $\neg e$（即 E 取值为 False），则生成下一状态 $\{\neg e, m, \neg u, a\}$。

② 对隐变量 U 进行采样，由于 U 的马尔科夫覆盖包含节点 E、M 和 A，可以按照变量 E、M 和 A 的当前值进行采样，若采样得到 u，则生成下一状态 $\{\neg e, m, u, a\}$。

这个反复执行过程中生成的每个状态都作为一个样本，用于估计愉快学习的概率的近似值。只要生成的状态足够多（如预定数 N），就可通过归一化计算得到查询的近似值。

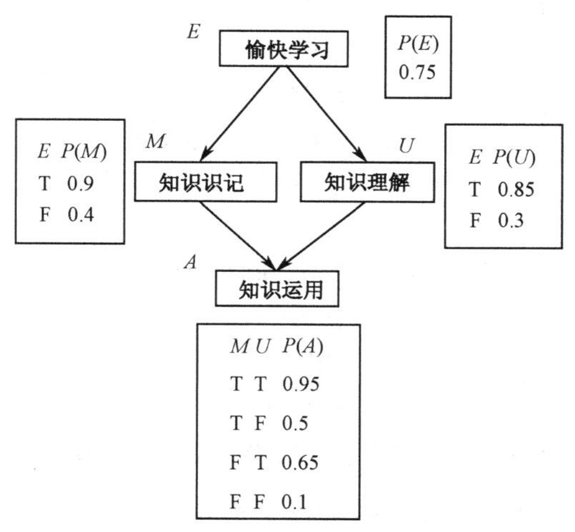

图 3.5 关于“愉快学习”的贝叶斯网络

在上述采样过程中，每次采样都需要两步，以对隐变量 E 的采样为例，每次采样步骤如下：

第一步，先依据该隐变量的马尔科夫覆盖所包含的变量的当前值，计算该状态转移概率（该隐变量取值改变的概率）。

第二步，确定状态（该隐变量的取值）是否需要改变。其基本方法是，生成一个随机数 $r\in[0, 1]$，将其与第一步得到的转移概率 p 进行比较，若 $r<p$，则 E 取 $\neg e$，转移到下一状态；否则，还处在原状态不变。

例如，对图 3.5 所给出的问题，在初始状态下，对随机变量 E 进行采样。第一步可根据 $P(E|m, \neg u)$去计算转移到下一状态$\{\neg e, m, \neg u, a\}$的概率。即

$$\begin{aligned}P(e\mid m,\neg u) &= P(e,m,\neg u)/P(m,\neg u)\\ &= P(e)P(m\mid e)P(\neg u\mid e)/[P(e)P(m\mid e)P(\neg u\mid e)+P(\neg e)P(m\mid \neg e)P(\neg u\mid \neg e)]\\ &= (0.75\times 0.9\times 0.3)/(0.75\times 0.9\times 0.3+0.25\times 0.4\times 0.3)\\ &= 0.2025/0.2325 = 0.8710\end{aligned}$$

第二步，假设产生的随机数 $r = 0.46$，有 $0.46<0.871$，则 E 取 $\neg e$，转移到下一状态 $\{\neg e, m, \neg u, a\}$。

上述基于转移概率的采样方式亦称为吉布斯（Gibbs）采样器，既便于实现，也具有较高的近似度，因此 MCMC 算法是实现概率推理的一种有效方法。

习 题 3

3.1 什么是不确定性推理？为什么要采用不确定性推理？

3.2 不确定性推理中需要解决的基本问题有哪些？

3.3 不确定性推理可以分为哪几种类型？

3.4 何谓可信度？由规则强度 CF(H, E)的定义说明它的含义。

3.5　设有如下一组推理规则：

r_1：IF E_1　　THEN E_2 (0.6)

r_2：IF E_2 AND E_3　　THEN E_4 (0.7)

r_3：IF E_4　　THEN H (0.8)

r_4：IF E_5　　THEN H (0.9)

且已知 $CF(E_1) = 0.5$，$CF(E_3) = 0.6$，$CF(E_5) = 0.7$，求 $CF(H)$。

3.6　请说明主观 Bayes 方法中 LS 与 LN 的含义及它们之间的关系。

3.7　设有如下推理规则

r_1：IF E_1　　THEN (2, 0.00001) H_1

r_2：IF E_2　　THEN (100, 0.0001) H_1

r_3：IF E_3　　THEN (200, 0.001) H_2

r_4：IF H_1　　THEN (50, 0.1) H_2

且已知 $P(E_1) = P(E_2) = P(E_3) = 0.6$，$P(H_1) = 0.091$，$P(H_2) = 0.010$，又由用户告知：

$$P(E_1|S_1) = 0.84,\quad P(E_2|S_2) = 0.68,\quad P(E_3|S_3) = 0.36$$

请用主观 Bayes 方法求 $P(H_2|S_1, S_2, S_3)$。

3.8　设有如下推理规则

r_1：IF E_1　　THEN (100, 0.1) H_1

r_2：IF E_2　　THEN (50, 0.5) H_2

r_3：IF E_3　　THEN (5, 0.05) H_3

且已知 $P(H_1) = 0.02$，$P(H_2) = 0.2$，$P(H_3) = 0.4$，请计算当证据 E_1、E_2、E_3 存在或不存在时，$P(H_i|\neg E_i)$或 $P(H_i|E_i)$的值各是多少（$i = 1, 2, 3$）？

3.9　请说明证据理论中概率分配函数、信任函数、似然函数及类概率函数的含义。

3.10　设有如下一组推理规则：

r_1：IF E_1 AND E_2　　THEN $A = \{a\}$ (CF = {0.9})

r_2：IF E_2 AND (E_3 OR E_4)　　THEN $B = \{b_1, b_2\}$ (CF = {0.5, 0.4})

r_3：IF A　　THEN　$H = \{h_1, h_2, h_3\}$ (CF = {0.2, 0.3, 0.4})

r_4：IF B　　THEN　$H = \{h_1, h_2, h_3\}$ (CF = {0.3, 0.2, 0.1})

且已知初始证据的确定性分别为：$CER(E_1) = 0.6$，$CER(E_2) = 0.7$，$CER(E_3) = 0.8$，$CER(E_4) = 0.9$，假设$|\Omega| = 10$，求 $CER(H)$。

3.11　什么是模糊性？它与随机性有什么区别？请举出日常生活中的例子。

3.12　请说明模糊概念、模糊集及隶属函数三者之间的关系。

3.13　设某小组有 5 个同学，分别为 S_1、S_2、S_3、S_4、S_5。若对每个同学的“学习好”程度打分：

$$S_1{:}95\quad S_2{:}85\quad S_3{:}80\quad S_4{:}70\quad S_5{:}90$$

这样就确定了一个模糊集 F，表示该小组同学对“学习好”这一模糊概念的隶属程度，请写出该模糊集。

3.14　设有论域 $U = \{u_1, u_2, u_3, u_4, u_5\}$，并设 F、G 是 U 上的两个模糊集，且有

$$F = 0.9/u_1 + 0.7/u_2 + 0.5/u_3 + 0.3/u_4$$
$$G = 0.6/u_3 + 0.8/u_4 + 1/u_5$$

请分别计算 $F \cap G$，$F \cup G$，$\neg F$。

3.15 何谓模糊关系？它如何表示？

3.16 设有如下两个模糊关系：

$$\boldsymbol{R}_1 = \begin{bmatrix} 0.3 & 0.7 & 0.2 \\ 1 & 0 & 0.4 \\ 0 & 0.5 & 1 \end{bmatrix}, \qquad \boldsymbol{R}_2 = \begin{bmatrix} 0.2 & 0.8 \\ 0.6 & 0.4 \\ 0.9 & 0.1 \end{bmatrix}$$

请写出 $\boldsymbol{R}_1$ 与 $\boldsymbol{R}_2$ 的合成 $\boldsymbol{R}_1 \circ \boldsymbol{R}_2$。

3.17 设 F 是论域 U 上的模糊集，$\boldsymbol{R}$ 是 $U \times V$ 上的模糊关系，F 和 $\boldsymbol{R}$ 分别为

$$F = \{0.4, 0.6, 0.8\}, \qquad \boldsymbol{R} = \begin{bmatrix} 0.1 & 0.3 & 0.5 \\ 0.4 & 0.6 & 0.8 \\ 0.6 & 0.3 & 0 \end{bmatrix}$$

求模糊变换 $F \circ \boldsymbol{R}$。

3.18 何谓模糊匹配？有哪些计算匹配度的方法？

3.19 设 $U = V = \{1, 2, 3, 4\}$，且有如下推理规则：

IF x is 少 THEN y is 多

其中，“少”和“多”分别是 U 与 V 上的模糊集，设

少 = 0.9/1+0.7/2+0.4/3

多 = 0.3/2+0.7/3+0.9/4

已知事实为

x is 较少

“较少”的模糊集为

较少 = 0.8/1+0.5/2+0.2/3

请用模糊关系 $\boldsymbol{R}_m$ 求出模糊结论。

3.20 设 $U = V = W = \{1, 2, 3, 4\}$，且设有如下规则：

r_1：IF x is F THEN y is G

r_2：IF y is G THEN z is H

r_3：IF x is F THEN z is H

其中，F、G、H 的模糊集分别为

$$\begin{cases} F = 1/1 + 0.8/2 + 0.5/3 + 0.4/4 \\ G = 0.1/2 + 0.2/3 + 0.4/4 \\ H = 0.2/2 + 0.5/3 + 0.8/4 \end{cases}$$

请分别对各种模糊关系验证满足模糊假言三段论的情况。

3.21 什么是贝叶斯网络？它是如何简化全联合概率分布的？如何构建贝叶斯网络？为什么说条件独立关系是贝叶斯网络能够简化全联合概率计算的基础？

3.22　如何使用贝叶斯网络的联合概率分布实现精确推理？这种推理方法的局限性是什么？

3.23　什么是马尔科夫覆盖？如何确定一个节点的马尔科夫覆盖？

3.24　设有如图3.6所示的贝叶斯网络，请计算报警铃响了但实际上并无盗贼入侵，也未发生地震，而李和张都打来电话的概率。

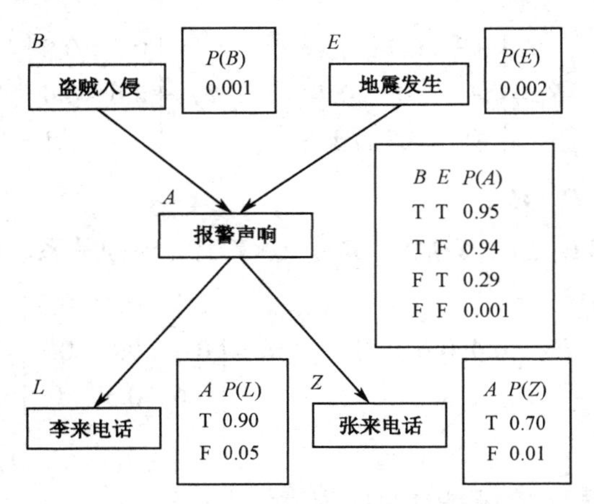

图3.6　习题3.24的贝叶斯网络

3.25　设有如图3.7所示的贝叶斯网络，若目前观察到已洒水且草地湿了，请问下过雨的概率是多少？

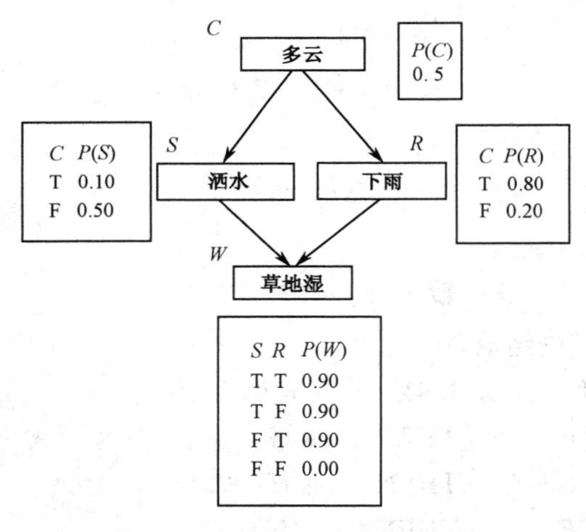

图3.7　习题3.25的贝叶斯网络

第 4 章　智能搜索技术

搜索是人工智能中的一个基本问题，它与推理密切相关。智能系统搜索策略的优劣将直接影响到该系统的性能和推理效率。

4.1　搜索概述

4.1.1　搜索的含义

人工智能研究的对象大多是属于结构不良或非结构化的问题。对于这些问题，一般很难获得其全部信息，更没有现成的算法可供求解使用，因此只能依靠经验，利用已有知识逐步摸索求解。像这种根据问题的实际情况，不断寻找可利用知识，从而构造一条代价最小的推理路线，使问题得以解决的过程称为搜索。

对那些结构性能较好，理论上有算法可依的问题，如果问题或算法的复杂性较高（如按指数形式增长），由于受计算机在时间和空间上的限制，也无法付诸实用。这就是人们常说的组合爆炸问题。例如，64 阶梵塔问题有 3^{64} 种状态，仅从空间上来看，这是一个任何计算机都无法存储的问题。可见，理论上有算法的问题实际上不一定可解。这类问题也需要采用搜索的方法来进行求解。

搜索算法可根据其是否采用智能方法分为盲目搜索算法和智能搜索算法。盲目搜索是指在搜索之前就预定好控制策略，整个搜索过程中的策略不再改变。采用这种方法，即使搜索出来的中间信息再有价值，其搜索过程也不会因此而改变。可见，盲目搜索算法的灵活性较差，搜索效率较低，且不便于复杂问题的求解。由于本书主要讨论智能搜索算法，故对盲目搜索方法不再赘述。

智能搜索算法是指可以利用搜索过程得到的中间信息来引导搜索过程向最优方向发展的算法。根据基于的搜索机理，这种算法可以分为多种类型。例如，基于搜索空间的状态空间启发式搜索、与/或树启发式搜索及博弈树启发式搜索，基于生物演化过程的进化搜索算法，基于生物系统免疫机理的免疫算法，基于物理退火过程的模拟退火算法，以及基于统计模型的蒙特・卡罗搜索方法。

状态空间搜索是一种用状态空间来表示和求解问题的搜索方法。与/或树搜索是一种用与/或树来表示和求解问题的搜索方法。博弈树是一种特殊的与/或树，主要用于博弈过程的搜索。进化搜索是一种模拟自然界生物演化过程的随机搜索方法，其典型代表为遗传算法。免疫算法是一种模拟生物体免疫系统功能的随机搜索方法，在保留遗传算法优良特性的前提下，较好解决了遗传优化过程中出现的退化现象。模拟退火算法是一种主要针对组合优化问题的随机寻优算法，在控制工程、机器学习等领域有着广泛的应用。蒙特·卡罗算法是一种以概率统计理论为指导的搜索算法，其典型应用是 AlphaGo。AlphaGo 主要采用的就是深度学习和蒙特·卡罗搜索算法。限于篇幅，本章重点讨论状态空间的启发式搜索、与/或树的启发式搜索、博弈树的启发式搜索及进化搜索算法，而对免疫算法、模拟退火算法和蒙特·卡罗算法等不做讨论。

4.1.2 状态空间问题求解方法

状态空间法是人工智能中最基本的问题求解方法，采用的问题表示方法称为状态空间表示法。状态空间法的基本思想是用“状态”和“操作”来表示和求解问题。

1. 状态空间问题表示

在状态空间表示法中，问题是用“状态”和“操作”来表示的，问题求解过程是用“状态空间”来表示的。

（1）状态

状态（state）是表示问题求解过程中每步状况的数据结构，可用如下形式表示：

$$S_k = \{S_{k0}, S_{k1}, \cdots\}$$

在这种表示方式中，当对每个分量都给予确定的值时，就得到了一个具体的状态。实际上，任何一种类型的数据结构都可以用来描述状态，只要有利于问题求解就可以。

（2）操作

操作（operator）也称为算符，是把问题从一种状态变换为另一种状态的手段。当对一个问题状态使用某个可用操作时，它将引起该状态中某些分量值的变化，从而使问题从一个具体状态变为另一个具体状态。操作可以是一个机械步骤、一个运算、一条规则或一个过程。操作可理解为状态集合上的一个函数，它描述了状态之间的关系。

（3）状态空间

状态空间（state space）是由一个问题的全部状态，以及这些状态之间的相互关系所构成的集合，可用一个三元组(S, F, G)来表示。其中，S 为问题的所有初始状态的集合，F 为操作的集合，G 为目标状态的集合。

状态空间也可用一个赋值的有向图来表示，该有向图被称为状态空间图。在状态空间图中，节点表示问题的状态，有向边表示操作。

2. 状态空间问题求解

任何以状态和操作为基础的问题求解方法都可称为状态空间问题求解方法，简称状态空间法。用状态空间法求解问题的基本过程是：首先为问题选择适当的“状态”及“操作”的形式化描述方法；然后从某个初始状态出发，每次使用一个“操作”，递增地建立起操作序列，直到达到目标状态为止。此时，由初始状态到目标状态所使用的算符序列就是该问题的一个解。上述问题求解过程实际上是一个搜索过程，具体的搜索方法将在后面详细讨论，这里只是对状态空间法的一个一般描述。

3. 状态空间的例子

例 4.1 二阶梵塔问题。设有三根钢针，它们的编号分别是 1、2 和 3。在初始情况下，1 号钢针上穿有 A 和 B 两个金片，A 比 B 小，A 位于 B 的上面。要求把这两个金片全部移到另一根钢针上，而且规定每次只能移动一个金片，任何时刻都不能使大片压在小片的上面。

解：设用 $S_k=\{S_{KA}, S_{KB}\}$表示问题的状态，其中，S_{KA}表示金片 A 所在的钢针号，S_{KB}表示金片 B 所在的钢针号。全部可能的问题状态有以下 9 种：

$$S_0=(1,1) \quad S_1=(1,2) \quad S_2=(1,3) \quad S_3=(2,1) \quad S_4=(2,2)$$

$$S_5=(2,3) \quad S_6=(3,1) \quad S_7=(3,2) \quad S_8=(3,3)$$

其中，初始状态 S_0 和目标状态 S_4、S_8 如图 4.1 所示。

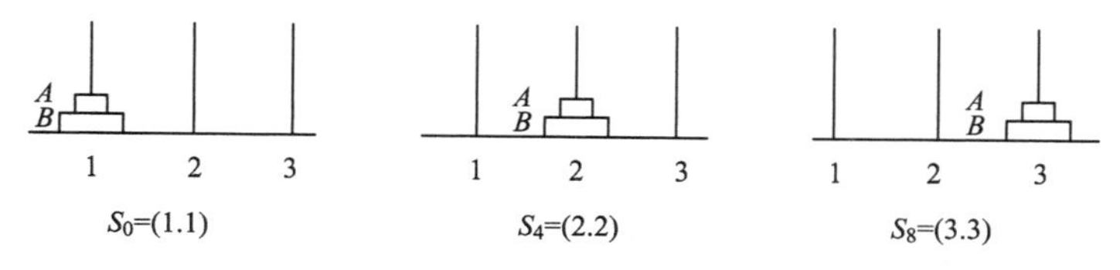

图 4.1　二阶梵塔问题的部分状态

问题的初始状态集合为 $S=\{S_0\}$，目标状态集合为 $G=\{S_4, S_8\}$。操作分别用 A_{ij} 和 B_{ij} 表示。其中，A_{ij} 表示把金片 A 从第 i 号钢针移到第 j 号钢针上；B_{ij} 表示把金片 B 从第 i 号钢针移到第 j 号钢针上。共有 12 种操作，它们分别是：A_{12}，A_{13}，A_{21}，A_{23}，A_{31}，A_{32}，B_{12}，B_{13}，B_{21}，B_{23}，B_{31}，B_{32}。

根据上述 9 种可能的状态和 12 种操作，可构成二阶梵塔问题的状态空间图，如图 4.2 所示，从初始节点(1, 1)到目标节点(2, 2)及(3, 3)的任何一条路径都是问题的一个解。其中，最短的路径长度是 3，它由 3 个操作组成。例如，从初始状态(1, 1)开始，通过使用操作 A_{13}、B_{12} 和 A_{32}，可到达目标状态(2, 2)。

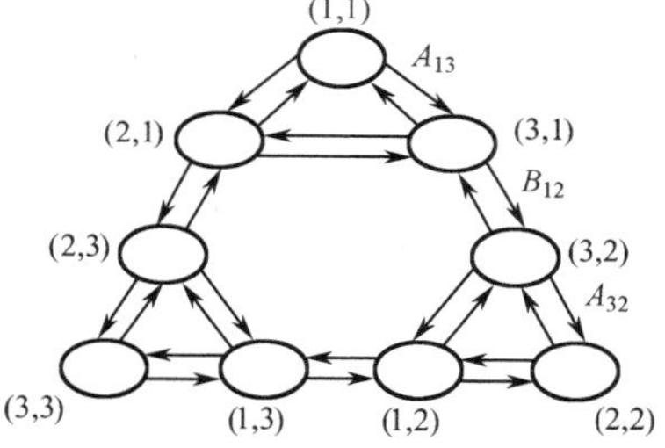

图 4.2　二阶梵塔的状态空间图

例 4.2　修道士（missionaries）和野人（cannibals）问题（简称 MC 问题）。设在河的左岸有三个野人、三个修道士和一条船，修道士想用这条船把所有的野人运到河对岸，但受以下条件的约束：一是修道士和野人都会划船，但每次船上至多可载两个人；二是在河的任一岸，如果野人数目超过修道士数目，修道士就会被野人吃掉。如果野人会服从任何一次过河安排，请规划一个确保修道士和野人都能过河，且没有修道士被野人吃掉的安全过河计划。

解：首先选取描述问题状态的方法。在这个问题中，需要考虑两岸的修道士人数和野人数，还需要考虑船在左岸还是在右岸，从而可用一个三元组来表示状态

$$S=(m, c, b)$$

式中，m 表示左岸的修道士人数，c 表示左岸的野人数，b 表示左岸的船数。

右岸的状态可由下式确定：

右岸修道士数　　　$m'=3-m$

右岸野人数　　　　$c'=3-c$

右岸船数　　　　　$b'=1-b$

从而不必标出。在这种表示方式下，m 和 c 都可取 0、1、2、3 中之一，b 可取 0 和 1 中之一。因此，共有 $4\times4\times2=32$ 种状态。但这 32 种状态并非全有意义，除去不合法状态和修道士被野人吃掉的状态，余下的状态只有 16 种：

$S_0=(3, 3, 1)$	$S_1=(3, 2, 1)$	$S_2=(3, 1, 1)$	$S_3=(2, 2, 1)$
$S_4=(1, 1, 1)$	$S_5=(0, 3, 1)$	$S_6=(0, 2, 1)$	$S_7=(0, 1, 1)$
$S_8=(3, 2, 0)$	$S_9=(3, 1, 0)$	$S_{10}=(3, 0, 0)$	$S_{11}=(2, 2, 0)$
$S_{12}=(1, 1, 0)$	$S_{13}=(0, 2, 0)$	$S_{14}=(0, 1, 0)$	$S_{15}=(0, 0, 0)$

有了这些状态，还需要考虑可进行的操作。在这个问题中，操作是指用船把修道士或野人从河的左岸运到右岸，或从河的右岸运到左岸的动作，并且每个操作都应当满足如下三个条件：

第一，船至少由一个人（m 或 c）操作，离开岸边的 m 和 c 的减少数目应该等于到达岸边的 m 和 c 的增加数目；

第二，每次操作，船上的人数不得超过 2 个；

第三，操作应保证不产生非法状态。

因此，操作应由两部分组成，即条件部分和动作部分。一个操作，只有当其条件具备时才能使用，动作刻画了应用此操作所产生的结果。

我们用符号 L_{ij} 表示从左岸到右岸的运人操作，用符号 R_{ij} 表示从右岸到左岸的运人操作。其中，i 表示船上的修道士数，j 表示船上的野人数。通过分析可知，有 10 种操作可供选择，其操作集为 $A=\{L_{01}, L_{10}, L_{11}, L_{02}, L_{20}, R_{01}, R_{10}, R_{11}, R_{02}, R_{20}\}$。

下面以 L_{01} 和 R_{01} 为例来说明这些操作的条件和动作：

操作符号	条件	动作
L_{01}	$b=1, m=0$ 或 $3, c\geqslant1$	$b=0, c=c-1$
R_{01}	$b=0, m=0$ 或 $3, c\leqslant2$	$b=1, c=c+1$

例 4.3 猴子摘香蕉问题。在第 2 章讨论谓词逻辑知识表示时，我们曾提到过这一问题，现在用状态空间法来进行求解。

解：问题的状态可用四元组(w, x, y, z)来表示。其中，w 表示猴子的水平位置；x 表示箱子的水平位置；y 表示猴子是否在箱子上，当猴子在箱子上时，y 取 1，否则 y 取 0；z 表示猴子是否拿到香蕉，当拿到香蕉时，z 取 1，否则 z 取 0。

所有可能的状态为：

S_0：$(a, b, 0, 0)$　　初始状态

S_1：$(b, b, 0, 0)$

S_2：$(c, c, 0, 0)$

S_3：$(c, c, 1, 0)$

S_4：$(c, c, 1, 1)$　　目标状态

允许的操作为：

Goto(u)：　猴子走到位置 u，即$(w, x, 0, 0)\rightarrow(u, x, 0, 0)$。

Pushbox(v)：　猴子推着箱子到水平位置 v，即$(x, x, 0, 0)\rightarrow(v, v, 0, 0)$。

Climbbox：　猴子爬上箱子，即$(x, x, 0, 0)\rightarrow(x, x, 1, 0)$。

Grasp：　猴子拿到香蕉，即$(c, c, 1, 0)\rightarrow(c, c, 1, 1)$。

这个问题的状态空间图如图 4.3 所示。不难看出，由初始状态变为目标状态的操作序列为{Goto(b), Pushbox(c), Climbbox, Grasp}。

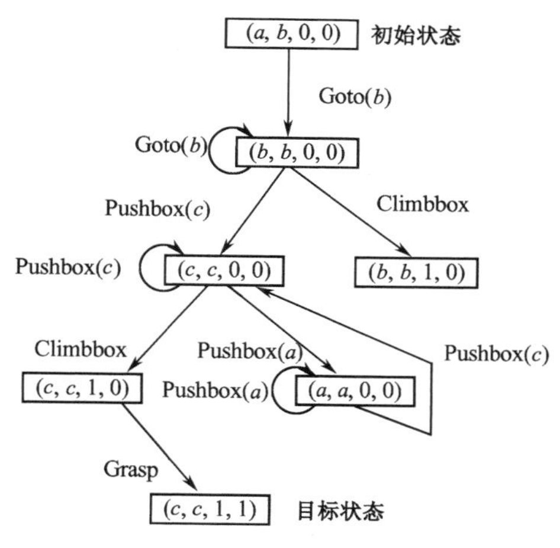

图 4.3　猴子摘香蕉问题的状态空间

4.1.3　问题归约求解方法

问题归约法是不同于状态空间方法的另一种形式化方法，其基本思想是对问题进行分解或变换。当一个问题比较复杂时，如果直接进行求解，往往比较困难，此时可通过分解或变换，将它转化为一系列较简单的问题，然后通过对这些较简单问题的求解来实现对原问题的求解。

1. 问题的分解与等价变换

当把一个问题归约为子问题时，可采用对原问题进行分解或变换的方法。

（1）分解

如果一个问题 P 可以归约为一组子问题 $P_1, P_2, \cdots, P_n$，并且只有当所有子问题 P_i（$i = 1, 2, \cdots, n$）都有解时，原问题 P 才有解，任何一个子问题 P_i（$i = 1, 2, \cdots, n$）无解，都会导致原问题 P 无解，则称此种归约为问题的分解，即分解所得到的子问题的“与”与原问题 P 等价。

（2）等价变换

如果一个问题 P 可以归约为一组子问题 $P_1, P_2, \cdots, P_n$，并且这些子问题 P_i（$i = 1, 2, \cdots, n$）中只要有一个有解，则原问题 P 有解，只有当所有子问题 P_i（$i = 1, 2, \cdots, n$）都无解时，原问题 P 才无解，则称此种归约为问题的等价变换，简称变换，即变换所得到的子问题的“或”与原问题 P 等价。

在实际问题的归约过程中有可能需要同时采用变换和分解的方法，无论是分解还是变换，都是将原问题归约为一系列本原问题。本原问题是指那种不能（或不需要）再进行分解或变换且可以直接解答的问题。本原问题可以作为终止归约的限制条件。

2. 问题归约的与/或树表示

把一个原问题归约为一系列本原问题的过程可以方便地用一个与/或树来表示。

（1）与树

把一个原问题分解为若干个子问题可用一个“与树”来表示。例如，设 P 可以分解为三个子问题 P_1、P_2、P_3 的与，则 P 与 P_1、P_2、P_3 之间的关系可用如图 4.4 所示的一个“与树”来表示。在该树中，用相应的节点表示 P、P_1、P_2、P_3；并用三条有向边分别将 P 与 P_1、P_2、P_3 连接起来，表示 P_1、P_2、P_3 是 P 的三个子问题。图中还有一条连接三条有向边的小弧线，表示 P_1、P_2、P_3 之间是“与”的关系，即节点 P 为“与”节点。

（2）或树

把一个原问题变换为若干个子问题可用一个“或树”来表示。例如，设 P 可以变换为三个子问题 P_1、P_2、P_3 的或，则 P 与 P_1、P_2、P_3 之间的关系可用如图 4.5 所示的一个“或树”来表示。在该树中，用相应的节点表示 P，P_1、P_2、P_3，并用三条有向边分别将 P 与 P_1、P_2、P_3 连接起来，表示 P_1、P_2、P_3 是 P 的三个子问题。图中的有向边不用小弧线连接，表示 P_1、P_2、P_3 之间是“或”的关系，即节点 P 为“或”节点。

（3）与/或树

如果一个问题既需要通过分解，又需要通过变换才能得到其本原问题，则其归约过程可用一个“与/或树”来表示。与/或树的例子如图 4.6 所示。事实上，一般的归约过程多数需要用与/或树来表示。在与/或树中，其根节点对应着原始问题。

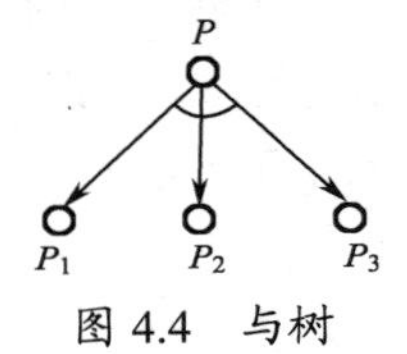

图 4.4 与树

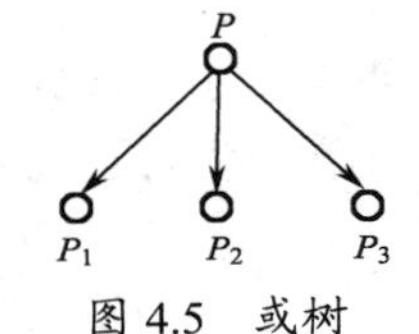

图 4.5 或树

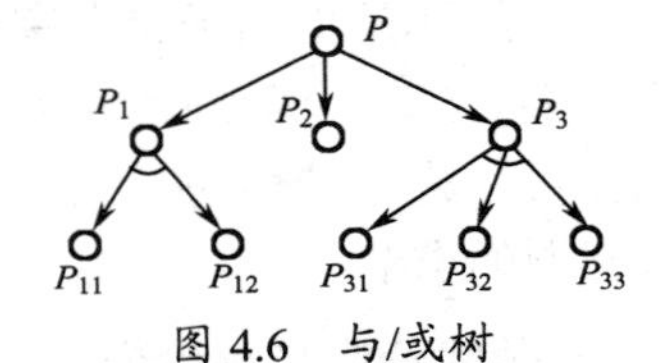

图 4.6 与/或树

（4）端节点与终止节点

在与/或树中，没有子节点的节点称为端节点，本原问题所对应的节点称为终止节点。可见，终止节点一定是端节点，但端节点不一定是终止节点。

（5）可解节点与不可解节点

在与/或树中，满足以下三个条件之一的节点为可解节点：

① 任何终止节点都是可解节点。

② 对“或”节点，当其子节点中至少有一个为可解节点时，则该或节点就是可解节点。

③ 对“与”节点，只有当其子节点全部为可解节点时，该与节点才是可解节点。

同样，可用类似的方法定义不可解节点：

① 不为终止节点的端节点是不可解节点。

② 对“或”节点，若其全部子节点都为不可解节点，则该或节点是不可解节点。

③ 对“与”节点，只要其子节点中有一个为不可解节点，则该与节点是不可解节点。

（6）解树

由可解节点构成，并且由这些可解节点可以推出初始节点（对应着原始问题）为可解节点的子树为解树。在解树中一定包含初始节点。例如，在图 4.7 给出的与/或树中，用粗线表示的子树是一个解树，节点 P 为原始问题节点，用 t 标出的节点是终止节点。根据可解节点的定义，容易推出原始问题 P 为可解节点。

问题归约求解过程实际上是生成解树，即证明原始节点是可解节点的过程。这一过程涉及搜索问题，对于与/或树的搜索将在后面详细讨论。

3．问题归约的例子

例 4.4　三阶梵塔问题。设有 A、B、C 三个金片及 1、2、3 三根钢针，三个金片按自上而下、从小到大的顺序穿在 1 号钢针上，要求把它们全部移到 3 号钢针上，而且每次只能移动一个金片，任何时刻都不能把大的金片压在小的金片上面，如图 4.8 所示。

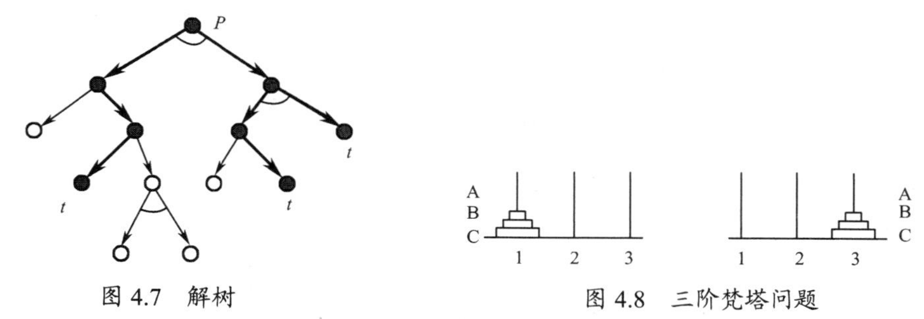

图 4.7　解树　　　　图 4.8　三阶梵塔问题

解：这个问题也可用状态空间法来解，不过本例主要用它来说明如何用归约法来解决问题。

为了能够解决这一问题，首先需要定义该问题的形式化表示方法。设用三元组

$$(S_{KA}, S_{KB}, S_{KC})$$

表示问题在任一时刻的状态，用“→”表示状态的转换。在上述三元组中，S_{KA} 代表金片 A 所在的钢针号，S_{KB} 代表金片 B 所在的钢针号，S_{KC} 代表金片 C 所在的钢针号。

利用问题归约方法，原问题可分解为以下三个子问题：

① 把金片 A 和 B 移到 2 号钢针上的双金片移动问题，即(1, 1, 1)→(2, 2, 1)。

② 把金片 C 移到 3 号钢针上的单金片移动问题，即(2, 2, 1)→(2, 2, 3)。

③ 把金片 A 及 B 移到 3 号钢针的双金片移动问题，即(2, 2, 3)→(3, 3, 3)。

其中，子问题①和③都是一个二阶梵塔问题，都还可以再继续进行分解；子问题②是本原问题，不需要再分解。

三阶梵塔问题的分解过程可用如图 4.9 所示的与/或树来表示，其中有 7 个终止节点，分别对应着 7 个本原问题。如果把这些本原问题从左至右排列起来，即得到了原始问题的解：

(1, 1, 1)→(3, 1, 1)　　(3, 1, 1)→(3, 2, 1)　　(3, 2, 1)→(2, 2, 1)

(2, 2, 1)→(2, 2, 3)　　(2, 2, 3)→(1, 2, 3)　　(1, 2, 3)→(1, 3, 3)

(1, 3, 3)→(3, 3, 3)

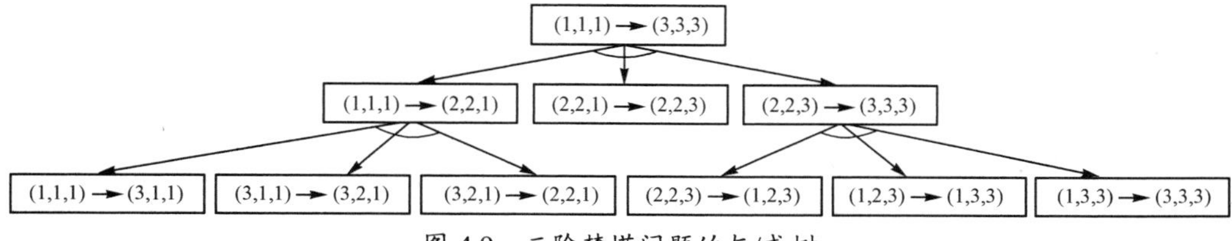

图 4.9　三阶梵塔问题的与/或树

4.1.4 进化搜索法概述

进化搜索算法也称为模拟进化优化算法或进化计算，是基于达尔文（Darwin）的进化论和孟德尔（Mendel）的遗传变异理论形成的，它是一种在基因和种群层次上模拟自然界生物进化过程和机制的问题求解技术，主要包括遗传算法（Genetic Algorithm，GA）、进化策略（Evolutionary Strategy，ES）、进化规划（Evolutionary Programming，EP）和遗传规划（Genetic Programming，GP）四大分支。其中，遗传算法是模拟进化优化算法中最初形成且最具有普遍影响的一种。

本节作为对模拟进化优化算法的概述，主要讨论其概念、生物学基础、产生过程、重要特征、基本结构等。遗传算法的详细讨论将放在4.5节进行。

1. 进化搜索的概念及其生物学基础

（1）什么是进化搜索

进化搜索是一种模拟自然界生物进化过程与机制进行问题求解的自组织、自适应的随机搜索技术，以达尔文进化论的“物竞天择、适者生存”作为算法的进化规则，并结合孟德尔的遗传变异理论，将生物进化过程中的繁殖（reproduction）、变异（mutation）、竞争（competition）和选择（selection）引入到算法中。

（2）进化搜索的生物学基础

自然界的生物进化过程是进化计算的生物学基础，主要包括遗传（heredity）、变异和进化（evolution）理论。

① 遗传理论

遗传是指父代（或亲代）利用遗传基因将自身的基因信息传递给下一代（或子代），使子代能够继承其父代的特征或性状的生命现象。正是由于遗传的作用，人们才能“种瓜得瓜，种豆得豆”，自然界才能有稳定的物种。

在自然界，构成生物基本结构和功能的单位是细胞（cell）。细胞中含有一种包含着所有遗传信息的复杂而又微小的丝状化合物，即染色体（chromosome）。在染色体中，遗传信息由基因（gene）组成，基因决定着生物的性状，是遗传的基本单位。染色体的形状是一种双螺旋结构，构成染色体的主要物质叫做脱氧核糖核酸（DeoxyriboNucleic Acid，DNA），每个基因都在DNA长链中占有一定的位置。细胞中的所有染色体所携带的遗传信息的全体称为基因组（genome）。细胞在分裂过程中，其遗传物质DNA通过复制转移到新生细胞中，从而实现了生物的遗传功能。

② 变异理论

变异是指子代和父代之间以及子代的每个不同个体之间产生差异的现象。变异是生物进化过程中发生的一种随机现象，是一种不可逆过程。变异在生物多样性方面具有不可替代的作用，其选择和积累是生物多样性的根源。

引起变异的主要原因有两种：杂交、复制差错。杂交是指，有性生殖生物在繁殖下一代时两个同源染色体之间的交配重组，即两个染色体在某一相同处的DNA被切断后再进行交配重组，形成两个新的染色体。复制差错是指，在细胞复制过程中因DNA上某些基因结构的随机改变而产生出新的染色体。

③ 进化论

进化是指在生物延续生存过程中，逐渐适应其生存环境，使其品质不断得到改良的生命现象。遗传和变异是生物进化的两种基本现象。“优胜劣汰，适者生存”是生物进化的基本规律。

达尔文的自然选择（natural selection）学说构成了现代进化论的主体。该学说认为，在生物进化中，一种基因有可能发生变异而产生出另一种新的生物基因。这种新基因将依据其与生存环境的适应性而决定其增殖能力。在一般情况下，适应性强的基因会不断增多，而适应性差的基因会逐渐减少。通过这种自然选择，物种将逐渐向适应生存环境的方向进化，甚至演变成为另一个新的物种，而那些不适应环境的物种将逐渐被淘汰。当然，自然界生物进化的这种自然选择过程是一个长期、缓慢和连续的过程。

2. 进化搜索的产生与发展

进化搜索自20世纪50年代以来，得到了快速发展。其发展过程大致可分为萌芽期、成长期和发展期三个阶段。

（1）萌芽期

这一阶段是从20世纪50年代后期到70年代中期。20世纪50年代后期，一些生物学家在研究如何用计算机模拟生物遗传系统时，产生了遗传算法的基本思想，并于1962年由美国密执安（Michigan）大学霍兰德（Holland）教授提出。1965年，德国数学家雷切伯格（Rechenberg）等人提出了一种只有单个个体参与进化，并且仅有变异这一种进化操作的进化策略。同年，美国学者福格尔（Fogel）提出了一种具有多个个体和仅有变异一种进化操作的进化规划。1969年，霍兰德教授在研究自适应系统时又提出了系统本身和外部环境相互协调的遗传算法。至此，“进化计算”的三大分支基本形成。

（2）成长期

这一阶段是从20世纪70年代中期到80年代后期，尤其是80年代中期以后，进化计算的研究开始在世界各国兴起。1975年，霍兰德教授出版专著《自然和人工系统的适应性》（Adaptation in Natural and Artificial Systems），全面介绍了遗传算法。同年，德国学者施韦费尔（Schwefel）在其博士论文中提出了一种由多个个体组成的群体参与进化，并且包括了变异和重组（recombination）这两种进化操作的更加完善的进化策略。1989年，霍兰德教授的学生戈德堡（Goldberg）博士出版专著《遗传算法——搜索、优化及机器学习》（Genetic Algorithm in Search, Optimization, and Machine Learning），全面系统地介绍了遗传算法，使遗传算法得到了普及和推广。

（3）发展期

这一阶段是从20世纪90年代至今。1989年，美国斯坦福（Stanford）大学的科扎（Koza）提出了遗传规划的新概念，并于1992年出版了专著《遗传规划——应用自然选择法则的计算机程序设计》（Genetic Programming: on the Programming of Computer by Means of Natural Selection）。该书全面介绍了遗传规划的基本原理及应用实例，标志着遗传规划作为计算智能的一个分支已基本形成。进入20世纪90年代以来，进化计算得到了众多研究机构和学者的高度重视，新的研究成果不断出现，应用领域不断扩大。目前，进化计算已成为人工智能领域的又一个新的研究热点。

3．进化搜索的基本过程

进化搜索尽管有多个重要分支，并且不同分支的编码方案、选择策略和进化操作有可能不同，但它们有着共同的进化框架，其进化过程都是在这个共同的进化框架下进行的。若假设 P 为种群（population，或称为群体），t 为进化的代数，$P(t)$为第 t 代种群，则其基本结果可粗略描述如下：

```
{
    确定编码形式并生成搜索空间;
    初始化每个进化参数，并设置进化的代数 t = 0;
    初始化种群 P(0);
    对初始种群进行评价（即适应度计算）;
    while（不满足终止条件）do {
        t = t+1;
        利用选择操作从 P(t-1)代中选出 P(t)代种群;
        对 P(t)代种群执行进化操作;
        对执行完进化操作后的种群进行评价（即适应度计算）;
    }
}
```

可以看出，上述基本结构包含了生物进化中必需的选择操作、进化操作和适应度评价等过程。当然，这只是一个进化计算的基本框架，不同编码方案、选择策略和遗传算子的结合会构成不同的进化计算算法。这些将在遗传算法中分别进行讨论。

4．进化搜索的主要特征

进化搜索的思想主要来源于自然界的生物进化，因此具有极强的自适应性和很好的环境自适应能力。与传统算法相比，进化搜索具有以下特征。

（1）自组织性

在应用进化计算进行问题求解时，一旦确定了编码方案、适应值函数及遗传算子，算法会利用进化过程中获得的信息自行组织搜索。这些信息主要是每个种群个体的适应度值，搜索过程将在这些适应度值的指导下，使个体随着进化代数的增加而逐步逼近目标。

（2）自适应性

进化搜索主要依据的是自然界“优胜劣汰，适者生存”的选择策略。一般来说，那些适应度值大的个体会具有较高的生存概率，或者说具有与环境更适应的基因结构。这些个体再经过选择、交叉、变异等进化操作，就有可能产生出与环境更适应的后代。这样可以不断改进种群的性能，使算法具有自适应环境的能力。

（3）并行性

从进化搜索的基本结构可以看出，该算法是从由多个个体组成的初始种群开始搜索的，并且其搜索过程的每步都是对种群中的所有个体同时进行操作，因此它应该是一种多点并行搜索方法。

（4）多解性

进化搜索的多点并行搜索方式，不仅能够使算法从多点出发，还能够进行多目标搜索和实现多目标求解。

（5）全局优化性

进化搜索的多点并行搜索过程是在整个搜索空间的各部分同时进行的。这种方式不仅可以提高搜索效率，还更大程度地避免了搜索陷入局部最优解的可能，使得其搜索结果为全局最优，或者至少是全局最近最优。

（6）内在学习性

学习是整个进化过程自身具有的不可分割的一种行为。进化搜索的内在学习主要包括宗亲学习（phylogenetic learning）、社团学习（sociogenetic learning）和个体学习（ontogenetic learning）三种方式。宗亲学习是指父代通过遗传，将其优异特性传递给子代，使子代能够通过其家庭成员的“血缘”继承方式学到先辈的优异特性。社团学习是指在一个独立群体内部进行的知识和结构的共享。个体学习是指，生物体通过不断实践来积累知识和经验，以增强自身的自适应能力。在这些学习方法中，个体学习是生物体为了自身生存的一种必然行为，也是自然界中发生最频繁的学习方式。

（7）统计性

进化搜索实际上是一种利用概率转移规则指导的随机搜索技术，其选择、交叉、变异等操作都是以概率的方式进行的。

（8）稳健性

稳健性是指在不同条件和环境下算法的适应性和有效性。当用进化搜索求解不同问题时，只需修改相应的适应度函数，而无须改变算法的其他部分，因此它具有较好的适应性。同时，由于进化搜索具有自然系统的自适应特征，因此通过对算法在效率和效益之间的权衡，不但能够使它适应不同的环境，而且能够取得较好的效果。

5. 进化搜索的研究和应用领域

进化搜索反映了当代多学科交叉的特点，其研究内容和应用领域相当广泛。

在研究方面，进化搜索主要包括进化搜索理论、模型，进化神经网络、进化机器学习、并行和分布式进化搜索，以及进化搜索应用系统等。

在应用方面，进化搜索主要适合较少依赖于目标函数值且缺乏搜索所需要的辅助信息的一类问题。而对于那些目标比较明确且有较多辅助信息可用的问题，进化搜索不具有优势。目前，进化搜索较成功的应用领域包括机器学习、模糊系统、人工神经网络训练、程序自动生成、专家系统的知识库维护、数据挖掘、多目标规划等。

4.2 状态空间的启发式搜索

状态空间的启发式搜索是一种能够利用搜索过程所得到的问题自身的一些特性信息来引导搜索过程尽快达到目标的搜索方法。由于它具有较强的针对性，因此可以缩小搜索范围，提高搜索效率。

4.2.1 启发性信息和估价函数

启发式搜索方法依据的是问题自身的启发性信息，而启发性信息又是通过估价函数作用到搜索过程中的，因此在讨论启发式搜索方法之前，需要先了解启发性信息和估价函数的概念。

1．启发性信息

启发性信息是指与具体问题求解过程有关的，并可指导搜索过程朝着最有希望方向前进的控制信息。启发性信息一般有 3 种：① 有效地帮助确定扩展节点的信息；② 有效地帮助决定哪些后继节点应被生成的信息；③ 能决定在扩展一个节点时哪些节点应从搜索树上删除的信息。

一般来说，搜索过程使用的启发性信息的启发能力越强，扩展的无用节点就越少。

2．估价函数

用来估计节点重要性的函数称为估价函数。估价函数$f(n)$被定义为从初始节点S_0出发，约束经过节点n到达目标节点S_g的所有路径中最小路径代价的估计值。它的一般形式为

$$f(n) = g(n)+h(n)$$

式中，$g(n)$是从初始节点S_0到节点n的实际代价，$h(n)$是从节点n到目标节点S_g的最优路径的估计代价。对$g(n)$的值，可以按指向父节点的指针，从节点n反向跟踪到初始节点S_0，得到一条从初始节点S_0到节点n的最小代价路径，然后把这条路径上所有有向边的代价相加，就得到$g(n)$的值。对$h(n)$的值，则需要根据问题自身的特性来确定，它体现的是问题自身的启发性信息，因此也称$h(n)$为启发函数。

例 4.5　八数码难题。设在 3×3 的方格棋盘上分别放置了 1、2、3、4、5、6、7、8 这 8 个数码，初始状态为S_0，目标状态为S_g，如图 4.10 所示。

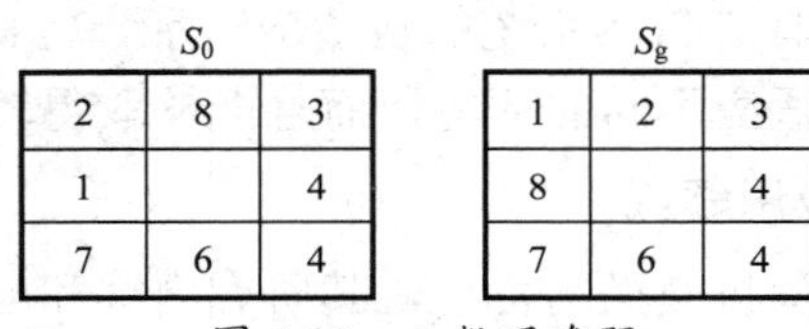

图 4.10　八数码难题

若估价函数为

$$f(n) = d(n)+W(n)$$

式中，$d(n)$表示节点n在搜索树中的深度，$W(n)$表示节点n中“不在位”的数码个数。请计算初始状态S_0的估价函数值$f(S_0)$。

解：在本例的估价函数中，取$g(n) = d(n)$，$h(n) = W(n)$。它说明是用从S_0到n的路径上的单位代价表示实际代价，用n中“不在位”的数码个数作为启发信息。一般来说，某节点中的“不在位”的数码个数越多，说明它离目标节点越远。

对初始节点S_0，由于$d(S_0) = 0$，$W(S_0) = 3$，因此有$f(S_0) = 0+3 = 3$。

这个例子只是为了说明估价函数的含义及估价函数值的计算。在问题搜索过程中，除了需要计算初始节点的估价函数，更多的是要计算新生成节点的估价函数值。

4.2.2　A 算法

在图搜索算法中通常需要用到以下两种数据结构：Open 表、Closed 表。其中，Open 表用来存放未扩展的节点，故称为未扩展节点表；Closed 表用来存放已扩展的节点，故称为已扩展节点表。如果能在搜索的每步都利用估价函数$f(n) = g(n)+h(n)$对 Open 表中的

节点进行排序，则该搜索算法为 A 算法。由于估价函数中带有问题自身的启发性信息，因此 A 算法也被称为启发式搜索算法。

根据搜索过程中选择扩展节点的范围，启发式搜索算法可分为全局择优搜索算法和局部择优搜索算法。其中，全局择优搜索算法每当需要扩展节点时，总是从 Open 表的所有节点中选择一个估价函数值最小的节点进行扩展。局部择优搜索算法每当需要扩展节点时，总是从刚生成的子节点中选择一个估价函数值最小的节点进行扩展。下面主要讨论全局择优搜索算法。

全局择优搜索算法的搜索过程可描述如下：

① 把初始节点 S_0 放入 Open 表中，$f(S_0) = g(S_0)+h(S_0)$。

② 如果 Open 表为空，则问题无解，失败退出。

③ 把 Open 表的第一个节点取出放入 Closed 表，并记该节点为 n。

④ 考察节点 n 是否为目标节点。若是，则找到了问题的解，成功退出。

⑤ 若节点 n 不可扩展，则转第②步。

⑥ 扩展节点 n，生成其子节点 n_i（$i = 1, 2, \cdots$），计算每个子节点的估价值 $f(n_i)$（$i = 1, 2, \cdots$），并为每个子节点设置指向父节点的指针，然后将它们放入 Open 表中。

⑦ 根据各节点的估价函数值，对 Open 表中的全部节点按从小到大的顺序，重新进行排序。

⑧ 转第②步。

由于上述算法的第⑦步要对 Open 表中的全部节点按其估价函数值从小到大重新进行排序，这样在算法第③步取出的节点一定是 Open 表的所有节点中估价函数值最小的。因此，它是一种全局择优的搜索方式。

对上述算法进一步分析还可以发现：如果取估价函数 $f(n) = g(n)$，则它将退化为代价树的广度优先搜索；如果取估价函数 $f(n) = d(n)$，则它将退化为广度优先搜索。可见，广度优先搜索和代价树的广度优先搜索是全局择优搜索的两个特例。

例 4.6 八数码难题。设问题的初始状态 S_0 和目标状态 S_g 如图 4.10 所示，估价函数与例 4.5 相同。请用全局择优搜索解决该问题。

解：这个问题的全局择优搜索树如图 4.11 所示，每个节点旁边的数字是该节点的估价函数值。例如，对节点 S_2，其估价函数值的计算为

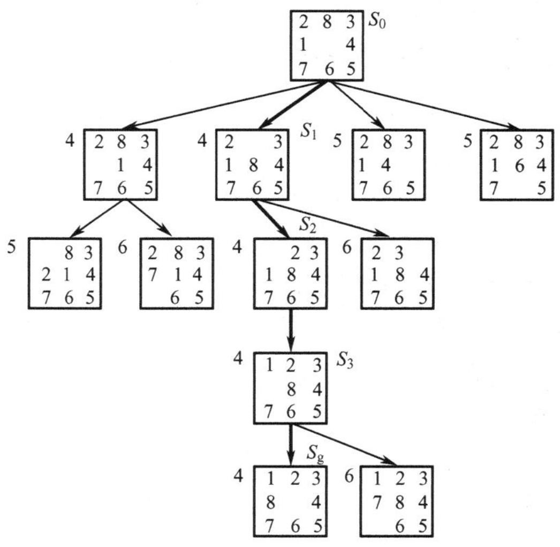

图 4.11 八数码难题的全局择优搜索树

$$f(S_2) = d(S_2)+W(S_2) = 2+2 = 4$$

从图 4.11 还可以看出，该问题的解为

$$S_0 \to S_1 \to S_2 \to S_3 \to S_g$$

4.2.3 A*算法

4.2.2 节讨论的启发式搜索算法都没有对估价函数 $f(n)$作任何限制。实际上，估价函数对搜索过程是十分重要的，如果选择不当，则有可能找不到问题的解，或者找到的不是问题的最优解。为此，需要对估价函数进行某些限制。A*算法就是对估价函数加上一些限制后得到的一种启发式搜索算法。

1. A*算法的概念

假设 $f^*(n)$为从初始节点 S_0 出发，约束经过节点 n 到达目标节点 S_g 的最小代价值。估价函数 $f(n)$则是 $f^*(n)$的估计值。显然，$f^*(n)$应由以下两部分所组成：一部分是从初始节点 S_0 到节点 n 的最小代价，记为 $g^*(n)$；另一部分是从节点 n 到目标节点 S_g 的最小代价，记为 $h^*(n)$，当问题有多个目标节点时，应取其中代价最小的一个。因此有

$$f^*(n) = g^*(n)+h^*(n)$$

把估价函数 $f(n)$与 $f^*(n)$相比，$g(n)$是对 $g^*(n)$的一个估计，$h(n)$是对 $h^*(n)$的一个估计。在这两个估计中，尽管 $g(n)$的值容易计算，但它不一定是从初始节点 S_0 到节点 n 的真正最小代价，很有可能从初始节点 S_0 到节点 n 的真正最小代价还没有找到，故 $g(n)\geqslant g^*(n)$。

有了 $g^*(n)$和 $h^*(n)$的定义，如果对 A 算法（全局择优的启发式搜索算法）中的 $g(n)$和 $h(n)$分别提出如下限制：

第一，$g(n)$是对 $g^*(n)$的估计，且 $g(n)>0$；

第二，$h(n)$是 $h^*(n)$的下界，即对任意节点 n 均有 $h(n)\leqslant h^*(n)$。

则称得到的算法为 A*算法。

2. A*算法的特性

有了 A*算法的概念，下面来讨论该算法的有关特性。A*算法的主要特性包括可采纳性、最优性和单调性。

（1）A*算法的可采纳性

一般来说，对任意一个状态空间图，当从初始节点到目标节点有路径存在时，如果搜索算法能在有限步内找到一条从初始节点到目标节点的最佳路径，并在此路径上结束，则称该搜索算法是可采纳的。A*算法是可采纳的。下面分三步来证明这一结论。

定理 4.1 对有限图，如果从初始节点 S_0 到目标节点 S_g 有路径存在，则算法 A*一定成功结束。

证明：首先证明算法必然结束。由于搜索图为有限图，如果算法能找到解，则成功结束；如果算法找不到解，则必然会由于 Open 表变空而结束。因此，A*算法必然结束。

然后证明算法一定会成功结束。由于至少存在一条由初始节点到目标节点的路径，设此路径为

$$S_0 = n_0, n_1, \cdots, n_k = S_g$$

算法开始时，节点 n_0 在 Open 表中，而且路径中任一节点 n_i 离开 Open 表后，其后继节点 n_i+1 必然进入 Open 表，这样，在 Open 表变为空之前，目标节点必然出现在 Open 表中。因此，算法一定会成功结束。

引理 4.1 对无限图，如果从初始节点 S_0 到目标节点 S_g 有路径存在，且 A^* 算法不终止的话，则从 Open 表中选出的节点必将具有任意大的 f 值。

证明： 设 $d^*(n)$ 是 A^* 算法生成的从初始节点 S_0 到节点 n 的最短路径长度，由于搜索图中每条边的代价都是一个正数，令这些正数中的最小的一个数是 e，则

$$g^*(n) \geqslant d^*(n) \cdot e$$

因为 $g^*(n)$ 是最佳路径的代价，所以

$$g(n) \geqslant g^*(n) \geqslant d^*(n) \cdot e$$

又因为 $h(n) \geqslant 0$，所以

$$f(n) = g(n) + h(n) \geqslant g(n) \geqslant d^*(n) \cdot e$$

如果 A^* 算法不终止，从 Open 表中选出的节点必将具有任意大的 $d^*(n)$ 值，因此也将具有任意大的 f 值。

引理 4.2 在 A^* 算法终止前的任何时刻，Open 表中总存在节点 n'，它是从初始节点 S_0 到目标节点的最佳路径上的一个节点，且满足 $f(n') \leqslant f^*(S_0)$。

证明： 设从初始节点 S_0 到目标节点 S_g 的一条最佳路径序列为

$$S_0 = n_0, n_1, \cdots, n_k = S_g$$

算法开始时，节点 S_0 在 Open 表中，当节点 S_0 离开 Open 表进入 Closed 表时，节点 n_1 进入 Open 表。因此，A^* 算法没有结束以前，在 Open 表中必存在最佳路径上的节点。设这些节点中排在最前面的节点为 n'，则

$$f(n') = g(n') + h(n')$$

由于 n' 在最佳路径上，故 $g(n') = g^*(n')$，从而

$$f(n') = g^*(n') + h(n')$$

又由于 A^* 算法满足 $h(n') \leqslant h^*(n')$，故

$$f(n') \leqslant g^*(n') + h^*(n') = f^*(n')$$

因为在最佳路径上的所有节点的 f^* 值都应相等，所以

$$f(n') \leqslant f^*(S_0)$$

定理 4.2 对无限图，若从初始节点 S_0 到目标节点 S_g 有路径存在，则 A^* 算法必然会结束。

证明：（反证法）假设 A^* 算法不结束，由引理 4.1 知，Open 表中的节点有任意大的 f 值，这与引理 4.2 的结论相矛盾，因此 A^* 算法只能成功结束。

推论 4.1 Open 表中任一具有 $f(n) < f^*(S_0)$ 的节点 n，最终都被 A^* 算法选作为扩展的节点。

下面给出 A^* 算法的可采纳性。

定理 4.3 A^* 算法是可采纳的，即若存在从初始节点 S_0 到目标节点 S_g 的路径，则 A^* 算法必能结束在最佳路径上。

证明： 证明过程分以下两步进行。

① 先证明 A^* 算法一定能够终止在某个目标节点上。

由定理 4.1 和定理 4.2 可知，无论是对有限图还是无限图，A^* 算法都能够找到某个目标节点而结束。

② 再证明 A^*算法只能终止在最佳路径上（反证法）。

假设 A^*算法未能终止在最佳路径上，而是终止在某个目标节点 t 处，则

$$f(t)=g(t)>f^*(S_0)$$

但由引理 4.2 可知，在 A^*算法结束前必有最佳路径上的一个节点 n'在 Open 表中，且

$$f(n')\leqslant f^*(S_0)<f(t)$$

这时，A^*算法一定会选择 n'来扩展，而不可能选择 t，从而也不会去测试目标节点 t，这就与假设 A^*算法终止在目标节点 t 相矛盾。因此，A^*算法只能终止在最佳路径上。

推论 4.2 在 A^*算法中，对任何被扩展的节点 n，都有 $f(n)\leqslant f^*(S_0)$。

（2）A^*算法的最优性

A^*算法的搜索效率很大程度上取决于估价函数 $h(n)$。一般来说，在满足 $h(n)\leqslant h^*(n)$ 的前提下，$h(n)$的值越大越好。$h(n)$的值越大，说明它携带的启发性信息越多，A^*算法搜索时扩展的节点就越少，搜索效率就越高。A^*算法的这一特性也称为信息性。下面通过一个定理来描述这一特性。

定理 4.4 设有两个 A^*算法 A_1^* 和 A_2^*：

$$A_1^*：f_1(n)=g_1(n)+h_1(n)$$

$$A_2^*：f_2(n)=g_2(n)+h_2(n)$$

如果 A_2^* 比 A_1^* 有更多的启发性信息，即对所有非目标节点均有 $h_2(n)>h_1(n)$，则在搜索过程中，被 A_2^* 扩展的节点必然被 A_1^* 扩展，即 A_1^* 扩展的节点不会比 A_2^* 扩展的节点少，即 A_2^* 扩展的节点集是 A_1^* 扩展的节点集的子集。

证明：（用数学归纳法）

① 对深度 $d(n)=0$ 的节点，即 n 为初始节点 S_0，如果 n 为目标节点，则 A_1^* 和 A_2^* 都不扩展 n；如果 n 不是目标节点，则 A_1^* 和 A_2^* 都要扩展 n。

② 假设对 A_2^* 搜索树中 $d(n)=k$ 的任意节点 n，结论成立，即 A_1^* 也扩展了这些节点。

③ 证明 A_2^* 搜索树中 $d(n)=k+1$ 的任意节点 n，也要由 A_1^* 扩展（用反证法）。

假设 A_2^* 搜索树上有一个满足 $d(n)=k+1$ 的节点 n，A_2^* 扩展了该节点，但 A_1^* 没有扩展它。根据第②条的假设，知道 A_1^* 扩展了节点 n 的父节点，因此 n 必定在 A_1^* 的 Open 表中。既然节点 n 没有被 A_1^* 扩展，则

$$f_1(n)\geqslant f^*(S_0)$$

即

$$g_1(n)+h_1(n)\geqslant f^*(S_0)$$

但由于 $d=k$ 时，A_2^* 扩展的节点 A_1^* 也一定扩展，故

$$g_1(n)\leqslant g_2(n)$$

因此

$$h_1(n)\geqslant f^*(S_0)-g_2(n)$$

另一方面，由于 A_2^* 扩展了 n，因此

$$f_2(n)\leqslant f^*(S_0)$$

即

$$g_2(n)+h_2(n)\leqslant f^*(S_0)$$

亦即

$$h_2(n)\leqslant f^*(S_0)-g_2(n)$$

所以

$$h_1(n)\geqslant h_2(n)$$

这与最初假设的 $h_1(n)<h_2(n)$矛盾，因此反证法的假设不成立。

（3）A^*算法的单调性

在A^*算法中，每当扩展一个节点时，都需要检查其子节点是否已在 Open 表或 Closed 表中。对于那些已在 Open 表中的子节点，需要决定是否调整指向其父节点的指针；对于那些已在 Closed 表中的子节点，除了需要决定是否调整其指向父节点的指针外，还需要决定是否调整其子节点的后继节点的父指针，增加了搜索的代价。如果能够保证，每当扩展一个节点时，就已经找到了通往这个节点的最佳路径，就没有必要再去检查其后继节点是否已在 Closed 表中，原因是 Closed 表中的节点都已经找到了通往该节点的最佳路径。为满足这一要求，需要对启发函数 $h(n)$增加单调性限制。

定义 4.1 如果启发函数满足以下两个条件：

① $h(S_g) = 0$；

② 对任意节点 n_i 及其任一子节点 n_j，都有

$$0 \leqslant h(n_i) - h(n_j) \leqslant c(n_i, n_j)$$

式中，$c(n_i, n_j)$是节点 n_i 到其子节点 n_j 的边代价，则称 $h(n)$满足单调限制。

上式也可以写成

$$h(n_i) \leqslant h(n_j) + c(n_i, n_j)$$

它说明，从节点 n_i 到目标节点最小代价的估值不会超过从节点 n_i 到其子节点 n_j 的边代价加上从 n_j 到目标节点的最小代价估值。

定理 4.5 如果 h 满足单调条件，则当A^*算法扩展节点 n 时，该节点已经找到了通往它的最佳路径，即 $g(n) = g^*(n)$。

证明：设 A^*正要扩展节点 n，而节点序列 $S_0 = n_0, n_1, \cdots, n_k = n$ 是由初始节点 S_0 到节点 n 的最佳路径。其中，n_i 是这个序列中最后一个位于 Closed 表中的节点，则上述节点序列中的 n_{i+1} 节点必定在 Open 表中，则

$$g^*(n_i) + h(n_i) \leqslant g^*(n_i) + c(n_i, n_{i+1}) + h(n_{i+1})$$

由于节点 n_i 和 n_{i+1} 都在最佳路径上，故

$$g^*(n_{i+1}) = g^*(n_i) + c(n_i, n_{i+1})$$

所以

$$g^*(n_i) + h(n_i) \leqslant g^*(n_{i+1}) + h(n_{i+1})$$

一直推导下去可得

$$g^*(n_{i+1}) + h(n_{i+1}) \leqslant g^*(n_k) + h(n_k)$$

由于节点在最佳路径上，故

$$f(n_{i+1}) \leqslant g^*(n) + h(n)$$

因为这时 A^*扩展节点 n，而不扩展节点 n_{i+1}，则

$$f(n) = g(n) + h(n) \leqslant f(n_{i+1}) \leqslant g^*(n) + h(n)$$

即

$$g(n) \leqslant g^*(n)$$

但是，$g^*(n)$是最小代价值，应当有

$$g(n) \geqslant g^*(n)$$

所以

$$g(n) = g^*(n)$$

下面再讨论单调限制的一个性质。

定理 4.6 如果 $h(n)$满足单调限制，则 A*算法扩展的节点序列的 f 值是非递减的，即 $f(n_i)\leqslant f(n_{i+1})$。

证明： 假设节点 n_{i+1} 在节点 n_i 之后立即扩展，由单调限制条件可知

$$h(n_i)-h(n_{i+1})\leqslant c(n_i, n_{i+1})$$

即

$$f(n_i)-g(n_i)-f(n_{i+1})+g(n_{i+1})\leqslant c(n_i, n_{i+1})$$

亦即

$$f(n_i)-g(n_i)-f(n_{i+1})+g(n_i)+c(n_i, n_{i+1})\leqslant c(n_i, n_{i+1})$$

所以

$$f(n_i)-f(n_{i+1})\leqslant 0$$

即

$$f(n_i)\leqslant f(n_{i+1})$$

以上两个定理都是在 $h(n)$满足单调性限制的前提下才成立的。如果 $h(n)$不满足单调性限制，则它们不一定成立。在 $h(n)$满足单调性限制下的 A*算法常被称为改进的 A*算法。

4.2.4 A*算法应用举例

例 4.7 八数码难题。问题的初始状态和目标状态与例 4.6 相同。要求用 A*算法解决该问题。

解： 在例 4.6 中，取 $h(n) = W(n)$。尽管我们对 $h^*(n)$不能确切知道，但当采用单位代价时，通过对“不在位”数码个数的估计，可以得出至少要移动 $W(n)$步才能到达目标，显然 $W(n)\leqslant h^*(n)$。因此，例 4.6 定义的 $h(n)$满足 A*算法的限制条件。

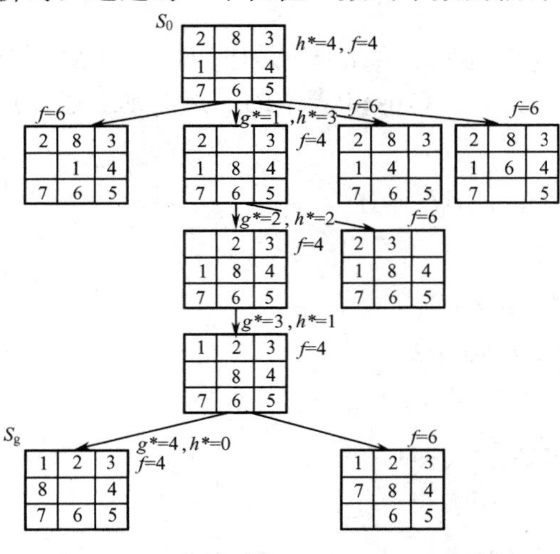

图 4.12 八数码难题 $h(n) = P(n)$的搜索树

这里再取另一种启发函数 $h(n) =P(n)$，$P(n)$定义为每个数码与其目标位置之间距离（不考虑夹在其间的数码）的总和，同样可以断定至少要移动 $P(n)$步才能到达目标，因此 $P(n)\leqslant h^*(n)$，即满足 A*算法的限制条件。其搜索过程所得到的搜索树如图 4.12 所示，节点旁边虽然没有标出 $P(n)$的值 p，却标出了估价函数 $f(n)$的 f 值。对解路径，还给出了各节点的 $g^*(n)$和 $h^*(n)$的 g^*值和 h^*值。从这些值还可以看出，最佳路径上的节点都有 $f^* = g^*+h^* = 4$。

例 4.8 修道士和野人（MC）问题。条件与例 4.2 相同，请用 A*算法解决该问题。

解： 问题的描述与例 4.2 相同，用 m 表示左岸的修道士人数，c 表示左岸的野人数，b 表示左岸的船数，用三元组(m, c, b)表示问题的状态。

对 A*算法，首先需要确定估价函数。设 $g(n) = d(n)$，$h(n) = m+c-2b$，则

$$f(n) = g(n)+h(n) = d(n)+m+c-2b$$

式中，$d(n)$为节点的深度。通过分析可知，$h(n)\leqslant h^*(n)$，满足 A*算法的限制条件。

MC 问题的搜索图如图 4.13 所示，每个节点旁边标出了该节点的 h 值和 f 值。

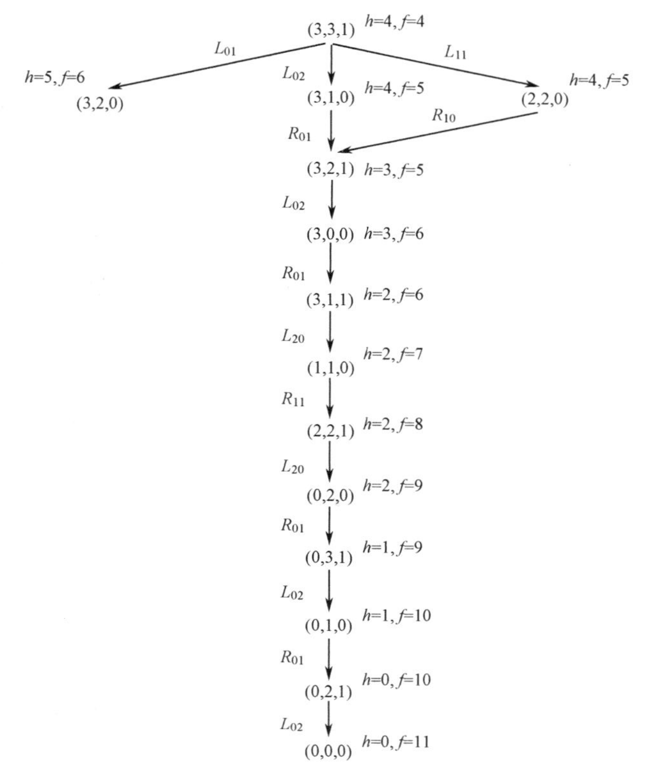

图 4.13　修道士和野人问题的搜索树

4.3　与/或树的启发式搜索

与/或树的启发式搜索是与/或图的启发式搜索的一种特例。在多数人工智能教科书中，与/或树的启发式搜索是由与/或图的启发式搜索引入的。与/或图的启发式搜索算法也称为 AO*算法。要讨论 AO*算法，需要涉及与/或图的有关概念，而与/或图是一种比与/或树更复杂的数据结构。为避开与/或图概念，我们直接讨论与/或树的启发式搜索问题。对 AO*算法有兴趣的读者，可查阅书后所附的有关参考文献。

在讨论与/或树的启发式搜索过程之前，先了解几个有关概念。

4.3.1　解树的代价与希望树

与/或树的启发式搜索过程是一种利用搜索过程所得到的启发性信息寻找最优解树的过程。对搜索的每一步，算法都试图找到一个最有希望成为最优解树的子树。最优解树是指代价最小的那棵解树。那么，如何计算解树的代价呢？下面先讨论这个问题。

1. 解树的代价

要寻找最优解树，首先需要计算解树的代价。在与/或树的启发式搜索过程中，解树的代价可按如下方法计算：

① 若 n 为终止节点，则其代价 $h(n)=0$。

② 若 n 为或节点，且子节点为 $n_1, n_2, \cdots, n_k$，则 n 的代价为 $h(n)=\min\limits_{1\leqslant i\leqslant k}\{c(n,n_i)+h(n_i)\}$。式中，$c(n, n_i)$是节点 n 到其子节点 n_i 的边代价。

③ 若 n 为与节点，且子节点为 $n_1, n_2, \cdots, n_k$，则 n 的代价可用和代价法或最大代价法计算。若用和代价法，则其计算公式为

$$h(n)=\sum_{i=1}^{k}[c(n,n_i)+h(n_i)]$$

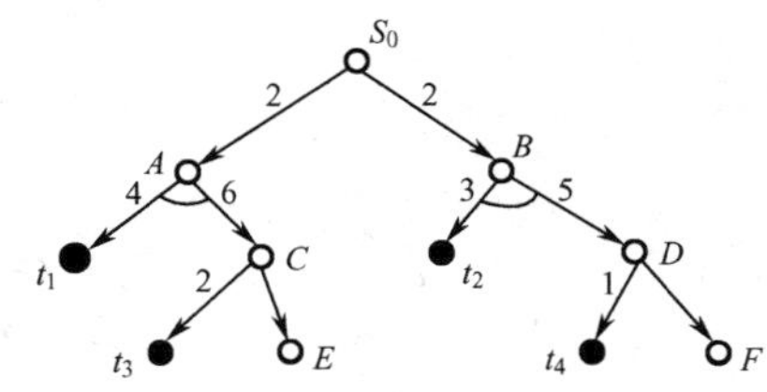

图 4.14 与/或树的代价

若用最大代价法，则其计算公式为

$$h(n)=\max_{1\leqslant i\leqslant k}\{c(n,n_i)+h(n_i)\}$$

④ 若 n 是端节点，但不是终止节点，则 n 不可扩展，其代价定义为 $h(n)=\infty$。

⑤ 根节点的代价即为解树的代价。

例 4.9 设图 4.14 是一棵与/或树，其中包括两棵解树，左边的解树由 S_0、A、t_1、C 及 t_3 组成；右边的解树由 S_0、B、t_2、D 和 t_4 组成。在此与/或树中，t_1、t_2、t_3、t_4 为终止节点；E、F 是端节点；边上的数字是该边的代价。请计算解树的代价。

解：先计算左边的解树：

按和代价：$h(S_0)=2+4+6+2=14$　　　　按最大代价：$h(S_0)=8+2=10$

再计算右边的解树：

按和代价：$h(S_0)=1+5+3+2=11$　　　　按最大代价：$h(S_0)=6+2=8$

在本例中，无论按和代价还是最大代价，右边的解树都是最优解树。但在有些情况下，当采用的代价法不同时，找到的最优解树有可能不同。

2．希望树

为了找到最优解树，搜索过程的任何时刻都应该选择那些最有希望成为最优解树一部分的节点进行扩展。由于这些节点及其父节点所构成的与/或树最有可能成为最优解树的一部分，因此称它为希望解树，简称希望树。注意，希望解树是会随搜索过程而不断变化的。下面给出希望树的定义。

定义 4.2 希望解树 T：

① 初始节点 S_0 在希望解树 T 中；

② 如果 n 是具有子节点 $n_1, n_2, \cdots, n_k$ 的或节点，则 n 的某个子节点 n_i 在希望解树 T 中的充分必要条件是

$$\min_{1\leqslant i\leqslant k}\{c(n,n_i)+h(n_i)\}$$

③ 如果 n 是与节点，则 n 的全部子节点都在希望解树 T 中。

4.3.2 与/或树的启发式搜索过程

与/或树的启发式搜索需要不断地选择、修正希望树，其搜索过程如下：

（1）把初始节点 S_0 放入 Open 表中，计算 $h(S_0)$。

（2）计算希望解树 T。

（3）依次在 Open 表中取出 T 的端节点，放入 Closed 表，并记该节点为 n。

（4）如果节点 n 为终止节点，则做下列工作：

① 标记节点 n 为可解节点；

② 在 T 上应用可解标记过程，对 n 的先辈节点中的所有可解节点进行标记；

③ 如果初始节点 S_0 能够被标记为可解节点，则 T 就是最优解树，成功退出；

④ 否则，从 Open 表中删去具有可解先辈的所有节点；

⑤ 转第（2）步。

（5）如果节点 n 不是终止节点，但可扩展，则做下列工作：

① 扩展节点 n，生成 n 的所有子节点；

② 把这些子节点都放入 Open 表中，并为每个子节点设置指向父节点 n 的指针；

③ 计算这些子节点及其先辈节点的 h 值；

④ 转第（2）步。

（6）如果节点 n 不是终止节点，且不可扩展，则做下列工作：

① 标记节点 n 为不可解节点；

② 在 T 上应用不可解标记过程，对 n 的先辈节点中的所有不可解节点进行标记；

③ 如果初始节点 S_0 能够被标记为不可解节点，则问题无解，失败退出；

④ 否则，从 Open 表中删去具有不可解先辈的所有节点；

⑤ 转第（2）步。

为了说明上述搜索过程，下面给出一个具体例子。在这个例子中，搜索过程每次扩展节点时都同时扩展两层，且按一层或节点、一层与节点的间隔方式进行扩展。实际上，4.4 节将要讨论的博弈树就是这种结构。

设初始节点为 S_0，对 S_0 扩展后得到的与/或树如图 4.15 所示。其中，端节点 B、C、E、F 下面的数字是用启发函数估算出的 h 值，节点 S_0、A、D 旁边的数字是按和代价法计算出来的节点代价。此时，S_0 的右子树是当前的希望树，下面对其端节点进行扩展。

先扩展节点 E，得到如图 4.16 所示的与/或树。此时，由右子树求出的 $h(S_0) = 12$，而由左子树求出的 $h(S_0) = 9$。显然，左子树的代价小。因此，当前的希望树应改为左子树。

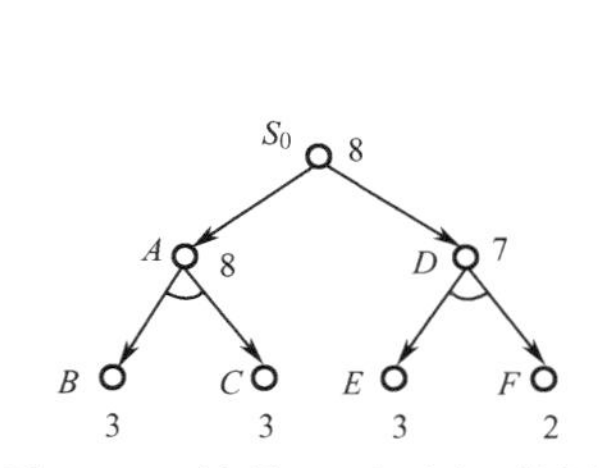

图 4.15　扩展 S_0 后的与/或树

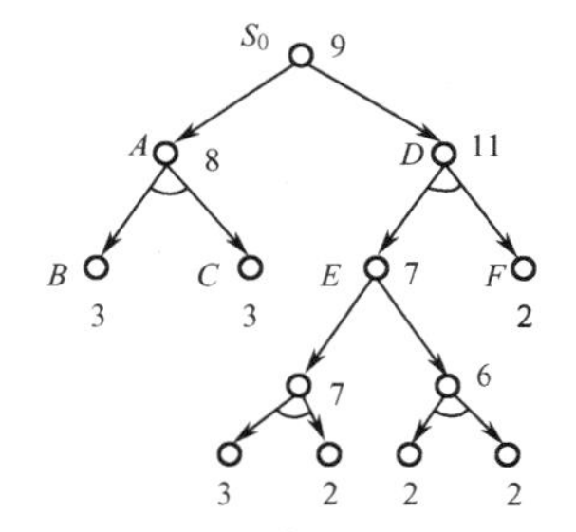

图 4.16　扩展 E 后的与/或树

对节点 B 进行扩展，扩展两层后得到的与/或树如图 4.17 所示。由于节点 H 和 I 是可解节点，故调用可解标记过程，得到节点 G 和 B 也为可解节点，但不能标记 S_0 为可解节点，需继续扩展。当前的希望树仍然是左子树。

对节点 C 进行扩展，扩展两层后得到的与/或树如图 4.18 所示。

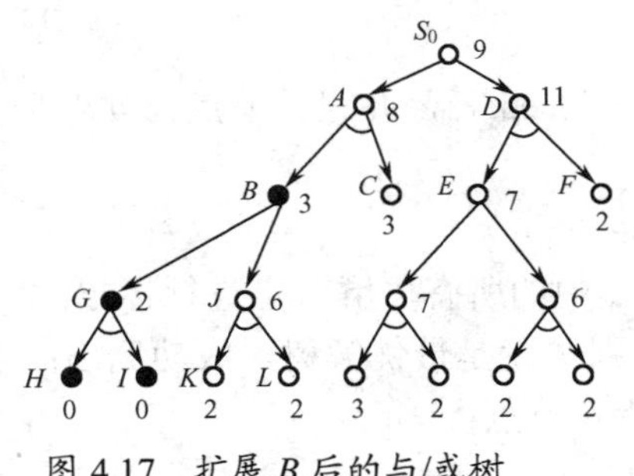

图 4.17 扩展 B 后的与/或树

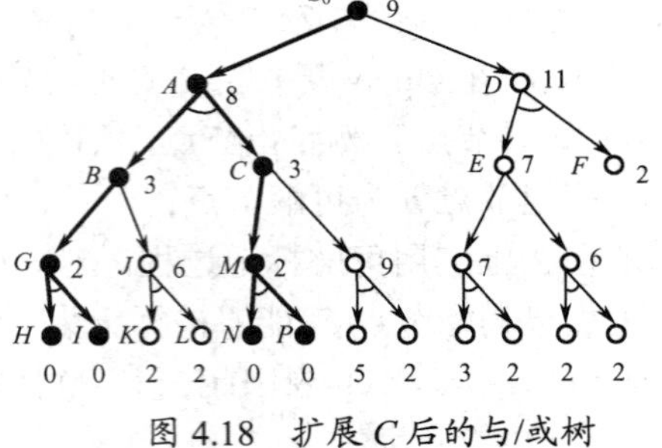

图 4.18 扩展 C 后的与/或树

由于节点 N 和 P 是可解节点，故调用可解标记过程，得到节点 M、C、A 也为可解节点，进而可标记 S_0 为可解节点。这样就求出了代价最小的解树，即最优解树，如图 4.18 中的粗线所示。按和代价法，该最优解树的代价为 9。

4.4 博弈树的启发式搜索

4.4.1 博弈概述

博弈是一类富有智能行为的竞争活动，如下棋、打牌、摔跤等。博弈可分为双人完备信息博弈和机遇性博弈。双人完备信息博弈就是两位选手对垒，轮流走步，每方不仅知道对方已经走过的棋步，还能估计出对方未来的走步。对弈的结果是一方赢，另一方输，或者双方和局。这类博弈的实例有象棋、围棋等。机遇性博弈是指存在不可预测性的博弈，如掷币等。由于机遇性博弈不具备完备信息，因此不讨论。本节主要讨论双人完备信息博弈问题。

在双人完备信息博弈过程中，双方都希望自己能够获胜。因此，当任何一方走步时，都是选择对自己最有利而对另一方最不利的行动方案。假设博弈的一方为 MAX，另一方为 MIN。在博弈过程的每步，可供 MAX 和 MIN 选择的行动方案都可能有多种。从 MAX 方的观点看，可供自己选择的那些行动方案之间是“或”的关系，原因是主动权掌握在 MAX 手里，选择哪个方案完全是由自己决定的；而那些可供对方选择的行动方案之间是“与”的关系，原因是主动权掌握在 MIN 的手里，任何一个方案都有可能被 MIN 选中，MAX 必须防止那种对自己最为不利的情况的发生。

若把双人完备信息博弈过程用图表示出来，就可得到一棵与/或树，这种与/或树被称为博弈树。在博弈树中，那些下一步该 MAX 走步的节点称为 MAX 节点，而下一步该 MIN 走步的节点称为 MIN 节点。博弈树具有如下特点：

① 博弈的初始状态是初始节点。

② 博弈树中的“或”节点和“与”节点是逐层交替出现的。

③ 整个博弈过程始终站在某一方的立场上，所有能使自己一方获胜的终局都是本原问题，相应的节点是可解节点，所有使对方获胜的终局都是不可解节点。例如，站在 MAX 方，所有能使 MAX 方获胜的节点都是可解节点，所有能使 MIN 方获胜的节点都是不可解节点。

4.4.2 极大/极小过程

简单的博弈问题可以生成整个博弈树，找到必胜的策略。但复杂的博弈，如国际象棋，大约有 10^{120} 个节点，要生成整个搜索树是不可能的。一种可行的方法是用当前正在考察的节点生成一棵部分博弈树，由于该博弈树的叶节点一般不是哪一方的获胜节点，因此需要利用估价函数 $f(n)$ 对叶节点进行静态估值。一般来说，那些对 MAX 有利的节点，其估价函数取正值；那些对 MIN 有利的节点，其估价函数取负值；那些使双方利益均等的节点，其估价函数取接近于 0 的值。

为了计算非叶节点的值，必须从叶节点向上倒退。由于 MAX 方总是选择估值最大的走步，因此，MAX 节点的倒退值应该取其后继节点估值的最大值。由于 MIN 方总是选择使估值最小的走步，因此 MIN 节点的倒退值应取其后继节点估值的最小值。这样一步一步地计算倒退值，直至求出初始节点的倒退值为止。由于我们是站在 MAX 的立场上，因此应选择具有最大倒退值的走步。这一过程称为极大/极小过程。

下面给出一个极大/极小过程的例子。

例 4.9 一字棋游戏。设有一个三行三列的棋盘，如图 4.19 所示，两个棋手轮流走步，每个棋手走步时往空格上摆一个自己的棋子，谁先使自己的棋子成三子一线为赢。设 MAX 方的棋子用×标记，MIN 方的棋子用○标记，并规定 MAX 方先走步。

解：为了对叶节点进行静态估值，规定估价函数 $e(P)$ 如下：

若 P 是 MAX 的必胜局，则 $e(P) = +\infty$；

若 P 是 MIN 的必胜局，则 $e(P) = -\infty$；

若 P 对 MAX、MIN 都是胜负未定局，则 $e(P) = e(+P)-e(-P)$。式中，$e(+P)$ 表示棋局 P 上有可能使×成三子一线的数目，$e(-P)$ 表示棋局 P 上有可能使○成三子一线的数目。例如，对如图 4.20 所示的棋局有估价函数值 $e(P) = 6-4 = 2$。

图 4.19　一字棋棋盘　　　　图 4.20　棋局 1

在搜索过程中，具有对称性的棋局认为是同一棋局。例如，如图 4.21 所示的棋局可以认为是同一个棋局，这样可以大大减少搜索空间。图 4.22 给出了第一着走棋以后生成的博弈树。叶节点下面的数字是该节点的静态估值，非叶节点旁边的数字是计算出的倒退值。可以看出，对 MAX 来说，S_3 是一着最好的走棋，它具有较大的倒退值。

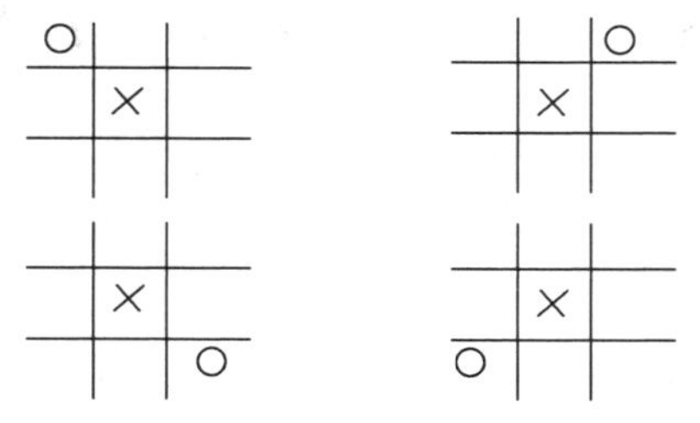

图 4.21　对称棋局的例子

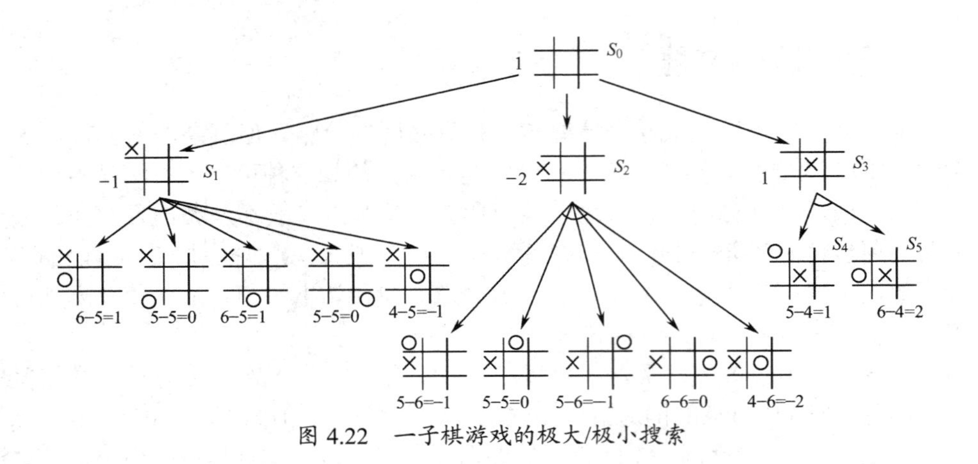

图 4.22　一子棋游戏的极大/极小搜索

4.4.3　α-β 剪枝

上述极大/极小过程是先生成与/或树，再计算各节点的估值，这种生成节点和计算估值相分离的搜索方式，需要生成规定深度内的所有节点，因此搜索效率较低。如果能边生成节点边对节点估值，从而可以剪去一些没用的分支，这种技术称为 α-β 剪枝过程。

α-β 剪枝的方法如下：

（1）MAX 节点的 α 值为当前子节点的最大倒退值。

（2）MIN 节点的 β 值为当前子节点的最小倒退值。

α-β 剪枝的规则如下：

① 任何 MAX 节点 n 的 α 值大于或等于它先辈节点的 β 值，则 n 以下的分支可停止搜索，并令节点 n 的倒退值为 α。这种剪枝称为 β 剪枝。

② 任何 MIN 节点 n 的 β 值小于或等于它先辈节点的 α 值，则 n 以下的分支可停止搜索，并令节点 n 的倒退值为 β。这种剪枝称为 α 剪枝。

下面看一个 α-β 剪枝的具体例子，如图 4.23 所示，最下面一层端节点下面的数字是假设的估值。

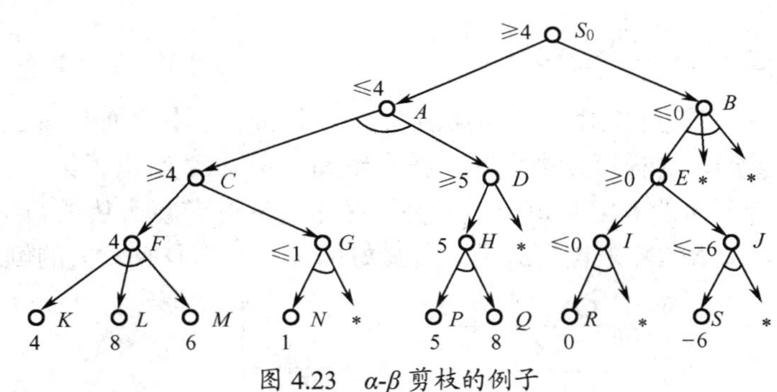

图 4.23　α-β 剪枝的例子

在图 4.23 中，由节点 K、L、M 的估值推出节点 F 的倒退值为 4，即 F 的 β 值为 4，由此可推出节点 C 的倒退值（≥4）。记 C 的倒退值的下界为 4，不可能再比 4 小，故 C 的 α 值为 4。由节点 N 的估值推知节点 G 的倒退值（≤1），无论 G 的其他子节点的估值是多少，G 的倒退值都不可能比 1 大。事实上，随着子节点的增多，G 的倒退值只可能是越来越小。因此，1 是 G 的倒退值的上界，所以 G 的值为 1。另外，已经知道 C 的倒退值（≥4），G 的其他子节点又不可能使 C 的倒退值增大。因此，对 G 的其他分支不必再进行搜索，相当于把这些分支剪去。由 F、G 的倒退值可推出节点 C 的倒退值为 4，再由 C 可推出节点 A 的倒退值（≤4），即 A 的 β 值为 4。另外，由节点 P、Q 推出的节点 H 的倒退值为 5，此时可推出 D 的倒退值（≥5），即 D 的 α 值为 5。此时，D 的其他子节点的倒退值无论是多少都不能使 D 及 A 的倒退值减少或增大，所以 D 的其他分支被剪去，并可确定 A 的倒退值为 4。用同样方法可推出其他分支的剪枝情况，最终推出 S_0 的倒退值为 4。

4.5 遗传算法

遗传算法是在模拟自然界生物遗传进化过程中形成的一种自适应优化的概率搜索算法，于 1962 年被提出，直到 1989 年才最终形成基本框架。

4.5.1 遗传算法中的基本概念

遗传算法的基本思想是，用模拟生物和人类进化的方法来求解复杂问题。它从初始种群出发，采用“优胜劣汰，适者生存”的自然法则选择个体，并通过杂交、变异来产生新一代种群，如此逐代进化，直到满足目标为止。

遗传算法涉及的基本概念主要有以下 5 个：

① 种群（population），是指用遗传算法求解问题时，初始给定的多个解的集合，是问题解空间的一个子集。遗传算法的求解过程是从这个子集开始的。

② 个体（individual），是指种群中的单个元素，通常由一个用于描述其基本遗传结构的数据结构来表示。例如，可以用 0 和 1 组成的长度为 l 的串来表示个体。

③ 染色体（chromosome），是指对个体进行编码后所得到的编码串。染色体中的每一个位称为基因，染色体上由若干基因构成的一个有效信息段称为基因组。

④ 适应度（fitness），函数，是一种用来对种群中每个个体的环境适应性进行度量的函数。其函数值决定着染色体的优劣程度，是遗传算法实现优胜劣汰的主要依据。

⑤ 遗传操作（geneti coperator），是指作用于种群而产生新的种群的操作。标准的遗传操作包括选择（或复制）、交叉（或重组）、变异三种基本形式。

遗传算法可形式化地描述为

$$GA = (P(0), N, l, s, g, P, f, T) \tag{4.1}$$

式中，$P(0) = \{P_1(0), P_2(0), \cdots, P_n(0)\}$表示初始种群；$N$ 表示种群规模；l 表示编码串的长度；s 表示选择策略；g 表示遗传算子，包括选择算子 Q_r、交叉算子 Q_c 和变异算子 Q_m；P 表示遗传算子的操作概率，包括选择概率 P_r、交叉概率 P_c 和变异概率 P_m；f 是适应度函数；T 是终止标准。

4.5.2 遗传算法的基本过程

遗传算法主要由染色体编码、初始种群设定、适应度函数设定、遗传操作设计等几部分组成，其算法流程如图 4.24 所示。

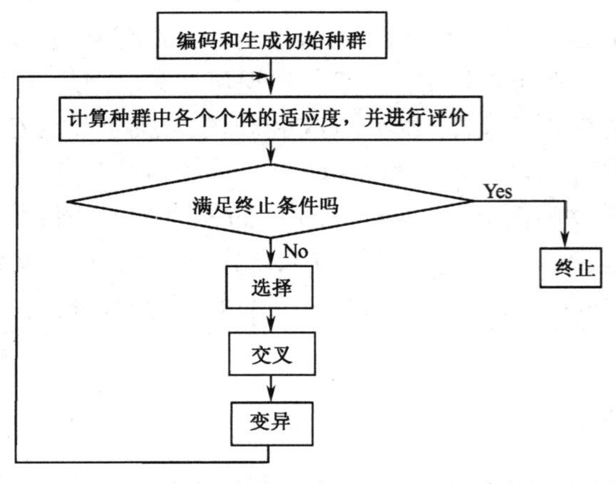

图 4.24　基本遗传算法的流程图

以上流程只是一个粗框图，其算法的主要内容和基本步骤可描述如下：

① 选择编码策略。将问题搜索空间中每个可能的点用相应的编码策略表示出来，即形成染色体。

② 定义遗传策略。包括种群规模 N，交叉、变异方法，以及选择概率 P_r、交叉概率 P_c、变异概率 P_m 等遗传参数。

③ 令 $t=0$，随机选择 N 个染色体初始化种群 $P(0)$。

④ 定义适应度函数 f（f>0）。

⑤ 计算 $P(t)$中每个染色体的适应值。

⑥ $t=t+1$。

⑦ 运用选择算子，从 $P(t-1)$中得到 $P(t)$。

⑧ 对 $P(t)$中的每个染色体，按概率 P_c 参与交叉。

⑨ 对染色体中的基因，以概率 P_m 参与变异运算。

⑩ 判断群体性能是否满足预先设定的终止标准，若不满足，则返回⑤。

在该算法中，编码是指把实际问题的结构变换为遗传算法的染色体结构。选择是指按照选择概率和每个个体的适应度值，从当前种群中选出若干个体。交叉是指按照交叉概率和交叉策略把两个染色体的部分基因进行交配重组，产生出新的个体。变异是指按照变异概率和变异策略对染色体中的某些基因进行变化。例如，二进制编码方式下，变异操作只是简单地将基因的二进制数取反，即将“0”变为“1”，将“1”变为“0”。

4.5.3　遗传编码

常用的遗传编码算法有二进制编码、格雷编码、实数编码和字符编码等。下面主要讨论前三种遗传编码算法。

（1）二进制编码

二进制编码（binary encoding）是将原问题的结构变换为染色体的位串结构。在二进制编码中，首先确定二进制字符串的长度 l，该长度与变量的定义域和所求问题的计算精度有关。

例 4.10　假设变量 x 的定义域为[5, 10]，要求的计算精度为 10^{-5}，则需要将[5, 10]至少分为 600 000 个等长小区间，每个小区间用一个二进制编码串表示。于是，串长至少等于 20，原因是：

$$524288 = 2^{19} < 600000 < 2^{20} = 1048576$$

这样，对应区间[5, 10]内满足精度要求的每个值 x，都可用一个 20 位的二进制编码串 $<b_{19}, b_{18}, \cdots, b_0>$ 来表示。其对应的十进制数为

$$x' = \sum_{i=0}^{19} b_i \times 2^i$$

对应的变量 x 的值为

$$x = 5 + x' \times \frac{6}{2^{20}-1} = 5 + \left(\sum_{i=0}^{19} b_i \times 2^i\right) \times \frac{6}{2^{20}-1}$$

二进制编码的主要优点如下：

① 自然且易于实现。二进制编码类似生物染色体的组成，其算法便于用生物遗传理论来解释，且遗传操作容易实现。

② 能够处理的模式数目最多。模式是指能够对染色体之间的相似性进行解释的模板。这种模板是通过引入通配符“*”来实现的。通配符“*”可以被认为是 1 或是 0。例如，模式“*1*”描述了由 4 个染色体组成的染色体集合{010, 011, 110, 111}。从理论上说，采用二进制编码方法，算法能处理的模式最多。

二进制编码的主要缺点如下：

① 存在汉明（Hamming）悬崖。在二进制编码中，相邻二进制数的编码可能具有较大的汉明距离。例如，7 和 8 的二进制数分别为 0111 和 1000，当算法将编码从 0111 改进到 1000 时必须改变所有的位。这种较大的汉明距离无疑会降低遗传算法的搜索效率。

② 缺乏串长的微调（fine-tuning）功能。采用二进制编码，需要先根据求解精度确定串长，并当串长被确定后，其长度在算法执行过程中不能改变。实际上，在算法开始阶段往往不需要太高的精度，或者说不需要太长的串长。串长太长会使算法效率下降，而要提高算法效率，就需要缩短串长，但缩短串长又会导致最优解的精度下降。这是一对矛盾，为解决这对矛盾，人们又提出了一些其他编码方法。

（2）格雷编码

格雷编码（Gray encoding）是对二进制编码进行变换后所得到的一种编码方法。这种编码方法要求两个连续整数的编码之间只能有一个码位不同，其余码位都是完全相同的。格雷编码有效地解决了二进制编码存在的汉明悬崖问题，其基本原理如下。

设有二进制编码串 $b_1, b_2, \cdots, b_n$，对应的格雷编码串为 $a_1, a_2, \cdots, a_n$，则从二进制编码到格雷编码的变换为

$$a_i = \begin{cases} b_1 & i=1 \\ b_{i-1} \oplus b_i & i>1 \end{cases} \tag{4.2}$$

式中，$\oplus$ 表示模 2 加法。而从一个格雷编码串到二进制编码串的变换为

$$b_i = \sum_{j=1}^{i} a_j (\mathrm{mod}\ 2) \tag{4.3}$$

例 4.11 十进制数 7 和 8 的二进制编码分别为 0111 和 1000，而其格雷编码分别为 0100 和 1100。

（3）实数编码

实数编码（real encoding）是将每个个体的染色体都用某一范围的一个实数（浮点数）来表示，其编码长度等于该问题变量的个数。这种编码方法是将问题的解空间映射到实数空间上，然后在实数空间上进行遗传操作。由于实数编码使用的是变量的真实值，因此这种编码方法也称为真值编码方法。实数编码适用多维、高精度的连续函数优化问题。

4.5.4 适应度函数

适应度函数是一个对个体的适应性进行度量的函数。通常，个体的适应度值越大，它被遗传到下一代种群中的概率就越大。

1. 常用的适应度函数

在遗传算法中，有许多计算适应度的方法，其中最常用的适应度函数有以下两种。

（1）原始适应度函数

它是直接将待求解问题的目标函数 $f(x)$ 定义为遗传算法的适应度函数。例如，在求解极值问题

$$\max_{x\in[a,b]} f(x)$$

时，$f(x)$ 为 x 的原始适应度函数。

采用原始适应度函数的优点是，能够直接反映出待求解问题的最初求解目标；其缺点是，有可能出现适应度值为负的情况。

（2）标准适应度函数

遗传算法中一般要求适应度函数非负，并且适应度值越大越好。这就需要对原始适应度函数进行某种变换，将其转换为标准的度量方式，以满足进化操作的要求，这样得到的适应度函数被称为标准适应度函数 $f_{normal}(x)$。

对极小化问题，其标准适应度函数可定义为

$$f_{normal}(x)=\begin{cases} f_{max}(x)-f(x) & f(x)<f_{max}(x) \\ 0 & 否则 \end{cases} \quad (4.4)$$

式中，$f_{max}(x)$ 是原始适应度函数 $f(x)$ 的一个上界。如果 $f_{max}(x)$ 未知，则可用当前代或到目前为止各演化代中的 $f(x)$ 的最大值来代替。可见，$f_{max}(x)$ 是会随着进化代数的增加而不断变化的。

对极大化问题，其标准适应度函数可定义为

$$f_{normal}(x)=\begin{cases} f(x)-f_{min}(x) & f(x)>f_{min}(x) \\ 0 & 否则 \end{cases} \quad (4.5)$$

式中，$f_{min}(x)$ 是原始适应度函数 $f(x)$ 的一个下界。如果 $f_{min}(x)$ 未知，则可用当前代或到目前为止各演化代中的 $f(x)$ 的最小值来代替。

2. 适应度函数的加速变换

在某些情况下，适应度函数在极值附近的变化可能非常小，以至不同个体的适应值

非常接近，难以区分出哪个染色体更占优势。对此，最好能定义新的适应度函数，使该适应度函数既与问题的目标函数具有相同的变化趋势，也有更快的变化速度。适应度函数的加速变换有两种基本方法：线性加速、非线性加速。下面重点讨论线性加速问题。

线性加速适应度函数的定义如下：

$$f'(x) = \alpha f(x)+\beta$$

式中，$f(x)$是加速转换前的适应度函数；$f'(x)$是加速转换后的适应度函数；α 和 β 是转换系数。对 α 和 β 的选择应满足如下条件：

① 变换后得到的新的适应度函数的平均值要等于原适应度函数的平均值。这样可以保证父代种群中的那些适应度接近于平均适应度的个体，能够有相当数量被遗传到下一代种群中，即

$$\alpha \times \frac{\sum_{i=1}^{n} f(x_i)}{n} + \beta = \frac{\sum_{i=1}^{n} f(x_i)}{n} \tag{4.6}$$

式中，x_i（$i = 1, 2, \cdots, n$）为当前代中的染色体。

② 变换后得到的新的种群个体所具有的最大适应度要等于其平均适应度的指定倍数，即

$$\alpha \times \max_{1 \leqslant i \leqslant n}\{f(x_i)\} + \beta = M \times \frac{\sum_{i=1}^{n} f(x_i)}{n} \tag{4.7}$$

式中，x_i（$i = 1, 2, \cdots, n$）为当前代中的染色体；M 是指将当前的最大适应度放大为其平均值的 M 倍。这样，通过选择适当的 M 值，就可以拉开不同染色体间适应度值的差距。

至于 α 和 β 的值，可通过求解由式（4.6）和式（4.7）所组成的联立方程组而得到。限于篇幅，这部分内容从略。

除采用线性加速变换方法外，也可采用非线性方法。例如：

幂函数变换方法 $$f'(x) = f(x)^k \tag{4.8}$$

指数函数变换方法 $$f'(x) = \exp(-\beta f(x)) \tag{4.9}$$

4.5.5 基本遗传操作

遗传算法中的基本遗传操作包括选择、交叉和变异三种，每种操作又包括多种方法，下面分别介绍。

1．选择操作

选择（selection）操作是指根据选择概率按某种策略从当前种群中挑选出一定数目的个体，使它们能够有更多的机会被遗传到下一代中。常用的选择策略可分为比例选择、排序选择和竞技选择三种类型。

（1）比例选择（proportional model）

其基本思想是，每个个体被选中的概率与其适应度大小成正比。常用的比例选择策略包括轮盘赌选择和繁殖池选择等。

轮盘赌选择（roulette wheel selection）法又称为转盘赌选择法或轮盘选择法，是比例

选择中最常用的一种方法。该方法的基本思想是，个体被选中的概率取决于该个体的相对适应度。相对适应度定义为

$$P(x_i)=\frac{f(x_i)}{\sum_{j=1}^{N}f(x_j)}$$

式中，$P(x_i)$是第 i 个个体 x_i 的相对适应度，即个体 x_i 被选中的概率；$f(x_i)$是个体 x_i 的原始适应度；$\sum_{j=1}^{N}f(x_j)$ 是种群的累加适应度。

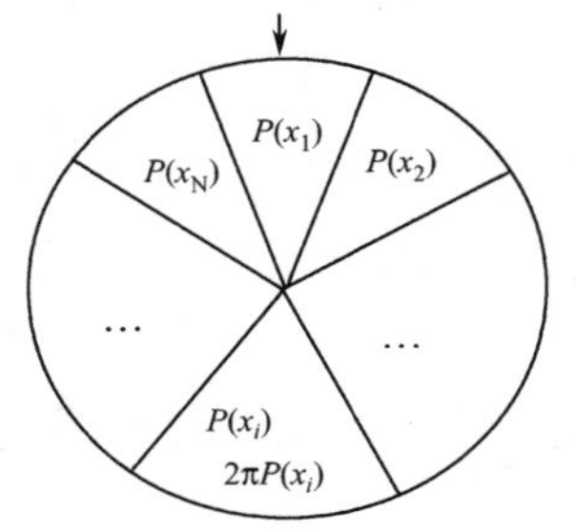

图 4.25　轮盘赌选择的物理意义

轮盘赌选择算法的基本思想是，根据每个个体的选择概率 $P(x_i)$，将圆盘分成 N 个扇区，其第 i 个扇区的中心角为

$$2\pi\cdot\frac{f(x_i)}{\sum_{j-1}^{N}f(x_j)}=2\pi P(x_i)$$

再设立一个固定指针。当进行选择时，可以假想转动圆盘，若圆盘静止时指针指向第 i 个扇区，则选择个体 x_i。其物理意义如图 4.25 所示。

从统计角度看，个体的适应度值越大，其对应的扇区的面积越大，被选中的可能性越大。从而，其基因被遗传到下一代的可能性也就越大。反之，适应度越小的个体，被选中的可能性就越小，但仍有被选中的可能。这种方法有点类似发放奖品时使用的轮盘，并带有某种赌博的意思，因此被称为轮盘赌选择。

繁殖池（breeding pool）选择也是比例选择中常用的一种方法，其基本思想是：首先计算种群中每个个体的繁殖数目 N_i，并分别把每个个体复制成 N_i 个个体；接着将这些复制后的个体组成一个临时种群，即形成一个繁殖池；然后从繁殖池中成对地随机抽取个体进行交叉操作，并用新产生的个体取代当前个体；最后形成下一代个体种群。

种群中第 i 个个体的繁殖数目 N_i 可按下式计算：

$$N_i=\mathrm{round}(\mathrm{rel}_i\times N)$$

式中，round(x)表示与 x 距离最小的整数；N 表示种群规模；rel_i 表示种群中第 i 个个体的相对适应度，其计算公式为

$$\mathrm{rel}_i=\frac{f(x_i)}{\sum_{j=1}^{N}f(x_j)}$$

式中，$f(x_i)$是种群中第 i 个个体的适应度。

可以看出，个体的适应度越大，其相对适应度和繁殖数目也越多，即它在繁殖池中被选择的机会就越大。而那些 $N_i=0$ 的个体肯定会被淘汰。

（2）排序选择（ranking selection）

其基本思想是，首先对种群中的所有个体，按其相对适应度的大小进行排序；然后根据每个个体的排列顺序，为其分配相应的选择概率；最后基于这些选择概率，采用比例选择（如轮盘赌选择）方法产生下一代种群。

这种方法的主要优点是，消除了个体适应度差别悬殊所产生的影响，使每个个体的选择概率仅与其在种群中的排序有关，而与其适应度值无直接关系。其主要缺点是：一是忽略了适应度值之间的实际差别，使得个体的遗传信息未能得到充分利用；二是选择概率和序号的关系必须事先确定。

（3）竞技选择（tournament selection）

也称为锦标赛选择法，其基本思想是：首先在种群中随机地选择 k 个（允许重复）个体进行锦标赛式比较，适应度大的个体将胜出，并被作为下一代种群中的个体；重复以上过程，直到下一代种群中的个体数目达到种群规模为止。参数 k 被称为竞赛规模，通常取 $k=2$。

这种方法实际上是将局部竞争引入到选择过程中，既能使那些好的个体有较多的繁殖机会，也可避免某个个体因其适应度过高而在下一代繁殖较多的情况。

2. 交叉操作

交叉（crossover）操作是指按照某种方式对选择的父代个体的染色体的部分基因进行交配重组，从而形成新的个体。交配重组是自然界中生物遗传进化的一个主要环节，也是遗传算法中产生新的个体的最主要方法。根据个体编码方法的不同，遗传算法中的交叉操作可分为二进制值交叉和实值交叉两种类型。

（1）二进制值交叉（binary valued crossover）

二进制值交叉是指在二进制编码情况下采用的交叉操作，主要包括单点交叉、两点交叉、多点交叉和均匀交叉等方法。

单点交叉（one-point crossover）也称为简单交叉，是先在两个父代个体的编码串中随机设定一个交叉点，然后对这两个父代个体交叉点前面或后面部分的基因进行交换，并生成子代中的两个新的个体。

假设两个父代的个体串分别是

$$\boldsymbol{X}=x_1\ \ x_2\cdots\ \ x_k\ \ x_{k+1}\cdots x_n$$

$$\boldsymbol{Y}=y_1\ \ y_2\cdots\ \ y_k\ \ y_{k+1}\cdots y_n$$

随机选择第 k 位为交叉点，若采用对交叉点后面的基因进行交换的方法，单点交叉是将 $\boldsymbol{X}$ 中的 $x_{k+1}\sim x_n$ 部分与 $\boldsymbol{Y}$ 中的 $y_{k+1}\sim y_n$ 部分进行交叉，交叉后生成的两个新的个体是：

$$\boldsymbol{X}'=x_1\ \ x_2\cdots\ \ x_k\ \ y_{k+1}\cdots y_n$$

$$\boldsymbol{Y}'=y_1\ \ y_2\cdots\ \ y_k\ \ x_{k+1}\cdots x_n$$

例 4.12 设有两个父代的个体串 $A=001101$ 和 $B=110010$，若随机交叉点为 4，则交叉后生成的两个新的个体是

$$\boldsymbol{A}'=0\,0\,1\,1\,1\,0$$

$$\boldsymbol{B}'=1\,1\,0\,0\,0\,1$$

两点交叉（two-point crossover）是指先在两个父代个体的编码串中随机设定两个交叉点，再按这两个交叉点进行部分基因交换，生成子代中的两个新的个体。

假设两个父代的个体串分别是

$$\boldsymbol{X}=x_1\ \ x_2\cdots\ \ x_i\cdots\ \ x_j\cdots x_n$$

$$\boldsymbol{Y}=y_1\ \ y_2\cdots\ \ y_i\cdots\ \ y_j\cdots y_n$$

随机设定第 i、j 位为两个交叉点（其中 $i<j<n$），两点交叉是将 $\boldsymbol{X}$ 中的 $x_{i+1}\sim x_j$ 部分与 $\boldsymbol{Y}$ 中的 $y_{i+1}\sim y_j$ 部分进行交换，交叉后生成的两个新的个体是：

$$X' = x_1 \ \ x_2 \cdots x_i \ \ y_{i+1} \cdots y_j \ \ x_{j+1} \cdots x_n$$

$$Y' = y_1 \ \ y_2 \cdots y_i \ \ x_{i+1} \cdots x_j \ \ y_{j+1} \cdots y_n$$

例 4.13 设有两个父代的个体串 $\boldsymbol{A}$ = 0 0 1 1 0 1 和 B = 1 1 0 0 1 0，若随机交叉点为 3 和 5，则交叉后的两个新的个体是

$$A' = 0\ 0\ 1\ 0\ 1\ 1$$

$$B' = 1\ 1\ 0\ 1\ 0\ 0$$

多点交叉（multiple-point crossover）是指先在两个父代个体的编码串中随机生成多个交叉点，再按这些交叉点分段地进行部分基因交换，生成子代中的两个新的个体。

假设设置的交叉点个数为 m 个，则可将个体串（染色体）划分为 m+1 个分段（基因组），其划分方法是：当 m 为偶数时，对全部交叉点依次进行两两配对，构成 m/2 个交叉段；当 m 为奇数时，对前 m–1 个交叉点依次进行两两配对，构成(m–1)/2 个交叉段，而第 m 个交叉点按单点交叉方法构成一个交叉段。

为便于理解，下面以 m = 3 为例进行讨论。假设两个父代的个体串分别是

$$X = x_1 \ \ x_2 \cdots \ \ x_i \cdots \ \ x_j \cdots \ \ x_k \cdots \ \ x_n$$

$$Y = y_1 \ \ y_2 \cdots \ \ y_i \cdots \ \ y_j \cdots \ \ y_k \cdots \ \ y_n$$

随机设定第 i、j、k 位为三个交叉点（$i<j<k<n$），则将构成两个交叉段。其中，第一个交叉段是由前两个交叉点构成一个两点交叉段，即对 $\boldsymbol{X}$ 中的 $x_{i+1}\sim x_j$ 部分与 $\boldsymbol{Y}$ 中的 $y_{i+1}\sim y_j$ 部分进行交换；第二个交叉段是由第三个交叉点构成的一个单点交叉段，即对 $\boldsymbol{X}$ 中的 $x_{k+1}\sim x_n$ 部分与 $\boldsymbol{Y}$ 中的 $y_{k+1}\sim y_n$ 部分进行交换。交叉后生成的两个新的个体是

$$X' = x_1 \ \ x_2 \cdots x_i \ \ y_{i+1} \cdots y_j \ \ x_{j+1} \cdots x_k \ \ y_{k+1} \cdots y_n$$

$$Y' = y_1 \ \ y_2 \cdots y_i \ \ x_{i+1} \cdots x_j \ \ y_{j+1} \cdots y_k \ \ x_{k+1} \cdots x_n$$

例 4.14 设有两个父代的个体串 $\boldsymbol{A}$ = 001101 和 $\boldsymbol{B}$ = 110010，若随机交叉点为 1、3 和 5，则交叉后的两个新的个体是

$$A' = 0\ 1\ 0\ 1\ 0\ 0$$

$$B' = 1\ 0\ 1\ 0\ 1\ 1$$

均匀交叉（uniform crossover）是先随机生成一个与父串具有相同长度，并被称为交叉模板（或交叉掩码）的二进制串，再利用该模板对两个父串进行交叉，即将模板中 1 对应的位进行交换，而 0 对应的位不交换，依次生成子代中的两个新的个体。事实上，这种方法对父串中的每一位都是以相同的概率随机进行交叉的。

例 4.15 设有两个父代的个体串 $\boldsymbol{A}$ = 0 0 1 1 0 1 和 $\boldsymbol{B}$ = 1 1 0 0 1 0，若随机生成的模板 $\boldsymbol{T}$ = 010011，则交叉后的两个新的个体是 $\boldsymbol{A}'$ = 0 1 1 1 1 0 和 $\boldsymbol{B}'$ = 1 0 0 0 0 1。即

$$T = 0\ 1\ 0\ 0\ 1\ 1$$

$$A' = 0\ 1\ 1\ 1\ 1\ 0$$

$$B' = 1\ 0\ 0\ 0\ 0\ 1$$

（2）实值交叉（real valued crossover）

实值交叉是在实数编码情况下所采用的交叉操作，包括离散交叉（discrete crossover）和算术交叉（arithmetical crossover）等。这里主要介绍离散交叉。

离散交叉又可分为部分离散交叉和整体离散交叉。部分离散交叉是先在两个父代个体的编码向量中随机选择一部分分量，然后对这部分分量进行交换，生成子代中的两个新的个体。整体交叉则是对两个父代个体的编码向量中的所有分量，都以 1/2 的概率进行交换，从而生成子代中的两个新的个体。

对部分离散交叉，假设两个父代个体的 n 维实向量分别是 $\boldsymbol{X}=x_1\ x_2\ \cdots\ x_i\ \cdots\ x_k\ \cdots\ x_n$ 和 $\boldsymbol{Y}=y_1\ y_2\ \cdots\ y_i\ \cdots\ y_k\ \cdots\ y_n$，若随机选择第 k 个分量以后的所有分量进行交换，则生成的两个新的个体向量是

$$\boldsymbol{X}'=x_1\quad x_2\cdots\quad x_k\quad y_{k+1}\cdots\quad y_n$$

$$\boldsymbol{Y}'=y_1\quad y_2\cdots\quad y_k\quad x_{k+1}\cdots\quad x_n$$

例 4.16 设有两个父代的个体向量 $\boldsymbol{A}$ = 20 16 19 32 18 26 和 $\boldsymbol{B}$ = 36 25 38 12 21 30，若随机选择第 3 个分量以后的所有分量进行交叉，则交叉后的两个新的个体向量是

$$\boldsymbol{A}' = 20\ 16\ 19\ 12\ 21\ 30$$

$$\boldsymbol{B}' = 36\ 25\ 38\ 32\ 18\ 26$$

3. 变异操作

变异（mutation）是指对选中个体的染色体中的某些基因进行变动，以形成新的个体。变异也是生物遗传和自然进化中的一种基本现象，可增强种群的多样性。遗传算法中的变异操作增加了算法的局部随机搜索能力，从而可以维持种群的多样性。根据个体编码方式的不同，变异操作可分为二进制值变异和实值变异两种类型。

（1）二进制值变异

当个体的染色体为二进制编码表示时，其变异操作应采用二进制值变异方法。该变异方法是先随机地产生一个变异位，然后将该变异位置上的基因值由“0”变为“1”或由“1”变为“0”，产生一个新的个体。

例 4.17 设变异前的个体为 $\boldsymbol{A}$ = 0 0 1 1 01，若随机产生的变异位置是 2，则该个体的第 2 位将由“0”变为“1”，变异后的新的个体是 $\boldsymbol{A}'$ = 0 1 1 1 0 1。

（2）实值变异

当个体的染色体为实数编码表示时，其变异操作应采用实值变异方法。该方法是用另一个在规定范围内的随机实数去替换原变异位置上的基因值，产生一个新的个体。最常用的实值变异操作有基于位置的变异和基于次序的变异等。

基于位置的变异方法是先随机地产生两个变异位置，然后将第二个变异位置上的基因移动到第一个变异位置的前面。

例 4.18 设选中的个体向量 $\boldsymbol{C}$ = 20 16 19 12 21 30，若随机产生的两个变异位置分别是 2 和 4，则变异后的新的个体向量是

$$\boldsymbol{C}' = 20\ 12\ 16\ 19\ 21\ 30$$

基于次序的变异是先随机地产生两个变异位置，然后交换这两个变异位置上的基因。

例 4.19 设选中的个体向量 $\boldsymbol{D}$ = 20 12 16 19 21 30，若随机产生的两个变异位置分别是 2 和 4，则变异后的新的个体向量是

$$\boldsymbol{D}' = 20\ 19\ 16\ 12\ 21\ 30$$

4.5.6 遗传算法应用简例

例 4.20 用遗传算法求函数 $f(x) = x^2$ 的最大值。式中，x 为[0, 31]上的整数。

解：这个问题本身比较简单，其最大值显然是在 $x = 31$ 处。但作为一个例子，它有着较好的示范性和可理解性。

按照遗传算法，其求解过程如下。

（1）编码

由于 x 的定义域是区间[0, 31]上的整数，由 5 位二进制数即可全部表示，因此可采用二进制编码方法，其编码串长度为 5。例如，用二进制编码串 00000 来表示 $x = 0$，用 11111 表示 $x = 31$ 等。其中的 0 和 1 为基因值。

（2）生成初始种群

若假设给定的种群规模 $N = 4$，则可用 4 个随机生成的长度为 5 的二进制编码串作为初始种群。再假设随机生成的初始种群（即第 0 代种群）为

$$S_{01} = 0\ 1\ 1\ 0\ 1$$
$$S_{02} = 1\ 1\ 0\ 0\ 1$$
$$S_{03} = 0\ 1\ 0\ 0\ 0$$
$$S_{04} = 1\ 0\ 0\ 1\ 0$$

（3）计算适应度

要计算个体的适应度，首先应该定义适应度函数。由于本例是求 $f(x)$ 的最大值，因此可直接用 $f(x)$ 作为适应度函数，即

$$f(S) = f(x)$$

式中的二进制串 S 对应着变量 x 的值。根据此函数，初始种群情况见表 4.1。

表 4.1 初始种群情况表

编　号	个体串（染色体）	x	适 应 值	百分比（%）	累计百分比%	选中次数
S_{01}	0 1 1 0 1	13	169	14.30	14.30	1
S_{02}	1 1 0 0 1	25	625	52.88	67.18	2
S_{03}	0 1 0 0 0	8	64	5.41	72.59	0
S_{04}	1 0 0 1 0	18	324	27.41	100	1

可以看出，在 4 个个体中，S_{02} 的适应值最大，是当前最佳个体。

（4）选择操作

假设采用轮盘赌方式选择个体，且依次生成的 4 个随机数（相当于轮盘上指针所指的数）为 0.85、0.32、0.12 和 0.46，经选择后得到的新的种群为

$$S_{01} = 1\ 0\ 0\ 1\ 0$$
$$S_{02} = 1\ 1\ 0\ 0\ 1$$
$$S_{03} = 0\ 1\ 1\ 0\ 1$$
$$S_{04} = 1\ 1\ 0\ 0\ 1$$

其中，染色体 11001 在种群中出现了两次，而原染色体 01000 则因适应值太小而被淘汰。

（5）交叉

假设交叉概率 P_i 为 50%，则种群中只有 1/2 的染色体参与交叉。若规定种群中的染色体按顺序两两配对交叉，且有 S_{01} 与 S_{02} 杂交、S_{03} 与 S_{04} 不杂交，则交叉情况见表 4.2。

表 4.2　初始种群的交叉情况表

编　号	个体串（染色体）	交叉对象	交 叉 位	子　代	适 应 值
S_{01}	10010	S_{02}	3	10001	289
S_{02}	11001	S_{01}	3	11010	676
S_{03}	01101	S_{04}	N	01101	169
S_{04}	11001	S_{03}	N	11001	625

可见，经杂交后得到的新的种群为

$$S_{01}=1\,0\,0\,0\,1$$
$$S_{02}=1\,1\,0\,1\,0$$
$$S_{03}=0\,1\,1\,0\,1$$
$$S_{04}=1\,1\,0\,0\,1$$

（6）变异

变异概率 P_m 一般都很小，假设本次循环中没有发生变异，则变异前的种群即为进化后所得到的第 1 代种群，即

$$S_{11}=1\,0\,0\,0\,1$$
$$S_{12}=1\,1\,0\,1\,0$$
$$S_{13}=0\,1\,1\,0\,1$$
$$S_{14}=1\,1\,0\,0\,1$$

然后，对第 1 代种群重复上述（4）～（6）步的操作。

对第 1 代种群，其选择情况见表 4.3。

表 4.3　第 1 代种群的选择情况表

编　号	个体串（染色体）	x	适 应 值	百分比（%）	累计百分比%	选中次数
S_{11}	10001	17	289	16.43	16.43	1
S_{12}	11010	26	676	38.43	54.86	2
S_{13}	01101	13	169	9.61	64.47	0
S_{14}	11001	25	625	35.53	100	1

其中，若假设按轮盘赌选择时依次生成的 4 个随机数为 0.14、0.51、0.24 和 0.82，则经选择后得到的新的种群为

$$S_{11}=1\,0\,0\,0\,1$$
$$S_{12}=1\,1\,0\,1\,0$$
$$S_{13}=1\,1\,0\,1\,0$$
$$S_{14}=1\,1\,0\,0\,1$$

可以看出，染色体 11010 被选择了两次，而原染色体 01101 因适应值太小而被淘汰。

对第 1 代种群，若交叉概率为 1，则其交叉情况见表 4.4。

表 4.4　第 1 代种群的交叉情况表

编　号	个体串（染色体）	交叉对象	交 叉 位	子　代	适 应 值
S_{11}	10001	S_{12}	3	10010	324
S_{12}	11010	S_{11}	3	11001	625
S_{13}	11010	S_{14}	2	11001	625
S_{14}	11001	S_{13}	2	11010	675

可见，经杂交后得到的新的种群为

$$S_{11} = 10010$$
$$S_{12} = 11001$$
$$S_{13} = 11001$$
$$S_{14} = 11010$$

从这个新的种群来看，第 3 位基因均为 0，已经不可能通过交叉达到最优解。这种过早陷入局部最优解的现象称为早熟。为解决这一问题，需要采用变异操作。

对第 1 代种群，其变异情况见表 4.5。

表 4.5　第 1 代种群的变异情况表

编　号	个体串（染色体）	是否变异	变异位	子　代	适应值
S_{11}	10010	N		10010	324
S_{12}	11001	N		11001	625
S_{13}	11001	N		11001	625
S_{14}	11010	N	3	11110	900

它是通过对 S_{14} 的第 3 位的变异来实现的。变异后得到的第 2 代种群为

$$S_{21} = 1\ 0\ 0\ 1\ 0$$
$$S_{22} = 1\ 1\ 0\ 0\ 1$$
$$S_{23} = 1\ 1\ 0\ 0\ 1$$
$$S_{24} = 1\ 1\ 1\ 1\ 0$$

接着，对第 2 代种群同样重复上述（4）～（6）步的操作。

对第 2 代种群，其选择情况见表 4.6。

表 4.6　第 2 代种群的选择情况表

编　号	个体串（染色体）	x	适应值	百分比（%）	累计百分比%	选中次数
S_{21}	10010	18	324	23.92	23.92	1
S_{22}	11001	25	625	22.12	46.04	1
S_{23}	11001	25	625	22.12	68.16	1
S_{24}	11110	30	900	31.84	100	1

其中，若假设按轮盘赌选择时依次生成的 4 个随机数为 0.42、0.15、0.59 和 0.91，则经选择后得到的新的种群为

$$S_{21} = 1\ 1\ 0\ 0\ 1$$
$$S_{22} = 1\ 0\ 0\ 1\ 0$$
$$S_{23} = 1\ 1\ 0\ 0\ 1$$
$$S_{24} = 1\ 1\ 1\ 1\ 0$$

对第 2 代种群，其交叉情况见表 4.7。

表 4.7　第 1 代种群的交叉情况表

编　号	个体串（染色体）	交叉对象	交叉位	子　代	适应值
S_{21}	11001	S_{22}	3	11010	676
S_{22}	10010	S_{21}	3	10001	289
S_{23}	11001	S_{24}	4	11000	576
S_{24}	11110	S_{23}	4	11111	961

这时，函数的最大值已经出现，其对应的染色体为 11111，经解码后可知，问题的最优解是在点 $x = 31$ 处。

习 题 4

4.1 什么是搜索？有哪两大类不同的搜索方法？两者的区别是什么？

4.2 什么是状态空间？用状态空间表示问题时，什么是问题的解？什么是最优解？最优解唯一吗？

4.3 什么是与树？什么是或树？什么是与/或树？什么是可解节点？什么是解树？

4.4 在状态空间搜索过程中，Open 表与 Closed 表的作用与区别是什么？

4.5 有一农夫带一条狼、一只羊和一筐菜，欲从河的左岸乘船到右岸，但受下列条件限制：

（1）船太小，农夫每次只能带一样东西过河；

（2）如果没有农夫看管，则狼要吃羊，羊要吃菜。

请设计一个过河方案，使得农夫、狼、羊都能不受损失地过河，画出相应的状态空间图。

提示：（1）用四元组(农夫, 狼, 羊, 菜)表示状态，其中每个元素都为 0 或 1，用 0 表示在左岸，用 1 表示在右岸。

（2）把每次过河的一种安排作为一种操作，每次过河都必须有农夫，因为只有他可以划船。

4.6 何谓估价函数？在估价函数中，$g(n)$和 $h(n)$各起什么作用？

4.7 设有如下结构的移动将牌游戏：

B	*B*	*W*	*W*	*E*

其中，*B* 表示黑色将牌，*W* 表是白色将牌，*E* 表示空格。游戏的规定走法是：

（1）任意一个将牌可移入相邻的空格，规定其代价为 1；

（2）任何一个将牌可相隔 1 个其他的将牌跳入空格，其代价为跳过将牌的数目加 1。

游戏要达到的目标是把所有 *W* 都移到 *B* 的左边。对这个问题，请定义一个启发函数 $h(n)$，并给出用这个启发函数产生的搜索树。判别这个启发函数是否满足下界要求？在求出的搜索树中，对所有节点是否满足单调限制？

4.8 局部择优搜索与全局择优搜索的相同之处和区别是什么？

4.9 设有如图 4.26 所示的与/或树，请分别用和代价法、最大代价法求解树的代价。

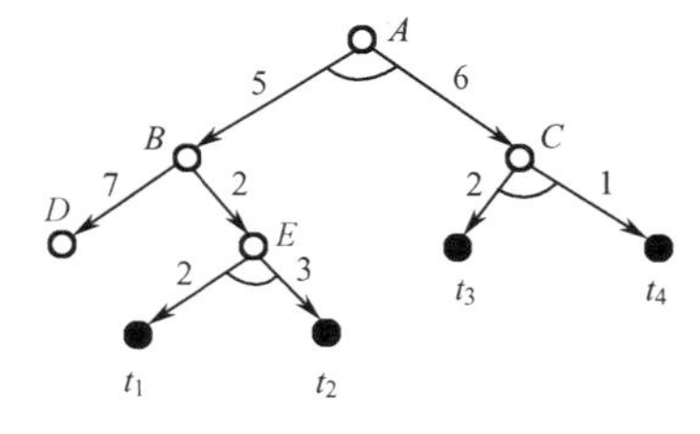

图 4.26 习题 4.9 的与/或树

4.10 设有如图 4.27 所示的博弈树，其中最下面的数字是假设的估值，请对该博弈树做如下工作：

（1）计算各节点的倒退值；

（2）利用 α-β 剪枝技术剪去不必要的分支。

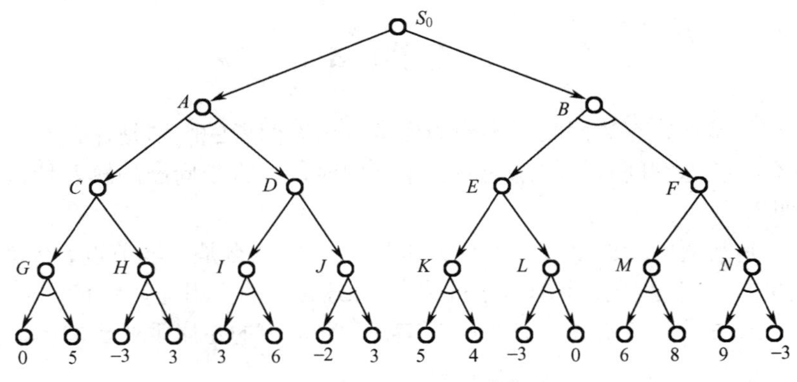

图 4.27 习题 4.10 的博弈树

4.11 什么是进化计算？它包括哪些主要内容？

4.12 什么是遗传算法？简述其基本思想和基本结构。

4.13 什么是种群？什么是个体？什么是染色体？个体和染色体之间的关系是什么？

4.14 什么是遗传编码？有哪几种常用的编码算法？

4.15 什么是适应度函数？常用的适应度函数有哪几种？

4.16 什么是选择操作？常用的选择操作有哪几种？

4.17 什么是交叉操作？常用的交叉操作有哪几种？

4.18 什么是变异操作？常用的变异操作有哪几种？

4.19 设种群规模为 4，采用二进制编码，适应度函数 $f(x) = x^2$，初始种群如表 4.8 所示。

表 4.8 初始种群

编 号	个 体 串	x	适 应 值	百 分 比	累计百分比	选中次数
S_{01}	1010	10				
S_{02}	0100	4				
S_{03}	1100	12				
S_{04}	0111	7				

若遗传操作规定如下：

（1）选择概率 $P_r = 1$, 选择操作用轮盘赌算法，且依次生成的 4 个随机数分别为 0.42，0.16，0.89 和 0.71；

（2）交叉概率 $P_c = 1$，交叉算法为单点交叉，交叉点为 3，交叉顺序按个体在种群中的顺序；

（3）变异概率 $P_m = 0$。

请完成本轮选择、交叉和变异操作，并给出所得到的下一代种群。

第 5 章　机 器 学 习

机器学习是人工智能最活跃的研究和应用领域之一。尤其是最近几年，人工智能的一些重大成功和进展都与机器学习密切相关。例如，阿尔法狗、智能汽车、图像识别、语音识别、机器翻译等。本书将机器学习分为基于符号主义的机器学习和基于连接主义的连接学习两大部分，本章讨论前者，后者放在第 6 章讨论。

5.1　机器学习概述

5.1.1　学习的概念

学习是一个习以为常的概念，它贯穿于人生的全过程，一个人从出生到死亡，无时不在学习之中。但究竟什么是学习，至今仍无一个统一的定义。

1．学习的心理学观点

基于脑科学和认知科学对人类学习机理的认识，心理学对学习的实质有两种观点。一种是连接论观点，认为学习的实质是连接的形成；另一种观点是认知论观点，认为学习的实质是学习者头脑中认知结构的变化。

心理学认为，学习是个体生活中由于经验而产生的行为或行为潜能的比较持久的改变，包括感知、记忆、想象、思维等内部心理过程，也包括语言、表情、动作等外部活动。按照这一观点，学习的概念有以下 3 个核心要点。

① 学习的发生以行为和行为潜能的变化为标志。学习总会引起行为的改变，并且这种改变可以是外显的，也可以是内隐的，即"行为潜能"的改变。但不是所有的行为改变都是学习，如疲劳、疾病、本能等引起的行为改变都不是学习。

② 学习是由经验引起的行为改变。经验是一个人通过活动直接与客观世界相互作用的过程或在这一过程中所得到的结果。只有因经验而引起的行为改变才是学习。

③ 学习引起的行为变化时间比较持久。学习对行为的影响时间一般比较长，只有当旧的学习被新的学习代替时，旧的行为变化才会消失。而像疲劳、疾病等引起的行为改变，其持续时间一般都比较短，因而不是学习。

2．学习的人工智能观点

在人工智能领域，许多具有不同学科背景的学者也对学习给出了多种解释。其中，影响最大的观点有以下 3 种。

① 西蒙（Simon，1983）认为，学习就是系统中的适应性变化，这种变化使系统在重复同样工作或类似工作时，能够做得更好。

② 明斯基（Minsky，1985）认为，学习是在人们头脑里（心理内部）有用的变化。

③ 米哈尔斯基（Michalski，1986）认为，学习是对经历描述的建立和修改。

这些观点虽然不尽相同，但都包含了知识获取和能力改善这两个主要方面。知识获取是指获得知识、积累经验、发现规律等。能力改善是指改进性能、适应环境、实现自我完善等。在学习过程中，知识获取与能力改善是密切相关的，知识获取是学习的核心，能力改善是学习的结果。

通过以上分析，我们可以对学习给出如下较为一般的解释：学习是一个有特定目的的知识获取和能力增长过程，其内在行为是获得知识、积累经验、发现规律等，其外部表现是改进性能、适应环境、实现自我完善等。

5.1.2 机器学习的概念

1. 什么是机器学习

机器学习是定义在学习之上的，由于目前学习尚无统一定义，因此对机器学习也不可能给出一个严格的定义。从直观上理解，机器学习就是让机器（计算机）来模拟人类的学习功能。机器学习作为一门研究如何用机器来模拟或实现人类学习功能的学科，是人工智能中最具有智能特征的前沿研究领域之一。

目前，机器学习的研究主要集中在以下 3 方面。

① 认知模拟。主要目的是通过对人类学习机理的研究和模拟，从根本上解决机器学习方面存在的种种问题。

② 理论性分析。主要目的是从理论上探索各种可能的学习方法，并建立起独立于具体应用领域的学习算法。

③ 面向任务的研究。主要目的是根据特定任务的要求，建立相应的学习系统。

2. 机器学习的发展过程

机器学习的发展过程可以划分为若干阶段，至于如何划分却有不同的方法。例如，按照机器学习的发展形势，分为热烈时期、冷静时期、复兴时期及蓬勃发展时期 4 个阶段；按照机器学习的研究途径和目标，分为神经元模型研究、符号概念获取、知识强化学习、连接学习与混合型学习、大规模学习与深度学习 5 个阶段。下面讨论后一种划分方法。

（1）神经元模型研究

这一阶段为 20 世纪 50 年代中期到 60 年代初期，也被称为机器学习的热烈时期，所研究的是“没有知识”的学习，依据的主要理论基础是早在 20 世纪 40 年代就开始研究的神经网络模型。其最具代表性的工作是罗森布拉特（F. Rosenblatt）于 1957 年提出的感知器模型。该模型试图利用感知器网络来模拟人脑的感知及学习能力。但遗憾的是，大多数想用它来产生某些复杂智能系统的企图都失败了。再加上明斯基 1969 年在其著名论著《Perceptron》中对感知器所做的悲观结论，以及感知器模型自身存在的缺陷，使得基于神经元模型的机器学习研究落入了低谷。

（2）符号概念获取

这一阶段为 20 世纪 60 年代中期到 70 年代初期。其主要研究目标是模拟人类的概念学习过程，即通过分析一些概念的正例和反例构造出这些概念的符号表示。概念的符号表示方法可采用逻辑表达式、决策树、产生式规则或语义网络等形式。这一阶段的代表性工作有温斯顿的结构学习系统和海斯（Hayes）、罗思（Roth）等人的基于逻辑的归纳学习系统。

虽然这类学习系统取得了较大的成功，但它们只能学习单一概念，且未能投入实际应用。再加上神经元模型研究的低落，使得不少人对机器学习感到失望，因此也有人把这一阶段称为机器学习的冷静时期。

（3）知识强化学习

这一阶段为20世纪70年代中期到80年代初期。其主要特点有以下三方面：第一，人们开始从学习单个概念的研究扩展到学习多个概念的研究；第二，各种机器学习过程一般都建立在大规模知识库的基础上，实现知识的强化学习；第三，开始把机器学习与各种实际应用相结合，尤其是专家系统在知识获取方面的需求，极大地刺激了机器学习的研究和发展，示例归纳学习系统是当时的研究主流，自动知识获取是当时的应用研究目标。

这一阶段的代表性工作有莫斯托夫（D. J. MoStow）的指导式学习、温斯顿等人的类比学习、米切尔（T. J. Mitchell）等人的解释学习等。此外，机器学习方面的另一件大事是1980年在美国卡内基•梅隆大学（CMU）召开的第一届机器学习国际研讨会，标志着机器学习的研究已经在全世界兴起。因此，也有人称这一阶段为机器学习的复兴时期。

（4）连接学习和混合学习

这一阶段为20世纪80年代中期至21世纪初，连接学习的再度兴起和符号学习、统计学习的蓬勃发展，使得这一时期的机器学习异常活跃。在连接学习方面，神经网络经过十几年的沉寂后，1986年，鲁梅尔哈特（D. Rumelhart）等提出了具有误差反向传播功能的多层前馈网络（简称BP网络）学习算法，并且在很多现实问题上得到了成功应用，成为使用最广泛的机器学习算法之一。在符号学习方面，20世纪80年出现的决策树学习方法至今仍然是十分有用的机器学习算法之一。在统计学习方面，20世纪90年代中期出现的支持向量机等，一直占据着机器学习的主流舞台。

（5）大规模学习与深度学习

这一阶段开始于21世纪初。在连接学习方面，由于BP网络的训练过程要受到网络层数的制约，使得其在图像、视频、音频等方面的应用十分有限。随着深度学习的提出，机器学习又掀起了一个以深度学习为标志的热潮。同时，随着大数据时代的到来，基于大数据的大规模机器学习也给机器学习带来了新的挑战和机遇。

3．机器学习系统

要使计算机具有某种程度的学习能力，即使计算机能够通过学习增长知识、改进性能、提高智能水平，就需要为它建立相应的学习系统。

（1）什么是机器学习系统

机器学习系统（简称学习系统）是指能够在一定程度上实现机器学习的系统。1973年，萨里斯（Saris）曾对学习系统给过如下定义：如果一个系统能够从某个过程和环境的未知特征中学到有关信息，并且能把学到的信息用于未来的估计、分类、决策和控制，以便改进系统的性能，那么它就是学习系统。1977年，史密斯（Smith）又给出了一个类似的定义：如果一个系统在与环境相互作用时，能利用过去与环境作用时得到的信息，并提高其性能，那么这样的系统就是学习系统。

（2）机器学习系统的基本要求

通常，一个学习系统应该满足如下基本要求。

① 具有适当的学习环境。前面两个关于学习系统的定义中都使用了“环境”这一术语。学习系统的环境是指学习系统进行学习时的信息来源。例如，当把学习系统比为学生的学习时，那么“环境”就是为学生提供学习信息的教师、书本和各种实验、实践条件等，没有这样的环境，学生就无法学习新知识和运用所学知识解决问题。

② 具有一定的学习能力。环境仅是为学习系统提供了相应的信息和条件，要从中学到知识，还必须具有适当的学习方法和一定的学习能力。否则不会有好的学习效果，或者根本学不到知识。例如，同一个班的不同学生，尽管学习环境相同，但由于学习方法和学习能力不同，会产生不同的学习效果。

③ 能够运用所学知识求解问题。学以致用是对人类学习的一种要求，机器学习系统也是如此。在萨里斯的定义中明确指出，学习系统应该能把学到的信息用于未来的估计、分类、决策和控制，以便改进系统的性能。事实上，无论是人，还是学习系统，如果不能用学到的知识解决实际问题，那就失去了学习的作用和意义。

④ 能通过学习提高自身性能。提高自身性能是学习系统应该达到的最终目标。也就是说，一个学习系统应该能够通过学习增长知识、提高技能、改进性能，使自己能做一些原来不能做的工作，或者可以把原来能做的工作做得更好。

4. 机器学习的类型

机器学习的类型可以有多种划分方法。例如，根据有无导师指导，可以分为有导师指导的机器学习和无导师指导的机器学习；根据人工智能的不同学派，可以分为基于符号主义的机器学习和基于连接主义的神经学习（或直接叫连接学习）；根据学习策略，即学习过程所使用的推理策略，可以分为机械学习、传授学习、演绎学习、归纳学习和类比学习，归纳学习又可分为示例学习、观察发现学习等。并且，每种学习方法可以再继续细分。例如，基于符号主义的机器学习可根据其发展过程和采用的主流方法，分为基于样例的符号学习和基于概率统计的统计学习；基于连接主义的连接学习，又可分为基于浅层神经网络的浅层连接学习和基于深层神经网络的深度学习；等等。

本书对机器学习讨论的结构安排采用两级分类方式。首先根据人工智能的不同学派，把机器学习分为基于符号主义的机器学习和基于连接主义的连接学习，前者放在本章，后者放在第 6 章讨论。并且，对符号主义机器学习按其学习策略和发展过程讨论，对连接主义机器学习按网络层级和发展过程讨论。

5.1.3 机器学习系统的基本模型

根据上述机器学习系统的基本要求，机器学习系统的基本模型如图 5.1 所示。

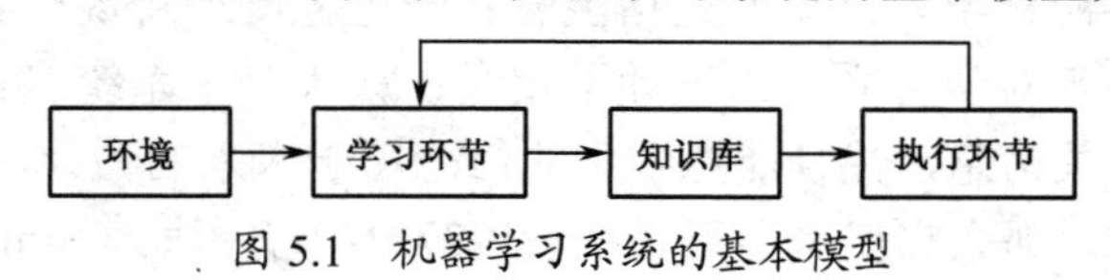

图 5.1 机器学习系统的基本模型

（1）环境

环境即学习环境，指学习系统在进行学习时能够感知到的各种外界信息的总和。它是学习系统的外界信息来源，其中信息的水平和质量是影响学习系统设计的第一个重要因素。信息的水平是指信息的一般化程度，或者指信息适用范围的广泛性。通常，信息的水平越高，其一般化程度越高，能适应的问题范围也越广。信息的水平越低，其一般化程度越低，能适应的问题范围也越窄。

信息的质量是指信息内容的正确性和信息组织的合理性等。通常，学习环境中信息的质量越高，学习系统的学习难度就越小，反之，其学习难度就越大。例如，如果环境的示例中有干扰，或示例的次序不合理，则学习环节很难对其进行归纳。

（2）学习环节

学习环节是将外界信息加工为知识的过程。它先从学习环境获取外部信息，然后通过对这些信息的分析、综合、类比、归纳等加工，形成知识，最后把形成的知识放入知识库中。无论环境中信息的水平是高还是低，这些信息与执行环节所需的信息水平往往会有差距，学习环节的任务是缩小这一差距。如果环境提供的是高水平信息，学习环节就是要补充遗漏的细节，以便执行环节能将其用于更具体的情况。如果环境提供的是低水平信息，学习环节就要由这些具体实例归纳出适用于一般情况的规则，以便执行环节能将其用于更广的任务。

（3）知识库

知识库是以某种形式表示的知识集合，用来存放学习环节所得到的知识。知识库的形式和内容是影响学习系统设计的第二个因素。知识库的形式是指知识库的结构方式及知识的存放形式，与知识表示方法密切相关。

知识库中的内容，除包括执行环节所形成的知识外，还应该包括学习所需要的初始知识。对学习系统，其初始知识是非常重要的，原因是学习系统不可能在没有任何知识的情况下凭空获取知识，它总是先利用初始知识去理解环境提供的信息，并依此逐步进行学习。学习系统的学习过程实质上就是对原有知识库的扩充和完善过程。

（4）执行环节

执行环节是利用知识库中的知识去完成某种任务，并把完成任务过程中获得的一些信息反馈给学习环节的过程。执行环节和学习环节相互联系，构成了整个学习系统的核心。学习环节的目的就是要改善执行环节的行为，而执行环节的反馈信息又可以反过来促进学习环节改善自己的学习性能。

5.2 记忆学习

记忆学习（rote learning）也称为机械式学习，是通过记忆和评价外环境提供的信息来达到学习目的的。在这种学习方法中，学习环节对外部提供的信息不进行任何变换，只进行简单的记忆。记忆学习又是一种最基本的学习过程，原因是任何学习系统都必须记住它们所获取的知识，以便将来使用。

记忆学习的过程是：执行元素每解决一个问题，系统就记住这个问题和它的解，当以后再遇到此类问题时，系统就不必重新进行计算，而可以直接找出原来的解去使用。

如果把执行元素比为一个函数 f，把由环境得到的输入模式记为$(x_1, x_2, \cdots, x_n)$，由该

输入模式经 f 计算后得到的输出模式记为$(y_1, y_2, \cdots, y_m)$，则机械学习系统是把这一输入/输出模式对$[(x_1, x_2, \cdots, x_n)$，$(y_1, y_2, \cdots, y_m)]$保存在知识库中，以后需要计算 $f(x_1, x_2, \cdots, x_n)$时，就可以直接从存储器中把$(y_1, y_2, \cdots, y_m)$检索出来，而不需要重新进行计算。简单的记忆学习模型如图 5.2 所示。

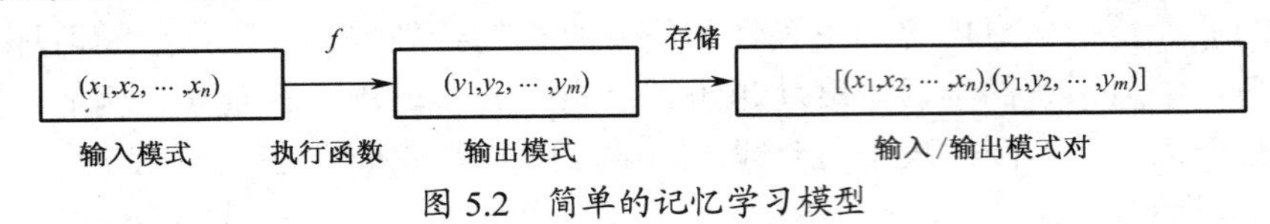

图 5.2　简单的记忆学习模型

以医生看病问题为例，医生经过长期的医疗实践，会从大量的病例中归结出许多诊断经验。其中，每条经验相当于一个输入/输出模式对。这样，医生遇到病人，就可以直接利用已经归纳出来的诊断经验，而不必每遇到一个病人都去重新归纳经验。

记忆学习实际上是一种用存储空间来换取处理时间的方法，其设计需要考虑以下 3 方面的问题。

（1）存储结构

对一个问题，只有当它的检索时间小于其重新计算时间时，记忆学习才是有价值的。其检索速度越快，意义越大。如果检索时间超过了重新计算时间，就会降低系统效率，记忆学习就失去了意义。因此，尽可能缩短检索时间、提高系统效率是记忆学习的一个重要问题。为了提高检索速度，需要采用适当的存储结构。这些存储结构，人们已经在数据结构和数据库领域进行了许多详尽的研究，可以拿来直接使用。

（2）环境稳定性

作为记忆学习基础的一个重要假设是某一时刻存储的信息仍然适用于以后的情况。如果环境信息变化非常频繁，则作为记忆学习基础的这个假设就会失效。因此，记忆学习方法不适用于剧烈变化的环境。

（3）记忆与计算的权衡

为了确定是利用存储的信息还是重新计算，要比较二者的代价。对记忆和计算的权衡有两种方法：一种是代价效益分析法，在首次得到一个信息时，要考虑该信息以后使用的概率、存储空间和计算代价，以决定是否有必要保存；另一种是最近未使用代替法，对所保存的内容都加上一个时间标志，当保存够一定的内容以后，每保存一项新的内容，就删除一项最长时间没有使用的旧内容。

记忆学习的典型代表是西蒙的西洋跳棋程序。该程序用极大极小博弈树搜索来选择走法。学习环节记忆了棋局态势和倒推的极大极小值。这样，在下棋过程中，只要碰到过去出现过的棋局，就可以直接采用原来的走棋方案。

5.3　线性回归

在机器学习中，线性回归（linear regression）是一种有监督学习算法，其作用是通过对训练样本的学习，建立起一个随机变量和另一组确定性变量之间的统计关系，主要内容包括回归模型的表示、损失函数的确定和参数的估计。根据模型中变量的个数，线性回归可分为一元线性回归和多元线性回归两种主要类型。

5.3.1 一元线性回归

一元线性回归是指随机变量与确定性变量都只有一个的线性回归学习方法，其模型为直线方程、损失函数为均方差函数、参数估计采用最小二乘法

1．模型表示

对一元线性回归模型，假设 x 是确定性变量，y 是一个依赖于 x 的随机变量。给定 x 的一组取值 $x_1, x_2, \cdots, x_n$，有 y 的一组对应值 $y_1, y_2, \cdots, y_n$，则回归分析就是要确定随机变量 y 与变量 x 之间的关系 $y = wx + b$ ，其中 w 为回归系数，b 为偏值。

由于该方程所描述的就是一条直线，故称为线性回归。同时，其随机变量 y 仅仅与一个变量 x 有关，故又称为一元线性回归。例如，有一组统计数据，变量 x 的值分别为 $x_1, x_2, \cdots, x_5$，随机变量 y 的对应值有 $y_1, y_2, \cdots, y_5$，如下：

序号	1	2	3	4	5
x_i 的值	4	6	8	10	12
y_i 的值	7.8	9.3	9.9	11.2	11.9

其中，x 和 y 之间的关系如图 5.3 所示。它实际上就是一个线性回归问题，其具体的回归方程我们会在后面给出。

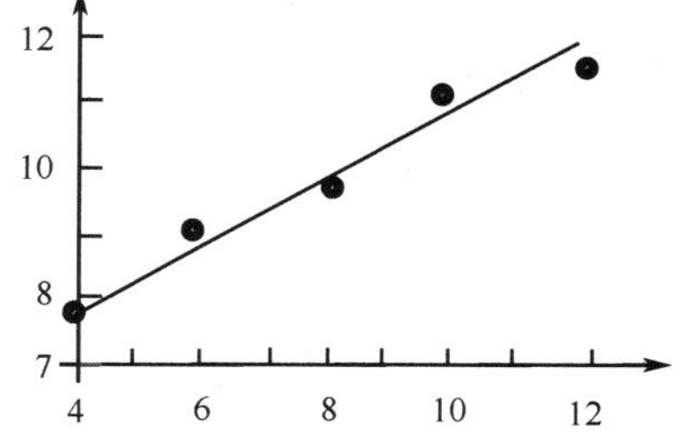

图 5.3　随机变量 y 与变量 x 的对应关系

2．损失函数

线性回归的目标是求出回归方程，即求出线性回归方程中的回归系数 w 和偏值 b。而求解回归系数 w 和偏值 b 的过程实际上是利用损失函数对 w 和 b 的估计过程。

损失函数（loss function）是用来估计模型预测值与其真实值不一致程度的非负实函数。机器学习中的损失函数有多种，如平方损失、绝对损失、对数损失和指数损失函数等。线性回归采用的是平方损失函数。

平方损失也叫均方误差。假设 $\hat{y}$ 是实际输出的预测值，y 是期望输出的预测值，且 $\hat{y} = \sum_{i=1}^{n} w_i x_i + b$ ，则其平方损失函数为 $L(w,b) = \sum_{i=1}^{n}(y_i - \hat{y}_i)^2 = \sum_{i=1}^{n}(y_i - wx_i - b)^2$ 。其几何意义是：对数据集中的第 i 个离散点 (x_i, y_i) 与直线上具有相同横坐标 x_i 的点 $(x_i, \hat{y}_i)$ 之间的距离平方和。

利用均方差函数对 w 和 b 进行估计的基本要求是 $L(w, b)$最小。这种基于 $L(w, b)$最小化对 w 和 b 进行估计的方法称为最小二乘法（ordinary least squares）。由函数 $L(w, b)$的定义可以看出，其二阶导数非负，因此它是一个凸函数。而对凸函数，一阶导数为 0 的点就是该函数的最低点。

3．参数估计

由于上述平方损失函数 $L(w, b)$是一个关于 w 和 b 的凸函数，因此关于 w 和 b 是处处可导。利用最小二乘法对 w 和 b 的值进行估计的方法是：先对 $L(w, b)$分别关于 w 和 b 求其偏导数，再令其偏导数为 0，得到 w 和 b 的最优解。采用最小二乘法所求出的直线可保证所有样本点到该直线的欧氏距离之和最小。下面来讨论 w 和 b 的求解问题。

先对 $L(w, b)$关于 w 求偏导

$$\frac{\partial L(w,b)}{\partial w}=\frac{\partial\sum_{i=1}^{n}(y_i-wx_i-b)^2}{\partial w}=2\sum_{i=1}^{n}(y_i-wx_i-b)\frac{\partial(y_i-wx_i-b)}{\partial w}=2\sum_{i=1}^{n}(wx_i^{\ 2}-y_ix_i+bx_i)$$

$$=2\left(w\sum_{i=1}^{n}x_i^{\ 2}-\sum_{i=1}^{n}(y_i-b)x_i\right)$$

再对 $L(w, b)$关于 b 求偏导

$$\frac{\partial L(w,b)}{\partial b}=\frac{\partial\sum_{i=1}^{n}(y_i-wx_i-b)^2}{\partial b}=2\sum_{i=1}^{n}(y_i-wx_i-b)\frac{\partial(y_i-wx_i-b)}{\partial b}=2\sum_{i=1}^{n}(b-y_i+wx_i)$$

$$=2\left(nb-\sum_{i=1}^{n}(y_i-wx_i)\right)$$

然后令 L 关于 w 和 b 的偏导分别等于 0，求出 w 和 b。先令 L 关于 b 的偏导数等于 0，则

$$2\left(nb-\sum_{i=1}^{n}(y_i-wx_i)\right)=0$$

即

$$b=\frac{1}{n}\sum_{i=1}^{n}(y_i-wx_i) \tag{*}$$

再令 L 关于 w 的偏导数等于 0，则 $2\left(w\sum_{i=1}^{n}x_i^{\ 2}-\sum_{i=1}^{n}(y_i-b)x_i\right)=0$，即

$$w\sum_{i=1}^{n}x_i^{\ 2}=\sum_{i=1}^{n}y_ix_i-b\sum_{i=1}^{n}x_i$$

将式（*）代入，有 $w\sum_{i=1}^{n}x_i^{\ 2}=\sum_{i=1}^{n}y_ix_i-\frac{1}{n}\sum_{i=1}^{n}(y_i-wx_i)\sum_{i=1}^{n}x_i$，即

$$w\sum_{i=1}^{n}x_i^{\ 2}-\frac{w}{n}\sum_{i=1}^{n}x_i\sum_{i=1}^{n}x_i=\sum_{i=1}^{n}y_ix_i-\frac{1}{n}\sum_{i=1}^{n}y_ix_i$$

也即

$$w=\frac{\sum_{i=1}^{n}y_i(x_i-\overline{x})}{\sum_{i=1}^{n}x_i^{\ 2}-\frac{1}{n}\left(\sum_{i=1}^{n}x_i\right)^2}$$

令 $\overline{x}=\frac{1}{n}\sum_{i=1}^{n}x_i$ 为 x 的均值，则

$$w=\frac{\sum_{i=1}^{n}y_i(x_i-\overline{x})}{\sum_{i=1}^{n}x_i^{\ 2}-\frac{1}{n}\left(\sum_{i=1}^{n}x_i\right)^2} \tag{**}$$

式（*）和式（**）就是对 b 和 w 进行估计的公式。

对图 5.3 所给出的例子，根据上面两个公式，其回归系数和偏值的计算过程

$$\overline{x}=\frac{1}{5}(4+6+8+10+12)=8$$

$$w=\frac{7.8\times(4-8)+9.3\times(6-8)+9.9\times(8-8)+11.2\times(10-8)+11.9\times(12-8)}{(4^2+6^2+8^2+10^2+12^2)-0.2\times(4+6+8+10+12)^2}=0.505$$

$$b=0.2\times((7.8-0.505\times4)+(9.3-0.505\times6)+\cdots+(11.9-0.505\times12))=5.98$$

5.3.2 多元线性回归

多元线性回归是一种用来描述一个随机变量与另一组确定性变量之间依赖关系的学习方法。其模型为多元线性方程组，损失函数为均方差函数，参数估计采用最小二乘法。

1. 模型表示

假设 $x_1, x_2, \cdots, x_n$ 是 n 个确定性变量，y 是一个依赖于 $x_1, x_2, \cdots, x_n$ 的随机变量，并且对 $x_1, x_2, \cdots, x_n$ 的每组取值都有 y 的一个值与之对应。若有 m 组数据 $(x_{i1}, x_{i2}, \cdots, x_{in}, y_i)$（$i$=1, 2, 3, ···, m），则有如下线性方程组：

$$\begin{cases} y_1 = w_1 x_{11} + w_2 x_{12} + \ldots + w_n x_{1n} + b_1 \\ y_2 = w_1 x_{21} + w_2 x_{22} + \ldots + w_n x_{2n} + b_2 \\ \qquad \cdots \\ y_m = w_1 x_{m1} + w_2 x_{m2} + \ldots + w_n x_{mn} + b_m \end{cases}$$

其中 $w_1, w_2, \cdots, w_n$ 为偏回归系数，$b_1, b_2, \cdots, b_n$ 为偏值。

该方程组也可写成矩阵形式 $\boldsymbol{Y} = \boldsymbol{XW} + \boldsymbol{B}$。通常，为了使记号简单，可将 b_i 并入 $\boldsymbol{X}$ 得到 $\hat{X}$，即在 $\boldsymbol{X}$ 中增加一列，且其值全为 1；同时在 W^{T} 中增加一个元素 W_0 得到 $\hat{\boldsymbol{W}}$，即

$$\boldsymbol{Y} = \begin{bmatrix} y_1 \\ y_2 \\ \cdots \\ y_m \end{bmatrix} \quad \hat{\boldsymbol{X}} = \begin{bmatrix} 1 & x_{11} & x_{12} & \cdots & x_{1n} \\ 1 & x_{21} & x_{22} & \cdots & x_{2n} \\ \cdots & \cdots & \cdots & \cdots & \cdots \\ 1 & x_{m1} & x_{m2} & \cdots & x_{mn} \end{bmatrix} \quad \hat{\boldsymbol{W}} = \begin{bmatrix} \hat{w}_0 \\ \hat{w}_1 \\ \cdots \\ \hat{w}_n \end{bmatrix}$$

此时，多元回归模型可写为如下形式：$Y = \hat{X}\hat{W}$。

2. 损失函数

上述多元线性回归模型需要估计的参数为 $\hat{W}$，估计方法采用最小二乘法。设 $\hat{Y}$ 是对 Y 的预测值，则 $\hat{Y}$ 的第 i 个分量为 $\hat{Y}_i = \hat{y}_0 + \hat{w}_1 x_{i1} + \hat{w}_2 x_{i2} + \cdots + \hat{w}_n x_{in}$，多元回归模型的平方损失函数为 $L\left(\hat{W}\right) = \sum_{i=1}^{m}\left(Y_i - \hat{Y}_i\right)^2 = \sum_{i=1}^{m}\left(Y_i - \hat{w}_0 - \hat{w}_1 x_{i1} - \cdots - \hat{w}_n x_{in}\right)^2$。要使 $L(\hat{W})$ 最小，就是选择适当的回归系数 $\hat{w}_0, \hat{w}_1, \cdots, \hat{w}_n$，而这些系数可通过 $L(\hat{W})$ 关于 $\hat{W}$ 的一阶导数为 0 求得。

3. 参数估计

令 $L(\hat{W})$ 关于 $\hat{w}_0, \hat{w}_1, \cdots, \hat{w}_n$ 的一阶导数为 0，则

$$\begin{cases} \dfrac{\partial L(\hat{W})}{\partial \hat{W}_0} = -2\sum_{i=1}^{m}(y_i - \hat{W}_0 - \hat{W}_1 x_{i1} - \cdots - \hat{W}_n x_{in}) = 0 \\ \dfrac{\partial L(\hat{W})}{\partial \hat{W}_1} = -2\sum_{i=1}^{m}(y_i - \hat{W}_0 - \hat{W}_1 x_{i1} - \cdots - \hat{W}_n x_{in}) x_{i1} = 0 \\ \qquad \cdots \\ \dfrac{\partial L(\hat{W})}{\partial \hat{\hat{W}}_n} = -2\sum_{i=1}^{m}(y_i - \hat{W}_0 - \hat{W}_1 x_{i1} - \cdots - \hat{W}_n x_{in}) x_{in} = 0 \end{cases}$$

求出 $w_1, w_2, \cdots, w_n$ 的估值 $\hat{w}_0, \hat{w}_1, \cdots, \hat{w}_n$。为此对该方程细化改写如下：

$$
\begin{cases}
\sum_{i=1}^{m} y_i = m\hat{w}_0 + \left(\sum_{i=1}^{m} x_{i1}\right)\hat{w}_1 + \cdots + \left(\sum_{i=1}^{m} x_{in}\right)\hat{w}_n \\
\sum_{i=1}^{m} x_{i1} y_i = \left(\sum_{i=1}^{m} x_{i1}\right)\hat{w}_0 + \left(\sum_{i=1}^{m} {x_{i1}}^2\right)\hat{w}_1 + \cdots + \left(\sum_{i=1}^{m} x_{i1}x_{in}\right)\hat{w}_n \\
\cdots \\
\sum_{i=1}^{m} x_{in} y_i = \left(\sum_{i=1}^{m} x_{in}\right)\hat{w}_0 + \left(\sum_{i=1}^{m} x_{in}x_{i1}\right)\hat{w}_1 + \cdots + \left(\sum_{i=1}^{m} {x_{in}}^2\right)\hat{w}_n
\end{cases}
\quad (***)
$$

该方程组为正规方程组，为表示成矩阵形式，设 $\boldsymbol{A}$ 是其系数矩阵，$\boldsymbol{B}$ 是常数项向量，$\hat{w}$ 是向量 $\boldsymbol{W}$ 的估计值，则

$$
\boldsymbol{A} = \begin{bmatrix} m & \sum_{i=1}^{m} x_{i1} & \cdots & \sum_{i=1}^{m} x_{in} \\ \sum_{i=1}^{m} x_{i1} & \sum_{i=1}^{m} x_{i1}^2 & \cdots & \sum_{i=1}^{m} x_{i1}x_{in} \\ \cdots & \cdots & \cdots & \cdots \\ \sum_{i=1}^{m} x_{in} & \sum_{i=1}^{m} x_{in}x_{i1} & \cdots & \sum_{i=1}^{m} x_{in}^2 \end{bmatrix} = \begin{bmatrix} 1 & 1 & \cdots & 1 \\ x_{11} & x_{21} & \cdots & x_{m1} \\ \cdots & \cdots & \cdots & \cdots \\ x_{1n} & x_{2n} & \cdots & x_{mn} \end{bmatrix} \begin{bmatrix} 1 & x_{11} & \cdots & x_{1n} \\ 1 & x_{21} & \cdots & x_{2n} \\ \cdots & \cdots & \cdots & \cdots \\ 1 & x_{m1} & \cdots & x_{mn} \end{bmatrix} = X^T X
$$

$$
\boldsymbol{B} = \begin{bmatrix} \sum_{i=1}^{m} y_i \\ \sum_{i=1}^{m} x_{i1} y_i \\ \cdots \\ \sum_{i=1}^{m} x_{in} y_i \end{bmatrix} = \begin{bmatrix} 1 & 1 & \cdots & 1 \\ x_{11} & x_{21} & \cdots & x_{m1} \\ \cdots & \cdots & \cdots & \cdots \\ x_{1n} & x_{2n} & \cdots & x_{mn} \end{bmatrix} \begin{bmatrix} y_1 \\ y_2 \\ \cdots \\ y_m \end{bmatrix} = X^T Y
$$

将 $\boldsymbol{A}$ 和 $\boldsymbol{B}$ 代入正规方程（***），可得到该方程的矩阵形式 $A\hat{w} = B$ 或 $\left(X^T X\right)\hat{w} = X^T Y$。当系数 $X^T X$ 可逆时，可解出 $\hat{w} = A^{-1}B = \left(X^T X\right)^{-1}\left(X^T Y\right)$，其中 $\hat{w}$ 是所求的回归系数的估计。相应的对 y 的估值 $\hat{y}$ 的经验回归方程为 $\hat{y} = \hat{w}_0 + \hat{w}_1 x_1 + \hat{w}_2 x_2 + \cdots + \hat{w}_n x_n$。

5.4 决策树学习

决策树学习是一种以示例为基础的归纳学习方法，也是目前最流行的归纳学习方法之一，常用的有处理离散属性的 ID3 算法和可以处理连续属性的 C4.5 算法。

5.4.1 决策树的概念

决策树是由节点和边构成的用来描述分类过程的层次数据结构。根节点表示分类的开始，叶节点表示一个实例的结束，中间节点表示相应实例中的某一属性，边则代表某一属性可能的属性值。在决策树中，从根节点到叶节点的每条路径都代表一个具体的实例，并且同一路径上的所有属性之间为合取关系，不同路径（即一个属性的不同属性值）之间为析取关系。决策树的分类过程是从树的根节点开始，按照给定实例的属性值去测试对应的树枝，并依次下移，直至到达某个叶节点为止。

图 5.4 是一个简单的鸟类识别决策树。根节点包含了各种鸟类，叶节点是所能识别的各种鸟的名称，中间节点是不同鸟类的一些属性，边是鸟的某一属性的属性值。从根节点到叶节点的每条路径都描述了一种鸟，包括该种鸟的一些属性及相应的属性值。

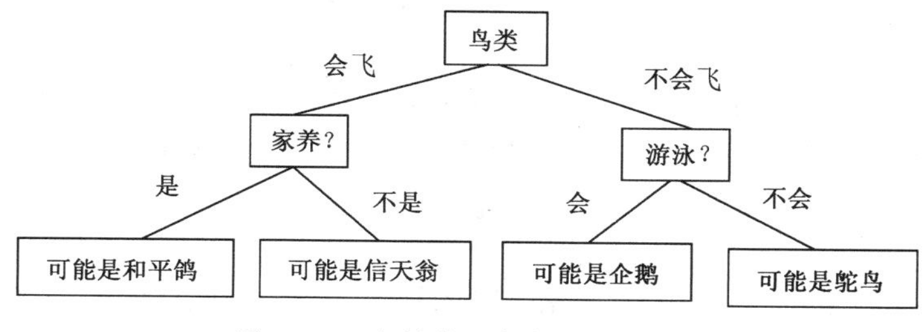

图 5.4　一个简单的鸟类识别决策树

决策树还可以表示成规则的形式。如图 5.4 所示的决策树可表示为如下规则集：

IF　鸟类会飞　AND　是家养的　THEN　该鸟类是和平鸽
IF　鸟类会飞　AND　不是家养的　THEN　该鸟类是信天翁
IF　鸟类不会飞　AND　会游泳　THEN　该鸟类是企鹅
IF　鸟类不会飞　AND　不会游泳　THEN　该鸟类是鸵鸟

决策树学习过程实际上是一个构造决策树的过程。其学习前提是必须有一组训练实例，学习结果是由这些训练实例构造出来的一棵决策树。当学习完成后，就可以利用这棵决策树对未知事物进行分类。

5.4.2　ID3 算法

ID3 算法是昆兰（J. R. Quinlan）于 1979 年提出的一种以信息熵（entropy）下降速度最快作为属性选择标准的一种学习算法。其输入是一个用来描述各种已知类别的例子集，学习结果是一棵用于进行分类的决策树。

1．信息熵和信息增益

信息熵和信息增益是 ID3 算法的重要数学基础，为更好地理解和掌握 ID3 算法，下面先简单讨论这两个概念。

（1）信息熵

信息熵（information entropy）是对信源整体不确定性的度量。假设 S 为样本集，S 中所有样本的类别有 k 种，如 $y_1, y_2, \cdots, y_k$，各种类别样本在 S 上的概率分别为 $P(y_1)$, $P(y_2), \cdots, P(y_k)$，则 S 的信息熵可定义为：

$$
\begin{aligned}
E(S) &= -P(y_1)\log P(y_1) - P(y_2)\log P(y_2) - \cdots - P(y_k)\log P(y_k) \\
&= -\sum_{j=1}^{k} P(y_j)\log P(y_j)
\end{aligned}
$$

其中，概率 $P(y_j)$（j=1, 2, ⋯, k），实际上是类别为 y_i 的样本在 S 中所占的比例；对数可以是以各种数为底的对数，在 ID3 算法中采用以 2 为底的对数。$E(S)$的值越小，S 的不确定性越小，即其确定性越高。

（2）信息增益

信息增益（information gain）是对两个信息量之间的差的度量。其讨论涉及样本集 S 中样本的结构。

对 S 中的每个样本，从其结构看，除了刚才提到的样本类别，还有其条件属性，或简称为属性。若假设 S 中的样本有 m 个属性，其属性集为 $X=\{x_1, x_2, \cdots, x_m\}$，且每个属性均有 r 种取值，则可以根据属性的不同取值，将样本集 S 划分成 r 个不同的子集 $S_1, S_2,\cdots, S_r$。

在此结构下，可得到由属性 x_i 的不同取值对样本集 S 进行划分后的加权信息熵

$$E(S,x_i)=\sum_{t=1}^{r}\frac{|S_t|}{|S|}\times E(S_t)$$

其中，t 为条件属性 x_i 的属性值；S_t 为 $x_i=t$ 时的样本子集；$E(S_t)$为样本子集 S_t 信息熵；$|S|$ 和 $|S_t|$ 分别为样本集 S 和样本子集 S_t 的大小，即 S 和 S_t 中的样本个数。

有了信息熵和加权信息熵，就可以计算信息增益。信息增益是指 $E(S)$和 $E(S, x_i)$之间的差，即

$$G(S,x_i)=E(S)-E(S,x_i)=E(S)-\sum_{t=1}^{r}\frac{|S_t|}{|S|}\times E(S_t)$$

可见，信息增益描述的是信息的确定性，其值越大，信息的确定性越高。

2．ID3 算法的描述

ID3 算法的学习过程实际上是一个以整个样本集为根节点，以信息增益最大为原则，选择条件属性进行扩展，逐步构造出决策树的过程。若假设 $S=\{s_1, s_2,\cdots, s_n\}$为整个样本集，$X=\{x_1, x_2,\cdots, x_m\}$为全体属性集，$Y=\{y_1, y_2,\cdots, y_k\}$为样本类别，则 ID3 算法过程可描述如下：

（1）初始化样本集 $S=\{s_1, s_2,\cdots, s_n\}$和属性集 $X=\{x_1, x_2,\cdots, x_m\}$，生成仅含根节点$(S, X)$的初始决策树。

（2）如果节点样本集中的所有样本都属于同一类别，则将该节点标记为叶节点，并标出该叶节点的类。算法结束。否则执行下一步。

（3）如果属性集为空；或者样本集中的所有样本在属性集上都取相同值，即所有样本都具有相同的属性值（无法进行划分），则同样将该节点标记为叶节点，并根据各类别的样本数量，按照少数服从多数的原则，将该叶节点的类别标记为样本数最多的那个类别。算法结束。否则执行下一步。

（4）计算每个属性的信息增益，并选出信息增益最大的属性对当前决策树进行扩展。

（5）对选定属性的每个属性值，重复执行如下操作，直到所有属性值全部处理完为止：

① 为每个属性值生成一个分支；并将样本集中与该分支有关的所有样本放到一起，形成该新生分支节点的样本子集；

② 若样本子集为空，则将此新生分支节点标记为叶节点，其节点类别为原样本集中最多的类别；

③ 否则，若样本子集中的所有样本均属于同一类别，则将该节点标记为叶节点，并标出该叶节点的类别。

（6）从属性集中删除所选定的属性，得到新的属性集。

（7）转第（3）步。

3．ID3 算法简例

下面通过一个学生选课的简单例子来说明 ID3 算法的学习过程。

例 5.1 用 ID3 算法完成下述学生选课例子。

假设学生对学习深度学习（即 DL）课程有以下 3 种选择，即以下 3 类决策：

y_1：必修 DL

y_2：选修 DL

y_3：不修 DL

专业分为两类：人工智能（即 AI）类专业、非人工智能类专业。做出决策的依据有以下 3 个属性：

x_1：学历层次，$x_1 = 1$ 表示研究生，$x_1 = 2$ 表示本科

x_2：专业类别，$x_2 = 1$ 表示 AI 类，$x_2 = 2$ 表示非 AI 类

x_3：学习基础，$x_3 = 1$ 表示修过 DL，$x_3 = 2$ 表示未修过 DL

表 5.1 给出了一个关于选课决策的训练例子集 S。

表 5.1 关于选课决策的训练例子集

序 号	属 性 值			决策方案 y_j
	x_1	x_2	x_3	
1	1	1	1	y_3
2	1	1	2	y_1
3	1	2	1	y_3
4	1	2	2	y_2
5	2	1	1	y_3
6	2	1	2	y_2
7	2	2	1	y_3
8	2	2	2	y_3

在表 5.1 中，给出的训练例子集 S 的大小为 8。这里可以把整个 S 看成一个离散信息系统，其中的决策方案 y_i 可看成随机事件，属性 x_i 可看成引入的分类信息。ID3 算法依据这些训练例子，以 (S,X) 为根节点，按照信息熵下降最大的原则来构造决策树。

解：按照 ID3 算法，先初始化样本集 $S=\{1, 2, 3, 4, 5, 6, 7, 8\}$和属性集 $X=\{x_1, x_2, x_3\}$，生成仅含根节点(S, X)的初始决策树。其中，样本集 S 中的数字均为样本集中相应样本的编号。然后通过算法第（2）、（3）步，执行其第（4）步，计算根节点(S,X)关于每一个属性的信息增益，并选择具有最大信息增益的属性对根节点进行扩展。

为此，需要先计算根节点的信息熵

$$E(S,X) = -\sum_{j=1}^{3} P(y_j)\log_2 P(y_j)$$

式中，3 为样本集中样本类别的总数；概率 $P(y_j)$为第 j 类样本在整个样本集 S 中所占的比例，即

$$P(y_1) = \frac{1}{8},\ P(y_2) = \frac{2}{8},\ P(y_3) = \frac{5}{8}$$

则有根节点的信息熵

$$E(S,X) = -\frac{1}{8}\times\log_2\frac{1}{8} - \frac{2}{8}\times\log_2\frac{2}{8} - \frac{5}{8}\times\log_2\frac{5}{8} = 1.2988$$

再计算根节点(S, X)关于每个属性的加权信息熵

$$E((S,X),x_i)=\sum_t \frac{|S_t|}{|S|}\times E(S_t,X)$$

其中，t 为属性 x_i 的属性值；S_t 为 $x_i=t$ 时的样本子集；$|S|$、$|S_t|$ 分别为样本集 S 和样本子集 S_t 的大小，即相应集合中的样本个数。

先考虑属性 x_1，由表 5.1 可知，其属性值为 1 或者 2。

当 $x_1=1$ 时，$t=1$，有 $S_1=\{1, 2, 3, 4\}$；

当 $x_1=2$ 时，$t=2$，有 $S_2=\{5, 6, 7, 8\}$；

其中，S_1 和 S_2 中的数字均为样本集中相应样本的编号，且有 $|S|=8$，$|S_1|=|S_2|=4$。

由 S_1 可知

$$P_{S_1}(y_1)=\frac{1}{4},\ P_{S_1}(y_2)=\frac{1}{4},\ P_{S_1}(y_3)=\frac{2}{4}$$

则

$$\begin{aligned}E(S_1,X)&=-P_{S_1}(y_1)\log_2 P_{S_1}(y_1)-P_{S_1}(y_2)\log_2 P_{S_1}(y_2)-P_{S_1}(y_3)\log_2 P_{S_1}(y_3)\\&=-\frac{1}{4}\times\log_2\frac{1}{4}-\frac{1}{4}\times\log_2\frac{1}{4}-\frac{2}{4}\times\log_2\frac{2}{4}=1.5\end{aligned}$$

再由 S_2 可知

$$P_{S_2}(y_1)=0,\ P_{S_2}(y_2)=\frac{1}{4},\ P_{S_2}(y_3)=\frac{3}{4}$$

则

$$\begin{aligned}E(S_2,X)&=-P_{S_2}(y_2)\log_2 P_{S_2}(y_2)-P_{S_2}(y_3)\log_2 P_{S_2}(y_3)\\&=-\frac{1}{4}\times\log_2\frac{1}{4}-\frac{3}{4}\times\log_2\frac{3}{4}=0.8113\end{aligned}$$

将 $E(S_1, X)$和 $E(S_2, X)$代入加权信息熵公式，有

$$\begin{aligned}E((S,X),x_1)&=\frac{|S_1|}{|S|}\times E(S_1,X)+\frac{|S_2|}{|S|}\times E(S_2,X)\\&=\frac{4}{8}\times 1.5+\frac{4}{8}\times 0.8113=1.1557\end{aligned}$$

同样可以求得

$$E((S,X),x_2)=1.1557 \qquad E((S,X),x_3)=0.75$$

据此，可求得各属性的信息增益为：

$$G((S,X),x_1)=E(S,X)-E((S,X),x_1)=1.2988-1.1557=0.1431$$

$$G((S,X),x_2)=E(S,X)-E((S,X),x_2)=1.2988-1.1557=0.1431$$

$$G((S,X),x_3)=E(S,X)-E((S,X),x_3)=1.2988-0.75=0.5488$$

显然，x_3 的信息增益最大，因此应先选择 x_3 对根节点进行扩展。

接着执行算法第（5）步，对属性 x_3 的所有属性值分别生成根节点(S, X)的不同分支节点。先取 $x_3=1$，生成根节点(S, X)的左分支节点。由于 $t=1$，设所得节点的样本子集为 S_1，则 $S_1'=\{1,3,5,7\}$。由于该样本子集 S_1 中的所有样本均属于同一类别，故将该节点标记为叶节点，并标出其类别 y_3。

再取 $x_3=2$，生成根节点(S, X)的右分支节点。由于 $t=2$，设所得节点的样本子集为 S_2'，

则有 $S_2'=\{2,4,6,8\}$。显然，该样本子集非空，且其中的样本并非同一类别，故算法第（5）步全部完成。

接着执行算法第（6）步，从属性集 $X=\{x_1,x_2,x_3\}$ 中删除本轮扩展所选定的属性 x_3，得到新的属性集 $X_1=\{x_1,x_2\}$。至此，根节点 (S,X) 的扩展过程完成，得到的当前部分决策树如图 5.5 所示。

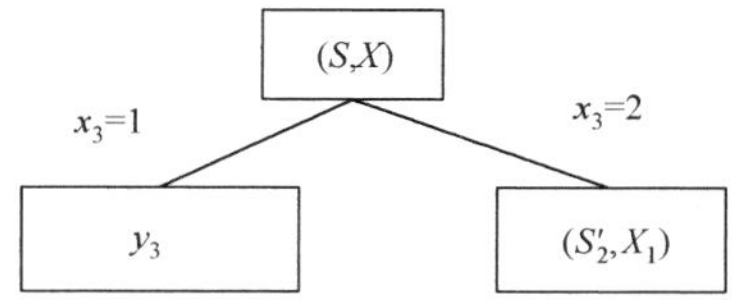

图 5.5　扩展根节点后的部分决策树

然后返回算法第（3）步，进入下一轮扩展过程。显然该步的条件不满足，接着执行算法第（4）步，计算节点 (S_2', X_1) 下各属性的信息增益，并选择具有最大信息增益的属性对决策树进行扩展，其过程如下。

先计算节点 (S_2', X_1) 的信息熵：

$$E(S_2',X_1)=-\frac{1}{4}\times\log_2\frac{1}{4}-\frac{1}{4}\times\log_2\frac{1}{4}-\frac{2}{4}\times\log_2\frac{2}{4}=1.5$$

再分别计算节点 (S_2', X_1) 关于属性 x_1 和 x_2 的信息熵、加权信息熵和信息增益。

先考虑属性 x_1，对 x_1 的不同属性值：

当取 x_1=1 时，有 t=1，设所得样本子集为 S_{21}'，则 $S_{21}'=\{2,4\}$；

当取 x_1=2 时，有 t=2，设所得样本子集为 S_{22}'，则 $S_{22}'=\{6,8\}$；

其中，S_{21}' 和 S_{22}' 中的数字也为样本集 S 中各样本的序号，且 $|S_2'|=4$，$|S_{21}'|=|S_{22}'|=2$。

若取 x_1=1，不同类别样本在 S_{21}' 上的概率分别为

$$P_{S_{21}'}(y_1)=\frac{1}{2},\ P_{S_{21}'}(y_2)=\frac{1}{2},\ P_{S_{21}'}(y_3)=0$$

故有节点 (S_2', X_1) 关于属性 x_1=1 的信息熵

$$E(S_{21}',X_1)=-\frac{1}{2}\log_2\frac{1}{2}-\frac{1}{2}\log_2\frac{1}{2}=1$$

若取 x_1=2，不同类别样本在 S_{22}' 上的概率分别为

$$P_{S_{22}'}(y_1)=0,\ P_{S_{22}'}(y_2)=\frac{1}{2},\ P_{S_{22}'}(y_3)=\frac{1}{2}$$

故有节点 (S_2', X_1) 关于属性 x_1=2 的信息熵

$$E(S_{22}',X_1)=-\frac{1}{2}\times\log_2\frac{1}{2}-\frac{1}{2}\times\log_2\frac{1}{2}=1$$

由 $E(S_{21}',X_1)$ 和 $E(S_{22}',X_1)$ 可求出 x_1 的加权信息熵

$$E((S_2',X_1),x_1)=\frac{|S_{21}'|}{|S_2'|}E(S_{21}',X_1)+\frac{|S_{22}'|}{|S_2'|}E(S_{22}',X_1)=\frac{2}{4}\times1+\frac{2}{4}\times1=1$$

进而求出 x_1 的信息增益

$$G((S_2',X_1),x_1)=E(S_2',X_1)-E((S_2',X_1),x_1)=1.5-1=0.5$$

再考虑属性 x_2，对 x_2 的不同属性值：

当取 x_2=1 时，有 t=1，设所得样本子集为 S_{21}''，则 $S_{21}''=\{2,6\}$；

当取 x_2=2 时，有 t=2，设所得样本子集为 S_{22}''，则 $S_{22}''=\{4,8\}$；

其中，S_{21}'' 和 S_{22}'' 中的数字同样为样本集 S 中各样本的序号，且有 $|S_2|=4$，$|S_{21}''|=|S_{22}''|$=2。

先取 x_2=1，不同类别样本在子集 S''_{21} 上的概率分别为

$$P_{S''_{21}}(y_1)=\frac{1}{2},\quad P_{S''_{21}}(y_2)=\frac{1}{2},\quad P_{S''_{21}}(y_3)=0$$

故有节点(S'_2, X_1)关于属性 x_2=1 的信息熵

$$E(S''_{21},X_1)=-\frac{1}{2}\times\log_2\frac{1}{2}-\frac{1}{2}\times\log_2\frac{1}{2}=1$$

再取 $x_2=2$，不同类别样本在样本子集 S'_{22} 上的概率分别为

$$P_{S''_2}(y_1)=0,\quad P_{S''_2}(y_2)=0,\quad P_{S''_2}(y_3)=1$$

故有节点(S'_2, X_1)关于属性 x_2=2 的信息熵

$$E(S''_{22},X_1)=-\log_2 1=0$$

由 $E(S''_{21},X_1)$ 和 $E(S''_{22},X_1)$ 可求出 x_2 的加权信息熵

$$E((S'_2,X_1),x_2)=\frac{2}{4}E(S''_{21})+\frac{2}{4}E(S''_{22})=\frac{2}{4}\times 1+\frac{2}{4}\times 0=0.5$$

故 x_2 的信息增益为

$$G((S'_2,X_1),x_2)=E(S'_2,X_1)-E((S'_2,X_1),x_2)=1.5-0.5=1$$

可见，x_2 的信息增益大于 x_1 的信息增益，因此应先扩展属性 x_2。

接着执行算法第（5）步，对属性 x_2 的所有取值分别生成节点(S'_2,X_1)的不同分支节点。当 x_2=1 时，生成其左子节点；当 x_2=2 时，生成其右子节点。由于这两个节点的样本子集均非空，且同一样本子集内的不同样本不为同一类别，故执行算法第（6）步，从当前属性集 $X_1=\{x_1, x_2\}$ 中删除本轮扩展所选定的属性 x_2，得到新的属性集 $X_2=\{x_1\}$。当前的部分决策树如图 5.6 所示。

接着返回算法第（3）步，进入下一轮扩展过程。由于第（3）步中的条件都不满足，故执行第（4）步。由于此时属性集 X 中只有 x_1，无须再进行属性选择，直接执行算法第（5）步，对属性 x_1 的所有取值，依次完成对各非叶节点的扩展，并将所有新生分支节点标记为叶节点。

然后执行算法第（6）步，此时从 $X_2=\{x_1\}$ 中删除属性 x_1，当前属性集为空。然后返回算法第（3）步，此时因属性集为空，算法结束，图 5.7 为最终所得完整决策树，其含义如图 5.8 所示。其中，从根节点到每个叶节点的路径都代表了一条知识。

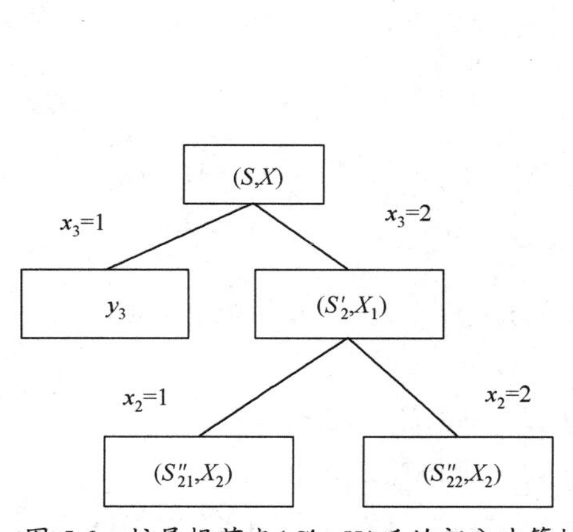

图 5.6　扩展根节点(S'_2, X_1)后的部分决策树

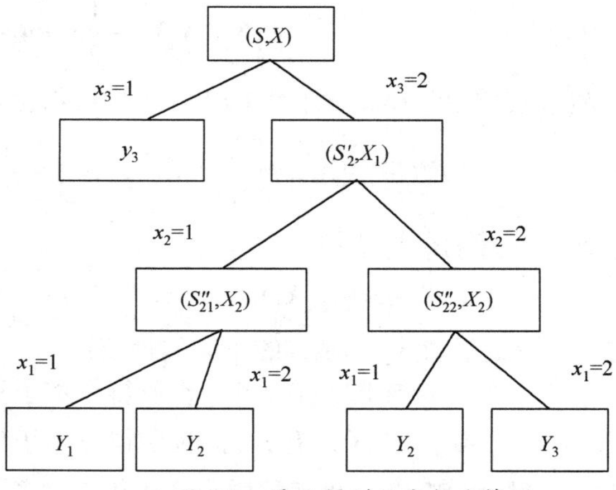

图 5.7　最终得到的完整决策树

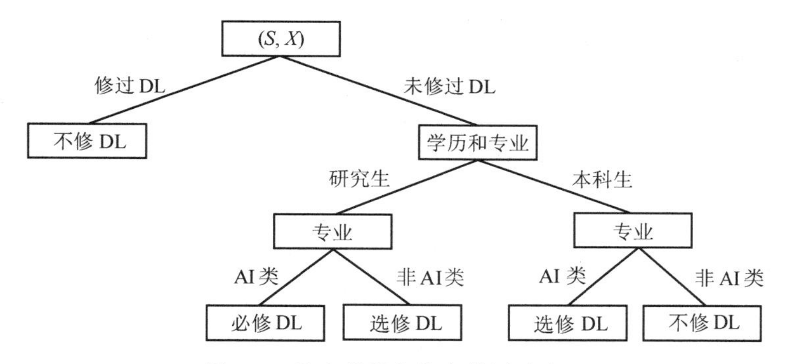

图 5.8 最终所得完整决策树的含义

上面通过一个简单例子给出了 ID3 算法的一个完整过程。ID3 算法的主要优点是算法效率比较高，其存在的主要问题是当属性较多、取值范围较大时，信息熵的计算量很大，得到的决策树很庞大。目前，已有多种 ID3 算法的改进算法。本书不再更多讨论。

5.5 统计学习

统计学习是一种基于小样本统计学习理论的机器学习方法，其最典型的学习方法是支持向量机（Support Vector Machine，SVM）。本节主要讨论小样本统计学习的基本理论和支持向量机学习方法。

5.5.1 小样本统计学习理论

小样本（也称为有限样本）统计学习理论是一种研究在小样本情况下机器学习规律的一种理论。其核心是结构风险最小化原理，涉及的主要概念包括经验风险、期望风险和 VC 维（Vapnik-Chervonenkis Dimension）等。

1. 经验风险

经验风险最小是统计学习理论的基本内容之一。其主要目的是根据给定的训练样本，求出以联合概率分布函数 $P(x, y)$表示的输入变量集 x 和输出变量集 y 之间未知的依赖关系，并使其期望风险最小。这一过程可大致描述如下。

设有 n 个独立且同分布（即具有相同概率分布）的训练样本$(x_1, y_1), (x_2, y_2), \cdots, (x_n, y_n)$，为了求出 x 与 y 之间的依赖关系，可以先在一个函数集$\{f(x, w)\}$中找出一个最优函数$f(x, w_0)$，再用该最优函数对依赖关系进行估计，并使如下期望风险函数最小。

$$R(w) = \int L(y, f(x,w))\mathrm{d}P(x,y) \tag{5.1}$$

在式（5.1）中，函数集$\{f(x, w)\}$被称为学习函数（或预测函数）集，可以是任何函数集，如数量集、向量集、抽象元素集等。$f(x, w)$通过对训练样本的学习，得到一个最优函数 $f(x, w_0)$，w 是广义参数，w_0 是可以使$f(x, w)$为最优的具体的 w。$L(y, f(x, w))$是特定的损失函数，表示因预测失误而产生的损失，其具体表示形式与学习问题的类型有关。

对上述期望风险函数，由于其概率分布函数 $P(x, y)$未知，因此无法直接计算。解决方法是，先用样本损失函数的算术平均值计算出经验风险函数

$$R_{\text{emp}}(w) = \frac{1}{n}\sum_{i=1}^{n} L(y_i, f(x_i, w)) \tag{5.2}$$

再用该经验风险函数去对上述期望风险函数进行估计。

统计学习的目标是设计学习算法，使该经验风险函数最小化。这一原理也被称为经验风险最小化原理。

2．VC 维

VC 维是小样本统计学习理论的又一个重要概念，用于描述构成学习模型的函数集合的容量及学习能力。通常，函数集合的 VC 维越大，其容量越大、学习能力越强。由于 VC 维是通过“打散”操作定义的，因此在讨论 VC 维概念之前，先讨论打散操作。

（1）打散操作

样本集的打散（shatter）操作可描述如下。

假设 X 为样本空间，S 是 X 的一个子集，H 是由指示学习函数所构成的指示函数集。指示学习函数是指其值只能取 0 或 1（或者–1 或 1）的学习函数。对一个样本集 S，若其大小为 h，则它应该有 2^h 种划分（dichotomy）。假设 S 中的每种划分都能被 H 中的某个指示函数将其分为两类，则称函数集 H 能够打散样本集 S。

例 5.2 对二维实空间 R^2，假设给定的样本集 S 为 R^2 中的不共线的三个数据点，每个数据点有两种状态，指示函数集 H 为有向直线的集合，问 H 是否可以打散 S?

解：S 中不共线的 3 个数据点可构成 2^3 种不同的点集，如图 5.9 所示。可以看出，每点集中的数据点都能被 H 中的一条有向直线按其状态分为两类：位于有向直线正方向一侧的数据点为一类，而位于有向直线负方向一侧的数据点为另一类。因此，H 能够打散 S。

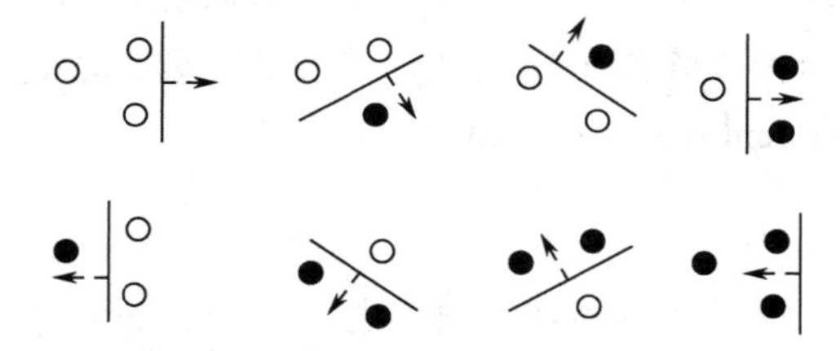

图 5.9 在 R^2 中被 H 打散的三个数据点

（2）VC 维的确定

VC 维用来表示指示函数集 H 能够打散一个样本集 S 的能力，其值定义为能被 H 打散的 X 的最大有限子集的大小。若样本空间 X 的任意有限子集都可以被 H 打散，则其 VC 维为∞。

例如，对例 5.2，指示函数集 H 中的有向直线能够将大小为 3 的 X 的子集 S 打散，因此 H 的 VC 维至少为 3。现在的问题是，它有可能更高吗？

为确定 H 的 VC 维的值，还需要进一步分析。在 R^2 中，H 是否可以打散由 4 个数据点构成的样本集 S 呢？由图 5.10 可以看出，具有 4 个数据点的样本集不能用 H 中的有向直线将其打散。

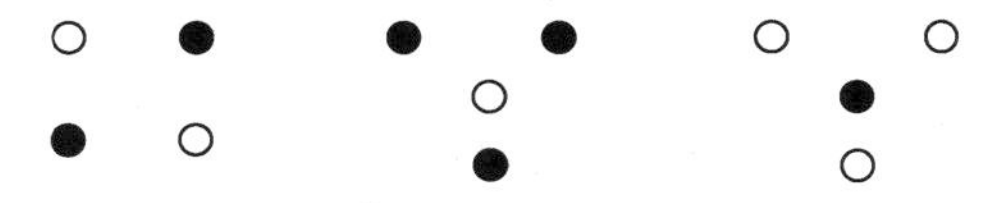
图 5.10　在 R^2 中不能被 H 打散的 4 个点

可见，在 R^2 中，由有向直线所构成的指示函数集 H 所能打散的 R^2 的最大子集为 3，因此 H 的 VC 维为 3。

需要指出的是，目前还没有一套关于任意 H 的 VC 维的计算理论，只是对一些特殊空间才知道其 VC 维。例如，对 n 维空间，知道其 VC 维为 n+1。

3．结构风险最小化原理

统计学习理论的研究表明，对线性可分问题有如下结论：期望风险函数与经验风险函数之间至少以概率 $1-\eta$ 满足如下量化关系：

$$R(w) \leqslant R_{\text{emp}}(w) + \sqrt{\frac{h(\ln(2n/h)+1) - \ln(\eta/4)}{n}} \tag{5.3}$$

式中，h 为 VC 维，n 为样本数，η 为满足 $0 \leqslant \eta \leqslant 1$ 的参数。

从式（5.3）可看出，期望风险函数由两部分组成：一部分是基于样本的经验风险函数，即训练误差；另一部分是置信范围，即期望风险函数与经验风险函数差值的上确界。其中，置信范围反映了结构复杂度所带来的风险，VC 维 h 及训练样本数 n 有关。若定义

$$\Phi(h/n) = \sqrt{\frac{h(\ln(2n/h)+1) - \ln(\eta/4)}{n}} \tag{5.4}$$

则式（5.3）可简单地表示为

$$R(w) \leqslant R_{\text{emp}}(w) + \Phi(h/n) \tag{5.5}$$

可见，当训练样本有限时，VC 维越高，经验风险函数和期望风险函数的差别就越大。由此可知，对统计学习，不仅要使经验风险函数最小化，还要降低 VC 维，以缩小置信范围，进而使经验风险函数最小化。

据此，可对结构风险最小化原理做如下描述：同时降低经验风险和置信范围（即 VC 维），使期望风险函数最小化。

5.5.2　支持向量机

支持向量机是一种基于统计学习理论，以 VC 维理论为基础，利用最大间隔算法近似地实现结构风险最小化原理的新型通用机器学习方法。该方法不仅可以很好地解决线性可分问题，还可以利用核函数有效地解决线性不可分问题。

1．线性可分与最优分类超平面

线性可分问题的分类是支持向量机学习方法的基础。对线性可分问题，支持向量机是通过最优分类超平面来实现其分类的。

（1）最优分类超平面的概念

假定有以下 n 个独立、同分布且线性可分的训练样本$(x_1, y_1), (x_2, y_2), \cdots, (x_n, y_n)$。其中，$x_i \in R^n$，$n$ 为输入空间的维数；$y_i \in \{-1, +1\}$，表示仅有两类不同的样本。支持向量机学习的目标是找到一个最优超平面

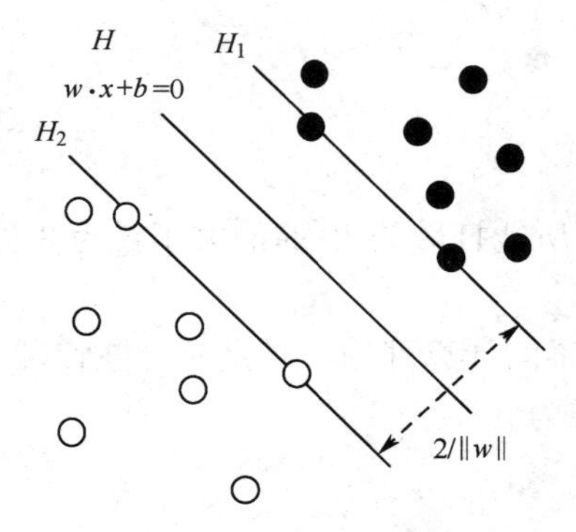

图 5.11 线性可分的最优超平面

$$W \cdot x+b=0$$

将两类不同的样本完全分开。式中，w 是权重向量，“·”是向量的点积，x 是输入向量，b 是一个阈值。

图 5.11 是对最优分类超平面的一个说明。其中，H 为分类超平面，H_1 和 H_2 分别为两个不同类的边界分割平面，它们均与 H 平行，且 H_1 和 H_2 分别通过相应类中离 H 最近的样本点。对分类超平面 H，若能满足 H 与两个类边界分割平面 H_1 和 H_2 等距，且使两个类边界分割平面 H_1 和 H_2 之间的分类间隔最大，则称该分类超平面为最优分类超平面。

两个类边界分割平面之间的分类间隔（margin）是指它们之间的距离。稍后将看到，每个类边界分割平面到最优分类超平面的距离均为 $1/\|w\|$，因此两个类边界分割平面的间隔为 $2/\|w\|$，其中$\|w\|$是欧氏模函数。

从图 5.11 还可以看出，最优超平面仅与在 H_1 和 H_2 上的训练样本点有关，而与其他训练样本点无关。这些分布在 H_1 和 H_2 上的样本点被称为支持向量。因此，支持向量是指那些分布在两个类边界分割平面上的样本点。

（2）最优分类超平面的分类间隔

最优分类超平面作为使分类间隔最大的超平面，可以实现期望风险函数及结构化风险的最小化。对上面给出的类边界分割平面到最优分类超平面的距离，进一步讨论如下。

对线性分类问题，其分类超平面方程的一般形式为

$$w \cdot x+b=0$$

由该方程可以得到一般形式的判别函数

$$g(x)=w \cdot x+b$$

利用该判别函数，通过对 w 和 b 的调整，可以将样本空间的样本点分为如下两类：

$$y_i=\begin{cases}+1 & w \cdot x_i+b \geqslant 0 \\ -1 & w \cdot x_i+b<0\end{cases}$$

为使两个不同类中的所有样本都满足$|g(x)| \geqslant 1$，且只有那些离最优分类超平面最近的样本点才有$|g(x)|=1$，需要对判别函数进行归一化处理，使它满足

$$y_i(w \cdot x_i+b) \geqslant 1 \quad (i=1,2,\cdots,n) \tag{5.6}$$

事实上，由于一个样本点到判别式的距离为

$$\frac{|w \cdot x+b|}{\|w\|} \quad 且 \quad y_i \in\{-1,+1\}$$

因此，一个样本点到判别式的距离可改写为如下形式

$$y_i \frac{|w \cdot x+b|}{\|w\|}$$

对线性可分的样本空间，至少应该有一个常数 D，满足

$$y_i \frac{|w \cdot x+b|}{\|w\|} \geqslant D \tag{5.7}$$

我们希望 D 能够最大化。D 越大，说明样本点到分类超平面的距离越大。

改变 w，可以得到 D 的无穷多个解。为了得到唯一解，约定 $D\|w\|=1$ 或 $D=\frac{1}{\|w\|}$。此时，要使 D 最大化，就需要使$\|w\|$最小化。它可归结为如下二次优化问题

$$\min\frac{1}{2}\|w\|^2 \tag{5.8}$$

其约束条件为 $y_i(w\cdot x_i+b)\geqslant 1$（$i=1,2,\cdots,n$）。

通过对上述二次优化问题的求解，即可得到相应的 w、b 以及最优分类超平面到类边界分割平面的距离 $1/\|w\|$。

事实上，对 n 维空间中的线性可分问题，人们已经证明：若输入向量 x 位于一个半径为 r 的超球内，则对于满足$\|w\|\leqslant A$ 的指示函数集$\{f(x,w,b)=\text{sgn}(w\cdot x+b)\}$，能够推出其 VC 维 h 满足如下上界，即

$$h\leqslant\min(r^2A^2,n)+1$$

由于 r 和 n 已经确定，因此当$\|w\|^2/2$ 最小时，会有 A 最小，从而使 VC 维 h 的上界最小。这一结论实际上是支持向量机对结构风险最小化原理的近似实现。

（3）求解最优分类超平面

求解最优分类超平面，就是要解决式（5.8）给出的二次优化问题，可通过求解拉格朗日函数的鞍点来实现。为此，引入如下拉格朗日函数：

$$L(w,b,a)=\frac{1}{2}\|w\|^2-\sum_{i=1}^{n}\alpha_i(y_i(w\cdot x+b)-1) \tag{5.9}$$

式中，α_i 为拉格朗日乘子，$\alpha_i\geqslant 0$（$i=1,2,\cdots,n$）。该二次规划问题存在唯一的最优解。

在鞍点上，该最优解必须满足对 w 和 b 的偏导数为 0，即

$$\frac{\partial L}{\partial w}=w-\sum_{i=1}^{n}\alpha_i y_i x_i=0 \tag{5.10}$$

$$\frac{\partial L}{\partial b}=\sum_{i=1}^{n}\alpha_i y_i=0 \tag{5.11}$$

将式（5.10）和式（5.11）代入式（5.9），消去 w、b，则

$$\begin{aligned}L(w,b,a)&=\frac{1}{2}\|w\|^2-\sum_{i=1}^{n}a_i y_i(w\cdot x)-\sum_{i=1}^{n}a_i y_i b+\sum_{i=1}^{n}a_i\\&=\frac{1}{2}\left(\sum_{i=1}^{n}a_i y_i x_i\right)^2-\sum_{i=1}^{n}a_i y_i\left(\left(\sum_{i=1}^{n}a_i y_i x_i\right)\cdot x\right)+\sum_{i=1}^{n}a_i\\&=\sum_{i=1}^{n}a_i-\frac{1}{2}\sum_{i=1}^{n}\sum_{j=1}^{n}a_i a_j y_i y_j(x_i\cdot y_j)\end{aligned}$$

即可得到原问题式（5.8）的对偶问题：

$$\max W(\alpha)=\sum_{i=1}^{n}\alpha_i-\frac{1}{2}\sum_{i,j=1}^{n}\alpha_i\alpha_j y_i y_j(x_i\cdot x_j) \tag{5.12}$$

并满足约束条件

$$\sum_{i=1}^{n}\alpha_i y_i = 0,\quad \alpha_i \geqslant 0 \quad (i = 1,2,\cdots,n)$$

满足此约束条件的上述函数的解就是原始问题的最优解。

从上述函数可以看出，那些使 $\alpha_i = 0$ 的样本点对 $\max W(\alpha)$函数没有影响，即对分类问题不起作用。只有那些可以使 $\alpha_i>0$ 的样本点才会对分类问题起作用，而这些样本点正是所定义的支持向量。从支持向量开始求最优超平面的主要过程如下。

首先，从支持向量的样本点中取出任意一个 x_i，根据式（5.6），求出参数 b：

$$b = y_i - w \cdot x_i$$

通常，为了保证稳定性，可对所有支持向量按上式计算，以其平均值作为参数 b 的值。

然后，求出分类判别函数

$$f(x) = \operatorname{sgn}(w \cdot x + b) = \operatorname{sgn}\left(\sum_{i=1}^{m}\alpha_i y_i (x_i \cdot x) + b\right) \quad (5.13)$$

式中，m 为支持向量的个数。

这就是线性可分问题的支持向量机。由于由支持向量机所实现的分类超平面具有最大的分类间隔，故相应算法也被称为最大间隔算法。

2．非线性可分与核函数

尽管上述支持向量机可以有效解决线性可分问题，但对非线性可分问题却无能为力。为有效解决非线性可分问题，支持向量机采用特征空间映射的方式，将非线性可分的样本集映射到高维空间，使其在高维空间中被转变为线性可分。支持向量机实现这一技巧的方法是核函数。

（1）核函数的概念

核函数（kernel function）是一种可以采用非线性映射方式，将低维空间的非线性可分问题映射到高维空间进行线性求解的基函数。支持向量机利用核函数实现非线性映射的思路如下。

在前面对分类超平面的讨论中，无论是寻优目标函数式（5.12）还是判别函数式（5.13），都仅涉及样本点之间的点积运算，如 $x_i \cdot x_j$。设 R^d 是输入空间，H 是高维空间，映射 Φ：$R^d \to H$ 是由输入空间到高维空间的非线性映射。当由 Φ 把输入空间 R^d 中的样本映射到 H 后，在高维空间 H 中构造最优超平面的训练算法，就可以仅使用 H 中的点积运算，如 $\Phi(x_i) \cdot \Phi(x_j)$。假设函数 K 可以在 H 中实现点积运算 $K(x_i, x_j) = \Phi(x_i) \cdot \Phi(x_j)$，则函数 $K(x_i, x_j)$称为核函数。

（2）核函数的使用

根据泛函理论，可以构造满足上述高维空间 H 中点积运算要求的核函数，稍后讨论。这里先讨论高维空间 H 中的寻优目标函数和分类判别函数。

在高维空间 H 中，用核函数 $K(x_i, x_j)$代替输入空间的点积运算 $x_i \cdot x_j$ 后，由式（5.12）描述的输入空间的寻优目标函数，在高维空间 H 中将转化为

$$\max W(\alpha) = \sum_{i=1}^{n}\alpha_i - \frac{1}{2}\sum_{i,j=1}^{n}\alpha_i\alpha_j y_i y_j K(x_i, x_j) \quad (5.14)$$

同样，由式（5.13）描述的输入空间的分类判别函数，在高维空间 H 中将转化为

$$f(x)=\text{sgn}(w\cdot x+b)=\text{sgn}\left(\sum_{i=1}^{m}\alpha_i y_i K(x_i,x)+b\right) \tag{5.15}$$

这就是非线性可分问题的支持向量机。

综上所述，支持向量机是一种用点积函数定义的非线性变换，将非线性可分问题从输入空间变换到高维空间，并在高维空间中求取最优分类面的学习机器。

（3）核函数的类型

核函数作为一种基函数，可以有多种构造方法。常用的核函数主要有多项式核函数、径向基核函数、S 型核函数等。

① 多项式核函数

$$K(x, x_i) = [(x \cdot x_i)+1]^d \tag{5.16}$$

该支持向量机为一个 d 阶多项式分类器。

② 径向基核函数

$$K(x,x_i)=\exp\left(-\frac{\|x-x_i\|^2}{\sigma^2}\right) \tag{5.17}$$

它定义了一个球形核，中心为 x，半径 σ 由用户提供。该支持向量机为一种径向基分类器。

③ S 型核函数

$$K(x, x_i) = t\text{anh}(v(x \cdot x_i)+c) \tag{5.18}$$

它采用 S 函数作为点积，实际上是定义了一种包含隐含层的多层感知器，其隐含层节点的数目由算法自动确定。

3. 支持向量机的结构与实现

（1）支持向量机的结构

根据前面的讨论，支持向量机是一种基于支持向量构造分类判别函数的学习机器，其结构如图 5.12 所示。其核心是核函数，因此其结构复杂度主要由支持向量的数目决定，并非由输入空间的维数决定。

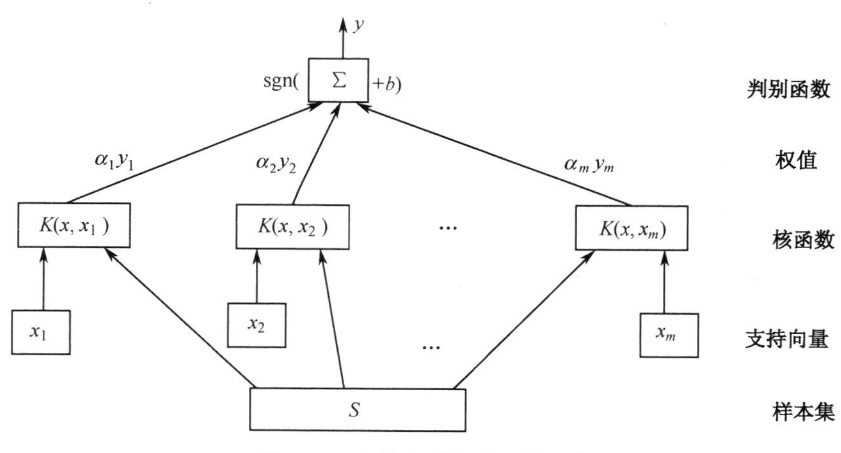

图 5.12　支持向量机的结构示意

从结构上看，支持向量机类似三层神经网络，包括输入层、输出层和隐含层，但支

持向量机与三层神经网络的隐含层节点含义不同。在三层神经网络中，其隐含层节点是神经元，这些神经元的理论意义和作用过程还不太清楚。而在支持向量机中，其隐含层节点是支持向量机，每个支持向量机的理论意义和作用过程非常清楚，就是要实现由样本空间到高维空间的非线性映射。

（2）支持向量机的实现

一般而言，支持向量机可用任何一种程序设计语言来实现，但考虑到其实现效率，采用专门的开发工具会更好。LibSVM 是一个通用的支持向量机开源软件包，提供线性函数、多项式函数、径向基函数和 S 型函数 4 种常用的核函数，可有效地解决分类等问题。

目前，支持向量机已经在手写数字识别、文本分类、语音识别、人脸检测等领域得到成功应用。但它毕竟仍处在发展阶段，还有许多理论和应用问题需要解决。

5.6 集成学习

集成学习（ensemble learning）是一种集众多个体学习器学习结果为一体的机器学习方法。其基本思想是为解决同一问题，先训练出多个个体学习器，再将这些个体学习器结合到一起，最终得到比单个学习器效果更好的学习结果。

5.6.1 集成学习概述

在讨论具体的集成学习方法之前，需要先对集成学习进行概括说明，包括其基本概念、发展过程、基本类型和弱学习器的合成方式。

1．集成学习的基本概念

集成学习是指为解决同一问题，先训练出一系列个体学习器（或称为弱学习器），再根据某种规则把这些个体学习器的学习结果整合到一起，得到比单个个体学习器更好的学习效果。集成学习的基本结构如图 5.13 所示。用来训练个体学习器的学习方法可以有多种，如决策树、人工神经网络等。

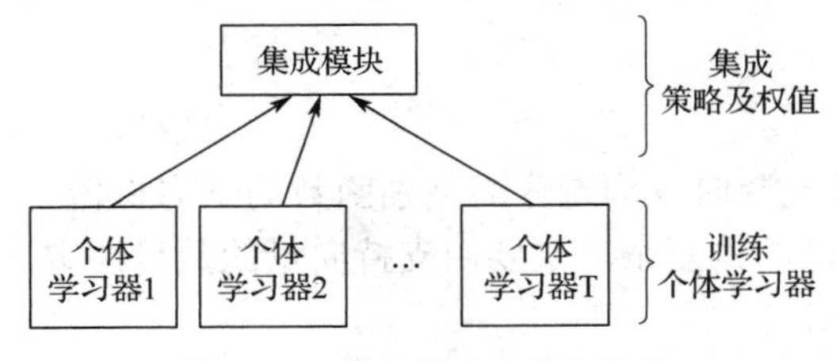

图 5.13 集成学习的基本结构

从上述概念可以看出，集成学习包括两大基本问题：一是个体学习器的构造，二是个体学习器的合成。下面先看第一个问题，第二个问题稍后讨论。根据个体学习器构造方式的不同，集成学习可以有两种解释。

（1）同质集成

同质集成要求构造个体学习器时使用相同类型的学习方法，构造出的多个个体学习器为同质学习器。所谓同质，是指同一类型，如要使用决策树都为决策树，或者要使用神经网络都为神经网络。这种采用相同学习方法构造个体学习器的集成学习称为狭义集成学习，其个体学习器称为基学习器，所用的学习算法称为基学习算法。

（2）异质集成

异质集成不要求构造个体学习器时使用同一类型的学习方法，而是可以异质。所谓异质是指不同类型，如可以同时使用决策树和神经网络去构造个体学习器。这种集成学习又称为广义集成学习，构造个体学习器所用学习算法不再称为基学习算法，构造的个体学习器也不再称为基学习器，而直接称为个体学习器。在集成学习发展的早期，同质集成学习用得较多，随着集成学习自身的发展和应用的深入，人们更倾向于异质集成学习。

2. 集成学习的产生和发展

集成学习的思想最早可追溯到 1990 年。汉森（Hanson）和萨拉蒙（Salamon）通过对神经网络集成的研究，提出了神经网络集成的概念，并证明当单个神经网络的精度高于 50%时，如果按投票的方式把它们集成到一起，则可以明显提高学习系统的泛化能力。学习系统的泛化能力是指机器学习算法对新鲜样本的适应能力。

直到 1996 年，弗罗因德（Freund）和史皮尔（Schapire）提出了著名的 AdaBoost（Adaptive Boost）算法，布雷曼（Breiman）提出了著名的 Bagging 算法。这两大集成学习算法奠定了集成学习的理论基础，形成了集成学习的基本构架，标志着集成学习的真正形成。此后的一些研究主要是对这两大算法的扩展和改进，理论上没有出现大的突破性进展。

3. 集成学习的基本类型

根据个体学习器生成方式以及个体学习器之间依赖关系的不同，集成学习可分为两大基本类：Boosting 方法和 Bagging 方法。

Boosting 方法的基本思想是从初始训练集开始，先为每个训练样本平均分配初始权重，并训练出弱学习器 1；然后通过提高错误率高的训练样本的权重，降低错误率低的训练样本的权重，得到训练样本的新的权重分布，并在该权重分布上训练出弱学习器 2；逐轮迭代，直至达到最大迭代轮数；最后将训练出来的这些弱学习器合成到一起，形成最终的强学习器。Boosting 方法的典型代表是 AdaBoost 算法和提升树（boosting tree）算法。本书主要讨论 AdaBoost 算法。

Bagging 方法则不同，其基本思想是在给定初始训练集和弱学习算法的前提下，每轮迭代都使用可重采样的随机抽样方法，从初始训练集产生出本轮的训练子集，并利用选定的弱学习算法训练出本轮迭代的弱学习器；逐轮迭代，直至达到最大迭代轮数；最后按照某种合成方式将这些训练出来的弱学习器合成到一起，形成最终的强学习器。Bagging 方法的典型代表包括 bagging 算法和随机森林（Random Forest）算法等。本章主要讨论 Bagging 算法。

4. 弱学习器的合成方式

当利用集成学习方法训练出所需要的全部弱学习器后，就需要利用某种合成方式将这些弱学习器集成到一起，形成一个强学习器。根据集成学习方法的不同，弱学习器的合成方法也不相同。对 AdaBoost 算法，各弱学习器在强学习器中的权重是伴随着迭代过程随即形成的；而对 bagging 算法，其训练过程并没有产生各弱学习器在强学习器中的权重，需要按照某种原则进行合成。常用的合成方式包括代数合成法、投票法等。

（1）代数合成法

这种方法是通过代数表达式对诸弱学习器进行合成，获得表达式最大支持的结果作为合成结果输出。常用的代数合成法包括平均法、加权平均法等。

若假设 D 为训练集，X 为训练集的输入向量，Y 为训练集的输出向量；T 为训练过程需要迭代的总轮数；$t=1, 2,\cdots, T$，为训练过程的当前迭代轮数；J 为分类问题的最大类别个数，为弱学习器的分类结果；$h_{t,j}(X)$是弱学习器 t 得出分类结果 j 的判断，若分类结果为 j（j=1, 2,⋯, J），则 $h_{t,j}(X)=1$，否则 $h_{t,j}(X)=0$。平均法为

$$H_{\text{final}}(X)=\arg\max_{j}\frac{1}{T}\sum_{t=1}^{T}h_{t,j}(X)$$

加权平均法为

$$H_{\text{final}}(X)=\arg\max_{j}\frac{1}{T}\sum_{t=1}^{T}w_t h_{t,j}(X)$$

式中，w_t 为为第 t 个弱学习器的权重。

（2）投票法

投票法的基本思想是对训练出来的所有弱分类器，按照某种投票原则进行投票表决。常用的投票方法有相对多数投票、加权投票法等。

相对多数投票法就是少数服从多数，即在 T 个弱学习器中，选择对样本 X 预测结果中得票最多的弱学习器的学习结果作为强学习器的学习结果。加权投票法与加权平均法一样，需要对每个弱学习器的票数再乘以其自身的权重，再对加权票数求和。以简单的多数投票法为例，有

$$H(X)=\arg\max_{y\in Y}\sum_{t=1}^{T}I(h_t(X)=y)$$

其中，符号 I 为取真值运算。当弱学习器 $h_t(x)$的输出与训练样本中 x 对应的输出 y 相同时，$I(h_t(x)=y)$取 1，否则 $I(h_t(x)=y)$取 0。

5.6.2 AdaBoost 算法

如前所述，AdaBoost 算法采用弱学习器的串行生成方式，其各弱学习器之间具有强依赖关系。本节先讨论该算法的训练过程，再给出一个具体的学习简例。

1．AdaBoost 算法的训练过程

为讨论 AdaBoost 算法的训练过程，需要先给出如下假设及符号说明：

① $D=\{(x_1, y_1), (x_2, y_2),\cdots, (x_N, y_N)\}$为训练样本集；

② L 为基础学习算法；

③ T 为训练过程需要迭代的总轮数；

④ t 为训练过程的当前迭代轮数，t=1, 2,⋯, T；

⑤ $P_t(x)$为第 t 轮迭代过程中，样本空间中第 i 个样本 x_i（i=1, 2,⋯, N）被抽取用于训练第 t 个弱学习器的权重，该权重实际上为概率；

⑥ $h_t(x)$ 为第 t 次迭代所得到的弱学习器，$h_t(x)=h(D,P_t(x))$，$h_t(x):x\to\{-1,+1\}$；

⑦ ε_t 为 $h_t(x)$ 在训练集上的分类误差率，即 $h_t(x)\neq y_i$ 的概率；

⑧ α_t 为弱学习器 h_t 在集成过程中所具有的权重；

⑨ $Z_t=\sum_{i=1}^{N}P_t(x_i)\mathrm{e}^{-\alpha_t y_i h_t(x_i)}$ 为归一化因子，其作用是使 $P_{t+1}(x)$ 成为一个概率分布。

AdaBoost 算法的训练过程如下：

（1）输入训练集 $D=\{(x_1, y_1), (x_2, y_2),\cdots, (x_N, y_N)\}$；输入基础学习算法 L；输入训练过程迭代的总轮数 T。

（2）初始化迭代轮数 t=1；初始化训练样本的权重分布 $P_t(x_i)=1/N$（i=1, 2,⋯, N）。

（3）在 $P_t(x)$下进行训练：

① 由学习算法 L 得到弱学习器 $h_t(\boldsymbol{x})=L(D,P_t(\boldsymbol{x}))$。

② 计算 $h_t(x_i)$ 的错误率 $\varepsilon_t=\sum_{i=1}^{N}P_t(x_i)\left[h_t(x_i)\neq y_i\right]$。

③ 如果 $\varepsilon_t>0.5$，则停止添加新的基学习器。

④ 令 $\alpha_t=\frac{1}{2}\ln\left(\frac{1-\varepsilon_t}{\varepsilon_t}\right)$。

⑤ 如果 $t<T$，则更新样本权值

$$\begin{cases} P_{t+1}(x)=\dfrac{P_t(x)}{Z_t}\times\begin{cases}\mathrm{e}^{-\alpha_t} & h_t(x_i)=y_i\\ \mathrm{e}^{\alpha_t} & h_t(x_i)\neq y_i\end{cases} \\ t=t+1 \end{cases}$$

转①，否则训练过程结束。

（4）计算输出

$$H(x)=\mathrm{sign}\left(\sum_{i=1}^{T}\alpha_t h_t(x_i)\right)$$

对以上算法，可用图 5.14 所示的流程图更直观地表示。

2．弱学习器权重的说明

在 AdaBoost 算法中，弱学习器 h_t 的权重 α_t 可由最小化指数损失函数

$$l_{\exp}(\alpha_t h_t\mid P_t)=\mathrm{e}^{-\alpha_t}(1-\varepsilon_t)+\mathrm{e}^{\alpha_t}\varepsilon_t$$

关于 α_t 的偏导数

$$\frac{\partial l_{\exp}(\alpha_t h_t\mid P_t)}{\partial\alpha_t}=-\mathrm{e}^{-\alpha_t}(1-\varepsilon_t)+\mathrm{e}^{\alpha_t}\varepsilon_t$$

为 0 所导出，即令

$$-\mathrm{e}^{-\alpha_t}(1-\varepsilon_t)+\mathrm{e}^{\alpha_t}\varepsilon_t=0$$

则

$$\mathrm{e}^{\alpha_t}\varepsilon_t=\frac{1-\varepsilon_t}{\mathrm{e}^{\alpha_t}}$$

亦即

$$\mathrm{e}^{2\alpha_t}=\frac{1-\varepsilon_t}{\varepsilon_t}$$

将其转换成对数形式，有

$$\alpha_t=\frac{1}{2}\ln\left(\frac{1-\varepsilon_t}{\varepsilon_t}\right)$$

对上述公式，更详细的讨论请参考有关文献。

3．AdaBoost 算法简例

从 AdaBoost 算法的流程可以看出，该算法是一个不断迭代的过程。为加深对其学习过程的理解，下面给出一个 AdaBoost 算法的简单例子。

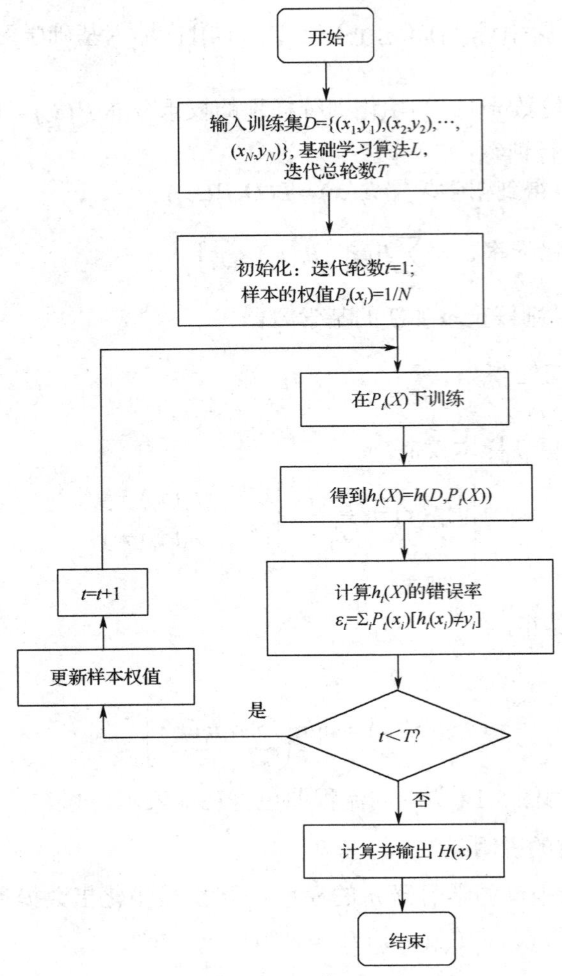

图 5.14 AdaBoost 算法的流程图

例 5.3 假设给出的训练样本如表 5.2 所示。

表 5.2 训练样本集

输入/输出 \ 样本序号	1	2	3	4	5
输入 X	0	1	2	3	4
输出 Y	1	1	-1	1	−1

其中，X 为输入向量，Y 为输出向量，请用 AdaBoost 算法训练出一个强分类器。

解： 问题的实质是对给定的训练样本集

$$D=\{(0,1), (1,1), (2,-1), (3,1), (4,-1)\}$$

如何利用 AdaBoost 算法把 0、1、2、3、4 这 5 个数分为两类。其中，一类的输出为“1”，另一类的输出为“−1”。从训练样本集可以看出，输入数 0、1 对应的输出为“1”，输入数 2 对应的输出为“−1”，输入数 3 对应的输出为“1”，输入数 4 对应的输出为“−1”。因此，训练数据的分界点应该在 x 为 1 和 2 之间，x 为 2 和 3 之间，以及 x 为 3 和 4 之间。例如，x 为 1.5，x 为 2.5，以及 x 为 3.5。

按照 AdaBoost 算法的流程，先初始化训练数据的权值分布。在本例中，训练样本集中的样本总个数 N=5。初始情况下，算法迭代轮数 t=1，每个样本的权值均为 1/N=1/5=0.2，故有初始训练样本集的权值分布为 $P_1(x_i)$=0.2（i=1, 2, 3, 4, 5）。下面进入迭代过程。

（1）迭代过程 1

根据训练样本数据的权值分布 $P_1(x_i)$，经分析可知：

① 对分界点 1.5，若 x<1.5 时 y 取 1，x>1.5 时 y 取−1，则数据 3 被错分，错误率为 0.2；

② 对分界点 2.5，若 x<2.5 时 y 取 1，x>2.5 时 y 取−1，则数据 2、3 被错分，错误率为 0.2+0.2=0.4；

③ 对分界点 3.5，若 x<3.5 时 y 取 1，x>3.5 时 y 取−1，则数据 3 被错分，错误率为 0.2。

可见，无论分界点取 1.5 还是取 3.5，都有数据 3 被错分，它们的错分率都为 0.2，故可任取其中一个。这里取分界点 1.5，得到第 1 轮迭代的弱分类器 1：

$$h_1(x)=\begin{cases}1 & x<1.5\\ -1 & x>1.5\end{cases}$$

此时，数据 0、1、2、4 分类正确，而数据 3 被错分，故错误率 $\varepsilon_1=0.2$。下面根据 ε_1 计算弱分类器 $h_1(x)$在合成过程中的系数：

$$\alpha_1=\frac{1}{2}\ln\left(\frac{1-\varepsilon_1}{\varepsilon_1}\right)=\frac{1}{2}\ln\left(\frac{1-0.2}{0.2}\right)=\frac{1}{2}\ln 4=0.6931$$

它代表 $h_1(x)$在最终强分类器中所占的权重，即 $h_1(x)$的权重为 0.6931。

接着按如下公式

$$P_{t+1}(x)=\frac{P_t(x)}{Z_t}\times\begin{cases}\mathrm{e}^{-\alpha_t} & h_t(x_i)=y_i\\ \mathrm{e}^{\alpha_t} & h_t(x_i)\neq y_i\end{cases}$$

更新训练数据的权值分布，以用于下一轮迭代。

为计算 $P_{t+1}(x)$，首先需要根据公式

$$Z_t=\sum_{i=1}^{N}P_t(x_i)\mathrm{e}^{-\alpha_t y_i h_t(x_i)}$$

计算归一化因子 Z_1，即

$$\begin{aligned}Z_1&=0.2\mathrm{e}^{-\alpha_1\times1\times1}+0.2\mathrm{e}^{-\alpha_1\times1\times1}+0.2\mathrm{e}^{-\alpha_1\times(-1)\times(-1)}+0.2\mathrm{e}^{-\alpha_1\times1\times(-1)}+0.2\mathrm{e}^{-\alpha_1\times(-1)\times(-1)}\\&=0.2\mathrm{e}^{-\alpha_1}+0.2\mathrm{e}^{-\alpha_1}+0.2\mathrm{e}^{-\alpha_1}+0.2\mathrm{e}^{\alpha_1}++0.2\mathrm{e}^{-\alpha_1}=0.8\mathrm{e}^{-\alpha_1}+0.2\mathrm{e}^{\alpha_1}\\&=0.8\mathrm{e}^{-0.6931}+0.2\mathrm{e}^{0.6931}=0.8000\end{aligned}$$

故

$$P_2(x_1)=\frac{P_1(x_1)}{Z_1}\mathrm{e}^{-\alpha_1}=\frac{0.2}{0.8}\times\mathrm{e}^{-0.6931}=0.25\times0.5000=0.1250$$

同理可求得

$$P_2(x_2)=0.1250$$

$$P_2(x_3)=0.1250$$

$$P_2(x_4)=\frac{P_1(x_4)}{Z_1}\mathrm{e}^{\alpha_1}=\frac{0.2}{0.8}\times\mathrm{e}^{0.6931}=0.25\times1.9999=0.5000$$

$$P_2(x_5)=0.1250$$

即

$$P_2(x)=(0.1250, 0.1250, 0.1250, 0.5000, 0.1250)$$

此时，可得到带权重的基本分类器1：

$$H_1(x)=\alpha_1 h_1(x)=0.6931h_1(x)$$

由上面的分析可知，该基本分类器不能实现对样本数据的正确分类，因此求解过程还需要继续迭代。

（2）迭代过程2

此时，迭代轮数t=2，根据如上所求权值分布$P_2(x)$=(0.1250, 0.1250, 0.1250, 0.5000, 0.1250)。还是前面给出的初始训练样本集，经分析可知：

① 对分界点1.5，若x<1.5，y取1；若x>1.5，y取−1，则数据3被错分，错误率为0.5000；

② 对分界点2.5，若x<2.5时y取1，x>2.5时y取−1，则数据2、3被错分，错误率为0.125+0.5000=0.6250，大于0.5，不可取；

③ 对分界点3.5，若x<3.5，y取1；若x>3.5，y取−1，则数据2被错分，错误率为0.1250。

可见，当分界点取3.5时错误率最低，因此可得到弱分类器2：

$$h_2(x)=\begin{cases}1 & x<3.5\\ -1 & x>3.5\end{cases}$$

此时，数据0、1、3、4分类正确，而数据2，故错误率$\varepsilon_2=0.1250$。下面根据ε_2计算弱分类器$h_2(x)$的系数：

$$\alpha_2=\frac{1}{2}\ln\left(\frac{1-\varepsilon_2}{\varepsilon_2}\right)=\frac{1}{2}\ln\left(\frac{1-0.1250}{0.1250}\right)=\frac{1}{2}\ln 7=0.9730$$

它代表$h_2(x)$在最终分类函数中所占的权重，即权重为0.9730。

接着按照如下公式

$$P_{t+1}(x)=\frac{P_t(x)}{Z_t}\cdot\begin{cases}\mathrm{e}^{-\alpha_t} & h_t(x_i)=y_i\\ \mathrm{e}^{\alpha_t} & h_t(x_i)\neq y_i\end{cases}$$

更新训练数据的权值分布，以用于下一轮迭代。

为计算$P_{t+1}(x)$，首先需要根据公式

$$Z_t=\sum_{i=1}^{N}P_t(x_i)\mathrm{e}^{-\alpha_t y_i h_t(x_i)}$$

计算归一化因子Z_2，即

$$\begin{aligned}Z_2&=0.1250\mathrm{e}^{-\alpha_2\times1\times1}+0.1250\mathrm{e}^{-\alpha_2\times1\times1}+0.1250\mathrm{e}^{-\alpha_2\times(-1)\times1}+0.5000\mathrm{e}^{-\alpha_1\times1\times1}+0.1250\mathrm{e}^{-\alpha_1\times(-1)\times(-1)}\\&=\left(0.1250+0.1250+0.5000+0.1250\right)\mathrm{e}^{-\alpha_1}+0.1250\mathrm{e}^{\alpha_1}\\&=0.8750\mathrm{e}^{-0.9730}+0.1250\mathrm{e}^{0.9730}=0.8750\times0.3779+0.1250\times2.6459\\&=0.6614\end{aligned}$$

故

$$P_3(x_1)=\frac{P_2(x_1)}{Z_2}\mathrm{e}^{-\alpha_2}=\frac{0.1250}{0.6614}\times\mathrm{e}^{-0.9730}=0.1890\times0.3779=0.0714$$

同理可求得

$$P_3(x_2)=0.0714$$

$$P_3(x_3)=\frac{P_2(x_3)}{Z_2}\times \mathrm{e}^{\alpha_2}=\frac{0.1250}{0.6614}\mathrm{e}^{0.9730}=0.1890\times 2.6459=0.5001$$

$$P_3(x_4)=\frac{P_2(x_4)}{Z_1}\times \mathrm{e}^{-\alpha_2}=\frac{0.5000}{0.6614}\mathrm{e}^{-0.9730}=0.7560\times 0.3779=0.2857$$

$$P_3(x_5)=0.0714$$

即

$$P_3(x)=(0.0714, 0.0714, 0.5001, 0.2857, 0.0714)$$

此时，可得到带权重的基本分类器 2：

$$H_2(x)=\alpha_2 h_2(x)=0.9730h_2(x)$$

由上面的分析可知，该基本分类器仍不能实现对样本数据的正确分类，因此求解过程还需要继续迭代。

（3）迭代过程 3

此时，迭代轮数 t=3，根据如上所求权值分布 $P_3(x)$=(0.0714, 0.0714, 0.5001, 0.2857, 0.0714)，还是前面给出的初始训练样本集，经分析可知：

① 对分界点 1.5，若 $x<1.5$，y 取 1；若 $x>1.5$，y 取−1，则数据 3 被错分，错误率为 0.2857；

② 对分界点 2.5，若 $x<2.5$，y 取 1；若 $x>2.5$，y 取−1，则数据 2、3 被错分，错误率为 0.5001+0.2857=0.7858，大于 0.5，不可取。若采用 $x>2.5$ 时 y 取 1，$x<2.5$ 时 y 取−1，则数据 0、1、4 被错分，错误率为 0.0714×3=0.2142；

③ 对分界点 3.5，若 $x<3.5$，y 取 1；若 $x>3.5$，y 取−1，则数据 2 被错分，错误率为 0.5001，大于 0.5，不可取。

可见，本次只能取分界点 1.5，因此可得到第 3 个弱分类器：

$$h_3(x)=\begin{cases}1 & x>2.5\\ -1 & x<2.5\end{cases}$$

此时，数据 2、3 分类正确，而数据 0、1、4 被错分，故错误率 $\varepsilon_3=0.0714\times 3=0.2142$。下面根据 ε_3 计算弱分类器 $h_3(x)$的系数：

$$\alpha_3=\frac{1}{2}\ln\left(\frac{1-\varepsilon_3}{\varepsilon_3}\right)=\frac{1}{2}\ln\left(\frac{1-0.2142}{0.2142}\right)=\frac{1}{2}\ln 3.6685=0.6499$$

此时，可得到带权重的基本分类器 3 为：

$$H_3(x)=\alpha_3 h_3(x)=0.6499h_3(x)$$

到目前为止，AdaBoost 算法的迭代过程已经完成。将上述 3 个基本分类器集成到一起，得到的就是一个能够解决所给问题的强分类器，即

$$H(x)=\mathrm{sign}(\alpha_1 h_1(x)+\alpha_2 h_2(x)+\alpha_3 h_3(x))$$

对该强分类器的功能可验证如下：

$$\begin{aligned}H(x_1)&=\mathrm{sign}(\alpha_1 h_1(x_1)+\alpha_2 h_2(x_1)+\alpha_3 h_3(x_1))\\&=\mathrm{sign}(0.6931\times 1+0.9730\times 1+0.6499\times(-1))=\mathrm{sign}1.0162=1\end{aligned}$$

同理可以验证

$$H(x_2) = \text{sign}(\alpha_1 h_1(x_2) + \alpha_2 h_2(x_2) + \alpha_3 h_3(x_2)) = \text{sign}1.0162 = 1$$

$$H(x_3) = \text{sign}(\alpha_1 h_1(x_3) + \alpha_2 h_2(x_3) + \alpha_3 h_3(x_3)) = \text{sign} - 0.3700 = -1$$

$$H(x_4) = \text{sign}(\alpha_1 h_1(x_4) + \alpha_2 h_2(x_4) + \alpha_3 h_3(x_4)) = \text{sign}0.9298 = 1$$

$$H(x_5) = \text{sign}(\alpha_1 h_1(x_5) + \alpha_2 h_2(x_5) + \alpha_3 h_3(x_5)) = \text{sign} - 1.0162 = -1$$

可见，该集成分类器完全可以实现对所有样本数据的正确分类。

5.6.3 Bagging 算法

Bagging 算法的基本思想如前面所述，其每轮迭代过程均使用可重采样的随机抽样方式从初始训练样本集中生成该轮迭代的训练子集。下面仍采用 AdaBoost 算法中给出的符号约定，讨论 Bagging 算法的训练过程。对随机森林算法，本书省略，有兴趣的读者可参考有关文献。

1. Bagging 算法的基本过程

Bagging 算法的基本训练过程可描述如下。

（1）输入训练集 $D=\{(x_1, y_1), (x_2, y_2),\cdots, (x_N, y_N)\}$、基础学习算法 L、训练过程迭代的总轮数 T。

（2）初始化迭代轮数 t=1。

（3）for t=1 to T。

① 采用自助抽样法，从初始训练样本集形成本轮迭代的训练子集 D_t=Bootstrap(D)。

② 利用基础学习算法 L，在本轮训练样本子集 D_t 上生成本轮迭代的弱学习器 $h_t(x)=L(D_t)$。

（4）end for。

（5）输出

$$H(x) = \arg\max_{y\in Y} \sum_{t=1}^{T} I(h_t(x) = y)$$

2. Bagging 算法的流程图

对 Bagging 算法，为了更直观地理解，也可用以图 5.15 所示的流程图来描述。

3. Bagging 算法与 AdaBoost 算法的区别

Bagging 算法和 AdaBoost 算法的区别主要表现在以下 3 方面。

① 训练样本子集的产生方式不同。Bagging 算法的训练样本子集是从初始训练集中使用可重采样方式随机产生的，各轮训迭代所用的训练集子集之间彼此独立。而 AdaBoost 算法每轮迭代使用的训练子集与迭代过程有关，其选择不具有独立性。

② 弱分类器的权重分布不同。Bagging 算法各轮迭代过程得到的弱分类器没有权重，而 AdaBoost 算法各轮迭代过程得到的弱分类器都含有自身的权重系数。

③ 弱分类器的生成顺序不同。对 Bagging 算法，由于其各轮迭代使用的训练样本子集之间相互独立，因此其弱分类器的生成顺序可以并行；AdaBoost 算法则不同，其弱分类器的生成只能是顺序的。

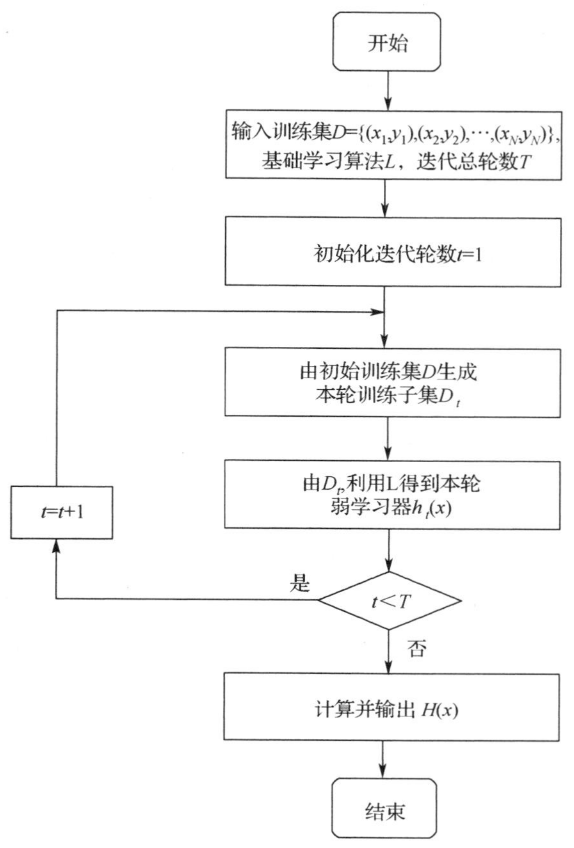

图 5.15　Bagging 算法的流程图

5.7　粗糙集知识发现

粗糙集（Rough Set，RS）是由波兰数学家 Z. Pawlak 于 1982 提出的一种处理含糊概念的数学工具，有着成熟的数学基础，不需要任何知识就可以直接对数据进行分析、发现隐含的知识、揭示潜在规律，因此是一种独具优势的机器学习和知识发现方法。

5.7.1　粗糙集概述

早在 1904 年，谓词逻辑的创始人 G. Frege 就提出了“含糊（vague）”一词，并把它归类到边界上，即在全域上存在一些个体，它们既不在某个子集上，也不在该子集的补集上。前面讨论了模糊计算，但模糊集并没有给出对“含糊”这一概念的数学描述，即无法计算出具体的含糊元素数目。因此，模糊逻辑并未能真正解决“含糊”问题。

直到 1982 年，Z. Pawlak 才根据边界思想提出了粗糙集的概念。在粗糙集中，Frege 提出的边界区域被定义为上近似集与下近似集之间的差集。由于它具有确定的数学公式描述，因此含糊元素的数目是可计算的。与其他处理不确定性问题的方法相比，粗糙集的最大优势是，不需要任何附加的或额外的信息，如统计学中的概率分布、证据理论中的基本概率赋值、模糊集中的隶属度等。1991 年，Z. Pawlak 的第一本关于粗糙集理论及应用的专著出版，极大地推动了国际上对粗糙集理论与应用的深入研究。次年，第一届国际粗糙集会议在波兰召开。自此，国际粗糙集会议每年召开一次。目前，国际、国内对粗糙集的研究十分活跃。

5.7.2 粗糙集的基本理论

粗糙集理论的基础是先定义一种简单的等价关系，并利用等价关系将样本集合划分为等价类，再通过“下近似”和“上近似”引入关于概念（对象类）的不确定边界区域，最后定义相应的粗糙集。

1. 信息系统

在粗糙集理论中，研究的主体和出发点是以数据表形式表示的信息，这种数据表通常被称为信息系统或知识表达系统。

定义 5.1 信息系统是一个四元组 $\mathrm{IS}=(U, A, V, f)$。其中，U 是对象的有限非空集合，也称为域；A 为属性的有限非空集合；V 是属性的值域集合；f 是映射函数，即 $f: U\times A\to V$。有时，信息系统也可以简化为 $\mathrm{IS}=(U, A)$。

对属性集合 A 又可分为条件属性集合 C 和决策属性集合 D 两部分，且满足 $A=C\cup D$，$C\cap D=\varnothing$。这种具有条件属性和决策属性的信息系统也被称为决策表，记为 $T=(U, A, C, D)$，或简称 CD 决策表。

在决策表中，列表示属性，包括条件属性和决策属性；行表示对象，如状态、过程等，且每行表示一条信息。决策表中的数据往往是通过观察或测量等方式得到的。

例如，表 5.3 是一张决策表示例，$U=\{u_1, u_2, u_3, u_4, u_5, u_6\}$，$A=\{a_1, a_2, a_3, a_4\}$，$V=\{1, 2\}$，并且 $C=\{a_1, a_2, a_3\}$，$D=\{a_4\}$，映射函数 f 可将对象的属性映射到其值域，如 $f_{a_1}(u_1)=2$。

表 5.3 决策表示例

U \ A	C			D
	a_1	a_2	a_3	a_4
u_1	2	2	2	2
u_2	2	1	1	2
u_3	2	1	1	2
u_4	1	2	2	1
u_5	2	2	2	1
u_6	1	1	2	1

2. 不分明关系

在粗糙集理论中，Pawlak 将等价关系称为不分明（indiscernibility）关系，或称为不可区分关系。不分明关系是粗糙集理论的重要基础。

定义 5.2 对信息系统 $\mathrm{IS}=(U, A, V, f)$，任意属性集 $B\subseteq A$，关于 B 的不分明关系为

$$\mathrm{IND}(B)=\{(x, y)\in U\times U \mid f_b(x)=f_b(y), b\in B\}$$

可见，若$(x, y)\in \mathrm{IND}(B)$，则对象 x、y 在属性集 B 上是不分明的，即是等价的或不可区分的。

例如，在表 5.3 中，$C=\{a_1,a_2,a_3\}$，$C\subseteq A$，U 中的对象 u_1 和 u_5 对 e 中的所有元素都有 $f_{a_i}(u_1)=f_{a_i}(u_5)$（$i$=1, 2, 3），故有 $\{u_1,u_5\}\in \mathrm{IND}(C)$。同样还有 $\{u_1,u_3\}\in \mathrm{IND}(C)$。即对表 u_1 和 u_5 之间在 C 上是不分明的，对象 u_2 和 u_3 之间在 C 上也是不分明的。

3．等价类和等价划分

依据上述不分明关系的定义，IND(B)会将 U 划分为若干不同的类，从而可以建立任意对象 x 关于 B 的等价类$[x]_B$。

定义 5.3 设 $B\subseteq A$，对任意对象 $x\in U$，B 的等价类为$[x]_B = \{y\in U \mid (x, y)\in \text{IND}(B)\}$。

依据等价类 IND(B)的定义，可将对象集合 U 划分为若干等价类。这些等价类的集合又被称为等价划分，记为 U/IND(B)，或简记为 U/B。

例 5.4 求出表 5.3 所示的信息系统的等价类和等价划分。

解：在表 5.3 所示的信息系统中，$U = \{u_1, u_2, u_3, u_4, u_5, u_6\}$，$C = \{a_1, a_2, a_3\}$，由其条件属性集 C 的不分明关系 IND(C), 导出以下 4 个等价类：

$$[u_1]_C = \{u_1, u_5\},\quad [u_2]_C = \{u_2, u_3\},\quad [u_4]_C = \{u_4\},\quad [u_6]_C = \{u_6\}$$

从而可得到如下等价划分：

$$U/C = \{\{u_1, u_5\}, \{u_2, u_3\}, \{u_4\}, \{u_6\}\}$$

4．上近似和下近似

在现实世界中，有很多不能精确表示的概念，往往是由其边界不能清晰确定所引起的。例如，模糊逻辑中提到的“高”和“低”、“冷”和“热”等概念，它们都没有清晰的边界。如何解决这些问题呢？粗糙集通过上近似和下近似所确定的边界区域来定义相关概念。

定义 5.4 设 $X\subseteq U$，$B\subseteq A$，X 对 B 的下近似 $B_(X)$定义为 X 所包含的关于 B 的所有等价类的并集：

$$B\_(X) = \bigcup\{[x]_B \mid [x]_B \subseteq X\}$$

即

$$B\_(X) = \{x\in U \mid [x]_B \subseteq X\}$$

X 对 B 的上近似 $B^{-}(X)$可定义为与 X 交集非空的关于 B 的所有等价类的并集：

$$B^{-}(X) = \bigcup\{[x]_B \mid [x]_B \cap X \neq \varnothing\}$$

即

$$B^{-}(X) = \{x\in U \mid [x]_B \cap X \neq \varnothing\}$$

例 5.5 对表 5.3 所示的信息系统，令 $X = \{u_1, u_2, u_3\}$，求关于条件属性集 C 的上近似和下近似。

解：对表 5.3 所示的信息系统，例 5.4 已由其条件属性集 $C = \{a_1, a_2, a_3\}$的不分明关系 IND(C)，导出了以下 4 个等价类$\{u_1, u_5\}$、$\{u_2, u_3\}$、$\{u_4\}$、$\{u_6\}$及如下等价划分 $U/C = \{\{u_1, u_5\}$、$\{u_2, u_3\}$、$\{u_4\}$、$\{u_6\}\}$。但由于可被 X 包含的等价类$[u]_C$仅有$\{u_2, u_3\}$，即 X 关于 C 的下近似为

$$C\_(X) = \{u_2, u_3\}$$

又由于$\{u_1, u_5\}\cap\{u_1, u_2, u_3\}\neq\varnothing$，$\{u_2, u_3\}\cap\{u_1, u_2, u_3\}\neq\varnothing$，即与 X 交集非空的等价类$[u]_C$有$\{u_1, u_5\}$和$\{u_2, u_3\}$，因此 X 关于 C 的上近似为

$$C^{-}(X) = \{u_1, u_2, u_3, u_5\}$$

5．边界区域和粗糙集

由上近似和下近似的定义，我们就可以定义边界区域和粗糙集了。

定义 5.5 设 $X\subseteq U$，$B\subseteq A$，对象集 X 关于属性集 B 的边界区域定义为

$$\mathrm{BN}_B(x) = B^{-}(X)-B_{-}(X)$$

定义 5.6 设 $X\subseteq U$，$B\subseteq A$，由对象集 X 关于属性集 B 的边界区域的定义，若 $\mathrm{BN}_B(x)\neq\varnothing$，则称 $\mathrm{BN}_B(x)$是对象集 X 关于属性集 B 的粗糙集。

例 5.6 对表 5.3 所示的信息系统，令 $X = \{u_1, u_2, u_3\}$，求 X 关于条件属性 C 的边界区域及其粗糙集。

解：由上例可得到 X 关于 C 的边界区域为

$$\mathrm{BN}_C = C^{-}(X)-C_{-}(X) = \{u_1, u_2, u_3, u_5\}-\{u_2, u_3\} = \{u_1, u_5\}$$

由于 $\mathrm{BN}_C = \{u_1, u_5\}$非空，因此得到对象集 X 关于条件属性集 C 的粗糙集为$\{u_1, u_5\}$。

5.7.3 决策表的约简

在利用决策表进行决策时，首先要考虑决策表中的所有条件属性是否全部都是需要的。如果有些条件属性不需要，那么能否将其删除？怎样删除？这就是我们要研究的决策表约简问题。

决策表约简是指化简决策表中的条件属性和属性值，使决策表在保持原有决策能力的同时，具有较少的条件属性和属性值。这里所说的决策能力，实际上是指分类能力，即依据条件属性值去判别对象的类属的能力。由于可将决策表看做是分类知识，因此决策表约简就是知识约简，即对知识的过滤、压缩和提炼。通常，决策表约简的过程可分为一致性检查、属性约简和属性值约简三个阶段。

1. 一致性检查

由于决策表中的数据往往来自观察或测量，因此可能出现一些不一致的表项。不一致的表项是指这些表项的所有条件属性值都相同，但它们的决策属性值不同。事实上，如果不同表项的所有条件属性值都相同，则说明它们描述的实际上是同一对象；如果它们的决策属性值不同，则意味着它们指定了不同的类属。也就是说，同样的条件得出了不同的结果，因此这样的表项是不一致的。可见，只有删除这些不一致的表项，才能保证决策表所包含的分类知识是一致的。

例如，在表 5.3 所示的信息系统中，对象 u_1 的属性 a_1, a_2, a_3 的属性值分别为 2、2、2；对象 u_5 的属性 a_1, a_2, a_3 的属性值也分别为 2、2、2，所以它们应为同一个对象。但它们的决策属性 a_4 的属性值分别为 2 和 1，显然出现了矛盾，所以这两个表项为不一致表项。

对决策表的一致性检查，就是把 u_1 和 u_5 中的一个删除，以保持决策表（即信息系统）的一致性。例如，把 u_5 删除后所得到的决策表如表 5.4 所示。

表 5.4 删除 u_5 后的决策表

U \ A	C			D
	a_1	a_2	a_3	a_4
u_1	2	2	2	2
u_2	2	1	1	2
u_3	2	1	1	2
u_4	1	2	2	1
u_6	1	1	2	1

2. 属性约简

属性约简实际上就是要消除决策表中某些不必要的列，即对不必要的属性进行过滤。下面从概念、工具、方法的角度讨论属性约简，并给出一个简单实例。

（1）属性约简的基本概念

这些概念主要包括属性的必要性、属性集的约简、约简核、分明矩阵等。对这些概念，下面我们通过相应的定义来描述。

定义 5.7 设 B 为属性集，对于某一属性 $b\in B$，如果有 $\mathrm{IND}(B)=\mathrm{IND}(B-\{b\})$，则称 b 在 B 中是不必要的，否则称 b 在 B 中是必要的。

定义 5.8 设 $\mathrm{B}\subset\mathrm{A}$，若满足以下两个条件：

① $\mathrm{IND}(B)=\mathrm{IND}(A)$；

② 对任意的 $b\in B$, $\mathrm{IND}(B)\neq\mathrm{IND}(B-\{b\})$；

则称 B 是属性集 A 的一个约简。

定义 5.9 若令 $\mathrm{RED}(A)$为 A 的所有约简的集合，属性集 A 的约简核定义为

$$\mathrm{CORE}(A)=\bigcap\mathrm{RED}(A)$$

即 A 的约简核由 A 的所有约简集合的交集构成。

定义 5.10 对信息系统 $\mathrm{IS}=(U,A,V,f)$，令 $U=\{u_1,u_2,\cdots,u_n\}$, $n=|U|$为 U 中元素个数，则 IS 关于属性集 A 的分明矩阵 $M_A(\mathrm{IS})$是一个 $n\times n$ 阶矩阵，且矩阵元素定义为

$$m_{ij}=\{a\in A\mid f_a(u_i)\neq f_a(u_j)\}\qquad(i,j=1,2,\cdots,n)$$

可见，矩阵元素 m_{ij} 就是 U 中个体对象 u_i 和 u_j 有区别的所有属性的集合。并且，$M_A(\mathrm{IS})$ 必定是一个对称矩阵。

例 5.7 对表 5.4 所示的删除 u_5 后的信息系统 IS，求属性集 A 的分明矩阵。

解：由表 5.4 可知，u_5 已在决策表一致性检查中被删除，关于属性集 A 的分明矩阵 $M_A(\mathrm{IS})$如表 5.5 所示。

表 5.5 信息系统 IS 关于属性集 A 的分明矩阵

U	u_1	u_2	u_3	u_4	u_6
u_1		$\{a_2,a_3\}$	$\{a_2,a_3\}$	$\{a_1,a_4\}$	$\{a_1,a_2,a_4\}$
u_2			$\varnothing$	$\{a_1,a_2,a_3,a_6\}$	$\{a_1,a_3,a_4\}$
u_3				$\{a_1,a_2,a_3,a_4\}$	$\{a_1,a_3,a_4\}$
u_4					$\{a_2\}$
u_6					

下面以矩阵元素 m_{13}，即矩阵元素$\{a_2,a_3\}$为例，给出其求法如下。

对属性 a_1，由表 5.5 有，$f_{a_1}(u_1)=2$，$f_{a_1}(u_3)=2$，$f_{a_1}(u_1)=f_{a_1}(u_3)$，没有区别，因此 a_1 不是 m_{13} 中的元素。

对属性 a_2，由表 5.5 有，$f_{a_2}(u_1)=2$，$f_{a_2}(u_3)=1$，$f_{a_2}(u_1)\neq f_{a_2}(u_3)$，有区别，因此 a_2 是 m_{13} 中的元素。

对属性 a_3，由表 5.5 有，$f_{a_3}(u_1)=2$，$f_{a_3}(u_3)=1$，$f_{a_3}(u_1)\neq f_{a_3}(u_3)$，有区别，因此 a_3 是 m_{13} 中的元素。

对属性 a_4，由表 5.5 有，$f_{a_4}(u_1)=2$，$f_{a_4}(u_3)=2$，$f_{a_4}(u_1)=f_{a_4}(u_3)$，没有区别，因此 a_4 不是 m_{13} 中的元素。

因此，$m_{13} = \{a_2, a_3\}$。

对此分明矩阵说明如下：① 由于分明矩阵是对称矩阵，为表达简明，仅给出了该矩阵的上半部分；② 该矩阵对角线上的元素均为空集。

（2）约简核的构造

利用分明矩阵，可以很方便地求出属性集 A 的约简核。即将约简核定义为分明矩阵中所有只包含单一属性元素的矩阵项的集合，即

$$\text{CORE}(A) = \{a \in A | m_{ij} = \{a\}, i, j = 1, 2, \cdots, n\}$$

可见，若某个 m_{ij} 是单属性元素，则 m_{ij} 中的单一属性是必要的。如果缺少，必定会引起信息系统中两个本来可以区分的第 i, j 个对象为不可区分的。

例如，在表 5.5 所示的属性集 A 的分明矩阵 $M_A(\text{IS})$中，只含有单一属性元素的矩阵项仅有 m_{45}，故属性集 A 的约简核

$$\text{CORE}(A) = \{a_2\}$$

可以看出，约简核的生成过程往往会丢失一些不能来自单属性元素的必要属性，即这种约简核本身往往不是相应属性集的约简。因此，必须对上述约简核进行适当扩充，才能生成约简。

（3）约简核的扩充

对属性集 A，通过扩充约简核来构造其约简的方法如下。

① 从分明矩阵中找出所有与约简核不相交的非空元素 m_{ij}，它必定包含多个属性，且这些属性中至少有一个是必要的，否则会导致 $\text{IND}(A) \neq \text{IND}(A-m_{ij})$，即 m_{ij} 中全部属性的缺失会引起信息系统中两个本来可区分的第 i、j 对象不可分，即 A 与 $A-m_{ij}$ 的不分明关系不同。

② 令 M_k 为 $M_A(\text{IS})$中第 k 个与约简核不相交的非空元素 m_{ij} 所包含的所有属性的析取。即若假设 $m_{ij} = \{a_1, a_2, \cdots, a_l\}$，$l \leqslant |A|$，则

$$M_k = a_1 \vee a_2 \vee \ldots \vee a_l$$

对所有 M_k 进行合取，并将该合取式改写成谓词逻辑中的析取范式。

③ 从析取范式中选取某个合适的析取项（该析取项应是属性的合取），将其包含的属性加入约简核，就可得到属性集 A 的一个约简。

例 5.8 对表 5.5 所示的关于属性集 A 的分明矩阵，求关于属性集 A 的约简。

解： 在表 5.5 所示的属性集 A 的分明矩阵 $M_A(\text{IS})$中，与约简核交集为空的 m_{ij} 有 $\{a_1, a_4\}$ 和 $\{a_1, a_3, a_4\}$，令 $M_1 = a_1 \vee a_4$，$M_2 = a_1 \vee a_3 \vee a_4$，取 M_1 和 M_2 的合取

$$M_1 \wedge M_2 = (a_1 \vee a_4) \wedge (a_1 \vee a_3 \vee a_4) = (a_1 \vee a_4) \wedge ((a_1 \vee a_3) \vee a_4) = a_1 \vee a_4$$

这样可得到一个析取式 $a_1 \vee a_4$，将其第一个析取项包含的单一元素 a_1 加入到约简核 $\{a_2\}$，就得到决策表的一个约简 $\{a_1, a_2\}$。

同样，若将析取式 $a_1 \vee a_4$ 中的第二个析取项包含的单一元素 a_4 加入到约简核 $\{a_2\}$，又可以得到决策表的另一个约简 $\{a_2, a_4\}$。

以第一个约简 $\{a_1, a_2\}$ 为例，表 5.4 可化简为表 5.6，相当于删除了条件属性 a_3。

表 5.6 利用约简 $\{a_1, a_2\}$ 化简后的决策表

U \ A	C		D
	a_1	a_2	a_4
u_1	2	2	2
u_2	2	1	2
u_3	2	1	2
u_4	1	2	1
u_6	1	1	1

（4）属性约简的说明

对上述约简方法，理论上可以求出所有可能的约简，但当讨论的对象(决策表的行)和属性（决策表的列）规模较大时，矩阵将占用大量的存储空间，因此受计算开销和计算机时空限制，上述约简方法仅适用于数据规模较小的情况。当数据规模较大时，可采用基于广义决策逻辑公式的演绎算法。对该方法的讨论本书省略。

另外，对上述约简方法，在众多可选的析取项中，究竟选用由哪个析取项指定的必要属性集才能使所建立的析取项为最优，只能根据需要而定。

3．属性值约简

在完成决策表属性约简后，还应该对属性值进行约简。由于决策表的每一行都可看做一条决策规则，因此属性值约简就是约简决策规则。属性值约简可分三步进行，首先消除重复行，然后确定每行条件属性的核值，最后约简每一行。

（1）消除重复行

在完成属性约简后，某些条件属性可能会被删除，它相当于减少了决策表中每行的条件，因此有可能出现重复行。对这些重复行，由于它们的条件属性和决策属性都相同，因此它们表示同一条决策规则，应该消除这种冗余。至于消除这些冗余行中的哪一行或哪些行，是可以任意选择的，原因是决策规则在决策表中的顺序不影响决策表的决策能力。

例如，表 5.6 是一个约简后的决策表，u_2 和 u_3 是两个重复行，假设把 u_3 行删除，得到的决策表如表 5.7 所示。

（2）确定每行条件属性的核值

每行条件属性的核值是指能够唯一地确定该行决策属性值的那些条件属性的值。

对每一行，逐个消去该行中每个条件属性的值，并在此前提下检查该行的其他属性能否唯一地确定该行的决策属性值。若能，说明消去的条件属性值是该行的非核值；若不能，则说明消去的条件属性值就是该行条件属性的核值。

重复以上过程，确定每一行的核值。例如，表 5.7 所示是一个约简后的决策表，其核值表如表 5.8 所示。在该表中，u_1 行和 u_2 行的核值是 $a_1 = 2$，u_4 行和 u_6 行的核值是 $a_1 = 1$。

表 5.7　消除行 u_3 后的决策表

U \ A	C		D
	a_1	a_2	a_4
u_1	2	2	2
u_2	2	1	2
u_4	1	2	1
u_6	1	1	1

表 5.8　表 5.7 的核值表

U \ A	C		D
	a_1	a_2	a_4
u_1	2	×	2
u_2	2	×	2
u_4	1	×	1
u_6	1	×	1

（3）约简每一行

对每一行，根据已经确定的该行的核值和非核值，从该行中删去非核值，仅留下核值，以实现对该行的约简。需要说明的是，在利用行的核值约简某一行时，也可能会出现该行不能有唯一核值确定其决策属性值的情况。对这样的行，可通过恢复该行的非核属性值来实现其唯一性。

此外，对每行约简后，还应该逐行进行一次附加检查，看有无因某些非核值的消去而导致的重复行。若有，则删去重复行。例如，对表 5.8 所示的核值表，u_1 行和 u_2 行是

表 5.9 表 5.8 的约简表

U \ A	C		D
	a_1	a_2	a_4
u_1	2	×	2
u_4	1	×	1

重复行，它们的核值都是 $a_1 = 2$，这里把 u_2 行删除。同样，u_4 行和 u_6 行也是重复行，它们的核值都是 $a_1 = 1$，这里把 u_6 行删除。最后得到如表 5.9 所示的约简表。

该约简表对应的决策规则为

IF $a_1 = 2$ THEN $a_4 = 2$

IF $a_1 = 1$ THEN $a_4 = 1$

习 题 5

5.1 什么是学习？什么是机器学习？

5.2 什么是学习系统？包括哪几个基本部分？

5.3 机器学习经历了哪几个阶段？

5.4 记忆学习的基本思想是什么？

5.5 什么是线性回归？它有哪两种基本类型？线性回归的参数估计采用什么方法。

5.6 什么是决策树？决策学习是如何利用决策树进行学习的？

5.7 设训练例子集如表 5.10 所示。请用 ID3 算法完成其学习过程。

表 5.10 训练例子集

序 号	属 性		分 类
	x_1	x_2	
1	T	T	+
2	T	T	+
3	T	F	−
4	F	F	+
5	F	T	−
6	F	T	−

5.8 经验风险函数和期望风险函数的区别是什么？

5.9 什么是 VC 维？它是如何影响学习性能的？

5.10 对一维空间 R，假设给定的样本空间 S 为 R 上的两个实数点，指示函数 H 为实数轴上的区间集合，问 H 能打散 S 吗？

5.11 什么是最优分类超平面？求解最优分类超平面的基本思路是什么？

5.12 什么是支持向量？什么是支持向量机？

5.13 什么是核函数？核函数有几种主要类型？

5.14 什么是集成学习？它有哪两种基本类型？

5.15 Bagging 算法和 AdaBoost 算法的主要区别有哪些？

5.16 假设给出的训练样本如表 5.11 所示

表 5.11 训练样本集

输入输出 \ 样本序号	1	2	3	4	5	6	7	8
输入 X	0	1	2	3	4	5	6	7
输出 Y	1	1	−1	−1	−1	1	1	−1

其中，X为输入向量，Y为输出向量，请用 AdaBoost 算法训练出一个强分类器。

5.17　什么是等价类？什么是等价划分？

5.18　什么是上近似？什么是下近似？如何由上近似和下近似定义边界区域？如何由边界区域定义粗糙集？

5.19　什么是决策表约简？决策表约简主要有哪几个阶段？

5.20　什么是分明矩阵？分明矩阵的作用是什么？

5.21　设决策表如表 5.12 所示。求该决策表的分明矩阵。其中，a, b, c, d 为条件属性，e 为决策属性。

5.22　设化简后的决策表如表 5.13 所示。请分别求该决策表的核值表和约简表。

表 5.12　习题 5.21 的决策表

U \ A	a	b	c	d	e
u_1	1	0	2	1	0
u_2	0	0	1	2	1
u_3	2	0	2	1	0
u_4	0	0	2	2	2
u_5	1	1	2	1	0

表 5.13　习题 5.22 的决策表

U \ A	a	c	e
u_1	1	2	0
u_2	0	1	1
u_3	2	2	0
u_4	0	2	2

第 6 章　人工神经网络与连接学习

人工神经网络模拟人脑神经系统的结构和机能，是人工智能研究和应用的重要领域之一；连接学习是一种基于人工神经网络的机器学习方式，在众多领域都有着广泛的应用。本章基于人脑神经系统的生物机理，主要讨论人工神经网络的结构模型和连接学习的基本方法，包括人工神经网络的深层结构和基于深层网络结构的深度学习方法。

6.1　概述

人工神经网络给出了连接学习的物质基础，而连接学习则是通过在人工神经网络的训练过程来完成的，二者密不可分。下面简单介绍人工神经网络和连接学习的有关概念。

6.1.1　人工神经网络概述

人工神经网络（Artificial Neural Network，ANN）是将人工神经元按照一定拓扑结构进行连接所形成的网络。人工神经元是对生物神经元的物理模拟，从结构上由输入端、输出端和计算单元三部分组成。其中，输入端相当于生物神经元的树突，输出端相当于生物神经元的轴突和突触，计算单元相当于生物神经元的细胞体。

其实，人工神经网络出现早于人工智能。1943 年，美国心理学家麦卡洛克（McCulloch）和数理逻辑学家皮茨（Pitts）就创立了一个神经网络模型，称为 MP 模型，并给出了神经元的形式化描述及网络构建方法，证明了单个神经元能够执行逻辑运算功能，进而开创了一个人工神经网络研究的时代。

在此之后，人工神经网络的又一次突破性发展是在 1958 年，美国康奈尔大学的实验心理学家罗森布拉特（Rosenblatt）实现了一个叫做感知机（perceptron）的神经网络模型。该模型能够完成一些简单的视觉处理工作，其研究热潮一直持续了十年。直到 1969 年，美国数学家、神经学家明斯基（Minsky）和佩珀特（Papert）在《感知器》（《Perceptron》）一书中证明感知器不能解决高阶谓词问题，致使人工神经网络研究落入了长达十余年的低潮阶段。

在神经网络沉寂十余年后，1982 年，美国加州工学院物理学家 Hopfield 提出了 Hopfield 神经网格模型；1986 年，美国数学心理学家鲁姆哈特（Rumelhart）和麦克莱兰（McClelland）提出了 BP 算法，使得人工神经网络研究再度兴起。尤其近年来，随着基于深层神经网络模型的深度学习的巨大成功，人工神经网络研究和应用得到了长足发展。

人工神经网络有多种分类方法，从其结构层次上看，可分为浅层结构和深层结构。通常，把不超过 3 层的神经网络称为浅层网络，如感知器网络、BP 网络、Hopfield 网络等；超过 3 层的网络被称为深层网络，如受限波尔茨曼机网络、深度信念网络、卷积神经网络。

6.1.2 连接学习概述

连接学习作为一种基于人工神经网络的机器学习方式，其基本思想起源于人脑学习机理研究中的突触修正学派。该学派认为，人脑学习所获得的信息是分布在神经元之间的突触连接上，学习和记忆过程实际上是在网络训练过程中完成的突触连接权值的修正和稳定过程。其中，学习表现为突触连接权值的修正，记忆则表现为突触连接权值的稳定。

连接学习的产生与发展过程与人工神经网络的产生与发展基本同步并密切相关。例如，感知器学习算法与感知器神经网络，BP 网络学习算法与 BP 网络，Hopfield 网络学习算法与 Hopfield 网络；深度卷积神经网络学习算法与深度卷积神经网络，深度波尔茨曼机学习算法、深度信念网络学习算法与受限波尔茨曼机等。

连接学习的类型可以有多种不同的划分方法，这里我们根据连接学习算法所基于的神经网络结构模型及层数将其划分为浅层连接学习和深度学习两大类型。

最简单的浅层学习方法是单层感知器学习算法，基于的神经网络是单层感知器。从结构上看，单层感知器仅有其输出层神经元是可计算单元，且仅有从输入层到输出层的连接权值是可调整的。单层感知器学习算法作为一种有导师指导的机器学习方法，它对任一组输入数据，都需要同时知道该数据所对应的期望输出，再利用实际输出与期望输出之间的差对网络进行调整，最终完成学习任务。

可惜的是，单层感知器只能解决那些线性可分问题，对非线性可分问题无能为力。为了解决非线性可分问题，一个很直观的想法是增加感知器的层数。例如，可以在输入层和输出层之间再增加一个隐含层。但是，这会带来一个新的问题：对一组输入，我们可以知道其在网络输出层的期望输出是什么，却不能知道其在隐含层的输出应该是什么。因此，单层感知器的学习算法对多层感知器失效。

BP 网络学习算法可以较好地解决这个问题，因此对多层感知器学习通常采用 BP 网络学习算法。不过，BP 网络一般只做到 3 层，如果层数再多，将产生很严重的传播误差。深度学习则不同，基于深层神经网络的深度学习算法可以把神经网络的隐含层增加到数十层、数百层，甚至上千层。因此，深度学习具有很强的非线性性能，在图像、语音、视频、音频等领域有着很好的应用效果。

6.2 人工神经网络的生物机理

人类智能的学习过程主要表现为中枢神经系统的连接活动过程。了解中枢神经系统的结构、机理和特性，对人工神经网络及连接学习具有重要的启发意义。作为人工神经网络的生物机理，这里主要讨论人脑神经元的结构及功能，中枢神经系统及神经回路，以及学习的神经机理。

6.2.1 人脑神经元的结构及功能

神经元（neuron）是人脑神经系统最基本的组织单位和工作单元，了解其结构和功能是认识人脑神经系统和用人工神经网络模拟人类智能的基础。

1. 神经元的基本结构及类型

按照神经生理学的观点，人脑神经系统的各种心理过程最终都是通过神经元的连接活动和信息加来完成。

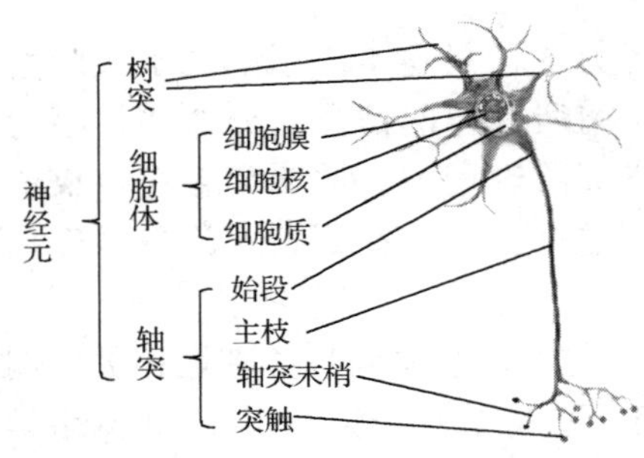

图 6.1 人脑神经元的基本结构

（1）神经元的基本结构

神经元是生物神经系统的最基本单元。从其形状和大小来看，神经元多种多样，但从组成结构看，神经元都具有一定的共性。每个神经元主要由三部分组成，即细胞体（soma）、轴突（axon）和树突（dendrite）。人脑神经元的基本结构如图 6.1 所示。

细胞体由细胞核、细胞质和细胞膜等组成，其直径大约为 0.5～100 μm，大小不等。细胞体是神经元的主体，用于处理由树突接收的其他神经元传来的信号。细胞体的内部是细胞核，外部是细胞膜，细胞膜的外面是许多向外延伸出的纤维。

轴突是由细胞体向外延伸出的所有纤维中最长的一条分支，用来向外传递神经元产生的输出电信号。每个神经元都有一条轴突，每条轴突大致有以下四部分组成：第一部分是由细胞体发起到开始被髓鞘包裹这一段，通常被称为始段；第二部分是从被髓鞘包裹开始直到髓鞘消失这一段，通常被称为主枝；第三部分是髓鞘消失后所形成的多条末梢神经纤维，通常被称为轴突末梢；最后一部分是在每条轴突末梢末端成纽扣状的膨大体，称为突触。轴突作为神经元的输出端，通过与其他神经元的树突的连接，实现神经元之间的信息传递。

树突是指由细胞体向外延伸的除轴突以外的其他所有分支。树突的长度一般较短，但数量很多，它是神经元的输入端，用于接收从其他神经元的突触传来的信号。

（2）神经元的类型

上述神经元的基本结构是针对一般神经元的一种示意性描述。其实，在人的神经系统中，真实神经元有很多类型。并且，对神经元类型的划分也有多种不同方法。其中，最常用的划分方法有以下几种：第一种，按照突起的数目把神经元划分为单极、双极和多极；第二种，按照神经元的电生理特性，将其划分为兴奋性神经元和抑制性神经元；第三种，按照神经元的功能将其划分为感觉神经元、运动神经元和中间神经元。下面主要讨论第一种划分方法。

① 单极神经元。单极神经元的结构是从细胞体发出的突起只有一条，如图 6.2(a)所示。这类神经元还有一种情况，即虽然从细胞体发出的突起只有一条，但很快被分叉为树突和突触，通常被称为假单极神经元，如图 6.2(b)所示。该类神经元一般位于脊神经和三叉神经中。

② 双极神经元。双极神经元结构是从细胞体两端各发出一条突起，其中一条是树突，另一条是突触，如图 6.2(c)所示，多位于视网膜、耳蜗等特殊感觉器官的神经系统中。

③ 多极神经元。多极神经元的结构是从细胞体发出有多条树突和一条轴突，如图6.2(d) 所示。该类神经元在中枢神经系统中的数量最多，如大脑皮层、海马、小脑等众多部位的神经元均为此类神经元。

（3）神经元的连接方式

神经元之间的连接是构成神经网络的基础。其连接方式是通过输出神经元的轴突末梢的突触与接收神经元的树突之间的功能性连接来实现的。所谓功能性接触，是指根据功能需要而形成的连接，而并非永久性的接触。功能性连接体现了神经元连接和神经网络结构的可重塑性，这正是神经元之间传递信息的奥秘之处。其连接方式如图 6.3 所示。

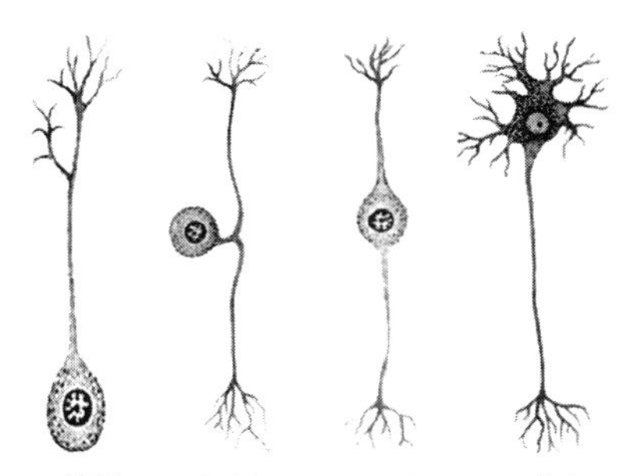

图 6.2 神经元的类型

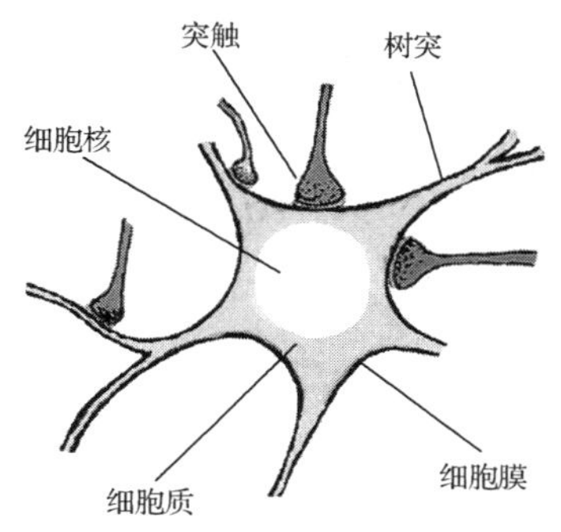

图 6.3 神经元的连接方式

2. 神经元的基本功能

根据神经生理学的研究，生物神经元的主要功能有两个：一是神经元的抑制与兴奋，二是神经元内神经冲动的传导。

（1）神经元的抑制与兴奋

抑制与兴奋是生物神经元的两种常规工作状态。抑制状态是指神经元在没有产生冲动时的工作状态。兴奋状态是指神经元产生冲动时的工作状态。在通常情况下，在神经元没有受到任何外部刺激时，其膜电位约为–70 mV，且膜内为负，膜外为正，神经元处于抑制状态。当神经元受到外部刺激的作用时，其膜内电位会随之上升，当膜内电位上升到一定高度，如+35 mV 时，神经元就会产生冲动而进入兴奋状态，该电位通常被称为动作电位。

对生物神经元的抑制与兴奋状态须说明三点：第一，神经元每次冲动的持续时间大约 1 ms 左右，在此期间即使刺激强度再增加也不会引起冲动强度的增加；第二，神经元每次冲动结束后，都会重新回到抑制状态；第三，如果神经元受到的刺激作用不能使细胞膜内外的电位差大于阈值电位，则神经元不会产生冲动，将仍处于抑制状态。

（2）神经元内神经冲动的传导

神经冲动在神经元内的传导是一种电传导过程，但其传导速度与电流在导线中的传导速度不同。电流在导线内是按光速运动的，而神经冲动沿神经纤维传导的速率为 3.2～320 km/s，且其传导速度与纤维的粗细、髓鞘的有无有一定关系。一般来说，有髓鞘的纤维传导速度较快，无髓鞘的纤维传导速度较慢。

3. 突触的基本结构及突触传递

突触连接形成了神经元之间的联系，是构成神经系统最重要的组织基础。突触传递实现了神经元之间的信息交换，是神经系统最重要的工作基础。

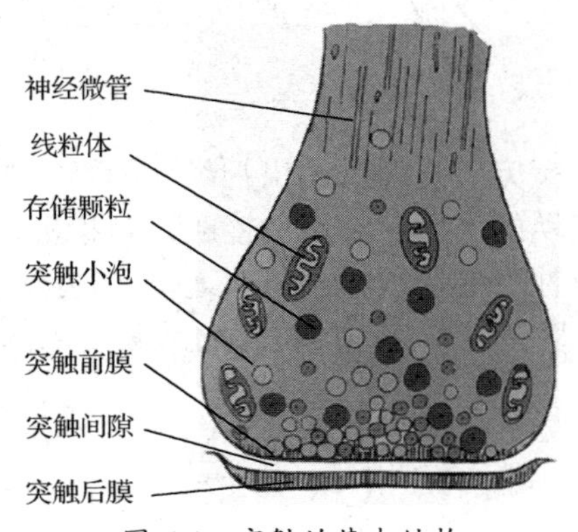

图 6.4　突触的基本结构

（1）突触的基本结构

从结构上，突触由突触前部、突触后部和突触间隙三部分组成，基本结构如图 6.4 所示。

① 突触前部

突触前部主要包括突触前膜及前膜内面胞浆中的各种突触囊泡。其中，突触前膜是指突触前端突触膜，其内侧面附着一层致密物质，并且这些致密物质凸向胞浆方向，在前膜内面形成了一些被称为突触孔的小凹陷，这些小凹陷是胞浆中的囊泡附着和释放神经递质的位置，具有引导突触小泡与突触前膜融合的作用。

突触前膜内面胞浆中的囊泡主要包括线粒体、存储颗粒、突触小泡。其中，线粒体中含抑制性神经递质；突触小泡中含兴奋性神经递质；存储颗粒中含肾上腺素。这些神经递质的生理功能是协调完成神经生理活动。

② 突触后部

突触后部的前方为突触间隙，后方连接其他神经元的树突。从结构上，突触后方又可细分为突触后膜、突触下网和突触下致密小体。其中，突触后膜的胞浆中有一层较厚的高密度突触后致密物质，该致密物质的中央有孔，构成受体和化学门控离子通道。

③ 突触间隙

突触间隙位于突触前膜和突触后膜之间，其中的化学物质与神经递质结合，能促进神经递质从前膜向后膜的移动。

（2）突触传递的基本过程

突触传递是由电变化和化学变化两个过程完成的，即先将由神经冲动引起的电脉冲传导转化为化学传导，再将化学传导转换为电脉冲传导。

如图 6.5 所示，其基本过程为：当一个神经冲动传到神经末梢时，突触前部便发生化学离子转移，使部分小泡靠近突触前膜，并在接触点破裂，释放存储的神经递质，神经递质通过突触前膜的突触孔进入突触间隙；进入突触间隙的神经递质又迅速作用于突触后膜，改变突触后膜的通透性，引起突触后部中的电位变化，实现神经冲动的传递。

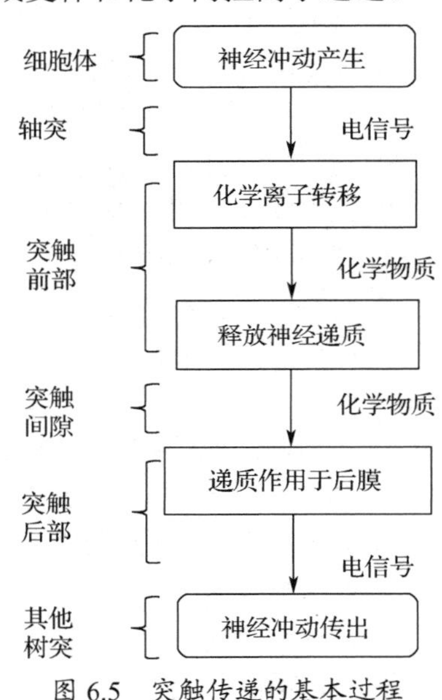

图 6.5　突触传递的基本过程

6.2.2　学习的神经机理

从神经心理学角度，学习是指通过经验对神经系统和行为的改变过程。其中，神经系统的改变包括神经回路和突触连接强度的改变。根据学习过程所改变的神经回路不同，连接学习可分为 4 种形式，包括知觉学习、刺激-反应学习、运动性学习和关系性学习。

1．知觉学习

知觉学习是指个体因经验积累而形成的对感知刺激识别能力的改变或提高，是一种识别曾经知觉过的刺激的能力，主要功能是对感觉到的客观环境进行鉴别和归类。知觉学习主要是通过感觉联合皮层的改变来完成的，人们的各种感觉系统都可以进行知觉学习。

知觉学习对感知刺激的识别包括两种情况：一是如何识别完全陌生的刺激，二是如何识别熟悉刺激的改变。其中，对完全陌生的感觉刺激，知觉学习要在相应的感觉联合皮层中通过突触连接的改变建立新的神经回路；对熟悉刺激的改变，知觉学习需要先激活原有记忆的神经回路，再根据新的感知刺激对该神经回路的突触连接进行修改，形成新的认识。

2．刺激-反应学习

刺激-反应学习是指个体对某种特有刺激自动做出某种特定反应能力的形成或加强。其神经学本质是在感觉回路和运动回路之间建立联系。引起刺激-反应学习的诱因是反射。反射是有机体通过神经系统实现的对外界或内部刺激的有规律的响应，按其发生方式，可分为无条件反射和条件反射两类。其中，无条件反射是有机体通过遗传先天产生的一类反射，属人的本能；条件反射是有机体通过对生活环境的感知后天形成的一类反射，与人的习得和学习有关。条件反射又可分为经典性条件反射和操作性条件反射两类，相应的学习方式也分为经典性条件反射学习与操作性条件反射学习两类。

（1）经典性条件反射学习

经典性条件反射是一种在无条件刺激与有条件刺激之间建立连接关系的反射。它会使一个在训练前对行为无足轻重的条件刺激，后来变成一种能够起到关键作用的条件刺激。

（2）操作性条件反射学习

操作性条件反射学习是要建立反应与刺激之间的联系，与习得的行为有关，要建立反应与刺激之间的联系。在操作性条件反射学习中，个体可以根据行为的后果，遵循强化刺激和惩罚刺激的原则，对自身行为进行不断调整。强化刺激是指如果一个刺激产生的后果有利，那么这种行为发生的频率将得以增加。惩罚刺激是指如果一个刺激产生的后果不利，那么这种行为发生的频率就会减少。从神经学的角度，强化刺激和惩罚刺激都会引起神经系统的改变。其中，强化刺激可增强特定刺激与其所引起的特定反应之间的神经通路，惩罚刺激则会减弱特定刺激与其所引起的特定反应之间的神经通路。

3．运动性学习

运动性学习是要习得（即学习）一种新的反应，其实质是对运动系统神经回路的改变与增强。运动性学习建立在知觉性学习和刺激-反应学习基础上，其最主要特点是与所学行为的新异性关系密切，行为越新异，运动神经回路的改变将越大。

运动性学习通常不会孤立存在，很多学习情境往往会同时涉及三种学习方式：通过知觉学习学会识别刺激；通过刺激-反应学习在大脑感觉系统的神经回路与运动系统的神经回路之间建立联系；再通过运动性学习对运动系统神经回路进行改变或增强。知觉学习、刺激-反应学习、运动性学习之间的关系如图 6.6 所示。

4．关系性学习

以上三种学习方式虽然可以形成由刺激到行为的神经通路，但它们实现的仅是单一

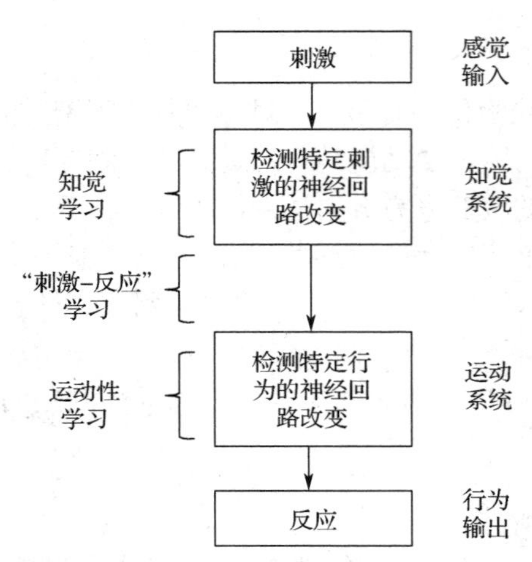

图 6.6 知觉学习、刺激-反应学习、运动性学习之间的关系

感觉系统的改变、单一感觉系统与单一运动系统之间连接的改变、单一运动系统的改变，实际学习情境往往存在各种各样的复杂联系，因此需要讨论适应于复杂情境的学习方式。

关系性学习可要习得不同刺激之间的关联，其实质是在不同刺激回路之间形成联系。关系性学习是最复杂的学习形式，包括：运用多种知觉模式识别物体的能力，识别环境中物体之间相对位置的能力，以及记忆在特定情境中的事件发生的先后顺序的能力等。

6.3 人工神经元及人工神经网络的结构

人工神经网络是对生物神经网络的模拟，人工神经网络的基本工作单元是人工神经元，本节主要讨论人工神经元的结构和模型，以及人工神经网络的互连结构。

6.3.1 人工神经元的结构及模型

人工神经元是对生物神经元的抽象与模拟，所谓抽象是从数学角度而言的，所谓模拟是从其结构和功能角度而言的。下面从这两方面对人工神经元进行讨论。

（1）人工神经元的结构

1943 年，美国心理学家麦卡洛克和数理逻辑学家皮茨根据生物神经元的功能和结构，提出了一个将神经元看成二进制阈值元件的简单模型，即 MP 模型，如图 6.7 所示。在图 6.7 中，$x_1, x_2, \cdots, x_n$ 表示神经元的 n 个输入；w_i 表示第 i 个输入的连接强度，称为连接权值；θ 为神经元的阈值；y 为神经元的输出。人工神经元是一个具有多输入、单输出的非线性器件。

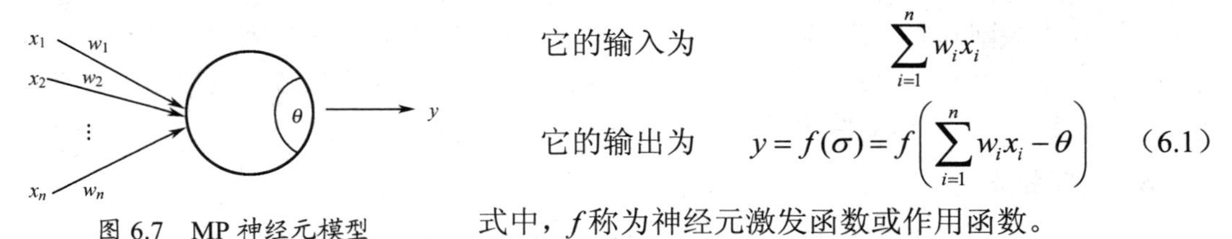

图 6.7 MP 神经元模型

它的输入为

$$\sum_{i=1}^{n} w_i x_i$$

它的输出为

$$y = f(\sigma) = f\left(\sum_{i=1}^{n} w_i x_i - \theta\right) \qquad (6.1)$$

式中，f 称为神经元激发函数或作用函数。

（2）常用的人工神经元模型

激发函数 f 是表示神经元输入与输出之间关系的函数，根据激发函数的不同，可以得到不同的神经元模型。常用的神经元模型有以下几种。

① 阈值型（threshold）。这种模型的神经元没有内部状态，激发函数 f 是一个阶跃函数：

$$f(\sigma)=\begin{cases}1 & \text{若}\sigma\geqslant 0\\ 0 & \text{若}\sigma<0\end{cases} \tag{6.2}$$

阈值型神经元的输入/输出特性如图 6.8 所示。

阈值型神经元是一种最简单的人工神经元，也是前面提到的 MP 模型，它的两个输出值 1 和 0，分别代表神经元的兴奋和抑制状态。任一时刻，神经元的状态由激发函数 $f(\sigma)$ 来决定。当激活值 $\sigma\geqslant 0$ 时，即神经元输入的加权总和达到或超过给定的阈值时，该神经元被激活，进入兴奋状态，其激发函数 $f(\sigma)$ 的值为 1；否则，当 $\sigma<0$ 时，即神经元输入的加权总和不超过给定的阈值时，该神经元不被激活，其激发函数 $f(\sigma)$ 的值为 0。

② 分段线性型（piecewise linear）。这种模型又称为伪线性，其激发函数是一个分段线性函数：

$$f(\sigma)=\begin{cases}1 & \sigma\geqslant\dfrac{1}{k}\\ k\sigma & 0\leqslant\sigma<\dfrac{1}{k}\\ 0 & \sigma<0\end{cases} \tag{6.3}$$

式中，k 为放大系数，该函数的输入/输出之间在一定范围内满足线性关系，一直延续到输出最大值 1 为止。但当达到最大值后，输出就不再增大，如图 6.9 所示。

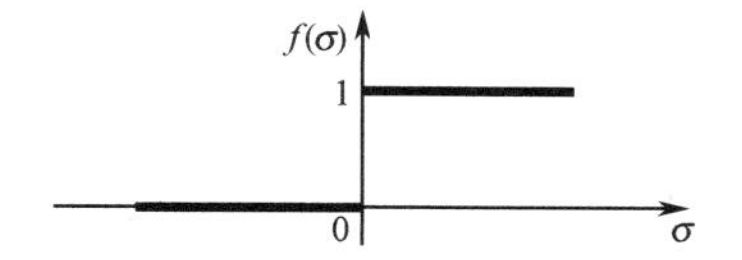

图 6.8 阈值型神经元的输入/输出特性

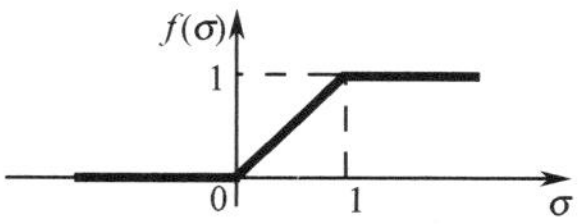

图 6.9 分段线性型神经元的输入/输出特性

③ S 型（sigmoid）。这是一种连续的神经元模型，其激发函数也是一个有最大输出值的非线性函数，输出值是在某个范围内连续取值的，这种模型的激发函数常用指数、对数或双曲正切等 S 型函数表示，反映的是神经元的饱和特性，如图 6.10 所示。

④ 子阈累积型（subthreshold summation）。这种模型的激发函数也是一个非线性函数，当产生的激活值超过 T 值时，该神经元被激活并产生一个响应。在线性范围内，系统的响应是线性的，如图 6.11 所示。其作用是抑制噪声，即对小的随机输入不产生响应。

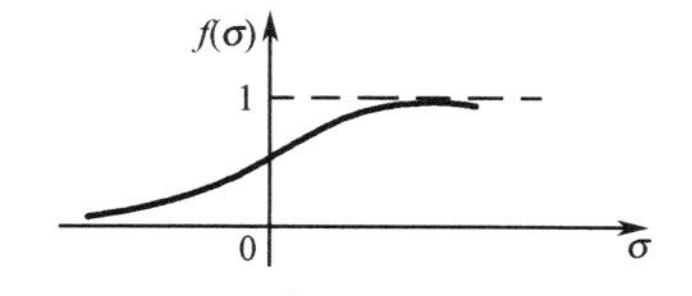

图 6.10 S 型神经元的输入/输出特性

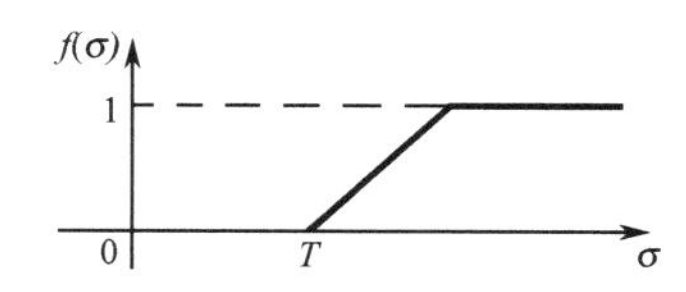

图 6.11 子阈累积型神经元的输入/输出特性

（3）人工神经网络

人工神经网络是对人类神经系统的一种模拟。尽管人类神经系统规模宏大、结构复杂、功能神奇，但其最基本的处理单元只有神经元。人类神经系统的功能实际上是通过大量生物神经元的广泛并行互连，以规模宏大的并行运算来实现的。

基于对人类生物系统的这一认识，人们也试图通过对人工神经元的广泛并行互连来模拟生物神经系统的结构和功能。人工神经元之间通过互连形成的网络称为人工神经网络。在人工神经网络中，神经元之间互连的方式称为连接模式或连接模型，不仅决定了神经网络的互连结构，也决定了神经网络的信号处理方式。

（4）人工神经网络的分类

目前，已有的人工神经网络模型至少有几十种，分类方法也有多种，如：按网络的拓扑结构，可分为前馈网络和反馈网络；按网络的学习方法，可分为有导师的学习网络和无导师的学习网络；按网络的性能，可分为连续型网络与离散型网络，或分为确定型网络与随机型网络；按突触连接的性质，可分为一阶线性关联网络与高阶非线性关联网络；按网络层数，分为浅层络和深层网络。

6.3.2 人工神经网络的互连结构

人工神经网络的互连结构（或称拓扑结构）是指单个神经元之间的连接模式，是构造神经网络的基础，也是神经网络诱发偏差的主要来源。从互连结构的角度，神经网络可分为前馈网络和反馈网络两种。

1. 前馈网络

前馈网络是指只包含前向连接，不存在任何其他连接方式的神经网络。前馈连接是指从上一层每个神经元到下一层的所有神经元的连接方式。根据网络中拥有的计算节点（即具有连接权值的神经元）的层数，前馈网络又可分为单层前馈网络和多层前馈网络。

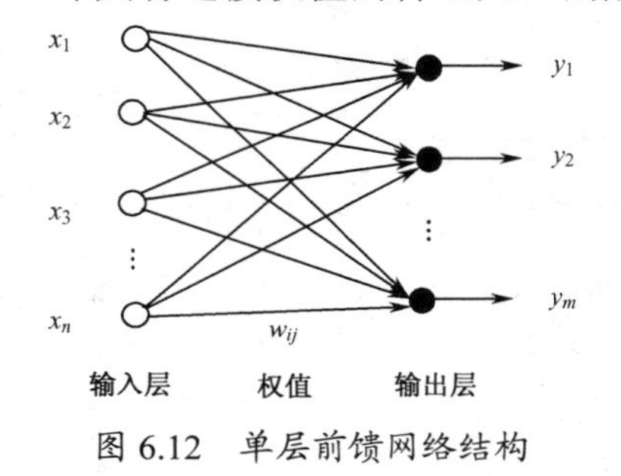

图 6.12 单层前馈网络结构

（1）单层前馈网络

单层前馈网络是指只拥有单层计算节点的前馈网络，仅含输入层和输出层，且只有输出层的神经元是可计算节点，如图 6.12 所示。输入向量为 $X = (x_1, x_2, \cdots, x_n)$；输出向量为 $Y = (y_1, y_2, \cdots, y_m)$；输入层输入到相应神经元的连接权值分别是 w_{ij}（$i = 1, 2, \cdots, n$，$j = 1, 2, \cdots, m$）。若假设各神经元的阈值分别是 θ_j（$j = 1, 2, \cdots, m$），则各神经元的输出分别为

$$y_j = f\left(\sum_{i=1}^{n} w_{ij}x_i - \theta_j\right) \qquad (j = 1, 2, \cdots, m) \tag{6.4}$$

式中，由所有连接权值 w_{ij} 构成连接权值矩阵

$$\boldsymbol{W} = \begin{bmatrix} w_{11} & w_{12} & \cdots & w_{1m} \\ w_{21} & w_{22} & \cdots & w_{2m} \\ \vdots & \vdots & \ddots & \vdots \\ w_{n1} & w_{n2} & \cdots & w_{nm} \end{bmatrix}$$

在实际应用中，该矩阵是通过对大量训练示例的学习而形成的。

（2）多层前馈网络

多层前馈网络是指除拥有输入层、输出层外，还至少含有一个或更多个隐含层的前

馈网络。隐含层是指由那些既不属于输入层又不属于输出层的神经元所构成的处理层。隐含层仅与输入层/输出层连接，不直接与外部输入/输出打交道，因此也被称为中间层。隐含层的作用是通过对输入层信号的加权处理，将其转化成更能被输出层接受的形式。隐含层的加入大大提高了神经网络的非线性处理能力，一个神经网络中加入的隐含层越多，其非线性性能越强。当然，隐含层的加入会增加神经网络的复杂度，一个神经网络的隐含层越多，其复杂度就越高。

多层前馈网络的结构如图 6.13 所示，其输入层的输出向量是第一隐含层的输入信号，第一隐含层的输出则是第二隐含层的输入信号，以此类推，直到输出层。多层前馈网络的典型代表是 BP 网络。

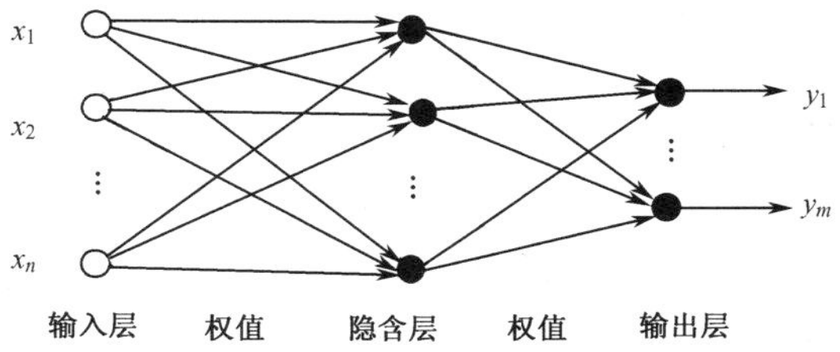

图 6.13 多层前馈网络结构

2. 反馈网络

反馈网络是指允许采用反馈连接方式所形成的神经网络。反馈连接方式是指一个神经元的输出可以被反馈至同层或前层神经元重新作为输入。通常把那些引出有反馈连接弧的神经元称为隐神经元，其输出称为内部输出。由于反馈连接方式的存在，一个反馈网络至少应含有一个反馈回路，这些反馈回路实际上是一种封闭环路。

前馈网络属于非循环连接模式，它的每个神经元的输入都没有包含该神经元先前的输出，因此不具有“短期记忆”的性质。但反馈网络不同，它的每个神经元的输入都有可能包含该神经元先前输出的反馈信息，即一个神经元的输出是由该神经元当前的输入和先前的输出这两者来决定的，有点类似人类的短期记忆。

按照网络的层次概念，反馈网络也可以分为单层反馈网络和多层反馈网络。单层反馈网络是指不拥有隐含层的反馈网络。多层反馈网络则是指拥有隐含层的反馈网络，其隐含层可以是一层，也可以是多层。反馈网络的典型代表是 Hopfield 网络。

6.4 人工神经网络的浅层模型

网络模型是对网络结构、连接权值和学习能力的总括，如果按照网络结构的层次，可分为浅层结构和深层结构。通常，人们把不超过 3 层的网络称为浅层网络，超过 3 层的网络称为深层网络，本节主要讨论浅层网络模型，深层网络在 6.5 节中讨论。典型的浅层模型包括：传统的感知器模型，具有误差反向传播功能的 BP 网络模型，采用反馈连接方式的 Hopfield 网络模型，采用多变量插值的径向基函数网络模型，建立在统计学习理论基础上的支撑向量机网络模型，以及基于模拟退火算法的随机网络模型等。本节主要讨论其中常用的感知器（perceptron）模型、BP 网络模型和 Hopfield 网络模型。

6.4.1 感知器模型

感知器是美国学者罗森布拉特在研究大脑的存储、学习和认知过程中于 1957 年提出的一类具有自学习能力的神经网络模型。根据网络中拥有的计算节点的层数，感知器可以分为单层感知器和多层感知器。

1. 单层感知器

单层感知器是一种只具有单层可计算节点的前馈网络，其网络拓扑结构是单层前馈网络（见图 6.12）。在单层感知器中，每个可计算节点都是一个线性阈值神经元。当输入信息的加权和大于或等于阈值时，其输出为 1，否则输出为 0 或–1。

由于单层感知器的输出层的每个神经元都只有一个输出，且该输出仅与本神经元的输入及连接权值有关，而与其他神经元无关，因此可以对单层感知器进行简化，仅考虑只有单个输出节点的单个感知器。事实上，最原始的单层感知器模型只有一个输出节点，即相当于单个神经元。

使用感知器的主要目的是为了对外部输入进行分类。罗森布拉特已经证明，如果外部输入是线性可分的（指存在一个超平面可以将它们分开），则单层感知器一定能够把它划分为两类。设单层感知器有 n 个输入，m 个输出，则其判别超平面由式（6.5）确定

$$\sum_{i=1}^{n} w_{ij} x_i - \theta_j = 0 \qquad (j = 1, 2, \cdots, m) \tag{6.5}$$

作为例子，下面讨论用单个感知器实现逻辑运算的问题。事实上，单层感知器可以很好地实现“与”“或”“非”运算，但却不能解决“异或”问题。

例 6.1 “与”运算 $x_1 \wedge x_2$。

解：“与”运算见表 6.1。

表 6.1 “与”运算（$x_1 \wedge x_2$）

输入		输出	超平面	阈值条件
x_1	x_2	$x_1 \wedge x_2$	$w_1x_1+w_2x_2-\theta=0$	
0	0	0	$w_1\times0+w_2\times0-\theta<0$	$\theta>0$
0	1	0	$w_1\times0+w_2\times1-\theta<0$	$\theta>w_2$
1	0	0	$w_1\times1+w_2\times0-\theta<0$	$\theta>w_1$
1	1	1	$w_1\times1+w_2\times1-\theta\geqslant0$	$\theta\leqslant w_1+w_2$

可以证明此表有解。例如，取 $w_1=1$，$w_2=1$，$\theta=1.5$，其分类结果如图 6.14 所示。其中，输出为 1 的用实心圆表示，输出为 0 的用空心圆表示，以下约定相同。

例 6.2 “或”运算（$x_1 \vee x_2$）。

解：“或”运算见表 6.2。

此表也有解。例如，取 $w_1=1$，$w_2=1$，$\theta=0.5$，其分类结果如图 6.15 所示。

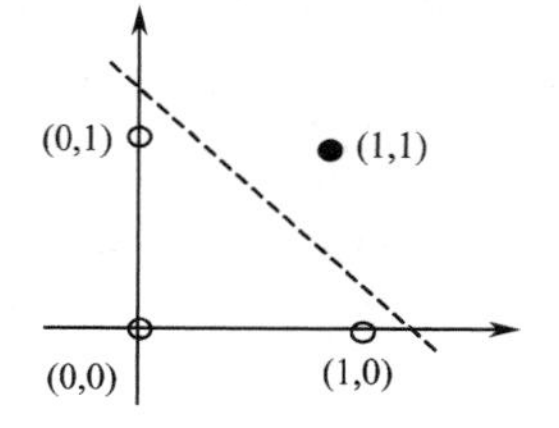

图 6.14 “与”运算分类结果

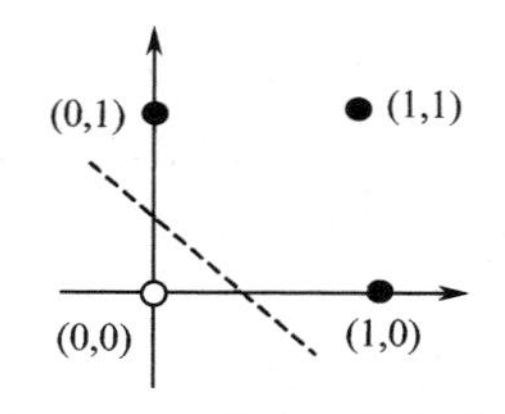

图 6.15 “或”运算分类结果

例 6.3 “非”运算（$\neg x_1$）。

解：“非”运算见表 6.3。其分类结果如图 6.16 所示。

表 6.3 也有解。例如，取 $w_1=-1$，$\theta=-0.5$，其分类结果如图 6.17 所示。

表 6.2 “或”运算（$x_1 \vee x_2$）

输　入		输　出	超平面	阈值条件
x_1	x_2	$x_1 \vee x_2$	$w_1x_1+w_2x_2-\theta=0$	
0	0	0	$w_1\times0+w_2\times0-\theta<0$	$\theta>0$
0	1	1	$w_1\times0+w_2\times1-\theta\geqslant0$	$\theta\leqslant w_2$
1	0	1	$w_1\times1+w_2\times0-\theta\geqslant0$	$\theta\leqslant w_1$
1	1	1	$w_1\times1+w_2\times1-\theta\geqslant0$	$\theta\leqslant w_1+w_2$

表 6.3 “非”运算（$\neg x_1$）

输　入	输　出	超平面	阈值条件
x_1	$\neg x_1$	$w_1x_1-\theta=0$	
0	1	$w_1\times0-\theta\geqslant0$	$\theta\leqslant0$
1	0	$w_1\times1-\theta<0$	$\theta>w_1$

例 6.4 “异或”运算（x_1 XOR x_2）。

解：“异或”运算见表 6.4。

表 6.4 “异或”运算（x_1 XOR x_2）

输　入		输　出	超平面	阈值条件
x_1	x_2	x_1 XOR x_2	$w_1x_1+w_2x_2-\theta=0$	
0	0	0	$w_1\times0+w_2\times0-\theta<0$	$\theta>0$
0	1	1	$w_1\times0+w_2\times1-\theta\geqslant0$	$\theta\leqslant w_2$
1	0	1	$w_1\times1+w_2\times0-\theta\geqslant0$	$\theta\leqslant w_1$
1	1	0	$w_1\times1+w_2\times1-\theta<0$	$\theta<w_1+w_2$

此表无解，即无法找到满足条件的 w_1，w_2 和 θ，如图 6.17 所示。因为“异或”问题是一个非线性可分问题，需要用多层感知器来解决。

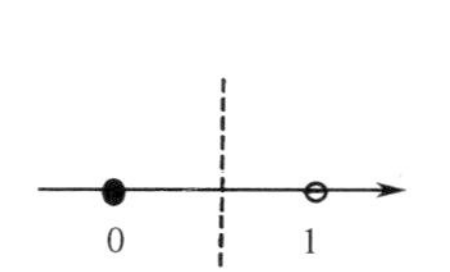

图 6.16 “非”运算分类结果

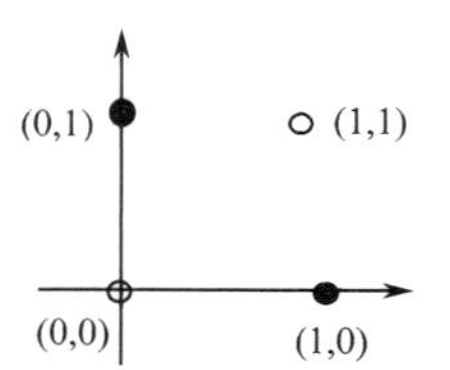

图 6.17 “异或”运算问题

2. 多层感知器

多层感知器是通过在单层感知器的输入层、输出层之间加入一层或多层处理单元所构成的。其拓扑结构与图 6.13 所示的多层前馈网络相似，区别仅在于其计算节点的连接权值是可变的。

多层感知器的输入层与输出层之间是一种高度非线性的映射关系，如多层前馈网络（见图 6.13）。若采用多层感知器模型，则该网络就是一个从 n 维欧氏空间到 m 维欧氏空间的非线性映射。因此，多层感知器可以实现非线性可分问题的分类。例如，对“异或”运算，用如图 6.18 所示的多层感知器即可解决。

在图 6.18 中，隐含层神经元 x_{11} 所确定的直线方程为 $1\times x_1+1\times x_2-0.5=0$，可以识别一个半平面。隐含层神经元 x_{12} 所确定的直线方程为 $1\times x_1+1\times x_2-1.5=0$，也可以识别一个半平面。输出层神经元所确定的直线方程为 $1\times x_{11}+1\times x_{12}-1.5=0$，相当于对隐含层神经元 x_{11} 和 x_{12} 的输出进行“逻辑与”运算，因此可识别由隐含层已识别的两个半平面的交集所构成的一个凸多边形，如图 6.19 所示。

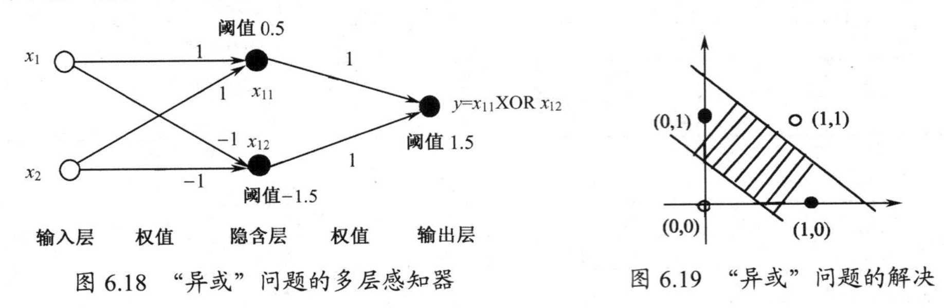

图 6.18 “异或”问题的多层感知器

图 6.19 “异或”问题的解决

6.4.2 BP 网络模型

BP（error Back Propagation）网络是误差反向传播网络的简称，是美国加州大学的鲁梅尔哈特（Rumelhart）和麦克莱兰（Meclelland）在研究并行分布式信息处理方法，探索人类认知微结构的过程中，于 1985 年提出的一种网络模型。BP 网络的网络拓扑结构是多层前馈网络，如图 6.20 所示。在 BP 网络中，同层节点之间不存在相互连接，层与层之间多采用全互连方式，且各层的连接权值可调。BP 网络实现了明斯基的多层网络的设想，是神经网络模型中使用最广泛的一种。

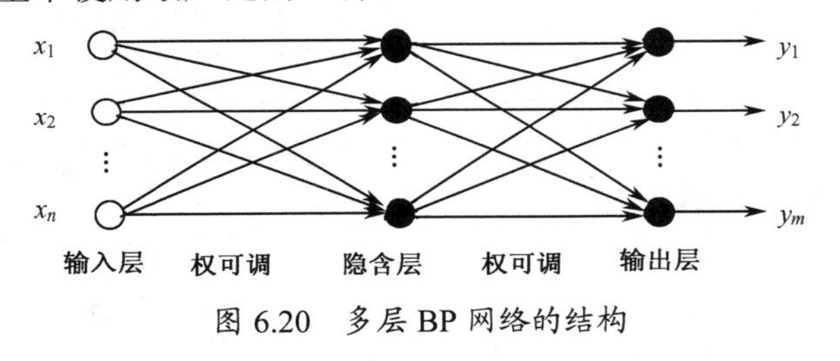

图 6.20 多层 BP 网络的结构

在 BP 网络中，每个处理单元均为非线性输入/输出关系，其激发函数通常采用可微的 Sigmoid 函数，如 $f(x)=\dfrac{1}{1+\mathrm{e}^{-x}}$。

BP 网络的学习过程是由工作信号的正向传播和误差信号的反向传播组成的。正向传播过程是指，输入模式从输入层传给隐含层，经隐含层处理后传给输出层，再经输出层处理后产生一个输出模式的过程。如果正向传播过程得到的输出模式与期望的输出模式有误差，则网络将转为误差的反向传播过程。误差反向传播过程是指，从输出层开始反向把误差信号逐层传送到输入层，并同时修改各层神经元的连接权值，使误差信号最小。重复上述正向传播和反向传播过程，直至得到期望的输出模式为止。

6.6 节浅层连接学习中将讨论 BP 网络的学习算法。但需要指出以下两点：① 网络仅在其学习（即训练）过程中需要进行正向传播和反向传播，一旦网络完成学习过程，被用于问题求解时，则只需正向传播，而不需要再进行反向传播；② 尽管从网络学习的角度，信息在 BP 网络中的传播是双向的，但不意味着网络层次之间的连接也是双向的，BP 网络的结构仍然是一种前馈网络。

6.4.3 Hopfield 网络模型

Hopfield 网络是由美国加州工学院物理学家 J. Hopfield 于 1982 年提出来的一种单层全互联的对称反馈网络模型，可分为离散 Hopfield 网络和连续 Hopfield 网络。限于篇幅，本书重点讨论离散 Hopfield 网络。

（1）离散 Hopfield 网络的结构

离散Hopfield网络是在非线性动力学的基础上，由若干基本神经元构成的一种单层全互连网络，其任意神经元之间均有连接，并且是一种对称连接结构。离散 Hopfield 网络的典型结构如图 6.21 所示。离散 Hopfield 网络模型是一个离散时间系统，每个神经元只有 0 和 1（或–1 和 1）两种状态，任意神经元 i 和 j 之间的连接权值为 w_{ij}。神经元之间为对称连接，且神经元自身无连接，因此

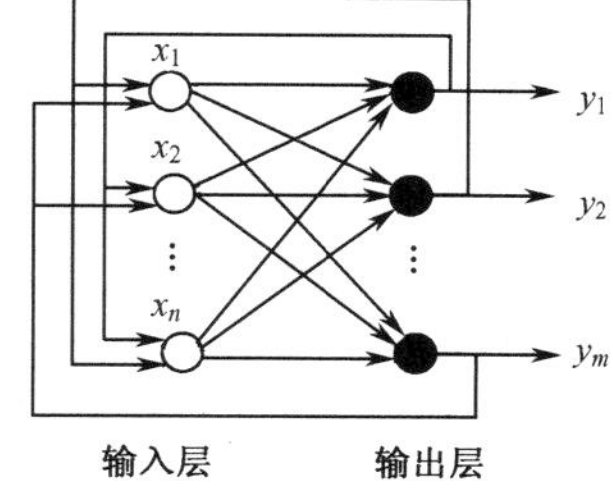

图 6.21　离散 Hopfield 网络的典型结构

$$w_{ij}=\begin{cases} w_{ji} & 若 i \neq j \\ 0 & 若 i = j \end{cases} \tag{6.6}$$

由该连接权值构成的连接矩阵是一个零对角的对称矩阵。

在 Hopfield 网络中，虽然神经元自身无连接，但是每个神经元都与其他神经元相连，即每个神经元的输出都将通过突触连接权值传递给别的神经元，同时每个神经元都接收其他神经元传来的信息。对每个神经元来说，其输出经过其他神经元后，又有可能反馈给自己，因此 Hopfield 网络是一种反馈网络。

Hopfield 网络的输入层不做任何计算，直接将输入信号分布式地传送给输出层的各神经元。如果用 $y_j(t)$表示输出层神经元 j 在时刻 t 的状态，则该神经元在 t+1 时刻的状态由式（6.7）确定。

$$y_j(t+1)=\operatorname{sgn}\left(\sum_{\substack{i=1 \\ i\neq j}}^{n} w_{ij}y_i(t)-\theta_j\right)=\begin{cases} 1 & 若\sum\limits_{\substack{i=1 \\ i\neq j}}^{n} w_{ij}y_i(t)-\theta_j \geqslant 0 \\ 0(或-1) & 若\sum\limits_{\substack{i=1 \\ i\neq j}}^{n} w_{ij}y_i(t)-\theta_j < 0 \end{cases} \tag{6.7}$$

其中，函数 sgn()为符号函数，θ_j 为神经元 j 的阈值。

离散 Hopfield 网络中的神经元与生物神经元的差别较大，原因是生物神经元的输入/输出是连续的，并且生物神经元存在延时。为此，霍普菲尔特后来又提出了一种连续时间的神经网络，即连续 Hopfield 网络模型。在该网络中，神经元的状态可取 0～1 之间的任一实数值。

（2）离散 Hopfield 模型的稳定性

在离散 Hopfield 网络（见图 6.21）中，网络的输出要反复地作为输入重新传送到其输入层，这就使得网络的状态处在不断改变中，因此需要考虑网络的稳定性问题。一个网络是稳定的，是指从某一时刻开始，网络的状态不再改变。

设 $x(t)$表示网络在 t 时刻的状态。例如，当 $t = 0$ 时，网络的状态就是由输入模式确定的初始状态。如果在某 t 时刻，存在一个有限的时间 Δt，使得从该时刻开始，网络的状态不再发生变化，即 $x(t+\Delta t) = x(t)$（Δt>0），则称该网络是稳定的。如果将神经网络的稳

定状态看成记忆，则神经网络由任一初始状态向稳定状态的变化过程实质上是模拟了生物神经网络的记忆功能。

6.5 深层神经网络模型

深层神经网络，也叫深度神经网络（Deep Neural Networks，DNN），通常指隐含层神经元不少于 2 层的神经网络。目前，数十层、上百层甚至更多层的深层神经网络很普遍。DNN 是深度学习的网络基础，典型的深层神经网络有深度卷积神经网络、深度波尔茨曼机和深度信念网络等。这里主要讨论深度卷积神经网络，简单介绍另两种。

6.5.1 深度卷积神经网络

深度卷积神经网络（Deep Convolution Neural Network，DCNN）也被称为卷积神经网络（Convolutional Neural Network，CNN），是一种由若干卷积层和子采样层交替叠加形成的一种深层网络结构。其出现受生物界“感受野”概念的启发，采用逐层抽象、逐次迭代的工作方式。目前，DCNN 已在图像分类、语音识别等领域取得了成功应用。

1. 生物视觉认知机理及感受野

1962 年，美国生物学家休布尔（Hubel）和威塞尔（Wiesel）在对猫的视觉皮层研究时提出了“感受野（receptive field）”的概念。神经元的感受野是指视网膜上的一个区域，当视觉通路上的某个神经元被激活时，视网膜上所有与激活该神经元有关的感光细胞就构成了该神经元的感受野。并且，感受野具有一定的层次结构。

根据神经生理学的研究，人类眼球中的感光系统由视网膜上的感光细胞及其功能所构成，其作用是将投影到视网膜上的光信号转换成神经信号。视网膜的结构可分为三层，从后向前，依此是后部的感光细胞层、中间的双极细胞层和前端的节细胞层。其中，节细胞层和双极细胞层为透明状结构，光线可以正常穿过；感光细胞层在视网膜的背侧，离光源最远，它接收穿过节细胞层和双极细胞层的光信号，是视网膜的接收层。

感光细胞又可分为两种：椎体细胞和棒体细胞。椎体细胞为昼间环境视觉细胞，可分辨视觉影像中极其细微的特征信息及色觉信息，人类视网膜上的椎体细胞大约有 600 万个；棒体细胞为昏暗环境视觉细胞，仅对光比较敏感，但其特征分辨能力较差，且不提供色觉信息，人类视网膜上的棒体细胞大概有 1.2 亿个。双极细胞层是视网膜的连接层，用于实现感光层与节细胞层之间的联系，其中的每个双极细胞都用自己的两极将感光细胞与节细胞连接起来。节细胞层是视网膜的输出，其轴突沿视神经将视觉信息传出。视网膜的组织结构如图 6.22 所示。其中的水平细胞是要形成感光细胞之间的联系。

视觉认知机制由视网膜的感光机制、视神经的传导机制和大脑皮层的中枢机制三部分组成，其认知过程如图 6.23 所示。在视觉认知机制中，感光机制如上所述；传导机制是视神经将左右眼视觉信息在视交叉处进行交叉后先传到丘脑的外侧膝状体，外侧膝状体对不同类型视觉信息进行初步加工后，再传递到大脑皮层的视区；中枢机制在大脑皮层中完成，传递到视区的视觉信息，经视区处理后，传到与视区近邻的视觉联合区并进一步加工，最后才得到对物体的完整认识。

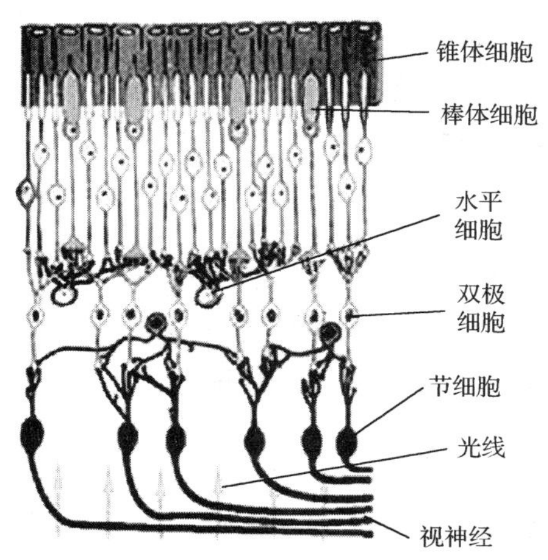

图 6.22　视网膜的组织结构（原图来自互联网）

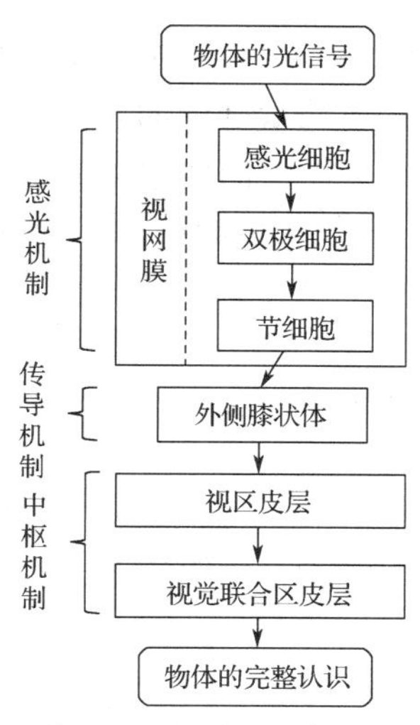

图 6.23　视觉认知机制

从以上分析可以看出，感光锥细胞（约 600 万个）和棒细胞（约 1.2 亿个）的数量远大于神经节细胞（约 100 万个）的数量，而每个锥细胞、棒细胞接收到的感光信息都需要传递到大脑皮层进行处理，这样当锥体细胞和棒体细胞通过双极细胞与节细胞连接时，就会出现许多感光细胞被聚合在一个或几个节细胞上的情况。同样，在视觉信息传递和加工过程中，还会出现有多个神经元被聚合到一个神经元的情况。

这种现象体现了生物视觉认知机制中的两个特性：一是视觉信息加工的逐层抽象、逐次迭代特性；二是感受野的大小随神经元层级变化的特性。尤其是对感受野，神经元的层级越高，其感受野越大，反之越小。例如，节细胞的感受野高于锥体细胞和棒体细胞的感受野。

受感受野概念和视觉认知机理的启发，1980 年，日本学者 Fukushima 提出了基于感受野的神经认知机（neocognitron）的概念。神经认知机可被看成卷积神经网络的第一个雏形，将一个视觉模式分解为多个子模式，然后进入由低到高的逐层交替处理方式，并且每一层的输入与前一层的感受野相连，高层神经元的感受野高于低层神经元的感受野。

2．深度卷积神经网络的基本结构

深度卷积神经网络的基本结构通常由三部分组成：第一部分为输入层，第二部分由多个卷积层和池化层交替组合而构成，第三部分由一个全连接层和输出层所构成，如图 6.24 所示。

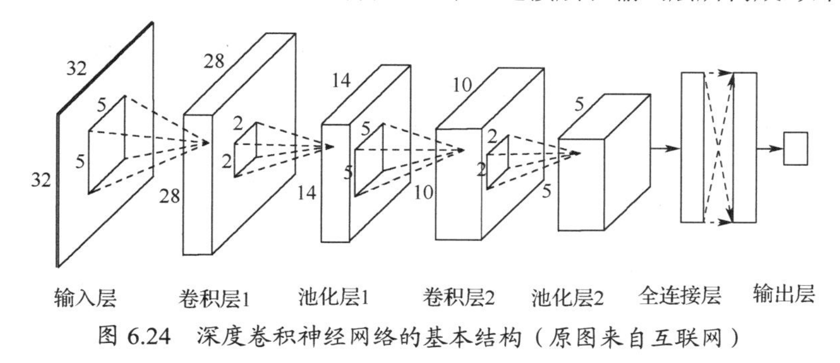

图 6.24　深度卷积神经网络的基本结构（原图来自互联网）

（1）卷积层

卷积层（Convolution Layers）的作用是进行特征提取。其基本思想是：自然图像有其固有特征，从图像某一部分学到的特征同样能够用到另一部分上。或者说，从一个大图像中随机选取其中的一小块图像作为样本块，那么从该样本块学到的特征同样可以应用到这个大图像的任意位置。如图 6.24 中输入层图像的大小为 32×32，选择的样本块大小 5×5，假设已经从这个 5×5 的样本块中学到了一些特征，这些特征可以被应用到该 32×32 的图像中。从卷积神经网络的角度，要想得到整个图像的卷积特征，就需要对整个图像中的每个 5×5 的小图像块都进行卷积运算。

卷积运算过程可简单理解为，利用所选择样本块的特征，从图像的左上角移动到右下角，每移动一步，都将该样本块的特征与其所在位置的子图像做卷积运算，最终得到卷积后的图像。至于如何进行卷积运算我们将在 6.7 节深度学习中详细讨论，这里只是给出深度卷积神经网络的概念。

（2）池化层

池化层（Pooling Layer），也称为下采样层，其作用是为了减小参数规模，降低计算复杂度。池化层的思想比较简单，就是要把卷积层中每个尺寸为 $k \times k$ 的池化空间的特征聚合到一起，形成池化层对应特征图中的一个像素点。池化方法常用的有最大池化法、平均池化法等。这些方法的具体操作也将在稍后的 6.7 节深度学习中讨论。

（3）全连接层和输出层

全连接层的作用是实现图像分类，即计算图像的类别，完成对图像的识别。输出层的作用是当图像识别完成后，将识别结果输出。

6.5.2 深度波尔茨曼机与深度信念网络

深度波尔茨曼机（Deep Boltzmann Machine，DBM）由多层受限波尔茨曼机（Restricted Boltzmann Machine，RBM）堆叠而成，而深度信念网络（Deep Belief Network，DBN）则由多层受限波尔茨曼机再加上一层 BP 网络所构成。由于 RBM 的训练可分层进行，因此 DBM 能够有效避免深层网络训练中存在的误差累积传递过长问题。

1. 受限波尔茨曼机的结构

受限波尔茨曼机是一种对称耦合的随机反馈型二值单元神经网络。RBM 作为波尔茨曼机（BM）的一种变形，RBM 与 BM 的最大区别是，RBM 限制同层节点之间无连接其的基本结构如图 6.25 所示。单个 RBM 是一个两层的浅层网络，一层是可见层 V，其节点叫可见节点，用于接收输入数据；另一层是隐层 H，其节点叫隐节点，起着特征探测器的作用。在 RBM 中，节点之间的连接方式满足，同层节点之间无连接，层间节点之间为全连接，任意两个相连接的节点都有自身的权重，权重矩阵为 W。RBM 作为一种二值单元神经网络，其所有节点都是随机二值变量节点，即各节点的取值都只有“0”和“1”两种状态。

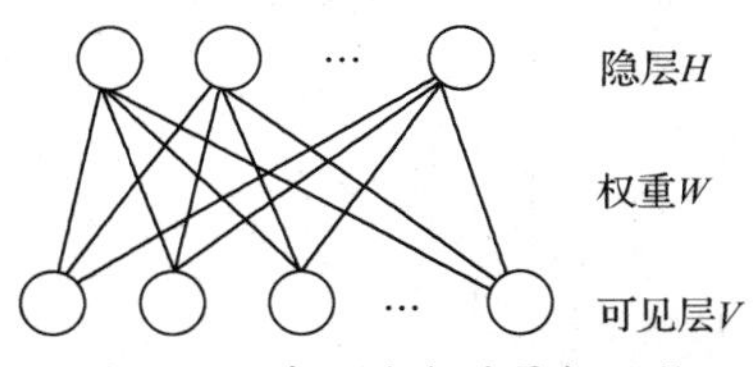

图 6.25 受限波尔茨曼机结构

2. 深度波尔茨曼机与深度信念网络的结构

如前所述，深度波尔茨曼机由若干层受限波尔茨曼机堆叠而成，而深度信念网络由多层受限波尔茨曼机再加上一层 BP 网络所构成。以 3 层波尔茨曼机为例，其深度波尔茨曼机的基本结构如图 6.26 所示。在该模型中，前一层波尔茨曼机隐层作为下一层波尔茨曼机的可见层。例如，RBM_0 的隐层 H_0，同时又是 RBM_1 的可见层 V_1。

深度信念网络 DBN 也称为深度置信网络，与深度波尔茨曼机在结构上的主要差别是最后一层，其最后一层是 BP 网络。以两层 RBM 和一层 BP 构成的 DBN 为例，其基本结构如图 6.27 所示。其中，向上的实箭号为信号传播，向下的虚箭号为误差反向传播。

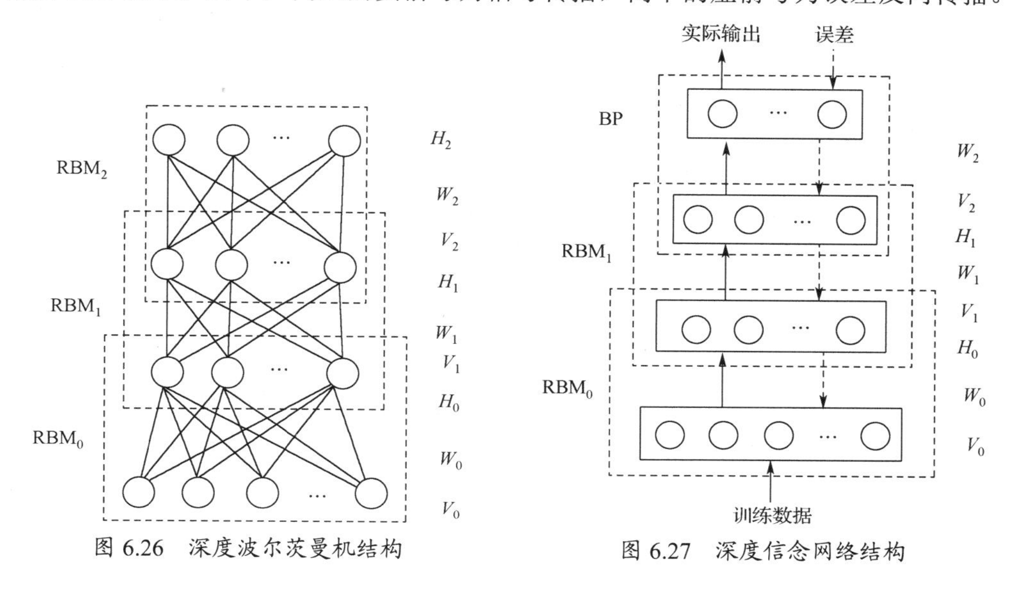

图 6.26　深度波尔茨曼机结构　　图 6.27　深度信念网络结构

6.6　浅层连接学习

浅层连接学习是指基于浅层人工神经网络模型的连接学习。根据前面给出的浅层网络模型，本节主要讨论感知器学习、BP 网络学习和 Hopfield 网络学习。

6.6.1　连接学习规则

连接学习规则是指连接学习过程中神经元之间的连接权值及神经元自身阈值的调整规则。常用的连接学习规则包括 Hebb 学习规则、纠错学习规则、竞争学习规则及随机学习规则。

1. Hebb 学习规则

Hebb 学习（Hebbian learning）是为了纪念神经心理学家赫布（D.O.Hebb），而以其名字命名的一种学习规则。Hebb 规则主要用于调整神经网络的突触连接权值，可概括地描述为：如果神经网络中某一神经元同另一直接与它连接的神经元同时处于兴奋状态，那么这两个神经元之间的连接强度将得到加强，反之应该减弱。Hebb 学习对连接权值的调整可表示为

$$w_{ij}(t+1) = w_{ij}(t)+\eta[x_i(t)x_j(t)]$$

式中，$w_{ij}(t+1)$表示对时刻 t 的权值修正一次后所得到的新的权值；η 是一正常量，也称为学习因子，取决于每次权值的修正量；$x_i(t)$和 $x_j(t)$分别表示 t 时刻第 i 个和第 j 个神经元的状态。

Hebb 学习是神经网络学习中影响较大的一种学习规则，现已成为许多神经网络学习的基础。但是，目前许多神经生理学的研究表明，Hebb 规则并未准确地反映出生物学习过程中突触变化的基本规律，只是简单地将突触在学习中的联想特性形式化，认为对神经元重复同一刺激就可以产生性质相同、程度增强的反应。但目前神经生理学的研究并没有得到 Hebb 突触特性的直接证据，相反，同一刺激模式对生物机体的重复作用，则有可能造成机体的习惯化。习惯化将减弱机体对刺激的反应，与 Hebb 规则的含义正好相反。这说明 Hebb 规则不能作为生物神经元间突触变化和生物机体学习的普遍规律。

2．纠错学习规则

纠错学习（error-correction learning）也叫误差修正学习，或叫 Delta 规则。它是一种有导师的学习过程，其基本思想是，利用神经网络的期望输出与实际输出之间的偏差作为连接权值调整的参考，并最终减少这种偏差。

最基本的误差修正规则规定：连接权值的变化与神经元期望输出和实际输出之差成正比。该规则的连接权值的计算公式为

$$w_{ij}(t+1) = w_{ij}(t)+\eta[d_j(t)-y_j(t)]x_i(t)$$

式中，$w_{ij}(t)$表示时刻 t 的权值；$w_{ij}(t+1)$表示对时刻 t 的权值修正一次后得到的新的权值；η 是一正常量，也称为学习因子；$d_j(t)$为神经元 j 的期望输出，$y_j(t)$为实际输出，$d_j(t)-y_j(t)$表示神经元 j 的输出误差；$x_i(t)$为第 i 个神经元的输入。

误差修正学习的学习过程可由以下 4 步来实现：

① 选择一组初始权值 $w_{ij}(0)$；

② 计算某一输入模式对应的实际输出与期望输出的误差；

③ 按照上述修正规则更新权值；

④ 返回第②步，直到对所有的训练模式的网络输出均能满足要求为止。

最后需要指出，上述简单形式的误差修正规则只能解决线性可分模式的分类问题，不能直接用于多层网络。为了克服这种局限性，又出现了改进规则，对此不再介绍。

3．竞争学习规则

竞争学习（competitive learning）是指网络中某一组神经元相互竞争对外界刺激模式响应的权力，在竞争中获胜的神经元，其连接权值会向着对这一刺激模式竞争更有利的方向发展。相对来说，竞争获胜的神经元抑制了竞争失败神经元对刺激模式的响应。

竞争学习的最简单形式是任一时刻都只允许一个神经元被激活，其学习过程可描述为：

① 将一个输入模式送给输入层 LA；

② 将 LA 层神经元的激活值送到下一层 LB；

③ LB 层神经元对 LA 层送来的刺激模式进行竞争，即每个神经元将一个正信号送给自己（自兴奋反馈），同时将一个负信号送给该层其他神经元（横向邻域抑制）；

④ 最后，LB 层中输出值最大的神经元被激活，其他神经元不被激活，被激活的神经元就是竞争获胜者。LA 层神经元到竞争获胜神经元的连接权值将发生变化，而 LA 层神经元到竞争失败的神经元的连接权值不发生变化。

竞争学习是一种典型的无导师学习，学习时只需要给定一个输入模式集作为训练集，网络自行组织训练模式，并将其分成不同类型。

4．随机学习规则

随机学习（stochastic learning）的基本思想是，结合随机过程、概率和能量（函数）等概念来调整网络的变量，从而使网络的目标函数达到最大（或最小）。其网络变化通常遵循以下规则：① 如果网络变量的变化能使能量函数有更低的值，那么就接受这种变化；② 如果网络变量变化后能量函数没有更低的值，那么按某一预先选取的概率分布接受这一变化。

可见，随机学习不仅可以接受能量函数减小（性能得到改善）的变化，还可以以某种概率分布接受使能量函数增大（性能变差）的变化。对后一种变化，实际上是给网络变量引入了噪声，使网络有可能跳出能量函数的局部极小点，而向全局极小点的方向发展。模拟退火算法（Simulated Annealing，SA）就是一种典型的随机学习算法。

6.6.2 感知器学习

感知器学习可分为单层感知器学习和多层感知器学习。但由于多层感知器学习对隐层神经元期望输出的判断存在较大困难，故本节重点讨论单层感知器学习算法。

1．单层感知器学习算法

单层感知器学习实际上是一种基于纠错学习规则，采用迭代的思想对连接权值和阈值进行不断调整，直到满足结束条件为止的学习算法。

假设 $\boldsymbol{X}(k)$和 $\boldsymbol{W}(k)$分别表示学习算法在第 k 次迭代时输入向量和权值向量，为叙述方便，通常把阈值 $\theta(k)$作为权值向量 $W(k)$中的第一个分量，对应地把“-1”固定地作为输入向量 $\boldsymbol{X}(k)$中的第一个分量。即 $\boldsymbol{W}(k)$和 $\boldsymbol{X}(k)$可分别表示为

$$\boldsymbol{X}(k) = (-1, x_1(k), x_2(k), \cdots, x_n(k))$$

$$\boldsymbol{W}(k) = (\theta(k), w_1(k), w_2(k), \cdots, w_n(k))$$

即 $x_0(k) = -1$，$w_0(k) = \theta(k)$。

单层感知器学习是一种有导师学习，它需要给出输入样本的期望输出。假设一个样本空间可被划分为 A，B 两类。其激活函数的定义为：如果一个输入样本属于 A 类，则激活函数的输出为+1，否则其输出为–1。对应地，也可将期望输出（亦称为导师信号）定义为：当输入样本属于 A 类时，其期望输出为+1，否则为–1（或 0）。

在上述假设下，单层感知器学习算法可描述如下：

① 设 $t = 0$，初始化连接权值和阈值。即给 $w_i(0)(i = 1, 2, \cdots, n)$及 $\theta(0)$分别赋予一个较小的非零随机数，作为它们的初始值。其中，$w_i(0)$是第 0 次迭代时输入向量中第 i 个输入的连接权值；$\theta(0)$是第 0 次迭代时输出节点的阈值。

② 提供新的样本输入 $x_i(t)(i = 1, 2, \cdots, n)$和期望输出 $d(t)$。

③ 计算网络的实际输出

$$y(t) = f\left(\sum_{i=1}^{n} w_i(t)x_i(t) - \theta(t)\right) \qquad (i = 1, 2, \cdots, n)$$

④ 若 $y(t) = 1$，不需要调整连接权值，转⑥；否则需要调整连接权值，执行⑤。

⑤ 调整连接权值

$$w_i(t+1) = w_i(t)+\eta[d(t)-y(t)]x_i(t) \qquad (i = 1, 2, \cdots, n)$$

式中，$0<\eta\leqslant 1$，是一个增益因子，用于控制修改速度，其值不能太大，也不能太小。如果 η 的值太大，会影响 $w_i(t)$的收敛性；如果太小，又会使 $w_i(t)$的收敛速度太慢。

⑥ 判断是否满足结束条件，若满足，算法结束；否则，将 t 值加 1，转②，重新执行。这里的结束条件一般是指 $w_i(t)$对一切样本均稳定不变。

对上述算法，如果输入的两类样本是线性可分的，即这两类样本可以分别落在某个超平面的两边，则该算法就一定会最终收敛于将这两类模式分开的那个超平面上。否则，该算法将不会收敛。其原因是，当输入不可分且重叠分布时，在上述算法的收敛过程中，其决策边界会不断地摇摆。

2．单层感知器学习的例子

在 6.4 节，我们讨论过用单层感知器解决“与”“或”“非”问题的例子，但在那里，只是说明能够解决这些问题，至于其学习过程，并未讨论。为了加深对单层感知器学习算法的理解，下面从学习的角度，重新讨论“与”运算问题。

例 6.5 用单层感知器实现逻辑“与”运算。

解：根据“与”运算的逻辑关系，可将问题转换为：

输入向量：$\boldsymbol{X}_1 = (0, 0, 1, 1)$，$\boldsymbol{X}_2 = (0, 1, 0, 1)$

输出向量：$\boldsymbol{Y} = (0, 0, 0, 1)$

为减少算法的迭代次数，对初始连接权值和阈值取值如下：

$$w_1(0) = 0.5，w_2(0) = 0.7，\theta(0) = 0.6$$

并取增益因子 $\eta = 0.4$。算法的学习过程如下。

设感知器的两个输入为 $x_1(0) = 0$ 和 $x_2(0) = 0$，其期望输出为 $d(0) = 0$，实际输出为

$$\begin{aligned} y(0) &= f(w_1(0)\cdot x_1(0) + w_2(0)\cdot x_2(0) - \theta(0)) \\ &= f(0.5\times 0 + 0.7\times 0 - 0.6) = f(-0.6) = 0 \end{aligned}$$

实际输出与期望输出相同，不需要调节权值，再取下一组输入：$x_1(0) = 0$ 和 $x_2(0) = 1$，其期望输出为 $d(0) = 0$，实际输出为

$$\begin{aligned} y(0) &= f(w_1(0)\cdot x_1(0) + w_2(0)\cdot x_2(0) - \theta(0)) \\ &= f(0.5\times 0 + 0.7\times 1 - 0.6) = f(0.1) = 1 \end{aligned}$$

实际输出与期望输出不同，需要调节权值，其调整如下

$$\theta(1) = \theta(0) + \eta(d(0) - y(0))\times(-1) = 0.6 + 0.4\times(0-1)\times(-1) = 1$$

$$\begin{aligned} w_1(1) &= w_1(0) + \eta(d(0) - y(0))\cdot x_1(0) = 0.5 + 0.4\times(0-1)\times 0 = 0.5 \\ w_2(1) &= w_2(0) + \eta(d(0) - y(0))\cdot x_2(0) = 0.7 + 0.4\times(0-1)\times 1 = 0.3 \end{aligned}$$

取下一组输入：$x_1(1) = 1$ 和 $x_2(1) = 0$，其期望输出为 $d(1) = 0$，实际输出为

$$\begin{aligned} y(1) &= f(w_1(1)\cdot x_1(1) + w_2(1)\cdot x_2(1) - \theta(1)) \\ &= f(0.5\times 1 + 0.3\times 0 - 1) = f(-0.50) = 0 \end{aligned}$$

实际输出与期望输出相同，不需要调节权值，再取下一组输入：$x_1(1) = 1$ 和 $x_2(1) = 1$，

其期望输出为 $d(1)=1$，实际输出为

$$\begin{aligned} y(1) &= f(w_1(1)\cdot x_1(1)+w_2(1)\cdot x_2(1)-\theta(1)) \\ &= f(0.5\times 1+0.3\times 1-1)=f(-0.2)=0 \end{aligned}$$

实际输出与期望输出不同，需要调节权值，其调整如下

$$\theta(2)=\theta(1)+\eta(d(1)-y(1))\times(-1)=1+0.4\times(1-0)\times(-1)=0.6$$
$$w_1(2)=w_1(1)+\eta(d(1)-y(1))\cdot x_1(1)=0.5+0.4\times(1-0)\times 1=0.9$$
$$w_2(2)=w_2(1)+\eta(d(1)-y(1))\cdot x_2(1)=0.3+0.4\times(1-0)\times 1=0.7$$

取下一组输入：$x_1(2)=0$ 和 $x_2(2)=0$，其期望输出为 $d(2)=0$，实际输出为

$$y(2)=f(0.9\times 0+0.7\times 0-0.6)=f(-0.6)=0$$

实际输出与期望输出相同，不需要调节权值，再取下一组输入：$x_1(2)=0$ 和 $x_2(2)=1$，其期望输出为 $d(2)=0$，实际输出为

$$y(2)=f(0.9\times 0+0.7\times 1-0.6)=f(0.1)=1$$

实际输出与期望输出不同，需要调节权值，其调整如下

$$\theta(3)=\theta(2)+\eta(d(2)-y(2))\times(-1)=0.6+0.4\times(0-1)\times(-1)=1$$
$$w_1(3)=w_1(2)+\eta(d(2)-y(2))\cdot x_1(2)=0.9+0.4\times(0-1)\times 0=0.9$$
$$w_2(3)=w_2(2)+\eta(d(2)-y(2))\cdot x_2(2)=0.7+0.4\times(0-1)\times 1=0.3$$

实际上，由关于与运算的阈值条件可知，此时的阈值和连接权值已满足结束条件，算法可以结束。不妨可检验如下：

对输入“00”有　　$y=f(0.9\times 0+0.3\times 0-1)=f(-1)=0$

对输入“01”有　　$y=f(0.9\times 0+0.3\times 0.1-1)=f(-0.7)=0$

对输入“10”有　　$y=f(0.9\times 1+0.3\times 0-1)=f(-0.1)=0$

对输入“11”有　　$y=f(0.9\times 1+0.3\times 1-1)=f(0.2)=1$

3. 多层感知器学习问题

由 6.4 节可知，多层感知器可以解决线性不可分问题。但由于多层感知器的隐层神经元的期望输出不易准确给出，因此单层感知器的学习算法很难直接用于多层感知器的学习。又由于多层感知器和 BP 网络都属于多层前馈网络，并且 BP 算法较好地解决了多层前馈网络的学习问题，因此下面重点讨论 BP 网络学习。

6.6.3 BP 网络学习

BP 网络是一种误差反向传播网络，其学习算法称为 BP 学习算法，或简称 BP 算法。本节主要讨论 BP 算法的传播公式、BP 算法的描述、BP 网络学习的有关问题。

1. BP 网络学习的基础

（1）三层 BP 网络

BP 网络学习的网络基础是具有多层前馈结构的 BP 网络。后面对 BP 网络学习的讨论，基于图 6.28 给出的三层 BP 网络结构。

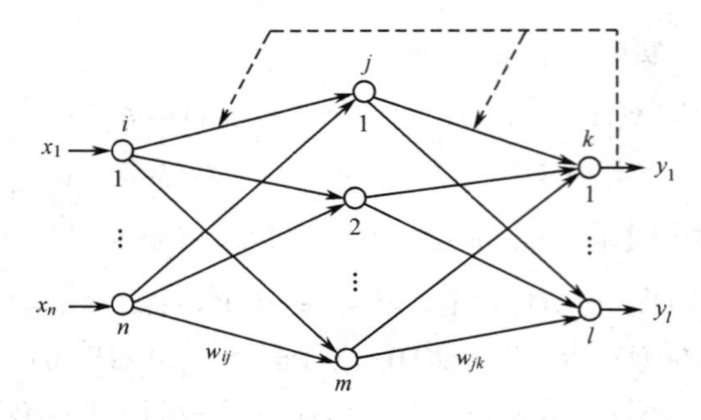

图 6.28　三层 BP 网络

（2）网络节点的输入/输出关系

在图 6.28 所示的三层 BP 网络中，分别用 i、j、k 表示输入层、隐含层、输出层节点，且有以下符号表示。

O_i、O_j、O_k 表示输入层节点 i、隐含层节点 j、输出层节点 k 的输出。

I_i、I_j、I_k 表示输入层节点 i、隐含层节点 j、输出层节点 k 的输入。

w_{ij}、w_{jk} 表示从输入层节点 i 到隐含层节点 j、从隐含层节点 j 到输出层节点 k 的连接权值。

θ_j、θ_k 表示隐含层节点 j、输出层节点 k 的阈值。

对输入层节点 i，有

$$I_i = O_i = x_i \qquad (i = 1, 2, \cdots, n) \tag{6.8}$$

对隐含层节点 j，有

$$I_j = \sum_{i=1}^{n} w_{ij} O_i = \sum_{i=1}^{n} w_{ij} x_i \qquad (j = 1, 2, \cdots, m) \tag{6.9}$$

$$O_j = f(I_j - \theta_j) \qquad (j = 1, 2, \cdots, m) \tag{6.10}$$

对输出层节点 k 有

$$I_k = \sum_{j=1}^{m} w_{jk} O_j \qquad (k = 1, 2, \cdots, l) \tag{6.11}$$

$$O_k = f(I_k - \theta_k) \qquad (k = 1, 2, \cdots, l) \tag{6.12}$$

（3）BP 网络的激发函数

BP 网络的激发函数通常采用连续可微的 S 函数，包括单极性 S 函数和双极性 S 函数。例如，$f(x) = \dfrac{1}{1 + \mathrm{e}^{-x}}$ 就是一个单极性 S 函数，其一阶导数为

$$f'(x) = f(x)[1 - f(x)]$$

（4）BP 网络学习的方式

BP 网络的学习过程实际上是用训练样本对网络进行训练的过程。网络的训练有两种方式：顺序方式和批处理方式。顺序方式是指每输入一个训练样本，就根据该样本所产生的误差，对网络的权值和阈值进行修改。批处理方式是指待样本集中的所有训练样本都一次性地全部输入网络后，再针对总的平均误差 E，去修改网络的连接权值和阈值。

顺序方式的优点是所需的临时存储空间较小，且采用随机输入样本的方法，可在一

定程度上避免局部极小现象。其缺点是收敛条件比较复杂。批处理方式的优点是能够精确计算梯度向量，收敛条件比较简单，且易于并行计算。其缺点是学习算法理解比较困难。因此，对 BP 网络学习算法的讨论主要顺序学习方式。

2. BP 算法的传播公式

BP 网络学习的传播公式是 BP 网络学习中用来调整网络连接权值和阈值的公式。BP 网络学习过程是一个对给定训练模式，利用传播公式，沿着减小误差的方向不断调整网络连接权值和阈值的过程。由于 BP 网络学习是一种有导师指导的学习方法，因此训练模式应包括相应的期望输出。

在 BP 学习算法中，对样本集中的第 r 个样本，其输出层节点 k 的期望输出用 d_{rk} 表示，实际输出用 y_{rk} 表示。其中，d_{rk} 由训练模式给出，y_{rk} 由式（6.12）计算得出，即

$$y_{rk} = O_{rk}$$

如果仅针对一个输入样本，其实际输出与期望输出的误差定义为

$$E = \frac{1}{2}\sum_{k=1}^{l}(d_k - y_k)^2 \tag{6.13}$$

对上述仅针对单个训练样本的误差计算公式，只适用于网络的顺序学习方式，若采用批处理学习方式，需要定义其总体误差。

假设样本集中有 R 个样本，则对整个样本集的总体误差定义为

$$E_R = \sum_{r=1}^{R}E_r = \frac{1}{2}\sum_{r=1}^{R}\sum_{k=1}^{l}(d_{rk} - y_{rk})^2 \tag{6.14}$$

由于本书主要讨论基于顺序学习方式的 BP 网络学习算法，因此对总体误差及其相关内容不再介绍。顺序学习方式的连接权值的调整公式为

$$w_{jk}(t+1) = w_{jk}(t)+\Delta w_{jk} \tag{6.15}$$

式中，$w_{jk}(t)$和 $w_{jk}(t+1)$分别是第 t 次迭代和 $t+1$ 次迭代时，从节点 j 到节点 k 的连接权值；Δw_{jk} 是连接权值的变化量。

为了使连接权值能沿着 E 的梯度下降的方向逐渐改善，网络逐渐收敛，权值变化量 Δw_{jk} 的计算公式如下：

$$\Delta w_{jk} = -\eta\frac{\partial E}{\partial w_{jk}} \tag{6.16}$$

式中，η 为增益因子，取[0, 1]区间的一个正数，其取值与算法的收敛速度有关；$\frac{\partial E}{\partial w_{jk}}$ 由下式计算

$$\frac{\partial E}{\partial w_{jk}} = \frac{\partial E}{\partial I_k}\times\frac{\partial I_k}{\partial w_{jk}} \tag{6.17}$$

根据式（6.11），可得到输出层节点 k 的 I_k 为

$$I_k = \sum_{j=1}^{m}w_{jk}O_j$$

对该式求偏导数有

$$\frac{\partial I_k}{\partial w_{jk}}=\frac{\partial}{\partial w_{jk}}\sum_{j=0}^{m}w_{jk}O_j=O_j \tag{6.18}$$

令局部梯度为

$$\delta_k=-\frac{\partial E}{\partial I_k} \tag{6.19}$$

将式（6.17）、式（6.18）和式（6.19）代入式（6.16），有

$$\Delta w_{jk}=-\eta\cdot\frac{\partial E}{\partial w_{jk}}=-\eta\cdot\frac{\partial E}{\partial I_k}\cdot\frac{\partial I_k}{\partial w_{jk}}=\eta\delta_k O_j \tag{6.20}$$

需要说明的是，在计算 δ_k 时，必须区分节点 k 是输出层节点，还是隐含层节点。下面分别进行讨论。

（1）节点 k 为输出层节点

如果节点 k 是输出层节点，则有 $O_k=y_k$，因此

$$\delta_k=-\frac{\partial E}{\partial I_k}=-\frac{\partial E}{\partial y_k}\times\frac{\partial y_k}{\partial I_k} \tag{6.21}$$

由式（6.13）有

$$\begin{aligned}\frac{\partial E}{\partial y_k}&=\frac{\partial\left(\frac{1}{2}\sum_{k=1}^{l}(d_k-y_k)^2\right)}{\partial y_k}=\frac{1}{2}\times 2\times(d_k-y_k)\times\frac{\partial(-y_k)}{\partial y_k}\\&=-(d_k-y_k)\end{aligned}$$

即

$$\frac{\partial E}{\partial y_k}=-(d_k-y_k) \tag{6.22}$$

而

$$\frac{\partial y_k}{\partial I_k}=f'(I_k) \tag{6.23}$$

将式（6.22）、式（6.23）代入式（6.21），有

$$\delta_k=(d_k-y_k)f'(I_k) \tag{6.24}$$

由于 $f'(I_k)=f(I_k)[1-f(I_k)]$，且 $f(I_k)=y_k$，因此

$$\delta_k=(d_k-y_k)y_k(1-y_k) \tag{6.25}$$

再将式（6.25）代入式（6.20），有

$$\Delta w_{jk}=\eta(d_k-y_k)(1-y_k)y_kO_j \tag{6.26}$$

根据式（6.15），对输出层有

$$w_{jk}(t+1)=w_{jk}(t)+\Delta w_{jk}=w_{jk}(t)+\eta(d_k-y_k)(1-y_k)y_jO_j \tag{6.27}$$

（2）节点 k 是隐含层节点

如果节点 k 不是输出层节点，表示连接权值是作用于隐含层上的节点，此时有 $\delta_k=\delta_j$，δ_j 按下式计算

$$\delta_j=\frac{\partial E}{\partial I_j}=\frac{\partial E}{\partial O_j}\times\frac{\partial O_j}{\partial I_j} \tag{6.28}$$

由式（6.10），$O_j=f(I_j-\theta_j)$，因此

$$\delta_j = -\frac{\partial E}{\partial O_j} f'(I_j) \tag{6.29}$$

其中，$\frac{\partial E}{\partial O_j}$是一个隐函数求导问题，其推导过程为

$$-\frac{\partial E}{\partial O_j} = -\sum_{k=1}^{l} \frac{\partial E}{\partial I_k} \times \frac{\partial I_k}{\partial O_j} = \sum_{k=1}^{l} \left(-\frac{\partial E}{\partial I_k} \right) \times \frac{\partial}{\partial O_j} \left(\sum_{j=1}^{m} w_{jk} O_j - \theta_k \right)$$

$$= \sum_{k=1}^{l} \left(-\frac{\partial E}{\partial I_k} \right) w_{jk}$$

由式（6.19）有

$$-\frac{\partial E}{\partial O_j} = \sum_{k=1}^{l} \delta_k w_{jk} \tag{6.30}$$

将式（6.30）代入式（6.29），有

$$\delta_j = f'(I_j) \sum_{k=1}^{l} \delta_k w_{jk} \tag{6.31}$$

它说明，低层节点的 δ 值是通过上一层节点的 δ 值来计算的。这样可以先计算输出层上的 δ 值，然后把它返回到较低层上，并计算各较低层上节点的 δ 值。

由于 $f'(I_j) = f(I_j)[1 - f(I_j)]$，由式（6.31）可得

$$\delta_j = f(I_j)[1 - f(I_j)] \sum_{k=1}^{l} \delta_k w_{jk} \tag{6.32}$$

再将式（6.32）代入式（6.20），并将其转化为隐函数的变化量，有

$$\Delta w_{ij} = \eta f(I_j)[1 - f(I_j)] \left(\sum_{k=1}^{l} \delta_k w_{jk} \right) O_i \tag{6.33}$$

再由式（6.8）和式（6.10），有

$$\Delta w_{ij} = \eta O_j (1 - O_j) \left(\sum_{k=1}^{l} \delta_k w_{jk} \right) x_i \tag{6.34}$$

根据式（6.15），对隐含层有

$$w_{ij}(t+1) = w_{ij}(t) + \Delta w_{ij} = w_{ij}(t) + \eta O_j (1 - O_j) \left(\sum_{k=1}^{l} \delta_k w_{jk} \right) x_i \tag{6.35}$$

3. BP 网络学习算法

下面仍以前述三层 BP 网络为例，基于顺序学习方式讨论其学习算法。

假设 w_{ij} 和 w_{jk} 分别是输入层到隐含层和隐含层到输出层的连接权值；R 是训练集中训练样本的个数，其计数器为 r；T 是训练过程的最大迭代次数，其计数器为 t。BP 网络学习算法可描述如下。

① 初始化网络及学习参数。将 w_{ij}、w_{jk}、θ_j、θ_k 均赋以较小的一个随机数；设置学习增益因子 η 为[0, 1]区间的一个正数；置训练样本计数器 $r=0$，误差 $E=0$，误差阈值 ε 为很小的正数。

② 随机输入一个训练样本，$r=r+1$，$t=0$。

③ 对输入样本，按照式（6.8）～式（6.12）计算隐含层神经元的状态和输出层每个节点的实际输出 y_k，按照式（6.13）计算该样本实际输出与期望输出的误差 E。

④ 检查 $E>\varepsilon$? 若是，执行下一步，否则转⑧。

⑤ $t=t+1$。

⑥ 检查 $t\leqslant T$? 若是，执行下一步⑦，否则转⑧。

⑦ 按照式（6.25）计算输出层节点 k 的 δ_k，按照式（6.32）计算隐含层节点 j 的 δ_j，按照式（6.27）计算 $w_{jk}(t+1)$，按照式（6.35）计算 $w_{ij}(t+1)$，返回到③。其中，对阈值可按照连接权值的学习方式进行修正，只是要把阈值设想为神经元的连接权值，并假定其输入信号总为单位值 1 即可。

⑧ 检查 $r=R$?若是，执行下一步⑨，否则转③。

⑨ 结束。

BP 网络的上述学习算法可用图 6.29 所示的流程图来描述。

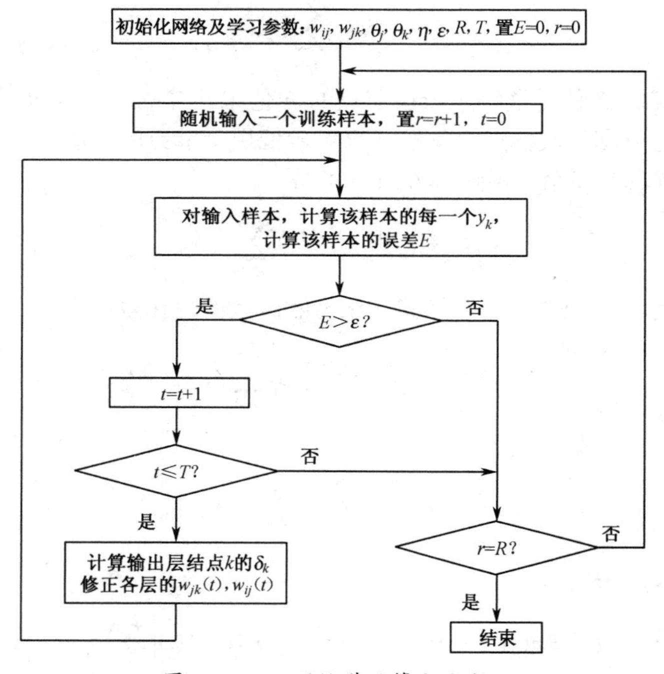

图 6.29　BP 网络学习算法的流程

4. BP 网络学习的讨论

BP 网络模型是目前使用较多的一种神经网络，有自己的优点，也存在一些缺点。

其主要优点如下：

① 算法推导清楚，学习精度较高。

② 从理论上说，多层前馈网络可学会任何可学习的东西。

③ 经过训练后的 BP 网络，运行速度极快，可用于实时处理。

其主要缺点如下：

① 由于它的数学基础是非线性优化问题，因此可能陷入局部最小区域。

② 学习算法收敛速度很慢，通常需要数千步或更长，甚至可能不收敛。

③ 网络中隐含层节点的设置无理论指导。

为了解决陷入局部最小区域问题，通常需要采用模拟退火算法或遗传算法。关于这两种算法，请参考有关文献。

算法收敛慢的主要原因在于误差是时间的复杂非线性函数。为了提高算法收敛速度，可采用逐次自动调整增益因子，或修改激励函数$f(x)$的方法来解决。这方面的更详细的讨论也请参考有关文献。

6.6.4 Hopfield 网络学习

Hopfield 网络学习的过程实际上是一个从网络初始状态向其稳定状态过渡的过程。而网络的稳定性又是通过能量函数来描述的。这里主要针对离散 Hopfield 网络讨论其能量函数和学习算法。

1. Hopfield 网络的能量函数

能量函数用来描述 Hopfield 网络的稳定性，离散 Hopfield 网络的能量函数可定义为

$$E=-\frac{1}{2}\sum_{i=1}^{n}\sum_{\substack{j=1\\j\neq i}}^{n}w_{ij}v_iv_j+\sum_{i=1}^{n}\theta_iv_i \tag{6.36}$$

式中，n 是网络中的神经元个数，w_{ij} 是神经元 i 和神经元 j 之间的连接权值，且 $w_{ij}=w_{ji}$；v_i 和 v_j 分别是神经元 i 和神经元 j 的输出；θ_i 是神经元 i 的阈值。

可以证明，对 Hopfield 网络，无论其神经元的状态由“0”变为“1”，还是由“1”变为“0”，始终有其网络能量的变化：$\Delta E<0$。为了证明网络能量变化的这一结论，我们可以从网络能量的构成形式进行分析。

如果假设某一时刻网络中仅有神经元 k 的输出发生了变化，其他神经元的输出没有变化，则可以将式（6.36）定义的能量函数分为五部分来讨论。第一部分是 $i=1, 2, \cdots, k-1$、$j\neq k$；第二部分是 $i=1, 2, \cdots, k-1$、$j=k$；第三部分是 $i=k$、$j\neq k$；第四部分是 $i=k+1, k+2, \cdots, n$、$j\neq k$；第五部分是 $i=k+1, k+2, \cdots, n$、$j=k$。即网络能量函数可写成如下形式：

$$E=\left(-\frac{1}{2}\sum_{i=1}^{k-1}\sum_{\substack{j=1\\j\neq i\\j\neq k}}^{n}w_{ij}v_iv_j+\sum_{i=1}^{k-1}\theta_iv_i\right) \quad i=1,2,\cdots,k-1、j\neq k，\text{其能量与 } k \text{ 的输出无关}$$

$$+\left(-\frac{1}{2}\sum_{i=1}^{k-1}w_{ik}v_iv_k\right) \quad i=1,2,\cdots,k-1、j=k，\text{其能量与 } k \text{ 的输出有关}$$

$$+\left(-\frac{1}{2}\sum_{\substack{j=1\\j\neq k}}^{n}w_{kj}v_kv_j+\theta_kv_k\right) \quad i=k、j\neq k，\text{其能量与 } k \text{ 的输出有关}$$

$$+\left(-\frac{1}{2}\sum_{i=k+1}^{n}\sum_{\substack{j=1\\j\neq i\\j\neq k}}^{n}w_{ij}v_iv_j+\sum_{i=k+1}^{n}\theta_iv_i\right) \quad i=k+1,k+2,\cdots,n、j\neq k，\text{其能量与 } k \text{ 的输出无关}$$

$$+\left(-\frac{1}{2}\sum_{i=k+1}^{n} w_{ik}v_i v_k\right) \qquad i=k+1,k+2,\cdots,-n、j=k，其能量与 k 的输出有关$$

在上述形式中，能够引起网络能量变化的仅有公式中的如下部分：

$$\left(-\frac{1}{2}\sum_{\substack{j=1\\j\neq k}}^{n} w_{kj}v_k v_j+\theta_k v_k\right)+\left(-\frac{1}{2}\sum_{i=1}^{k-1} w_{ik}v_i v_k\right)+\left(-\frac{1}{2}\sum_{i=k+1}^{n} w_{ik}v_i v_k\right) \tag{6.37}$$

又由于

$$\left(-\frac{1}{2}\sum_{i=1}^{k-1} w_{ik}v_i v_k\right)+\left(-\frac{1}{2}\sum_{i=k+1}^{n} w_{ik}v_i v_k\right)=-\frac{1}{2}\sum_{\substack{i=1\\i\neq k}}^{n} w_{ik}v_i v_k$$

再根据连接权值的对称性，即 $w_{ij}=w_{ji}$，有

$$-\frac{1}{2}\sum_{\substack{i=1\\i\neq k}}^{n} w_{ik}v_i v_k=-\frac{1}{2}\sum_{\substack{i=1\\i\neq k}}^{n} w_{ki}v_k v_i=-\frac{1}{2}\sum_{\substack{j=1\\j\neq k}}^{n} w_{kj}v_k v_j$$

即由式（6.37），有

$$\left(-\frac{1}{2}\sum_{\substack{j=1\\j\neq k}}^{n} w_{kj}v_k v_j+\theta_k v_k\right)+\left(-\frac{1}{2}\sum_{i=1}^{k-1} w_{ik}v_i v_k\right)+\left(-\frac{1}{2}\sum_{i=k+1}^{n} w_{ik}v_i v_k\right)$$
$$=\left(-\frac{1}{2}\sum_{\substack{j=1\\j\neq k}}^{n} w_{kj}v_k v_j+\theta_k v_k\right)+\left(-\frac{1}{2}\sum_{\substack{j=1\\j\neq k}}^{n} w_{kj}v_k v_j\right)$$
$$=-\sum_{\substack{j=1\\j\neq k}}^{n} w_{kj}v_k v_j+\theta_k v_j$$

即可以引起网络能量变化的部分为

$$-\sum_{\substack{j=1\\j\neq k}}^{n} w_{kj}v_k v_j+\theta_k v_j$$

为了更清晰地描述网络能量的变化，我们引入时间概念。假设 t 表示当前时刻，$t+1$ 表示下一时刻，时刻 t 和 $t+1$ 的网络能量分别为 $E(t)$和 $E(t+1)$，神经元 i 和神经元 j 在时刻 t 和 $t+1$ 的输出分别为 $v_i(t)$、$v_j(t)$和 $v_i(t+1)$、$v_j(t+1)$。由时刻 t 到 $t+1$ 网络能量的变化为

$$\Delta E= E(t+1)-E(t)$$

假设当网络中仅有神经元 k 的输出发生变化，且变化前后分别为 t 和 $t+1$ 时刻，则

$$\Delta E_k=E_k(t+1)-E_k(t)$$
$$=-\sum_{\substack{j=1\\j\neq k}}^{n} w_{kj}v_k(t+1)v_j+\theta_k v_k(t+1)+\sum_{\substack{j=1\\j\neq k}}^{n} w_{kj}v_k(t)v_j-\theta_k v_k(t)$$

为了说明神经元的状态无论是由“0”变为“1”，还是由“1”变为“0”，始终都有 $\Delta E<0$。下面分两种情况讨论。

首先看第一种情况，神经元 k 的输出变化 v_k 由 0 变 1 时，有

$$\Delta E_k = -\sum_{\substack{j=1 \\ j \neq k}}^{n} w_{kj} v_k(t+1) v_j + \theta_k v_k(t+1) + \sum_{\substack{j=1 \\ j \neq k}}^{n} w_{kj} v_k(t) v_j - \theta_k v_k(t)$$

$$= -\sum_{\substack{j=1 \\ j \neq k}}^{n} w_{kj} v_j + \theta_k + 0$$

$$= -\left(\sum_{\substack{j=1 \\ j \neq k}}^{n} w_{kj} v_j - \theta_k\right)$$

由于此时神经元 k 的输出为 1，即

$$\sum_{\substack{j=1 \\ j \neq k}}^{n} w_{kj} v_j - \theta_k > 0$$

则

$$\Delta E_k < 0$$

再看第二种情况，即当神经元 k 的输出 v_k 由 1 变 0 时，有

$$\Delta E_k = -\sum_{\substack{j=1 \\ j \neq k}}^{n} w_{kj} v_k(t+1) v_j + \theta_k v_k(t+1) + \sum_{\substack{j=1 \\ j \neq k}}^{n} w_{kj} v_k(t) v_j - \theta_k v_k(t)$$

$$= 0 + \left(\sum_{\substack{j=1 \\ j \neq k}}^{n} w_{kj} v_j - \theta_k\right)$$

$$= \sum_{\substack{j=1 \\ j \neq k}}^{n} w_{kj} v_j - \theta_k$$

由于此时神经元 k 的输出为 0，即

$$\sum_{\substack{j=1 \\ j \neq k}}^{n} w_{kj} v_j - \theta_k < 0$$

故有

$$\Delta E_k < 0$$

可见，无论神经元的状态由“0”变为“1”，还是由“1”变为“0”，都总有 $\Delta E<0$。这说明离散 Hopfield 网络在运行中，其能量函数总是在不断降低，最终将趋于稳定状态。

例 6.6 图 6.30 是一个三节点的 Hopfield 网络，若给定的初始状态为 $V_0 = \{1, 0, 1\}$，各节点之间的连接权值为

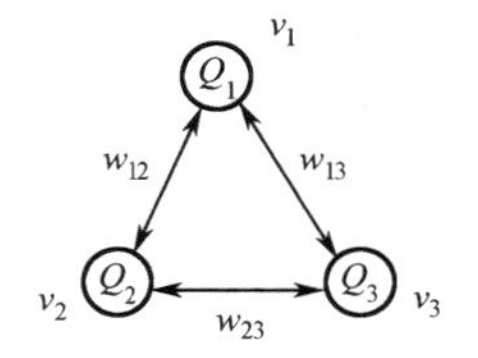

图 6.30 三节点 Hopfield 网络

$$w_{12} = w_{21} = 1, \quad w_{13} = w_{31} = -2, \quad w_{23} = w_{32} = 3$$

各节点的阈值为 $\theta_1 = -1$，$\theta_2 = 2$，$\theta_3 = 1$。请计算在该状态下的网络能量。

解：

$$E = -\frac{1}{2}(w_{12}v_1v_2 + w_{13}v_1v_3 + w_{21}v_2v_1 + w_{23}v_2v_3 + w_{31}v_3v_1 + w_{32}v_3v_2) + \theta_1 v_1 + \theta_2 v_2 + \theta_3 v_3$$

$$= -(w_{12}v_1v_2 + w_{13}v_1v_3 + w_{23}v_2v_3) + \theta_1v_1 + \theta_2v_2 + \theta_3v_3$$
$$= -(1\times1\times0 + (-2)\times1\times1 + 3\times0\times1) + (-1)\times1 + 2\times0 + 1\times1 = 2$$

2. Hopfield 网络学习算法

Hopfield 网络的学习过程是在系统向稳定性转化的过程中逐步完成的。其学习算法如下。

① 设置连接权值

$$w_{ij} = \begin{cases} \sum_{S=1}^{m} x_i^S x_j^S & i \neq j \\ 0 & i = j, i \geqslant 1, j \leqslant n \end{cases}$$

式中，x_i^S 为预先给定的 S 型样例（即记忆模式）的第 i 个分量，它可以为 1 或 0（或–1），样例类别数为 m，节点数为 n。

② 对未知类别的样例初始化

$$y_i(t) = x_i \qquad (1 \leqslant i \leqslant n)$$

式中，$y_i(t)$为节点 i 在 t 时刻的输出，当 $t = 0$ 时，$y_i(0)$就是节点的初始值；x_i 为输入样本的第 i 个分量。

③ 迭代运算

$$y_i(t+1) = f\left(\sum_{i=1}^{n} w_{ij} y_i(t)\right) \qquad (1 \leqslant j \leqslant n)$$

式中，函数 f 为阈值型。重复本步骤，直到新的迭代不能再改变节点的输出为止，即收敛为止。这时，各节点的输出与输入样例达到最佳匹配。

④ 否则，转第②步继续。

以上对三种神经网络学习算法的讨论都很肤浅。应该说，对神经网络学习还有很多内容需要深入讨论。限于篇幅，本书只能是对神经网络学习的一个入门，对此感兴趣的读者请参考有关专著或教材。

6.7 深度学习

深度学习作为连接学习的子领域，其主要出发点是模拟人脑神经系统的深层结构和人脑认知过程的逐层抽象、逐次迭代机制。目前，深度学习的研究和应用领域十分广泛，尤其是对视频、音频、语言等数据的处理，更是独具优势。限于篇幅，本节在对深度学习概述的基础上，重点讨论深度卷积神经网络学习。

6.7.1 深度学习概述

深度学习是一种基于深层网络模型、面向低层数据对象、采用逐层抽象机制、最终形成高层概念的机器学习方式。本节主要讨论深度学习生物机理方面的生物视觉认知中枢机制，以及深度学习的形成过程和基本模型。

1. 视觉认知的中枢机制

1981 年的 3 位医学诺贝尔奖得主包括哈佛医学院的戴维·休布尔（David Hubel）和

托斯坦·维塞尔（Torsten Wiesel），他们的主要贡献是发现了人类视觉系统的信息处理过程是分级进行的。6.5 节中曾经讨论过感受野的概念，并在图 6.23 中给出了视觉认知的粗略过程，这里我们再就其中的中枢机制做进一步讨论。

从图 6.23 可知，视觉信息经外侧膝状体传到中枢系统的纹状皮层。纹状皮层在大脑皮层的分区结构中被称为视区，也就是视觉认知机制中人们常说的 V_1 区。其主要作用是对视觉信息进行初步加工，如提取视觉信息的边缘特征。V_1 区完成对视觉信息的初步加工后，会将提取的特征传送到视觉联合皮层的 V_2 区。

视觉联合皮层也称为纹外皮层，位于纹状皮层周围，其主要作用是实现对纹状皮层输出信息的深入加工，并产生物体的整体视觉。视觉联合皮层的信息加工过程可用图 6.31 粗略表示。可以看出，V_2 区对接收到的视觉信息做进一步加工后分两条通路传出，其中一条为背侧通路，另一条为腹侧通路。腹侧通路和背侧通路在视觉信息处理中起着完全不同的作用。

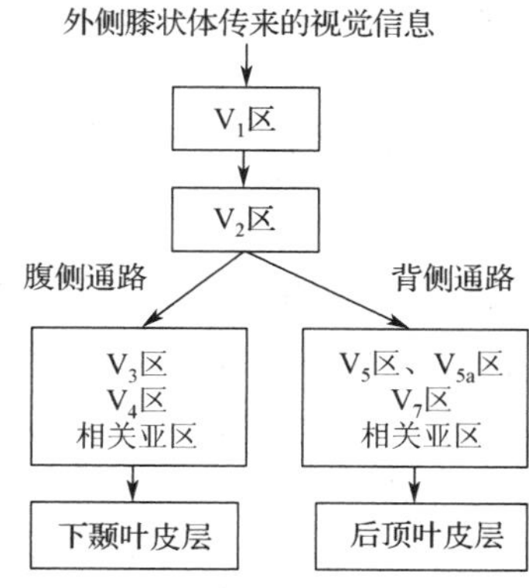

图 6.31 视觉信息处理的中枢机制

腹侧通路为内容通路，参与对物体“是什么”等实际内容信息的加工，主要识别诸如大小、形状、颜色、纹理等方面的视觉信息。该通路起于 V_2 区，经 V_3 区、V_4 区等，止于下颞叶皮层。其中，V_3 区进一步加工来自 V_2 区的信息；除分析视觉信息的形式，V_4 区还加工颜色恒常性。所谓颜色恒常性，是指在不同光照条件下颜色总保持相对恒定的现象。

背侧通为空间通路，参与对物体空间位置的感知和动作信息的加工，主要识别诸如位置、移动、速度、方向等方面的视觉信息，以及指导相应的动作行为。该通路起于 V_2 区，经 V_5 区、V_{5a} 区、V_7 区等，止于后顶叶皮层。其中，V_5 区位于内侧颞叶，属运动知觉，对运动刺激反应敏感；V_7 区实现眼动的视觉注意控制；V_{5a} 区与 V_5 区毗邻，接收 V_5 区的运动信息，其中一项重要功能是分析光流信息。

以人脸图像处理为例，其视觉认知过程如图 6.32 所示，可以看出，人类枢视觉认知过程所得到的高层特征由低层特征组合而来，整个过程是一个由低层到高层的逐步抽象和概念化的过程。

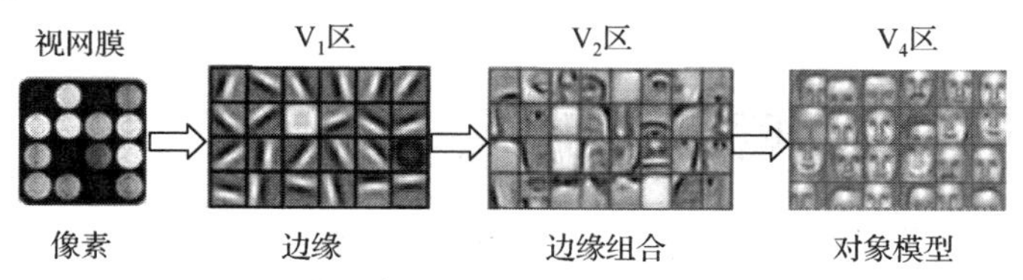

图 6.32 视觉信息的分层处理（原图来自互联网）

2. 深度学习的产生与发展

受视觉认知机理启发，2006 年，加拿大多伦多大学的杰弗里·辛顿（Geoffrey Hinton）教授在《Science》期刊上发表的论文中介绍了一种称为深度置信网络（DBN）的深度学习模型。该模型由一系列受限波尔茨曼机组成，并采用非监督贪心逐层训练算法，以前一层的训练结果作为下一层训练的初始化参数，有效地解决了 BP 网络存在的因隐层增加而产生的误差传播控制问题。深度置信网络与由鲁斯兰·萨拉赫丁诺夫（Ruslan

Salakhutdinov）提出的深度波尔茨曼机（DBM）一起，掀起了深度学习的浪潮，引发了一次连接学习的飞跃。

继 DBN 和 DBM 后，深度学习逐步得到了世界各国学术界的高度重视，新的学习模型不断出现，研究和应用热潮持续高涨。2012 年，斯坦福大学的吴恩达教授与谷歌合作，用 16000 台计算机搭建了一个含有 10 亿个节点的深度神经网络，能够通过自我训练，从 1000 万段随机选取的视频中识别出“猫”这种动物；2014 年 3 月，Facebook 的 DeepFace 项目使得人脸识别技术的识别率达到了 97.25%；2016 年 3 月，谷歌旗下的 DeepMind 公司开发了 AlphaGo 围棋程序，以及后来的 Alpha Zero 等。此外，如谷歌、百度的无人汽车、科大讯飞的语音翻译系统等都显示了深度学习的强大优势及广阔应用前景。

3．深度学习的类型

深度学习的类型有多种分类方法，可以按有无监督，分为有监督深度学习和无监督深度学习；也可按其作用，分为生成式深度学习、判别式深度学习和混合式深度学习。下面是把二者结合起来考虑的分类方法。

（1）无监督生成式深度学习

无监督学习是指在训练过程中不使用与特定任务有关的监督信息。生成式学习方法是指通过样本数据生成与其相符的有效目标模型。典型的无监督生成式深度学习模型包括受限波尔茨曼机（RBM）、深度置信网络（DBN）、深度波尔茨曼机（DBM）、深度自编码网络（Deep Autoencoder，DA）等。

（2）有监督判别式深度学习

有监督学习是指由训练样本的期望输出来引导的学习方式。它要求样本集中的每个训练样本都要有明确的类别标签，并通过逐步缩小实际输出与期望输出之间的差别来完成网络学习。典型的有监督判别式深度学习方法包括卷积神经网络（CNN）、深度堆叠网络（DSN）、递归神经网络（Recurrent Neural Networks，RNN）等。

（3）有监督无监督混合式学习

有监督无监督混合式学习是将有监督深度学习和无监督深度学习相结合的学习方式，其目标是有监督的判别式模型，同时以无监督的生成式作为辅助手段。典型的有监督无监督混合式学习模型有递归神经网络（RNN）、和积神经网络（Sum-product Network，SPN）等。

6.7.2 深度卷积神经网络学习

深度卷积神经网络的学习过程就是对卷积神经网络的训练过程，由计算信号的正向传播过程和误差的反向传播过程组成。本节主要讨论深度卷积神经网络学习的正向传播和反向传播这两个基本过程，典型深度卷积神经网络学习模型 LeNet5 将在 6.7.3 节讨论。

1．卷积神经网络的正向传播过程

卷积神经网络的正向传播过程是指从输入层到输出层的信息传播过程，该过程的基本操作包括：从输入层到卷积层或从池化层到卷积层的卷积操作，从卷积层到池化层的池化操作，以及全连接层的分类操作。

（1）卷积层与卷积操作

卷积（convolution）作为数学中的一种线性运算，其在卷积神经网络中的主要作用是实现卷积操作，形成网络的卷积层。卷积操作的基本过程是：针对图像的某一类特征，先构造其特征过滤器（Feature Filter，FF），然后利用该过滤器对图像进行特征提取，得到相应特征的特征图（Feature Map，FM）。依此针对图像的每类特征，重复如上操作，最后得到由所有特征图构成的卷积层。

特征过滤器也称为卷集核（Coiling Kernel，CK），实际上是由相关神经元连接权值形成的一个权值矩阵。该矩阵的大小由卷集核的大小确定。卷集核与特征图之间具有一一对应关系，一个卷集核唯一地确定了一个特征图，而一个特征图唯一地对应着一个卷积核。并且，卷集核具有平移不变性，即卷集核对图像特征的提取，仅与其自身的权值分布有关，与该特征在图像中的位置无关。

特征图是应用一个过滤器对图像进行过滤，或者说利用卷集核对图像做卷积运算所得到的结果。卷集核对输入图像的卷积过程为：将卷积核从图像的左上角开始移动到右下角，每次移动一步，都要将滤波器与其在原图像中所对应位置的子图像做卷积运算，最终得到卷积后的图像，即特征图。卷积操作的示意性说明如图 6.33 所示，该图也给出了输入图像、卷积核和特征图之间的关系。

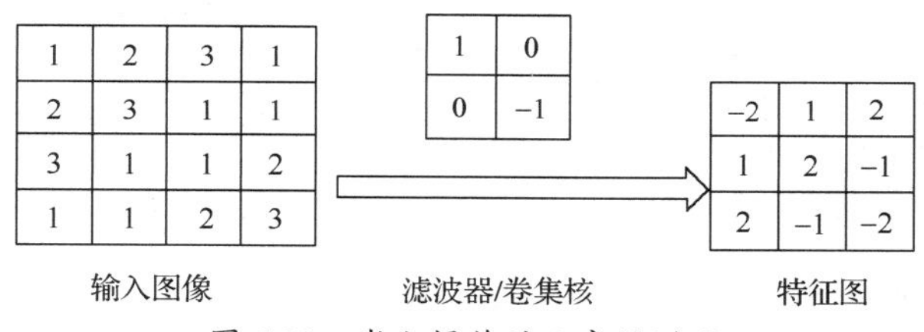

图 6.33　卷积操作的示意性说明

例如，图 6.33，其特征图第 1 行第 1 列元素的值为：

$$F_{1,1}=1\times1+2\times0+2\times0+3\times(-1)=-2$$

该计算过程各元素的对应关系如图 6.34 所示。

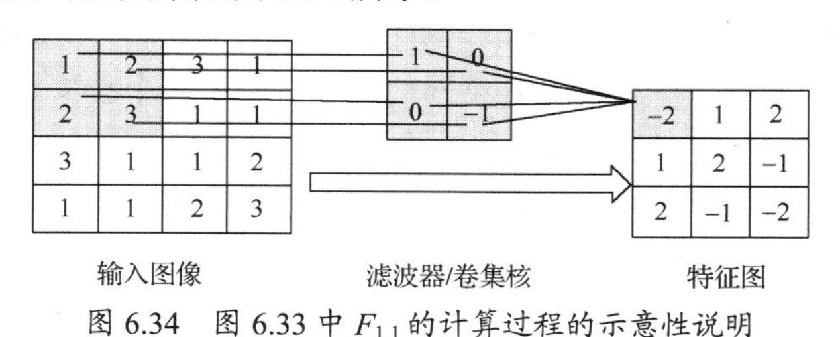

图 6.34　图 6.33 中 $F_{1,1}$ 的计算过程的示意性说明

再如，图 6.33 中特征图第 2 行第 3 列的元素为：

$$F_{2,3}=1\times1+1\times0+1\times0+2\times(-1)=-1$$

其计算过程各元素的对应关系如图 6.35 所示。

为了对上述卷积运算进行一般化描述，先做如下假设：

① I 表示输入图像。

② K 表示卷积核。设其高为 h_K，宽为 w_K，实际上是一个 $h_K\times w_K$ 的权值矩阵。

③ $K_{s,t}$ 表示卷集核中第 s 行第 t 列的元素。其中，s=1, 2,⋯, h_K，t=1, 2,⋯, w_K。

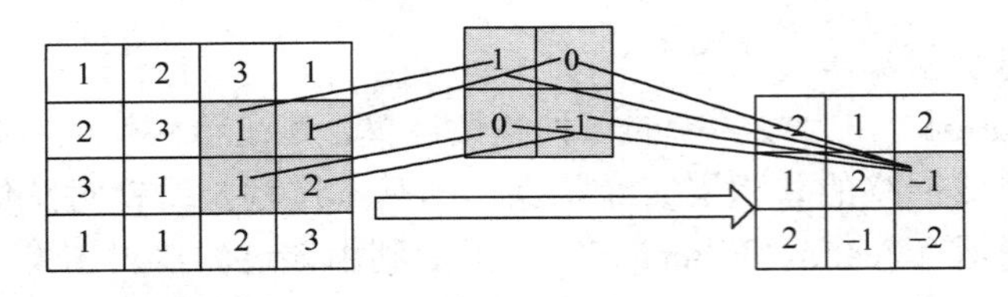

图 6.35　图 6.33 中 $F_{2,3}$ 计算过程的示意性说明

④ O 表示输出图像，即利用卷集核与输入图像做卷积运算后所得到的卷积层特征图，其大小与输入图像的大小、卷集核的大小以及卷积操作的步长有关。卷积操作的步长是指卷积操作过程中卷集核在原图像上每次移动的列数。例如在图 6.33 中，卷积操作的步长为 1。

⑤ $O_{i,j}$ 表示输出图像第 i 行第 j 列的元素。

在上述假设下，$O_{i,j}$ 的一般描述可用公式（6.38）表示

$$O_{i,j}=\sum_{s=1}^{h_K}\sum_{t=1}^{w_K}I_{i+s-1,j+t-1}K_{s,t} \tag{6.38}$$

例如，对前面求过的 F_{11}，如果用公式（6.38），其中异过程如下。

$$O_{1,1}=I_{i+1-1,j+1-1}K_{1,1}+I_{i+1-1,j+2-1}K_{1,2} \qquad \text{（即 } i=1,\ j=1,\ s=1,\ t \text{ 先取 1 再取 2）}$$
$$+I_{i+2-1,j+1-1}K_{2,1}+I_{i+2-1,j+2-1}K_{2,2} \qquad \text{（即 } i=1,\ j=1,\ s=2,\ t \text{ 先取 1 再取 2）}$$
$$=I_{1,1}\times1+I_{1,2}\times0+I_{2,1}\times0+I_{2,2}\times(-1)$$
$$=1\times1+2\times0+2\times0+3\times(-1)=-2$$

同样可求得前面的 F_{23}，即

$$O_{2,3}=I_{i+1-1,j+1-1}K_{1,1}+I_{i+1-1,j+2-1}K_{1,2} \qquad \text{（} i=2,\ j=3,\ s=1,\ t \text{ 先取 1 再取 2）}$$
$$+I_{i+2-1,j+1-1}K_{2,1}+I_{i+2-1,j+2-1}K_{2,2} \qquad \text{（} i=2,\ j=3,\ s=2,\ t \text{ 先取 1 再取 2）}$$
$$=I_{2,3}\times1+I_{2,4}\times0+I_{3,3}\times0+I_{3,4}\times(-1)$$
$$=1\times1+1\times0+1\times0+2\times(-1)=-1$$

上述卷积操作仅是利用单个卷积核，提取图像的单个特征，形成单个特征图的过程，但实际问题往往需要从图像中提取多种不同的特征，即由多个卷积核形成多个特征图。并且，深度卷积神经网络学习过程往往需要构建多个卷积层。为此，如果再假设：

⑥ l（l=0, 1, 2,⋯）表示当前卷积层在整个卷积网络中的序号，l=0 时为初始输入层，l>0 时为卷积网络中的相应层号。

⑦ m 表示当前特征图自身在其所在网络层次中的序号，若该卷积层中的特征图的总数为 M，则 m=1, 2,⋯, M。

另外，由于有了网络层次的序号描述，公式（6.38）中的输入图像 I 和输出图像 O 可分别用 O^{l-1} 和 O^{l} 表示。在此假设下，卷积层 l 的生成过程实际上就是对该卷积层中所有特征图的生成过程，其一般性描述可用公式（6.39）表示。

$$O_{i,j}^{l,m}=f\left(\sum_{m=1}^{M}\sum_{s=1}^{h_K}\sum_{t=1}^{w_K}O_{i+s-1,j+t-1}^{l-1,m}K_{s,t}^{l,m}+b^{l,m}\right) \tag{6.39}$$

式中，$f(\,)$为激活函数，常用的激活函数有双曲正切函数 tanh( )、S 型函数 sigmioid( )等；

$K_{s,t}^{l,m}$ 是卷积层 l 中特征图 m 所对应的卷集核的第 s 行第 t 列元素；$b^{l,m}$ 为卷积层 l 中特征图 m 的偏置值；$O_{i,j}^{l,m}$ 为卷积层 l 中特征图 m 的第 i 行第 j 列元素；$I_{i+s-1,j+t-1}^{l-1,m}$ 是卷积层 l 中特征图 m 对应的输入图像。

这里需要说明两点：第一，当 l=1 时，第 l–1 层实际上为初始图像；当 l>1 时，第 l–1 层为池化层；第二，卷积层 l 中特征图的个数与该层卷集核的个数有关。

（2）池化层与池化操作

池化层（pooling layer），也叫子采样层（subsample layer）或降采样（downsample layer），其主要作用是利用子采样（或降采样）对输入图像的像素进行合并，得到池化层的特征图，实现对卷积层的特征图的降维，并降低过拟合。

① 池化操作及基本过程

池化操作的一个重要概念是池化窗口或子采样窗口。池化窗口是指池化操作使用的一个矩形区域，池化操作利用该矩形区域实现对卷积层特征图像素的合并。例如，某 8×8 的输入图像，若采用大小为 2×2 的池化窗口对其进行池化操作，意味着原图像上的 4 个像素将被合并为 1 个像素，原卷积层中的特征图经池化操作后，将缩小为原图的 1/4。池化层中特征图的数目通常与其前面卷积层特征图的数目相同且一一对应。

池化操作的基本过程是：从特征图的左上角开始，按照池化窗口，先从左到右，然后从上向下，不重叠地依次扫过整个图像，同时利用子采样方法进行池化计算。常用的池化方法有最大池化（max pooling）法、平均池化（mean pooling）法和概率矩阵池化（stochastic pooling）法等。其中，最大池化法对背景的保留较好，平均池化法对纹理的提取较好，概率矩阵池化法介于最大池化法和平均池化法之间。这里主要讨论最大池化法和平均池化法。

② 最大池化法

最大池化法的基本思想是：取原图像中与池化窗口对应的所有像素中值最大的一个，作为合并后的像素的值。其一般形式可表示为：

$$O_{i,j}^{l,m}=\max_{h,w}\left(O_{(i-1)\times h_s+h,(j-1)\times w_s+w}^{l-1,m}\right)\qquad (h=1,2,\cdots,h_s;\ w=1,2,\cdots,w_s)$$

式中，h_s 是池化窗口的高，w_s 是池化窗口的宽，如图 6.36 所示。

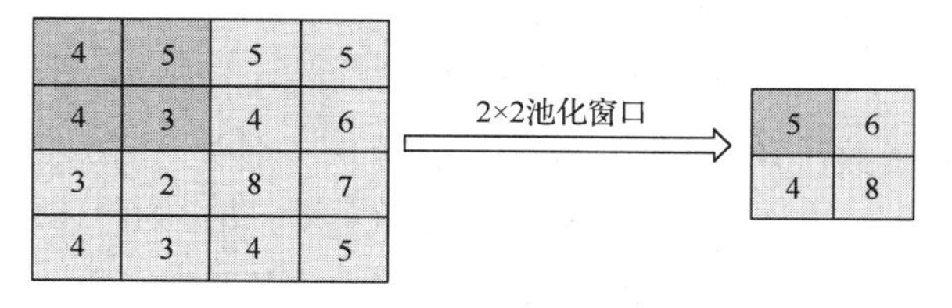

图 6.36　最大池化法的例子

式中，$O_{1,2}^{l,m}$ 的计算过程如下

$$\begin{aligned}O_{1,2}^{l,m}&=\max_{h,w}(O_{(1-1)\times h_s+h,\,(2-1)\times w_s+w}^{l-1,m})\qquad h=1,2;\quad w=1,2\\&=\max(O_{1,3}^{l-1,m},\ O_{1,4}^{l-1,m},\ O_{2,3}^{l-1,m},\ O_{2,4}^{l-1,m})\\&=\max(5,\ 5,\ 4,\ 6)=6\end{aligned}$$

③ 平均池化法

平均池化法的基本思想是：取原图像中与池化窗口对应的所有像素的平均值，作为合并后的像素的值。

$$O_{i,j}^{l,m} = \sum_{h=1}^{h_s}\sum_{w=1}^{w_s}\left(O_{(i-1)\times h_S+h,\,(j-1)\times w_S+w}^{l-1,m}\right) / (h_S \times w_S)$$

式中，h_s、w_s 的含义同上，如图 6.37 所示，$O_{1,2}^{l,m}$ =(5+5+4+6)/4=20/ 4 = 5。

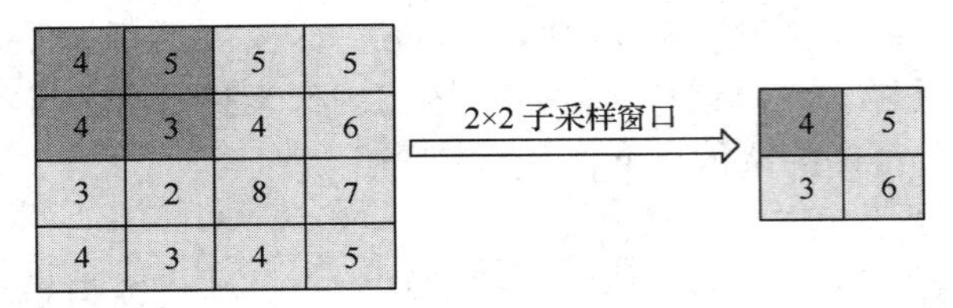

图 6.37　平均池化法子采样

④ 池化操作的一般描述

上面给出了最大池化法和平均池化法的描述方式，其实池化操作也可以用类似于卷积操作的一般性公式来描述，其描述方式如下。若假设：

① S 表示池化窗口。设其高为 h_S，宽为 w_S，表示一个大小为 $h_S \times w_S$ 的子采样区域。

② $S_{h,w}$ 表示池化窗口 S 中第 h 行第 w 列的元素。其中，h=1, 2,⋯, h_S；w=1, 2,⋯, w_S。

③ l 表示当前池化层在整个卷积网络中的序号。

④ m 表示特征图在当前池化层中的序号。若 l 层中特征图的个数为 M，则 m=0, 1, 2, ⋯, M–1。

⑤ $O^{l-1,m}$ 表示池化层 l–1 中第 m 个池化操作的输入特征图，即前一层的第 m 个特征图。

⑥ $O^{l,m}$ 表示池化层 l 中第 m 个池化操作的输出特征图，其序号与输入特征图的序号相同，大小由输入图像的大小和池化窗口的大小确定。

⑦ $O_{i,j}^{l,m}$ 表示池化操作所得到的池化层 l 中第 m 个特征图的第 i 行第 j 列元素。

则池化操作的一般性描述可用公式（6.40）表示：

$$O_{i,j}^{l,m} = f(W^{l,m} \times \text{downsample}_{h,w}(O_{(i-1)\times h_s+h,(j-1)\times w_s+w}^{l-1,m}) + b^{l,m}) \tag{6.40}$$

式中，函数 $f(\,)$为激活函数；$W^{(l,m)}$ 是本池化层 l 第 m 个特征图的权重，为可训练参数；$\text{downsample}_{h,w}$（$h=1,2,\cdots,h_S$，$w=1,2,\cdots,w_S$）为降采样；$b^{l,m}$ 为池化层 l 中特征图 m 的偏置值，也为可训练参数。可训练参数和偏置值的作用是调节激活函数 $f(\,)$的非线性程度。

2．正向传播过程的主要特性

卷积神经网络正向传播的主要特点包括局域感知和权值共享。局域感知是指特征图中的每个神经元，仅与输入图像的局部区域连接。权值共享是指同一特征图中的所有神经元共享同一卷集核，即通过对同一卷集核表示的连接权值的共享来减少神经网络需要训练的参数个数。此外，由池化操作可知，池化操作过程实际上是一种像素的合并过程，该过程降低了特征图像的空间维度，从而降低了神经网络的复杂度。前面已经对池化窗口和池化操作有过较多讨论，故这里主要讨论卷集核的权值共享问题。

权值共享的关键是卷集核。卷集核的结构是一个可调节的权值矩阵，其作用是提取输入图像的特征。由前面讨论可知，卷集核提取图像的一种特征，将其与输入图像做卷积运算，即可得到一个唯一的特征图。卷集核与特征图之间的一一对应关系说明，特征图中的所有神经元共享同一个卷集核，即同一个特征图中的所有神经元与输入图像之间的连接权值都由同一个卷集核确定，这大大减少了需要调整的神经元连接权值的个数。

例如，一个大小为 100×100 像素的图像，如果按照全连接方式，其对应的隐层神经元个数为 100×100=10000；每个输入都与所有的神经元连接，则总的连接权值个数为 $100\times100\times10000=10^8$。如果按照卷积运算方式，并取卷集核的大小为 10×10=100，则意味着每个隐层神经元都仅与其感受野中的一个 10×10 的图像块做局部连接。假设每个卷积层有 100 个特征图，即 100 种卷集核，则总的连接权值个数为：每种卷集核共享的 100 个权值参数×100 种卷集核=$100\times100=10000=10^4$。可见，卷集核的权值共享将需要调整的连接权值参数由 10^8 个减少到了 10^4 个。

3. 卷积神经网络的反向传播

卷积神经网络的反向传播涉及两个基本问题：误差的反向传播和参数的反向调整。其中，前者与当前网络层的类型有关，即卷积层、池化层、全连接层的误差反向传播方法不同；后者一般通过梯度计算来实现。由于全连接层的反向传播与 BP 网络类似，BP 网络的误差反向传播和参数调整前面已做过详细讨论，因此这里主要讨论由池化层到卷积层和由卷积层到池化层的误差反向传播问题。

（1）卷积层的误差及梯度

这里考虑的情况是：当前层 l 为卷积层，连接该卷积层的下一层 l+1 为池化层，上一层 l–1 也为池化层。由于池化层 l+1 的误差矩阵的维度小于卷积层 l 的误差矩阵的维度，因此把池化层 l+1 的误差传递给卷积层 l 时，需要先进行上采样（upsampling），使得上采样后卷积层 l 误差矩阵的维度和该层特征图的维度相同，再将卷积层 l 的激活函数的偏导数与由池化层 l+1 经上采样得到的误差矩阵进行点积操作，最后得到卷积层 l 第 m 个特征图的误差。若假设 $\delta^{l+1,j}$ 为池化层 l+1 中与卷积层 l 第 m 个特征图对应的特征图 j 的误差，则当前卷积层 l 中的第 m 个特征图的误差 $\delta^{l,m}$ 可用公式（6.41）表示。

$$\delta^{l,m}=\frac{\partial E}{\partial u^{l,m}}=f'(u^{l,m})\bullet\text{upsample}(\delta^{l+1,j}) \tag{6.41}$$

式中，$f'(u^{l,m})$ 为卷积层 l 层中特征图 m 的神经元激活函数的导数；$u^{l,m}=\sum_i w^{l,m}\bullet x_i^{l-1,m}+b^{i,m}$，“•”为矩阵的点积操作，即逐对元素相乘；$\text{upsample}(\delta^{l+1,j})$ 为上采样，即信息正向传播时采用的下采样过程的逆过程，它将池化层 l+1 的特征图 j 的误差反向传播给卷积层 l。

上采样作为下采样的逆过程，与正向传播时所使用的下采样方法对应。当根据 l+1 层的误差反向计算 l 层的误差时，需要先知道 l 层当前特征图中哪些区域与 l+1 层中的哪个特征图中的神经元相连，再按照池化窗口大小将 l+1 层特征图中的每个像素在对应位置的水平和垂直方向上复制，得到卷积层每个神经元的误差。下面看两个上采样的例子。

① 先看平均池化法。假设卷积层特征图的大小为 4×4，子采样窗口大小为 2×2，以图 6.37 为例，若再假设 l+1 层误差矩阵为

0.8	1.6
3.2	2.4

则该误差在 l 层的误差分布为：

0.8	0.8	1.6	1.6
0.8	0.8	1.6	1.6
3.2	3.2	2.4	2.4
3.2	3.2	2.4	2.4

由于反向传播时各层间的误差总和不变，故需要将该误差在 l 层特征图对应的位置进行平均，即除以子采样窗口的大小 2×2=4，即得到池化层 l+1 的误差在 l 层的分布为：

0.2	0.2	0.4	0.4
0.2	0.2	0.4	0.4
0.8	0.8	0.6	0.6
0.8	0.8	0.6	0.6

② 再看最大池化。采用最大池化，除了需要考虑 l+1 层神经元与 l 层区域块的对应关系，其前向传播的池化过程还需要记录其最大值所在的位置。见图 6.36，其子采样过程所取的最大值 5、6、4、8，分别位于卷积层 l 中所对应块的右上、右下、左下、左上位置，若 l+1 层误差矩阵同上，则误差反向传播过程所得到的 l 层误差分布为：

0	0.8	0	0
0	0	0	1.6
0	0	2.4	0
3.2	0	0	0

通过以上操作，得到了卷积层每个特征图的误差，下面可以根据其总误差计算卷积层 l 中的参数，包括卷集核权值的梯度和偏置值的梯度。

先看偏置值的梯度。它被定义为总误差 E 关于偏置值 $b^{l,m}$ 的偏导，其值为卷积层 l 中第 j 个特征图所有节点的误差之和，即

$$\frac{\partial E}{\partial b^{l,m}} = \sum_{u,v} (\delta^{l,m})_{u,v} \tag{6.42}$$

式中，u、v 为卷积层 l 中特征图 m 的总行数和总列数。

再看卷集核的梯度。它被定义为总误差 E 关于卷集核 $K^{l,m}$ 的偏导数，其值为卷积层 l 中第 m 个特征图所有节点的误差之和再乘以 $(a^{l,m})_{u,v}$。由于卷积层中的同一特征图共享同一个卷积核，因此需要求出所有与该卷集核有过链接的神经元的梯度，再对这些梯度进行求和，即

$$\frac{\partial E}{\partial K^{l,m}} = \sum_{u,v} (\delta^{l,m})_{u,v} (a^{l-1,i})_{u,v} \tag{6.43}$$

式中，$(a^{l-1,i})_{u,v}$ 是计算第 l 层第 m 个特征图时，与卷集核 $K^{l,m}$ 相乘过的输入特征图中的所有元素，即 l–1 层第 i 个特征图 $a^{l-1,i}$ 中的所有元素。

（2）池化层的误差及梯度

这里考虑的情况是：当前层 l 为池化层，连接该池化层的下一层 l+1 为卷积层，上一层 l–1 也为卷积层的情况。如果下一层是全连接层，则可按照 BP 网络的反向传播方法计算。

当下一层是卷积层时，由池化层 l 到卷积层 l+1 的计算公式为公式（6.39），需要清楚的是池化层 l 中的哪个输入特征图的哪个区域与卷积层 l+1 中的哪个输出特征图中的哪个神经元相连接。现在正好反过来，需要先确定池化层 l 中特征图 m 的误差矩阵中的哪个区域块对应于卷积层 l+1 中特征图 i 的误差矩阵中的哪个位置，再将该误差反向加权传递给池化层 l 中的特征图 m。其中的权值就是卷集核参数，反向加权的权值就是旋转 180 度之后的卷集核。其反向传播方式如公式（6.44）所示。

$$\delta^{l,m} = f'(u^{l,m}) \cdot \text{conv2}(\delta^{l+1,j}, \text{rotl180}(K^{l+1,j}), \text{'full'}) \tag{6.44}$$

式中，conv2(X, Y, 'full')为 MATLAB 中对矩阵进行宽卷积运算的函数。所谓宽卷积运算是相对于窄卷积运算而言的。其中，窄卷积运算是指前向传播时，由池化层 l 到卷积层 l+1 的运算。由于该运算导致特征图变小，故称窄卷积运算。而宽卷积运算则是指反向传播时，因卷积层 l+1 的特征图的大小小于池化层的特征图，需要将其扩充为与 l 层特征图的大小相同的大小，故称宽卷积运算。

另外，对公式（6.44）说明以下两点。

第一，反向传播过程对卷集核做旋转 180 度的操作，正好可以实现卷积运算与误差反向传播加权计算的相互对应。

第二，从卷积层到池化层的宽卷积运算，通常需要采用补 0 方式来实现。MATLAB 中的 conv2()函数同时具有对卷积边界的补 0 功能。

有了池化层 l 的误差矩阵，就可以分别按公式（6.45）和公式（6.46），求池化层 l 的偏置值的梯度和权值的梯度。

$$\frac{\partial E}{\partial b^{l,m}} = \sum_{u,v} (\delta^{l,m})_{u,v} \tag{6.45}$$

$$\frac{\partial E}{\partial \beta^{l,m}} = \sum_{u,v} (\delta^{l,m} \cdot d^{l,m})_{u,v} \tag{6.46}$$

式中，$\beta^{l,m}$ 为下采样权重，$\delta^{l,m}$ 为池化层算子，$d^{l,m} = \text{downsample}(x^{l-1,i})$。

若假设 $\delta^{l,m}$ 为池化层 l 的特征图 m 的误差，则

$$\delta^{l,m} = \text{upsample}(\delta^{l+1,j}) \bullet h'(a^{l,m})$$

式中，upsample($\delta^{l+1,j}$) 为上采样，即信息正向传播时所采用的下采样的逆过程；$h'(a^{l,m})$ 为第 l 层第 m 个特征图神经元的激发函数的导数；“•”为矩阵的点积操作。

（3）训练参数的更新方法

有了上面的基础和 BP 网络误差反向传播的基础，深度卷积神经网络学习过程中各种参数的更新方法如下。卷积层参数可用式（6.47）和式（6.48）更新：

$$\Delta K^{l,m} = -\tau \frac{\partial E}{\partial K^{l,m}} \tag{6.47}$$

$$\Delta b^{l,m} = -\tau \frac{\partial E}{\partial b^{l,m}} \tag{6.48}$$

池化层参数可用式（6.49）和（6.50）更新：

$$\Delta \beta^{l,m} = -\tau \frac{\partial E}{\partial \beta^{l,m}} \tag{6.49}$$

$$\Delta b^{l,m} = -\tau \frac{\partial E}{\partial b^{l,m}} \tag{6.50}$$

全连接层参数可用式（6.51）更新：

$$\Delta W^{l,m} = -\tau \frac{\partial E}{\partial W^{l,m}} \tag{6.51}$$

式中，τ 为学习率，其值影响学习过程的收敛速度。若太小，学习过程收敛速度较慢；若太大，可能导致无法收敛。

6.7.3 卷积神经网络学习的经典模型 LeNet5

LeNet5 是深度卷积神经网络的经典模型，产生于 1998 年，主要用于手写体数字和字母的识别。LeNet5 虽然规模较小，但其结构完整、功能齐全，适合作为深度卷积网络学习的教学用例。

1. LeNet5 的基本结构

LeNet5 的基本结构共有 7 层，包括 2 个卷积层、2 个池化层、2 个全连接层和 1 个输出层，如图 6.38 所示。在 LeNet5 中，输入图像为 32×32 的黑白图低像，卷集核大小为 5×5，各卷积层中卷集核的个数分别为 6、16、120 种，池化过程使用的子采样窗口大小为 2×2。

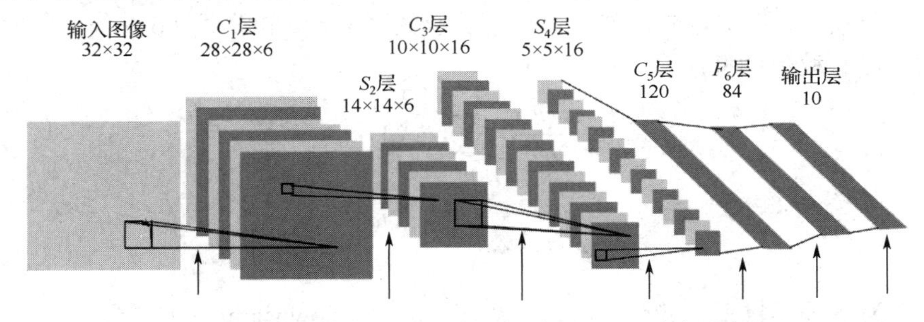

图 6.38 LeNet5 的基本结构（原图来自互联网，作者重新组织）

2. LeNet5 的分层结构及参数

根据图 6.38 给出的 LeNet5 的分层结构，下面分别对其不同层次的结构、功能、参数等进行讨论。

（1）输入层

图 6.38 的输入层是一幅大小为 32×32 的黑白图像。如果按照色彩分，图像可分为彩色和黑白两大类。其中，彩色图像的每个像素均由 3 个颜色通道构成，这种颜色通道也称为图像的深度，因此彩色图像的深度为 3。例如，对一幅大小为 32×32 的彩色图像，其

数据大小可描述为 32×32×3。黑白图像则不同，由于其每个像素只用一个灰度值即可描述，故其深度为 1。例如，32×32 的黑白图像的数据大小可描述为 32×32×1。从卷积网络学习的角度，图像的不同深度将影响到卷积层所要提取的特征的类型。例如，对深度为 3 的彩色图像，其卷集核的设置需要考虑色彩特征，而黑白图像则不然。

（2）卷积层 C_1

卷积层 C_1 由输入图像与卷集核做卷积运算得到。由于输入图像为黑白图像，因此不需要提取图像的颜色特征。在 LeNet5 中，设置了 6 种卷集核，即提取输入图像中的 6 种特征。又由于卷集核和特征图之间存在一一对应关系，因此卷积层 C_1 由 6 个特征图所构成。至于特征图的大小，其高或宽分别为：

输入图像的高（或宽）–卷集核的高（或宽）+ 1 = 32–5+1 = 28

在此前提下，卷积层的神经元个数为：

特征图的高×特征图的宽×特征图的个数 = 28×28×6 = 4704

可训练参数个数为：

每个卷集核的参数个数×卷集核的个数

=(卷集核的高×卷集核的宽+偏置值的个数)×卷集核的个数

= (5×5+1)×6 = 156

所有连接的个数为：

每个卷集核的参数个数×卷集核的个数×特征图的大小

= (5×5+1)×6×(28×28)= 156×784 = 122304

综上，对一个 32×32 的黑白图像，若提取其 6 种特征，仅 C_1 层需要调整的参数为 156 个，实现的连接为 122304 个。如果是彩色图像，或者是更大的图像，或者提取更多的特征，其需要调整的参数和实现的连接个数很庞大。这些数字从一个侧面说明，深度学习的计算规模和资源需求都是比较大的。

（3）池化层 S_2

池化层（pooling layer）也叫子采样层（subsample layer）或降采样（downsampling），是在卷积层的基础上，利用池化（子采样操作或降采样）操作对卷积层的特征图进行降维。

在图 6.38 中，S_2 层的情况如下：

① 池化窗口大小为 2×2，即 $h_S = 2$ 、 $w_S = 2$ 。

② 特征图的大小为(28/2)×(28/2)，即 14×14。

③ 特征图的个数与 C_1 层的特征图个数相同，即 6 个。

④ 特征图中每个单元的值由公式（6.40）计算得到。可以看出，每个特征图涉及 2 个可训练参数，即 $W^{l,m}$ 和 $b^{l,m}$ 。

⑤ 可训练参数总共有 2×6 = 12 个。

⑥ 连接个数总共有(2×2+1)×6×(14×14)=5×6×196=5880。即各特征图的每个神经元都与 C_1 层的 4 个神经元和一个偏置单元连接。

（4）卷积层 C_3

C_3 层是第二个卷积层，其输入图像是 S_2 层的 6 个特征图，卷集核的大小仍为 5×5，但其卷积过程并非与 S_2 层的 6 个特征图一一对应进行，而是采用不对称组合连接方式，所得到的特征图并非为 6 个特征图，而是 16 个。采用这种非对称组合连接方式的主要目的是更有利于提取多种组合特征。

若假设 S_2 层的 6 个特征图的编号为 0、1、2、3、4、5，C_3 层的 16 个特征图的编号为 0、1、2、3、4、5、6、7、8、9、10、11、12、13、14、15，则 C_3 层对 S_2 层的具体组合方式如表 6.5 所示。

表 6.5　C_3 层对 S_2 层的非对称组合连接方式

S_2 \ C_3	0	1	2	3	4	5	6	7	8	9	10	11	12	13	14	15
0	I				I	I	II			II	II	II	III		III	IV
1	I	I				I	II	II			II	II	III	III		IV
2	I	I	I				II	II	II			II		III	III	IV
3		I	I	I			II	II	II	II			III		III	IV
4			I	I	I			II	II	II	II		III	III		IV
5				I	I	I			II	II	II	I		III	III	IV

在表 6.5 中，用“I”标示的序号为 0、1、2、3、4、5 的 6 个特征图，由 S_2 层 3 个相连的特征图做卷积运算所得到；用“II”标示的序号为 6、7、8、9、10、11 的 6 个特征图，由 S_2 层 4 个相连的特征图做卷积运算所得到；用“III”标示的序号为 12、13、14 的 3 个特征图，由 S_2 层不相连 4 个特征图做卷积运算所得到；最后一个用“IV”标示的序号为 15 的特征图，由 S_2 层所有特征图连接到一起做卷积运算所得到。

对可训练参数，用“I”标示的 6 张特征图，其可训练参数个数为$(5\times5\times3+1)\times6=456$；用“II”标示的 6 张特征图，其可训练参数个数为$(5\times5\times4+1)\times6=606$；用“III”标示的 3 张特征图，其可训练参数个数为$(5\times5\times4+1)\times3=303$；最后一张用“IV”标示的特征图，其可训练参数个数为$(5\times5\times6+1)\times1=151$。因此，$C_3$ 层总的可训练参数个数为 $456+606+303+151=1516$。

由于每个特征图的大小为$(14-5+1)\times(14-5+1)=10\times10=100$，因此 C_3 层所有连接的总个数为 $1516\times100=151\,600$。

（5）池化层 S_4

池化层 S_4 的池化过程与池化层 S_2 类似，池化窗口大小仍为 2×2，池化操作计算公式仍为式（6.40）。其主要区别是，S_2 层为 6 个特征图，而 S_4 层为 16 个特征图。这 16 个特征图分别与 C_3 层的 16 个特征图对应，分别由 C_3 层的 16 个特征图经池化操作得到。其中：

① 每个特征图的大小$(10/2)\times(10/2)$，即 5×5。

② 每个特征图的可训练参数为 2 个，可训练参数总数为 $2\times16=32$ 个。

③ 连接个数总共有$(2\times2+1)\times16\times(5\times5)=5\times16\times25=2000$。即各特征图的每个神经元都与 C_1 层的 4 个神经元和一个偏置单元连接。

（6）卷积层 C_5

C_5 层是第三个卷积层，其输入是 S_4 层的 16 个 5×5 的特征图，卷集核大小仍为 5×5，卷集核个数为 120 个（经典 LeNet5 为适应手写数字识别的特点所给定的），卷积操作所得到的特征图也应该是 120 个。并且，每个特征图都与 S_4 层的 16 个特征图连接。又由于卷集核的大小与 S_4 层的特征图的大小相同，故 C_5 层特征图的大小为 1×1，这就构成了 S_4 层与 C_5 层之间的全连接。

由于每个卷集核大小为5×5且与S_4层的16个特征图都有连接，则其需要的参数个数为(5×5×16+1)=401，共有120个卷集核，因此总的参数个数为401×120=48120。同样，连接个数也为48120。

（7）全连接层F_6

F_6是全连接层。在经典LeNet5中，F_6层有84个节点，对应一个7×12的位图，−1表示白色，+1表示黑色。总的训练参数和连接个数均为(120+1)×84=10164。其中，120为C_5层的1×1特征图的个数，1为偏置值。F_6层的输出为Sigmoid函数产生的单元状态。

（8）输出层

输出层也是一个全连接层，每个输出节点都与F_6层的84个节点连接。输出层的输出节点共有10个，分别代表0、1、2、…、9这10个数字；输出层功能函数采用欧氏径向基函数ERBF（Euclidean Radial Basis Function）。假设：y_j（j=0, 1, 2,…, 9）是径向基函数的输出，x_i（i=0, 1, 2,…, 83）是F_6层第i个节点的值，w_{ji}是输出层第j个节点到F_6层第i个节点的权值，则径向基函数描述输入向量与参数向量之间的欧氏距离。即

$$y_j=\sum_{i=0}^{83}(x_i-w_{ji})^2$$

其输出值越接近于0，则i越接近于所识别的数字。

从参数和连接的角度，由于采用全连接方式，故其输出层共有参数84×10=840个，连接数为84×10=840个。

习 题 6

6.1 什么是连接学习？连接学习的生理学基础是什么？

6.2 神经学习规则有哪几种？它们的基本思想是什么？

6.3 假设$w_1(0)=0.2$，$w_2(0)=0.4$，$\theta(0)=0.3$，$\eta=0.4$，请用单层感知器完成逻辑或运算的学习过程。

6.4 简述BP算法的基本思想。

6.5 对“异或”问题，请采用BP网络学习算法，完成其学习过程（建议通过编写相应的BP网络学习程序来实现）。

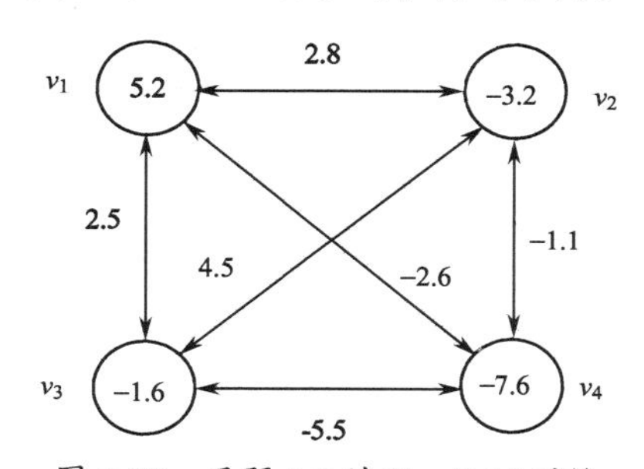

图6.39 习题6.6的Hopfield网络

6.6 图6.39是一个有4个节点的Hopfield网络，若给定的初始状态为$V_0=\{1, 0, 1, 0\}$，请计算该状态下的网络能量。

6.7 什么是感受野？为什么说深度学习是受感受野的启发？

6.8 简述机器学习、连接学习、深度学习之间的关系。

6.9 有哪几种主要的深层神经网络模型？

6.10 什么是卷集核？什么是池化窗口？

6.11 什么是权值共享？深度卷积神经网络学习是如何实现权值共享的？

6.12 设有如下输入特征图和卷集核，请求出卷积操作后的输出特征图。

2	1	2	3
3	2	1	3
2	2	3	1
2	3	1	2

（输入特征图）

0	1
−1	0

（卷集核）

6.13　设有如下输入特征图，给定池化窗口为 2×2，请分别用最大池化法和平均池化法求出池化后的输出特征图。

3	5	2	4
2	4	5	3
6	3	5	7
5	8	6	4

（输入特征图）

6.14　卷积神经网络的训练是由哪两个基本过程构成？简述其正向传播的基本方法和反向传播的基本思想。

6.15　LeNet5 的基本结构包括哪几层？它们之间存在什么关系？

第 7 章　分布智能

分布式人工智能（Distributed Artificial Intelligence，DAI），简称分布智能，是在计算机网络、计算机通信和并发程序设计等技术的基础上，为模拟社会环境中人类智能对大型复杂问题的求解方式而产生的一个新的人工智能研究领域。本章主要基于多 Agent 系统讨论分布智能技术。

7.1　分布智能概述

分布智能是指逻辑上或物理上分布的智能系统或智能对象，在进行大型复杂问题分布式求解中，通过协调各自的智能行为所表现出来的智能。本节主要讨论分布智能的概念，以及分布式问题求解和多 Agent 系统的概念。

7.1.1　分布智能的概念

人类的大部分智能活动往往涉及由多人形成的组织、群体及社会，并且这些智能活动由多个人、多个组织、多个群体甚至整个社会协作进行。由此可见，“协作”是人类智能行为的一种重要表现形式。为了模拟和实现人类的这种智能行为，人们提出了分布智能的概念。

分布智能一词最早产生于美国。1980 年，在美国麻省理工学院召开了第一届分布式人工智能大会（The Workshopon Distributed Artificial Intelligence），标志着分布智能的研究和应用已取得重要进展，并引起了国际科技界的关注。

分布智能主要研究在逻辑上或物理上分布的智能系统或智能对象之间，如何相互协调各自的智能行为，包括知识、动作和规划，实现对大型复杂问题的分布式求解。它克服了单个智能或集中智能对象在资源、时间、空间和功能上的局限性，具备了并行、分布、开放等特点。分布智能设计和建立大型复杂智能系统提供了有效途径。

分布智能的主要特点如下：

① 分布性。在分布智能系统中，不存在全局控制和全局数据存储，所有数据、知识及控制，无论在逻辑上还是在物理上都是分布式的。

② 互连性。分布智能系统的各子系统之间通过计算机网络实现互连，其问题求解过程中的通信代价一般要比问题求解代价低得多。

③ 协作性。分布智能系统的各子系统之间通过相互协作进行问题求解，并能够求解单个子系统难以求解甚至无法求解的困难问题。

④ 独立性。分布智能系统的各子系统之间彼此独立，一个复杂任务可划分为多个相对独立的子任务，从而降低了各子节点的问题求解复杂度和整个系统设计开发的复杂性。

目前，分布智能的主要研究方向有两个：分布式问题求解（Distributed Problem Solving，DPS）、多 Agent 系统（Multi-Agent System，MAS）。其中，多 Agent 系统是分布智能研究的一个热点。

7.1.2 分布式问题求解

分布式问题求解的主要任务是要创建大粒度的协作群体，使它们能为同一个求解目标而共同工作。其主要研究内容是如何在多个合作者之间进行任务划分和问题求解。在分布式问题求解系统中，数据、知识和控制均分布在各节点上，并且没有一个节点能够拥有求解整个问题所需的足够数据和知识，因此各节点之间必须通过相互协作，才能有效地解决问题。

1. 分布式问题求解系统的类型

根据系统的组织结构，即系统中节点之间的作用和关系，分布式问题求解系统可分为层次结构、平行结构和混合结构三种。

① 层次结构。在这种结构中，任务是分层的。一个任务可由若干下层子任务组成，而一个下层子任务又可由若干更低层的子任务组成，以此类推，形成了任务的层次结构。并且，各层子任务在逻辑上或物理上是分布的。

② 平行结构。在这种结构中，任务是平行的。一个任务可由若干个性质类似的子任务组成，并且各子任务在时间或空间上是分布的。整个任务的解需要通过对各子任务的解的综合来得到。

③ 混合结构。在这种结构中，任务的总体结构是分层的，但每层中的任务之间是平行的，并且各子任务是分布的。

2. 分布式问题求解的协作方式

在分布式问题求解系统中，节点间的协作方式主要有任务分担和结果共享两种。

① 任务分担方式。在这种方式中，节点之间通过分担执行整个任务的子任务而相互协作，系统的控制以问题求解目标为指导，各节点的目标是求解各自的子任务。这种方式适合求解具有层次结构的任务，如医疗诊断等。

② 结果共享方式。在这种方式中，节点之间通过共享部分结果相互协作，系统的控制以数据为指导，各节点的求解工作取决于它拥有的或从其他节点得到的数据和知识。这种方式适合求解那种具有平行结构的任务，如分布式运输调度等。

3. 分布式问题求解的求解过程

分布式问题求解的主要工作包括：任务分解、任务分配、子问题求解和结果综合，并分别由任务分解器、任务分配器、求解器和协作求解系统来完成。其求解过程如下。

① 判断用户提交的任务是否可接受，若可接受，则将其交给任务分解器，否则告知用户系统不能完成此任务。

② 任务分解器按一定算法，将接收的任务分解为若干个既相对独立又相互联系的子任务。

③ 任务分配器按一定的分配算法，将分解后的各子任务分配到合适的节点上。

④ 各节点的求解器根据自己承担的子任务，利用通信系统与其他节点一起进行协作求解，并将局部解传给协作求解系统。

⑤ 协作求解系统对各子节点提交的局部解进行综合，形成整个任务的最终解，并将其交给用户。

⑥ 如果用户对结果满意，则求解结束，否则，再将任务交给系统重新求解。

7.1.3 多 Agent 系统

多 Agent 系统是由多个自主 Agent 组成的一种分布式系统。其主要任务是要创建一群自主的 Agent，并协调它们的智能行为。多 Agent 系统与分布式问题求解的主要区别在于，不同 Agent 之间的目标可能相同，也可能完全不同，每个 Agent 必须具有与其他 Agent 进行自主协调、协作和协商的能力。多 Agent 系统的研究重点包括 Agent 结构、Agent 通信和多 Agent 合作等。本节主要介绍多 Agent 系统有关的概念，其他内容将在后面讨论。

1. Agent 的概念

到目前为止，Agent 还没有一个统一的形式化的定义。一种较普遍的观点认为：Agent 是一种能在一定环境中自主运行和自主交互，以满足其设计目标的计算实体。此外，一个比较权威的定义是伍尔德里奇（Wooldridge）和詹宁斯（Jennings）1995 年给出的关于智能 Agent 的弱定义和强定义。

Agent 的弱定义认为，Agent 是具有自主性、社会性、反应性和能动性的计算机软件系统或硬件系统。

Agent 的强定义认为，Agent 是这样一个实体，它的状态可以看成由信念、能力、选择、承诺等心智构件组成。即 Agent 除具有弱定义下的特性，还应该具有人类的一些特性，如知识、信念、意图等，甚至包括情感。

Agent 在英文中是个多义词，其主要含义包括：主动者、代理人等。Agent 的中文译法目前尚不统一，在国内使用较多的译法有：智体、智能体、智能主体、主体、代理、实体、艾真体等。对此，本书一般直接采用其英文原文，需要用到中文时采用“智体”。

2. Agent 的特性

Agent 的特性实际上也是 Agent 的属性，主要包括：

① 自主性，指 Agent 能够根据目标和环境要求，主动地、自发地、有目标和意图地去控制自身的行为和内部状态。

② 反应性，也称为交互性，指 Agent 能够有选择地感知外界环境和对外界环境做出适当反应。

③ 协调性，指 Agent 能够通过自己的动作和行为影响外界环境，并与环境保持协调。

④ 社会性，也称为通信性，指 Agent 存在于由多个 Agent 组成的社会环境中，并且每个 Agent 都可通过某种通信语言与其他 Agent 进行信息交换。

⑤ 协作性，指各 Agent 合作和协调工作，以完成共同的目标。

⑥ 推理能力，指 Agent 可以根据当前的知识和经验，以理性的方式进行推理。所谓理性是指 Agent 总是尽力去实现自己的目标。

⑦ 运行连续性，指当 Agent 程序启动后，能够在较长一段时间内维持运行状态，其身份和状态不会随运算停止而立即结束。

⑧ 个性，指 Agent 能够表现出性格特征，如情感、偏好等。

⑨ 移动性，指 Agent 能够以一种自引导的方式从一个主机平台移动到另一个主机平台，是移动 Agent 系统中 Agent 独有的特性。

3. Agent 的分类

目前，对 Agent 进行分类的方法有多种。本书主要讨论按照 Agent 的工作环境的分类方法和按照 Agent 的属性的分类方法。

（1）按工作环境的分类

按照 Agent 的工作环境，Agent 可以分为软件 Agent、硬件 Agent 和人工生命 Agent。

① 软件 Agent。软件 Agent 是从软件设计的角度对 Agent 的解释。人们平常所说的 Agent 通常是指软件 Agent。一种对软件 Agent 的定义为：Agent 是一种在特定环境中连续、自主运行的软件实体，它通常与其他 Agent 一起，联合求解问题。

② 硬件 Agent。硬件 Agent 是指在物理环境中驻留的 Agent，即人们平常所说的机器人。在这种定义下，单个机器人只是单 Agent 机器人，而多个机器人聚集在一起则可形成多 Agent 机器人系统。在多 Agent 机器人系统的研究和应用中，最关键的两个问题是单个 Agent 机器人的自治问题和多个自治 Agent 机器人的协作问题。多 Agent 机器人技术最具有挑战性的任务是那些具有内在合作性的任务，如多机器人竞赛等。

③ 人工生命 Agent。人工生命通常是指具有自然生命现象和特征行为的人造生命系统。人工生命 Agent 是指生存在某种人造生命系统中的虚拟生命体，如人工蚂蚁、人工鱼等。人工生命 Agent 系统研究中的关键问题之一是群集智能（swarm intelligence），即 Agent 群体如何通过合作来表现出智能行为的特征。

（2）按属性的分类

按照 Agent 的属性，可将其分为反应 Agent、认知 Agent 和混合 Agent 等。

① 反应 Agent。反应 Agent 是一种不包含认知功能，仅对感知到的外界信息做出响应的 Agent。反应 Agent 的工作行为采用的是“感知－动作”模型，其典型代表是行为主义学派的机器虫。反应 Agent 虽具有对环境变化的快速响应能力，但其智能程度和灵活性较差。

② 认知 Agent。认知 Agent 是一种具有认知功能和推理能力的 Agent。典型的认知 Agent 模型是“信念－愿望－意图”模型。认知 Agent 体现了符号主义的观点，是一种基于知识的结构。认知 Agent 具有较高的智能程度，但其对环境变化的响应能力和执行效率较差。

③ 混合 Agent。混合 Agent 是一种组合 Agent，其内部包含多种相对独立且可并行执行的 Agent。典型的混合 Agent 同时包含反应 Agent 和认知 Agent。这种混合 Agent 可以综合反应 Agent 和认知 Agent 的优点，使其既具有较快的响应性，也具有较高的智能性和灵活性。

4．多 Agent 系统的特性与类型

（1）多 Agent 系统的特性

多 Agent 系统至少应该具备以下主要特性：

① 每一单个 Agent 都仅具有有限的信息资源和问题求解能力。

② 多 Agent 系统本身不存在全局控制，即其控制是分布的。

③ 知识和数据均是分散的。

④ 计算是异步执行的。

（2）多 Agent 系统的类型

目前，对多 Agent 系统分类的方法有多种，下面主要讨论基于 Agent 功能结构的分类方法和基于环境知识存储方式的分类方法。

根据系统中 Agent 的功能结构，可将多 Agent 系统分为以下两种。

① 同构型系统。同构型系统是指由多个具有相同功能和结构的 Agent 构成的系统。这种系统的主要优点是可靠性较高，原因是当某个 Agent 出现故障时，其他 Agent 可代替它去承担相应的任务。

② 异构型系统。异构型系统是指由一些功能、结构和目标不同的 Agent 构成的系统，通过通信协议来保证 Agent 间的协调和合作。一般的多 Agent 系统均为异构型系统。

根据系统中 Agent 对环境知识存储方式，可将多 Agent 系统分为以下 3 种。

① 反应式多 Agent 系统。在这种系统中，Agent 不包括任何关于环境的内部模型，其行为以对环境的感知为基础。

② 黑板模式多 Agent 系统。在这种系统中，所有 Agent 关于环境的某一方面的信息或全部信息都存储在一个或多个被称为黑板的共享区域中。

③ 分布式存储多 Agent 系统。在这种系统中，Agent 通过数据封装拥有自己关于环境的私有信念和信息，并利用消息通信实现不同 Agent 之间的知识共享和协作问题求解。

7.2 Agent 的结构

Agent 结构是指 Agent 的组成方式。本节主要讨论 Agent 结构的生物学机理以及基于 Agent 属性分类的反应 Agent、认知 Agent 和混合 Agent 的结构。

7.2.1 Agent 的机理

在现实世界中，人类是最完美的 Agent 实例。如果把一个人比做单个 Agent，其模型如图 7.1 所示。在该模型中，感知器官为视觉、听觉、触觉、味觉等，完成对环境信息的感知。效应器官为手、腿、嘴和身体的其他动作部分，根据反应系统的行为要求，实现所需的动作，完成对外界环境的作用。传导神经完成对感知信息和决策信息的传递。思维器官主要由中枢神经系统所构成。其中，计算实现对感知信息的预处理；认知实现由信息到知识的转换；决策根据目标、利用知识生成解决问题的方案；动机产生行为的内部动力。

基于上述人类 Agent 模型，可得到如图 7.2 所示的 Agent 的一般结构。Agent 首先通

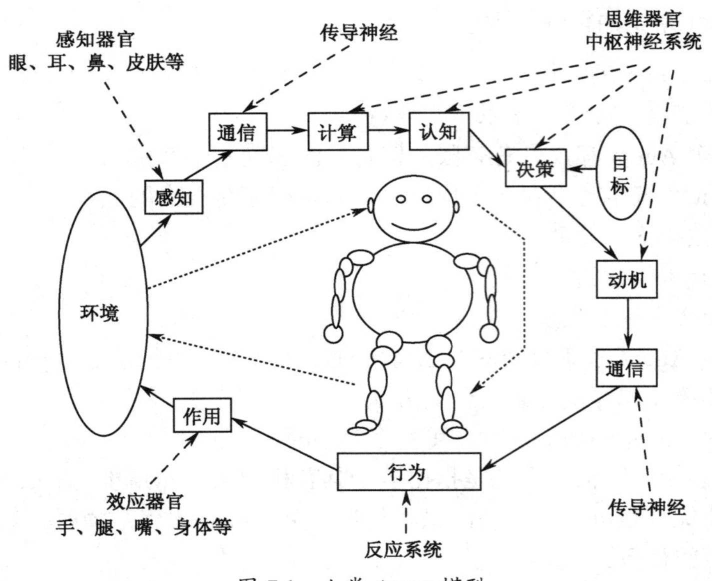

图 7.1 人类 Agent 模型

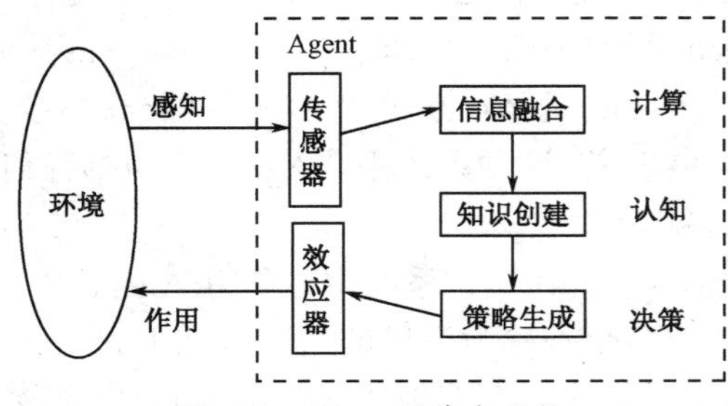

图 7.2 Agent 的基本结构

过传感器感知外界环境；然后由信息融合模块对感知到的不同的外界信息进行融合计算，由知识创建模块对融合后的信息进行认知性加工，由策略生成模块形成规划或策略；最后通过作用效应器将行为策略作用于外界环境。其中，传感器对应于图 7.1 的感觉器官，计算、认知、决策机构对应于图 7.1 的思维器官，效应器对应于图 7.1 的效应器官。

更具体地说，如果图 7.2 的 Agent 是机器人 Agent，则其传感器为摄像机、红外测距器等，效应器为各种电机等。如果图 7.2 的 Agent 是软件 Agent，则其感知信息和作用信息均由相应的字符串编码来实现。

注意，图 7.2 仅是 Agent 的一种基本结构。实际上，不同类型 Agent 的结构会存在一定差异。例如，反应 Agent 就不存在认知和决策过程。

7.2.2 反应 Agent 的结构

反应 Agent（reactive agent）是一种不含任何内部状态，仅简单地对外界刺激产生响应的 Agent。反应 Agent 的结构如图 7.3 所示，采用“感知－动作”工作模式，即当传感器感知到外界环境信息后，立即由世界现状模块形成当前世界状态，并由作用决策模块根据当前世界状态和“条件－作用”规则及时做出决策，随即由效应器执行。反应 Agent 与行为主义相联系。行为主义的代表人物 Brooks 教授所研制的机器虫采用的就是“感知－动作”模型。

7.2.3 认知 Agent 的结构

认知 Agent（cognitive agent）是一种具有自己的内部状态和知识库，能根据环境和目标进行推理、规划等操作的 Agent。根据 Agent 的思维方式，认知 Agent 可以分为抽象思维 Agent 和形象思维 Agent。其中，抽象思维 Agent 主要基于抽象概念和符号推理进行思维，与符号主义相联系。形象思维 Agent 主要基于形象材料进行整体直觉思维，与连接主义相联系。本书主要讨论基于抽象思维的认知 Agent。

认知 Agent 的基本结构如图 7.4 所示。按照这种结构，Agent 的基本过程是：先通过传感器接收外界环境信息，并根据内部状态进行信息融合；然后，在知识库支持下制定规划，在目标引导下形成动作序列；最后，由效应器作用于外部环境。

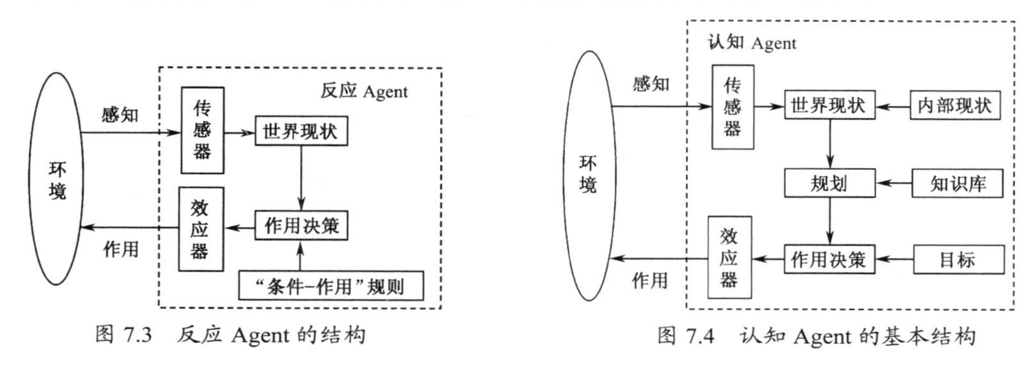

图 7.3 反应 Agent 的结构

图 7.4 认知 Agent 的基本结构

7.2.4 混合 Agent 的结构

混合 Agent（hybridagent）是一种组合 Agent，其内部包含多种相对独立且可并行执行的 Agent。这里主要针对由反应 Agent 和认知 Agent 组合而成的混合 Agent，讨论其基本结构。由反应 Agent 和认知 Agent 组合形成的混合 Agent 的基本结构如图 7.5 表示。

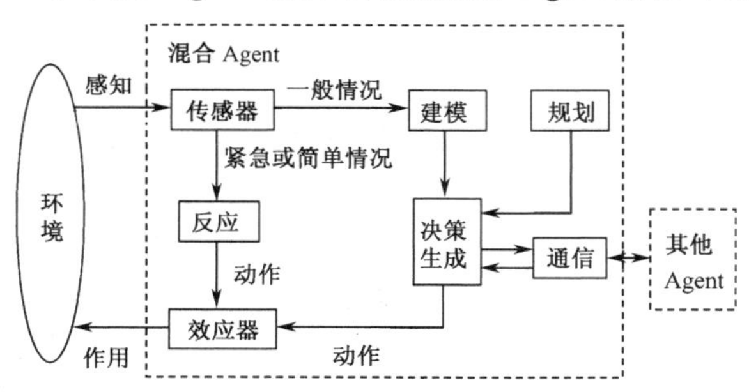

图 7.5 混合 Agent 的基本结构

在这种结构中，Agent 包含了感知、动作、反应、建模、规划、通信、决策等模块。Agent 通过感知模块获取外界环境信息，并对环境信息进行抽象，如果感知到的是简单或紧急情况，则直接送反应模块，由反应模块做出决定，交给行为模块立即执行。这是一种典型的反应 Agent 结构。如果感知到的是一般情况，则该信息被送到建模模块进行分析，建模模块根据自身的模型和感知到的信息做出短期情况预测，然后在决策模块的协调下由规划模块做出中短期行动计划，最后交给行为模块执行。

7.3 多 Agent 系统

多 Agent 系统主要涉及 Agent 通信和多 Agent 合作问题。下面分别简要说明。

7.3.1 Agent 通信

在多 Agent 系统中，要实现不同 Agent 之间的协作求解和行为协调，首先这些 Agent 之间必须能够交换信息，即能够进行通信，因此通信是 Agent 之间协作的基础。本节主要讨论 Agent 通信的概念、方式和语言。

1. Agent 通信的基本问题

Agent 通信是多 Agent 系统中不同 Agent 之间的信息交换，需要解决的基本问题包括通信方式、通信语言、通信协议和对话管理 4 方面。

（1）通信方式

Agent 通信方式是指不同 Agent 之间的信息交换方式。例如，是直接把信息发给其他一个或若干 Agent，还是间接地把信息放到一个共享的公共数据区，由需要这些信息的 Agent 来决定。常用的通信方式有消息传送和黑板系统等。

（2）通信语言

Agent 通信语言是指相互交换信息的 Agent 之间共同遵守的一组语法、语义和语用的定义。其中，语法描述通信符号如何组织，语义描述通信符号代表的含义，语用描述消息在环境状态和 Agent 心智状态下的解释。Agent 通信语言是 Agent 之间进行信息交换的媒介，常用的 Agent 通信语言有知识查询与操纵语言 KQML 等。

由于异质系统中的 Agent 可能使用不同的计算机语言或知识表示语言，因此现有的 Agent 通信语言多采用分层结构的形式，即将通信行为和通信内容相分离。通信行为是指通信要执行的动作，通信内容是指通信行为所传送的领域事实等。通常，通信语言只描述通信行为，具体的通信内容则由更高层的相互作用框架来实现。

（3）对话管理

Agent 之间的单个信息交换是 Agent 通信语言需要解决的基本问题，但 Agent 之间可能不仅交换单个信息，往往需要交换一系列信息，即需要进行对话。对话是指 Agent 之间不断进行信息交换的模式，或者说是 Agent 之间交换一系列消息的过程。

对话管理是指对 Agent 之间的对话过程的管理。其管理目标与 Agent 之间的关系有关：当相互对话的 Agent 之间的目标相似或者相同时，对话管理的目标应该是维护全局的一致性，并且不与 Agent 的自治性冲突；当相互对话的 Agent 之间的目标有冲突时，对话管理的目标应该是使得每个 Agent 的利益最大。

（4）通信协议

Agent 通信协议包括 Agent 通信时使用的低层的传输协议和高层的对话协议。其中，低层的传输协议是指 Agent 通信中实际使用的低层传输机制，如 TCP、HTTP、FTP、SMTP 等。高层的对话协议是指相互对话的 Agent 之间的协调协商协议。对话协议用来说明对话的基本过程和响应消息的各种可能。常用的描述对话协议的方法有有限状态自动机和 Petri 网等。

在上述 4 个问题中，由于对话管理和通信协议都与具体的应用密切相关，因此下面主要讨论通信方式和通信语言。

2. Agent 通信方式

这里主要讨论消息传送和黑板模型这两种最常用的 Agent 通信方式。

（1）消息传送

消息传送是 Agent 之间的一种直接通信方式。在这种通信方式中，一个 Agent（称为发送者）可以直接将一个特定的消息传送给另一个 Agent（称为接收者）。所谓消息，实际上是一个具有一定格式的信息结构，它由相应的通信语言来定义，不同通信语言所定义的消息格式可能不同。在消息通信方式中，消息是 Agent 之间进行信息交换的基本单位。消息传送通信原理如图 7.6 所示。

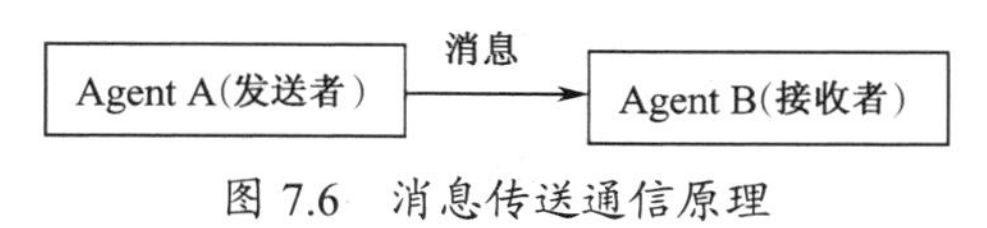

图 7.6 消息传送通信原理

消息传送的另一种特例被称为广播。广播是指一个 Agent 发出的消息可同时送给多个或一组 Agent。

消息传送是多 Agent 系统中实现灵活复杂协调策略的基础，当 Agent 之间需要交换一系列消息时，可通过对话管理来实现。

（2）黑板模型

黑板模型也是一种广泛使用的通信方式，可支持多 Agent 系统的分布式问题求解。在多 Agent 系统中，黑板提供了一个公共的工作区，Agent 之间可以通过这个工作区来交换数据、信息和知识。黑板模型的基本工作方式是：首先由某个 Agent 在黑板上写入信息项，然后系统中需要该信息项的 Agent 可通过访问黑板来使用该信息项。系统中的每个 Agent 都可在任何时候访问黑板，查询是否有自己所需要的新的信息。在黑板通信方式中，Agent 之间不进行直接通信，每个 Agent 都是通过黑板交换信息，并独立完成各自求解的子问题。

黑板模型多用在任务共享和结果共享的系统中。在这种情况下，如果系统中的 Agent 很多，那么黑板中的数据可能剧增。这样，当每个 Agent 访问黑板时，都需要从大量的信息中去搜索自己所感兴趣的信息。为提高 Agent 的访问效率，更合理的黑板模型应该是为不同类型的 Agent 提供不同的区域。

3. Agent 通信语言 KQML

知识查询与操纵语言 KQML（Knowledge Query and Manipulation Language）是目前最著名的一种 Agent 通信语言，由美国 DARPA 的知识共享计划 KSE（Knowledge Sharing Effort）研究机构在 20 世纪 90 年代开发。KSE 开发 KQML 的主要目的是为了解决基于知识的系统之间以及基于知识的系统和常规数据库系统之间的通信问题。实际上，KSE 同时发布的还有知识交换格式 KIF（Knowledge Interchange Format），主要是为了形成 KQML 的内容部分。在实际应用中，KQML 可基于某种元标记语言来实现。下面主要讨论 KQML，包括其语言结构、保留的行为原语参数、保留的行为原语和通信服务器等。

（1）KQML 的结构

从结构上看，KQML 是一种层次结构型语言，可分为通信、消息和内容三个层次。

通信层描述的是通信协议和与通信双方有关的一组属性参数，如发送者和接收者的身份、与通信有关的标志等。

消息层是 KQML 的核心，描述的是与消息有关的言语行为的类型。“言语行为”是“通过言语所能完成的行为”的简称。按照语言学家的观点，语言不仅用来说明和描述事物，还经常被用于“做事情”，即引起行为的发生，这种行为就被称为“言语行为”。消息层的基本功能是确定传递消息所使用的协议和与传递消息有关的语言行为等。

内容层是消息所包含的真正内容，这些内容可以是任何表示语言、ASCII 字符或二进制数形式。实际上，KQML 的实现并不需要关心消息中内容部分的具体含义。

KQML 消息也称为“行为（performative）原语”或行为表达式，其基本格式是用“（）”括起来的一个表。表中的第 1 个元素是消息行为的名称，后面的元素是一系列参数名及其参数的值。KQML 消息可简单地表示为：

```
(消息行为名称
: 参数名 1 参数值 1
: 参数名 2 参数值 2
…
)
```

其中，“消息行为名称”用来指出该消息所引发的语言行为类型，由 KQML 保留的行为原语关键字来描述；“参数名”及其值用来指出消息的属性、要求和内容等，由 KQML 保留的行为原语参数关键字来描述，每个参数名都必须以“:”开始，后接相应的参数值。

KQML 的最大特点是消息的参数以关键词为索引，并且参数的顺序是无关的。由于 KQML 消息的参数以关键词为标志，而不是以它们所在的位置为标志，因此采用不同语言的异质系统之间能够方便地分析和处理这些消息。

（2）KQML 保留的行为原语参数

KQML 规范中定义了一部分常用的行为原语参数名和与其相关的一些参数值的含义，这些参数被称为保留参数。其含义是任何使用这些参数名的行为原语必须与规范的定义相一致。行为原语的保留参数是 Agent 通信中最基本、最常用的关键词。对他们进行统一定义，有助于保证 Agent 之间在通用参数语义上的一致性，可加快异质系统间信息交换和理解的速度。表 7.1 列出了保留参数名及其含义。

在表 7.1 中，content 参数表示行为原语的“直接目标”（即它的实际文字意义）。content 的内容可以用通信双方都能识别的任何语言书写。

（3）KQML 保留的行为原语

KQML 中定义的行为原语称为保留的行为原语。KQML 明确定义了每个保留的行为原语的意义、相关属性和必须遵守的格式。KQML 中的行为原语可分为交谈类、干预和对话机制类及网络类三种。

① 交谈类原语

这类原语用来实现 Agent 间一般信息的交换。下面给出其中最常用的 5 条交谈类原语。

表 7.1　保留参数名及其含义

保留参数名	含　义
:sender	行为原语的实际发送者
:receiver	行为原语的实际接收者
:from	当使用 forward 转发时，:content 中行为原语的最初发送者
:to	当使用 forward 转发时，:content 中行为原语的最终接收者
:in-reply-to	对前条消息应答的标记，其值与前条消息的:reply-with 值一致
:reply-with	对本条消息应答的标记
:language	:content 中内容信息表示语言的名称
:ontology	:content 中内容信息使用的实体集（如术语定义的集合）名称
:content	有关行为原语表达内容的信息

- ask-if—:sender 想知道:receiver 是否认为:content 为真。
- ask-one—:sender 想知道:receiver 中:content 为真的一个示例。
- tell—:sender 向:receiver 表明:content 在:sender 中为真。
- reply—:sender 向:receiver 传送一个对:receiver 的:content 的回答。
- advertise—:sender 承诺处理嵌入在 advertise 原语里的所有消息。

例如，AgentA 想发送一个行为表达式到 AgentB，询问 bar(x, y)是否为真，则其行为原语可表示为：

```
(ask-if
  :sender         A
  :receiver       B
  :in-reply-to    id0
  :reply-with     id1
  :language       Prolog
  :ontology       foo
  :content        'bar(x, y)')
```

② 干预和对话机制类原语

这类原语用于干预和调整正常的对话过程。正常的对话过程一般是 AgentA 发送一条消息给 AgentB，当需要应答或谈话需要继续时，AgentB 发送响应消息，如此循环，直到对话结束。下面给出干预对话原语中最常用的两条原语：

- error—:sender 不能理解所接收的以:in-reply-to 为标志的消息，即发送者认为它所接收的前一条消息出错。
- sorry—:sender 理解接收到的消息，消息在语法、语义方面都正确，但:sender 不能提供任何应答；或者:sender 能够提供进一步的应答，但由于某种原因，它决定不再继续提供。sorry 意味着 Agent 要终止当前的对话过程。

以 error 原语为例，其消息格式为：

```
(error
    :sender<word>
    :receiver<word>
    :in-reply-to<word>
    :reply-with<word>)
```

③ 网络类原语

网络类原语是为了满足计算机网络通信与服务需要而设立的行为原语，主要由推进器 Agent 使用，或者其他 Agent 通过“advertise”原语来使用。下面给出常用的三条原语：

❖ register—:sender 向:receiver 宣告其存在性，以及与物理地址有关的符号名。

❖ forward—:sender 希望:receiver 传送一条消息给另一个 Agent。

❖ recommend-one—:sender 请求:receiver 推荐一个能够处理:content 的 Agent。

以 register 原语为例，其消息格式为：

```
(register
    :sender       <word>
    :receiver     <word>
    :reply-with   <word>
    :language     <word>
    :ontology     <word>
    :content      <expression>)
```

（4）KQML 通信服务器

为提高分布式处理的透明性，KQML 引入了一个专门用来提供通信服务的特殊的 Agent 类型，即被称为通信服务器的 facilitator。facilitator 负责各种通信服务，如维护服务名称的注册，为命名的服务提供消息，进行基于内容的路由选择，为消息提供者和客户端提供代理，提供调解和翻译服务等。在一般情况下，每组本地 Agent（或一个 Agent 域）共同使用一个 facilitator。下面给出一个使用 facilitator Agent 的例子。

例如，AgentA 想知道 x 是否为真，请求 facilitator 希望找到一个能够处理 ask-if(x) 的 Agent；如果在 facilitator 保存的 AgentB 有能力处理 ask-if(x)，则 facilitator 将 AgentB 的名字返回给 AgentA；然后 AgentA 可以与 AgentB 进行对话，并得到所需的答案。其工作过程如图 7.7 所示。

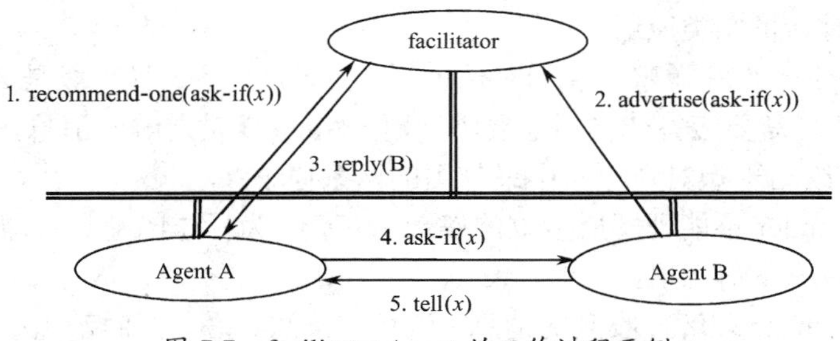

图 7.7 facilitator Agent 的工作过程示例

7.3.2 多 Agent 合作

多 Agent 系统可以看成由一群自主并自私的 Agent 所构成的一个社会。在这个社会中，每个 Agent 都有自己的利益和目标，并且它们的利益有可能存在冲突，目标也可能不一致。但是，正像人类社会中具有不同利益的人为了实现各自的目标需要进行合作一样，多 Agent 系统也是如此。本节主要讨论多 Agent 合作中的协调、协作和协商问题。

1．Agent 的协调

协调问题是多 Agent 合作中的一个主要问题。协调是指对 Agent 之间的相互作用和 Agent 动作之间的内部依赖关系的管理，描述的是一种动态行为，反映的是一种相互作用的性质。协调中有两个基本成分：一是“有限资源的分配”，二是“中间结果的通信”。例如，当多个 Agent 都需要使用某一共享资源时，涉及的是有限资源的分配问题；当一个 Agent 需要另一个 Agent 的输出作为其输入时，则涉及的是中间结果的通信问题。下面讨论 3 种常用的 Agent 协调方法。

（1）基于部分全局规划的协调

部分全局规划（Partial Global Planning，PGP）是指将一个 Agent 组的动作和相互作用进行组合所形成的数据结构。该数据结构是通过 Agent 之间交换信息而合作生成的。基于部分全局规划的协调的基本原理是：在由多 Agent 构成的分布式系统中，为了达到关于某个问题求解过程的共同结论，合作的 Agent 之间需要交换各自的规划信息。所谓规划是部分的，是指系统不能产生整个问题的规划。所谓规划是全局的，是指 Agent 通过局部规划的交换与合作，可以得到一个关于问题求解的全局视图，进而形成全局规划。

基于部分全局规划的协调由以下 3 个迭代阶段构成：

① 每个 Agent 决定自己的目标，并且为实现这一目标产生短期规划。

② Agent 之间通过信息交换，实现规划和目标的交互。

③ 为协调动作和相互作用，Agent 需要修改自己的局部规划。

为了实现上述迭代过程的连贯性，可以使用一个元级结构来指导系统内部的合作过程。该元级结构用来指明一个 Agent 应该与哪些 Agent、在什么条件下交换信息。基于部分全局规划协调主要适应于内在具有分布特征的协作问题的求解，其典型应用是分布式感知和检测问题。

（2）基于联合意图的协调

意图是 Agent 为达到愿望而计划采取的动作步骤。联合意图则指一组合作 Agent 对它们所从事的合作活动的整体目标的集体意图。例如，赛场上的一支球队，每个队员都有自己的个体意图，但整个球队必须有一个对整体目标的联合意图，并且这个联合意图是队员之间合作的基础。可见，基于联合意图的协调是一种以合作 Agent 的联合意图作为 Agent 之间协调基础的协调方法。

在基于联合意图的协调中，意图扮演着重要的角色，提供了社会交互必需的稳定性和预见性，以及应付环境变化必要的灵活性和反应性。支撑意图的两个重要概念是承诺和协议。承诺实际上是一种保证或许诺。协议则是监督承诺的方法，描述了 Agent 可以放弃承诺的条件，以及当 Agent 放弃其承诺时应该为自己和其他 Agent 所做的善后处理工作。

承诺的一个重要特性是其持续性，即 Agent 一旦做出承诺，就不能轻易放弃，除非由于某种原因使它变为多余时才行。承诺是否为多余的条件在相关协议中描述。这些条件主要包括：目标的动机已不存在，或者目标已经实现，或者目标已不可能实现等。

基于联合意图协调的典型例子，是 Agent 机器人竞赛中同一队内 Agent 机器人之间的协调问题。这些 Agent 既有自己的个体意图，又有全队的联合意图。

（3）基于社会规范的协调

基于社会规范的协调是以每个 Agent 都必须遵循的社会规范为基础的协调方法。规范是一种建立的、期望的行为模式。社会规范可以对 Agent 社会中各 Agent 的行为加以限制，以过滤某些有冲突的意图和行为，保证其他 Agent 必须的行为方式，从而确保 Agent 自身行为的可能性，以实现整个 Agent 社会行为的协调。

在基于社会规范的协调方法中，一个重要的问题是社会规范如何产生，即在 Agent 社会中用什么样的方法来制定社会规范。实际上，常用的制定社会规范的方法有两种：离线设计、系统内产生。离线设计是指在 Agent 系统运行前所进行的规范设计，其最大优点是简单，缺点是动态性差。系统内生成是指规范不是事先建立的，而是在系统活动过程中由策略更新函数的过程来建立的。策略更新函数描述了 Agent 的决策过程。可见，如何建立一个更好的策略更新函数是这种方法的关键。

2. Agent 的协作

协作是指 Agent 之间相互配合，一起工作，是非对抗 Agent 之间保持行为协调的一个特例。像人类社会一样，协作也是 Agent 社会的必然现象。常用的协作方法主要有合同网、市场机制、黑板模型和结果共享等，下面主要讨论合同网和市场机制。

（1）合同网

合同网（contract net）是 Agent 协作中最著名的一种协作方法，被广泛应用于各种多 Agent 系统的协作中。合同网的思想来源于人们在日常活动中的合同机制。

① 合同网系统的节点结构

在合同网协作系统中，Agent 节点的结构如图 7.8 所示，主要由本地数据库与通信处理器、合同处理器和任务处理器组成。其中，本地数据库包括与节点有关的知识库、当前协作状态的信息和问题求解过程的信息，通信处理器、合同处理器和任务处理器利用它来执行各自的任务。通信处理器负责与其他节点进行通信，所有节点都仅通过通信服务器与网络连接。合同处理器负责处理与合同有关的任务，包括接受和处理任务通知书、投标、签订合同及发送求解结果等。任务处理器负责各种具体任务的处理，从合同处理器接受需要求解的任务，利用本地数据库进行求解，并将结果送给合同处理器。

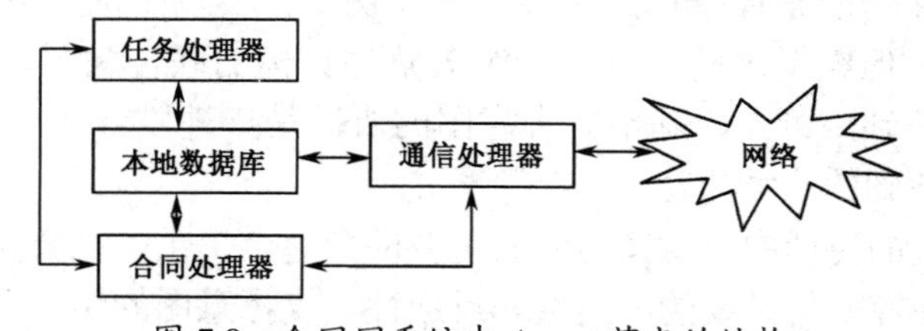

图 7.8 合同网系统中 Agent 节点的结构

② 合同网系统的基本过程

在合同网系统中，所有 Agent 被分为管理者（manager）和工作者（worker）两种不同的角色。其中，管理者 Agent 的主要职责包括：

a. 对每个需要求解的任务建立其任务通知书（task announcement），并将任务通知书发送给有关的工作者 Agent。

b. 接受并评估来自工作者 Agent 的投标（bid）。

c. 从所有投标中选择最合适的工作者 Agent，并与其签订合同（contract）。

d. 监督合同的执行，并综合结果。

工作者 Agent 的主要职责包括：

a. 接受相关的任务通知书。

b. 评价自己的资格。

c. 对感兴趣的子任务返回任务投标。

d. 如果投标被接受，按合同执行分配给自己的子任务。

e. 向管理者报告求解结果。

合同网系统的基本工作过程如图 7.9 所示。在该图中，左侧的字母是前面给出的管理者 Agent 职责中的相应职责的序号，右侧的字母是前面给出的工作者 Agent 职责中的相应职责的序号，其工作过程由上到下进行。

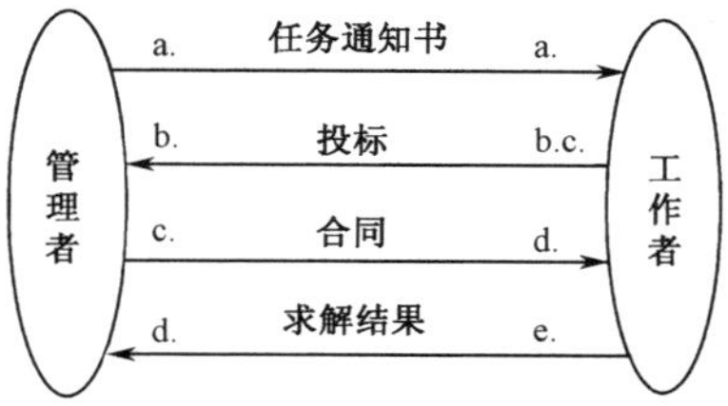

管理者
a. 任务通知书 a.
b. 投标 b.c.
c. 合同 d.
d. 求解结果 e.
工作者

图 7.9　合同网系统的基本工作过程

需要指出的是，在合同网协作方法中不需要预先规定 Agent 的角色。任何 Agent 都可以通过发布任务通知书成为管理者，都可以通过应答任务通知书成为工作者。这一灵活性使任务能够很方便地被逐层分解并分配。当一个 Agent 觉得自己无法独立完成一个任务时，就可以将该任务进行分解，并履行管理者职责。即该 Agent 为分解后的每个子任务发送任务通知书，并从返回投标的 Agent 中选择“最合适”的工作者 Agent，与它们签订合同，再把这些子任务交给它们去完成。

③ 合同网系统的消息结构

在合同网系统中，Agent 之间的通信是建立在消息格式的基础上的。与合同网基本工作过程对应的 3 种消息结构可描述如下。

<a> 管理者 Agent 发布的任务通知书：

TO：　所有可能求解任务的 Agent
FROM：　管理者 Agent
TYPE：　任务投标通知书
ContractID：　合同号 xx-yy-zz
Task Announcement：　<任务的描述>
Eligibility Specification：　<投标 Agent 应具备的基本条件>
Bid Specification：　<投标 Agent 需要提供的申请信息描述>
Expiration Time：　<接收投标书的截止时间>

<b> 工作者 Agent 发出的投标：

TO：　管理者 Agent
FROM：　投标 AgentX
TYPE：　任务投标书
ContractID：　合同号 xx-yy-zz
Node Announcement：　<投标 Agent 处理能力描述>

<c> 管理者 Agent 发布的合同：

TO：　投标 AgentX
FROM：　管理者 Agent

TYPE：　　　　　　　　　合同

ContractID：　　　　　　合同号 xx-yy-zz

Task Announcement：　　 <需要完成的子任务描述>

（2）市场机制

合同网协作方法一般只适用于较小数量 Agent 间的协作求解，而随着 Internet 及其应用的迅速发展，分布异构环境下大数量 Agent 间的协作问题需要探索新的、更有效的协作技术。市场机制就是在这种背景下产生的。

市场机制协作方法的基本思想是：针对分布式资源分配的特定问题，建立相应的计算经济（即标价或代价），以使 Agent 间能通过最少的直接通信来协调它们的活动。在这种方法中，需要对 Agent 关心的所有事物（如技能、资源等）都给出其标价，以作为计算经济的基础。

在市场机制协作方法中，所有的 Agent 被分为两类：生产者 Agent、消费者 Agent。其中，生产者 Agent 用于提供服务，即将一种商品转换为另一种商品；消费者 Agent 用于进行商品交换，所有商品交换都按当前市场标价进行。Agent 应该以各种价格对商品进行投标，以获得最大的利益和效用（即性能价格比）。

具体市场机制可以有多种，如各种拍卖协议、协商策略等。在一般情况下，采用市场机制解决问题需要说明以下 4 项：

① 进行贸易的商品。

② 进行贸易的消费者 Agent。

③ 能够用自己的技能和资源将一种商品转换为另一种商品的生产者 Agent。

④ Agent 的投标和贸易行为。

由于商品市场是互连的，所以一个商品的价格将影响到其他 Agent 的供应和需求。市场有可能达到竞争性的平衡，这种平衡应满足的条件如下：

① 消费者 Agent 根据其预算约束投标的价格，以期获得最大的效用。

② 生产者 Agent 受其技能的限制进行投标，以期获得最大的盈利。

③ 所有商品的网络需求为零。

在一般情况下，平衡可能不存在或不唯一。如果假定每个单个 Agent 在市场中的作用都很小，并可忽略不计，就可保证这种平衡唯一存在。市场机制假定 Agent 给予的偏好与其所获得的效用或盈利相一致，因此 Agent 的推理行为是要对 Agent 的偏好最大化。

市场机制的主要优点是使用简单，适合大量或未知数量的自私 Agent 之间的协作。其主要缺点是用户的偏好难以量化和比较。

3．Agent 的协商

协商主要用来消解冲突、共享任务和实现协调，是多 Agent 系统实现协调和解决冲突的一种重要方法。协商到目前为止还没有一个统一的概念。一般认为，协商是有着不同目标的多个 Agent 之间为达成共识、减少不一致性的交互过程。协商的关键技术包括协商协议、协商策略和协商处理。

（1）协商协议

协商协议是用结构化方法描述的多 Agent 自动协商过程的一个协商行为序列，需要详细说明初始化一个协商循环和响应消息的各种可能情况。最简单的协商协议是按照

<协商原语><协商内容>

的形式定义的一个可能的协商行为序列。其中，协商原语可分为初始化原语、响应原语和完成原语三种。整个协商过程从初始化原语开始，然后需要进行协商的 Agent 之间用相应原语进行交互，直到最后用完成原语来结束协商过程。

（2）协商策略

协商策略是模型化 Agent 内部协商推理的控制策略，亦是实现协商决策的元级知识，在协商过程中起着重要的作用。协商策略主要用于 Agent 决策及选择协商协议和通信消息，可分为以下 5 种：

① 单方面让步。

② 竞争型：顽固坚持，并且采用强制策略。

③ 协作型：寻找相互可接受的解决方案。

④ 无为（默认）。

⑤ 破裂。

在上述诸类型中，“单方面让步”无助于提高任何协商者的利益；“无为”和“破裂”无助于协商的进行；“竞争型”和“协作型”是协商行为的两个典型情况，也是协商要研究的重点。对竞争型策略，参与协商的 Agent 坚持各自的立场，表现为竞争行为，力图使协商结果有利于自身利益。对协作型策略，参与协商的 Agent 应动态和理智地选择协商策略，在系统运行的不同阶段表现出不同的竞争或协作行为。

（3）协商处理

协商处理包括协商算法和系统分析两方面。协商算法用于描述 Agent 在协商过程中的行为，如通信、决策、规划和知识库操作等。系统分析用于分析和评价 Agent 协商的行为和性能，回答协商过程中的问题求解质量、算法效率和公平性等问题。

对上述协商协议、协商策略和协商处理这三种技术，协商协议主要处理协商过程中 Agent 之间的交互，协商策略主要修改 Agent 内的决策和控制过程，协商处理则侧重描述和分析单个 Agent 和多 Agent 协商的整体协作行为。前两者刻画的是 Agent 协商的微观层面，后者描述的是多 Agent 系统协商的宏观层面，在具体应用中应根据实际需要选择。

4. 多 Agent 应用示例

目前，多 Agent 系统的应用已非常广泛，如智能信息检索、工业智能控制、分布式网络管理、电子商务、协同工作和智能网络教学系统等。下面仅以智能网络教学系统为例，给出如图 7.10 所示的基于多 Agent 的智能网络教学系统的基本结构及其简单说明。

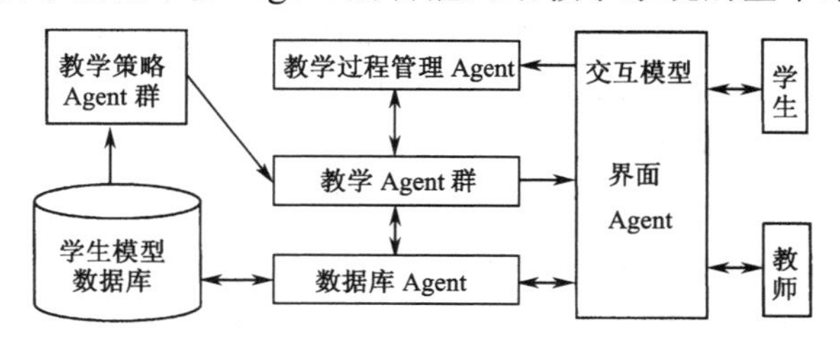

图 7.10　多 Agent 智能网络教学系统的基本结构

在该结构中，学生模型数据库是学生知识结构的反映，主要用来记录学生对知识的掌握程度，包括学生的学号、姓名、性别等基本信息和学生的知识水平、学习能力、学习兴趣、学习风格和学习历史等学习信息。数据库 Agent 负责学生模型数据库、教学 Agent 群和界面 Agent 之间交互的管理。

教学策略 Agent 群中的每个 Agent 相当于一个教育家，都能够根据学生模型数据库记录的学生学习情况，做出教学决策并传给教学 Agent 群，为教学 Agent 的教学活动提供依据。

教学过程管理 Agent 的主要功能是监视教学过程，并根据学生的学习反应和教学内容的性质向教学 Agent 提供教学参考意见如增减教学例子、提供练习、改变教学方式等。

教学 Agent 群是整个智能教学系统的核心，每个教学 Agent 相当于一个教师，都具有一定的专业知识和教学能力，都能利用自身的专业知识，根据学生模型数据库记录的学生的学习情况，结合教学策略 Agent 提供的教学策略和教学过程管理 Agent 提供的教学参考意见，去组织教学活动。教学 Agent 群体现的主要是教学推理机的功能。

界面 Agent 构成了系统的交互模型，主要负责与学生或教师的交互，并将与学生的交互记录写入学生模型数据库，将交互信息传递给教学过程管理 Agent 等。

上述仅是对该示例系统的一个简单说明，至于各种 Agent 的结构、通信方式和协作、协调方法等具体问题不再讨论。

7.4 移动 Agent

移动 Agent（Mobile Agent，MA）是分布计算技术与 Agent 技术相结合的产物，目前还没有一个统一的定义，一般认为：移动 Agent 是可以从网络上的一个节点自主地移动到另一个节点，实现分布式问题处理的一种特殊的 Agent。移动 Agent 特别适用于分布式环境下的复杂服务，已在 Internet 中得到了非常广泛的应用。限于篇幅，本节主要讨论移动 Agent 系统的一般结构和关键技术。

7.4.1 移动 Agent 系统的一般结构

移动 Agent 系统至少应该由移动 Agent 和移动 Agent 环境（Mobile Agent Environment，MAE）两大部分所组成，如图 7.11 表示。在图 7.11 中，MAE 的作用是负责为 MA 建立安全、正确的运行环境，提供最基本的服务，实施对具体 MA 的约束机制、安全控制、通信机制等。MAE 包含的基本服务至少有以下 5 种。

① 事务服务：实现移动 Agent 的创建、移动、持久化和执行环境分配等。

② 事件服务：包含 Agent 传输协议和 Agent 通信协议，实现移动 Agent 间的事件传递。

③ 目录服务：提供移动 Agent 的定位信息，形成路由选择。

④ 安全服务：提供安全的执行环境。

⑤ 应用服务：提供面向特定任务的服务接口。

移动 Agent 系统的 Agent 可细分为用户 Agent（User Agent，UA）和服务 Agent（Server Agent，SA）两种。UA 是可移动 Agent，可以从一个 MAE 移动到另一个 MAE，主要作用是完成用户委托的任务。SA 不具有移动能力，其主要作用是向本地 Agent 和来访的 Agent 提供服务。MAE 上通常驻留有多个 SA，它们分别提供诸如事务服务、事件服务、目录服务等不同的系统级服务。

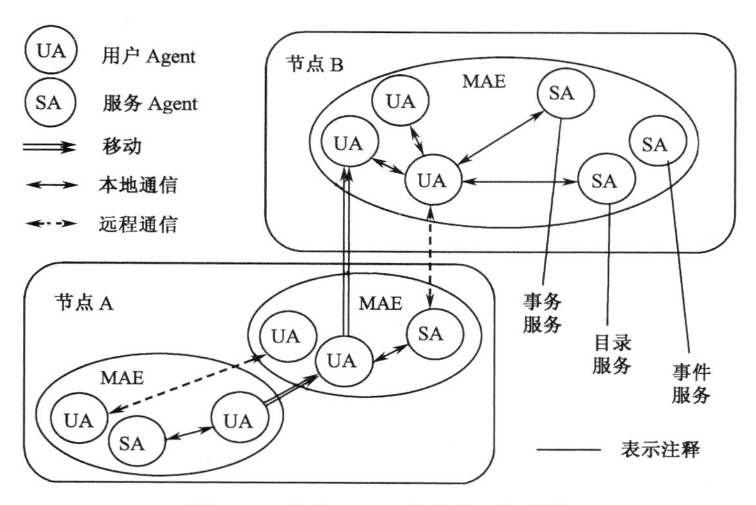

图 7.11　移动 Agent 系统的一般结构

7.4.2　移动 Agent 的实现技术及应用

移动 Agent 系统涉及的研究和应用领域较为广泛，技术也较为复杂，这里仅就其关键技术和典型应用进行简单介绍。

1．移动 Agent 的关键技术

在移动 Agent 系统的研究和应用中，移动、通信、安全性、容错性、协作模型等都是需要解决的一些关键技术。

（1）移动

移动 Agent 为了完成用户指定的任务，往往需要在不同 MAE 之间移动，而要实现这种移动，需要解决的关键问题是移动机制和移动策略。

移动机制主要研究移动的实现方式。目前，MA 的移动机制可分为两大类：一类是将 MA 的移动线路、移动条件隐含在 MA 的代码中；另一类是将 MA 的移动线路、移动条件从 MA 的代码中分离出来，用所谓的“旅行计划”来表示。

MA 的移动策略是指根据 MA 的任务、当前网络负载、服务器负载等外界环境，动态地为其规划移动路径，使 MA 能在开销最小的情况下，最快、最好地完成任务。移动策略又可分为静态路由策略和动态路由策略。在静态路由策略中，MA 需要访问的节点及其访问次序都是在 MA 运行之前，由 MA 的设计者确定好的。在动态路由策略中，MA 需要访问的节点及其访问次序是无法在 MA 运行之前预料的，由 MA 根据运行过程中任务的执行情况自主决定。动态路由策略的实现方法是，先由用户指定一个初始路由表，MA 在按照该路由表移动的过程中再根据环境变化自主地去修改该路由表。这体现了 MA 的自主性和反应性。

（2）通信

移动 Agent 通信是移动 Agent 之间进行交互的基础。移动 Agent 系统中包含的通信关系有：UA 与 SA 之间的通信，UA 与 UA 之间的通信等。常用通信方法主要包括消息传递、远程过程调用 RPC 和 Agent 通信语言 ACL 等。

Agent通信语言（Agent Communication Language，ACL）是实现移动Agent通信的一种高级方式，适用于各种类型的移动Agent以及移动Agent与环境之间的通信。KQML和XML是两种具有发展潜力的通信语言。其中，KQML主要适用于知识处理领域，XML主要适用于Internet环境。

（3）安全性

Agent系统的安全性是Agent技术能否成功应用的关键，也是移动Agent系统中最重要、最复杂的一个问题。Agent系统的安全性主要包括主机的安全性、移动Agent自身的安全性和移动Agent之间通信的安全性三方面。

主机的安全性是指如何保护主机免受恶意Agent的攻击。常用的主机安全检测技术包括：

① 身份验证。即对访问主机的MA，检查其是否来源于可信的地方，身份验证失败者被禁止访问主机。数字签名是一种常用的身份验证技术。

② 代码验证。即对访问主机的MA，检查其是否含有被禁止执行的动作，代码验证失败者被拒绝执行。

③ 授权验证。即对访问主机的MA，检查其对主机资源的各种访问许可，包括其访问资格、使用次数、存取操作的类型等。

④ 付费检查。即对访问主机的MA，检查其付费意愿和付费能力。

移动Agent自身的安全性是指如何保护Agent免受恶意主机的攻击和如何保护Agent免受恶意Agent的攻击。

Agent之间通信的安全性是指如何保证Agent在传送消息和远程执行时的安全和完整。常用的安全性技术有加密技术、身份验证技术（如数字签名）、代码验证技术等。

（4）容错性

移动Agent的容错性是指当其运行环境出现某些故障时，移动Agent还能正常运行。常见的故障有服务器异常、网络故障、目标主机关机、源主机长时间无响应等。移动Agent系统容错的基本原理是采用冗余技术。常用的冗余技术包括以下3种：

① 任务求解的冗余。即创建多个MA，分别求解相同的任务，最后根据所有或部分求解结果，并结合任务的性质决定任务的最终结果。

② 集中式冗余。即将某个主机作为冗余服务器，保存MA的原始备份，并跟踪MA的求解过程。

③ 分布式冗余。即将容错的责任分布到网络中多个非固定的节点中，这些节点由冗余分配策略来决定。

（5）协作模型

协作也是移动Agent系统最基本的一种行为。最常见的协作关系是服务Agent与移动Agent之间的协作，以及服务Agent与服务Agent之间的协作。如果按照空间耦合（即参与协作的Agent共享名字空间）和时间耦合（即参与协作的Agent采用同步机制）的标准，协作模型可以分为以下4类：

① 直接协作模型。即参与协作的Agent之间通过直接发送消息进行协作。由于发送和接收消息者都彼此知道对方，因此它是空间耦合的。又由于消息的发送和接收必须同步，因此它又是时间耦合的。

② 面向会见的协作模型。即参与协作的所有Agent都聚集在同一个会见地点进行通

信、交互。由于参与协作者不必知道对方的名字，因此它是非空间耦合的。由于参与协作者必须到达指定的地点进行同步交互，因此它又是时间耦合的。

③ 基于黑板的协作模型。即参与协作的 Agent 共同使用一个称为黑板的消息存储库来存取消息。由于协作者事先需要知道消息的标志，因此它是空间耦合的。又由于写入和读取操作不需要同步，因此它又是非时间耦合的。

④ 类 Linda 模型。即参与协作的 Agent 共同使用一个被称为元组空间（即一种类似于黑板的结构）的消息存储库来存取消息。在元组空间中，所有消息都以元组来表示，并且对消息的检索采用联想的方式。由于参与协作者不需要共享任何信息，因此它既是非空间耦合的，又是非时间耦合的。

2．移动 Agent 平台和应用简介

目前，国际上较具影响的商业性移动 Agent 系统至少有数十种。这些平台对移动 Agent 系统的研究、开发和应用起到了重要的推动作用。

（1）语言和平台简介

理论上，移动 Agent 可以用任何语言编写（如 C++、Java 等），并可在任何机器上运行。但考虑到移动 Agent 本身需要不同的软、硬件环境支持，因此最好选择一种跨平台性能好的语言，或者在独立于具体语言的平台上进行开发。Java 是目前开发移动 Agent 的理想语言，因为经编译后的 Java 二进制代码可以在任何具有 Java 解释器的系统上运行。

目前较有影响的移动 Agent 系统，按照开发语言分为基于 Java 语言的移动 Agent 系统和基于非 Java 语言的移动 Agent 系统两大类。基于 Java 语言的移动 Agent 系统的典型代表是 IBM 公司的 Aglet，基于非 Java 语言的移动 Agent 系统的典型代表是 GeneralMagic 公司的 Telescript。Aglet 是基于 Java 的第一个商业化移动 Agent 系统，Telescript 是基于非 Java 的第一个商业化移动 Agent 系统。但 Telescript 的后期版本完全改用 Java 编写，并改名为 Odyssey。

（2）应用介绍

移动 Agent 目前已被广泛应用在移动计算、电子商务、网络管理、智能搜索引擎、工作流管理、并行计算、组件技术等诸多领域。

以电子商务为例，移动 Agent 的移动性和自主性为网络环境，尤其是 Internet 环境下的电子商务应用提供了很多潜在的优点。目前，基于 Agent 的电子商务已成为一个新的研究领域。在基于 Agent 的电子商务中，Agent 可以代表其所有者的利益参与商务活动。其中，代表消费者的 Agent 可以自主地移动到多个电子市场，寻找需要的商品、查询商品的价格、同供应商进行价格协商等；代表供应商的 Agent 负责市场的管理和产品的销售等。这样就形成了一种电子化的商务活动。

习 题 7

7.1 什么是 Agent？它有哪些基本特征？

7.2 Agent 在结构上有什么特点？它是如何按照结构进行分类的？

7.3 什么是多 Agent 系统？它有哪些主要特性？

7.4　什么是 Agent 通信？Agent 通信需要解决的基本问题有哪些？有哪几种主要的通信方式？

7.5　什么是消息？什么是原语？KQML 是如何利用原语进行消息通信的？

7.6　什么是协调、协作、协商？它们之间有什么联系和区别？

7.7　多 Agent 系统有哪些协作、协商方法？系统是如何利用这些方法进行协作和协商的？

7.8　什么是移动 Agent？它有哪些基本特性？

7.9　移动 Agent 有哪些关键技术？

第8章　智能应用简介

智能技术的应用目前已非常广泛，鉴于篇幅所限，本章仅简单介绍其中的两种典型应用，即自然语言理解和专家系统。

8.1　自然语言理解简介

自然语言理解是人工智能发展早期较活跃的研究领域之一，也是新一代计算机的必备特征之一，主要研究如何让计算机理解人类语言，实现人机之间的自然语言交互。本节主要讨论自然语言理解的基本概念、语法规则的表示方法、语法及语义分析技术等。

8.1.1　自然语言理解的基本概念

在讨论自然语言理解方法之前，首先介绍与自然语言理解有关的概念，包括：什么是自然语言理解，自然语言理解的发展过程，自然语言理解的层次等。

1．自然语言与自然语言理解

（1）自然语言的含义

语言是用于传递信息的表示方法、约定和规则的集合，如人类语言、机器语言等。自然语言则是指人类日常使用的语言，包括口语、书面语等。每个国家或民族都有自己的语言，如汉语、英语、法语、德语等都是不同国家和民族的人民使用的自然语言。自然语言不仅是人类交流思想、传递信息必不可少的工具，也是人类生存及社会进步的基本需要。

（2）自然语言的组成

要理解自然语言，首先应该对自然语言的构成有一个基本的认识。自然语言是音义结合的词汇和语法体系。词汇是语言的基本单位，在语法的支配下可构成有意义和可理解的句子，句子再按一定的形式构成篇章等。从结构上看，词汇可分为词和熟语。熟语是指一些词的固定组合，如汉语中的成语。词又由词素构成，如“学生”是由“学”和“生”这两个词素构成的。词素是构成词的最小有意义的单位。例如，“学”这个词素有获取知识和技能的含义，“生”这个词素有人的含义。

语法是语言的组织规律。语法规则制约着如何把词素构成词，把词构成词组和句子。语言正是在这种严格的制约关系中构成的。用词素构成词的规则称为构词规则，如“学”+“生”构成“学生”。一个词又有不同的词形、单数、复数、阴性、阳性等，这种构造词形的规则称为构形法，如“学生”+“们”构成“学生们”。这里，只是在原来的词的后面加上了一个具有复数意义的词素，所构成的并不是一个新词，而是同一个词的复数形式。构形法和构词法称为词法。

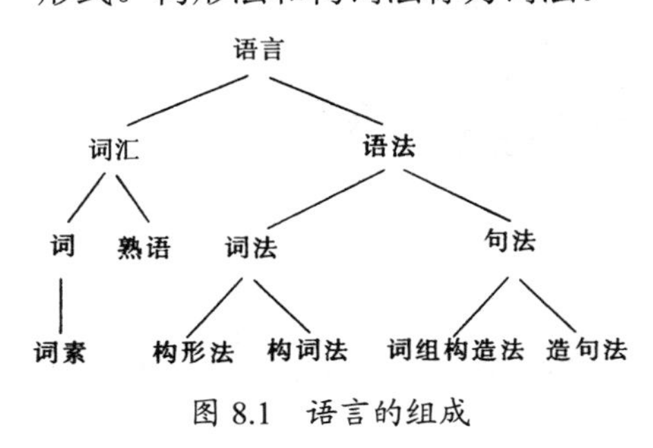

图 8.1 语言的组成

语法的另一部分是句法。句法可分为词组构造法和造句法两部分。词组构造法是把词搭配成词组的规则，如把“新”+“朋友”构成“新朋友”。这里，“新”是一个修饰“朋友”的形容词，它们的组合构成了一个新的名词。造句法则是用词和词组构造句子的规则，如“我们是计算机系的学生”就是按照汉语造句法构造的句子。上述关于语言的内容可用图 8.1 来表示。

另一方面，语言是音义的结合，每个词汇都有其语音形式。一个词的发音由一个或多个音节组成，音节又由音素构成，音素分为元音音素和辅音音素。音素是指一个发音动作所构成的最小的语音单位。一种自然语言中的音素并不太多，一般只有几十个。

（3）自然语言理解的含义

到目前为止，对自然语言理解还没有一个统一的权威定义。按照考虑问题的角度不同，对它有着不同的理解。从微观上讲，自然语言理解是从自然语言到计算机系统内部形式的一种映射。从宏观上讲，自然语言理解是指计算机能够执行人类所期望的某些语言功能，如回答有关提问、提取材料摘要、不同词语叙述、不同语言翻译等。

人类的自然语言有多种多样，并且每种自然语言都有自己的特点和表现形式，从而对它的研究需要分别做一些不同的工作。但是，由于它们都是人类语言，必然存在许多共同点，尤其是在人类“理解”的机理方面更是这样。目前，英语是世界上最流行的一种自然语言，也是在自然语言理解方面研究得比较多的一种语言，因此后面的讨论多以英语为对象。这些研究方法及有关技术对其他语言也可借鉴。

（4）自然语言理解的研究任务

自然语言理解实际上是一种由语言学、逻辑学、生理学、心理学、计算机科学和数学等相关学科发展和结合而形成的一门交叉学科。例如，语言学家致力于制定语言的规则；逻辑学家着重研究语言中的逻辑和推理方法；人工智能工作者则主要研究如何让计算机识别、理解人类的自然语言。在人工智能领域，关于自然语言的理解可分为理论和实践两方面。在实践方面，它的一个目标是使人们能够直接用自然语言来使用计算机，改变目前用程序设计语言使用计算机的局面；另一个研究目标是实现机器翻译，即让计算机能够把一种语言翻译成另一种语言。在理论方面，主要开展对人类理解语言机理的研究，是对“理解”的最本质的研究。只有解决了这个问题，上述实践方面的两个目标才能从根本上得到实现。

根据自然语言的不同表现形式，自然语言理解可分为口语理解与文字理解两方面。口语理解就是让计算机能够“听懂”人们所说的话；文字理解就是让计算机能够“看懂”输入到计算机中的文字资料，并能用文字做出响应。

2. 自然语言理解的层次

语言虽然表现为一连串的文字符号或声音流，但其组织形式却是一种层次化的结构。

这种层次结构可以从前面所讨论过的语言的组成中清楚地看出。一个用文字表达的句子是由“词素→词或词形→词组和句子”构成的，而用声音表达的句子则是由“音素→音节→音句”构成的。其中，每个层次都是受到语法规则制约的。因此，自然语言的分析和理解过程也是一个层次化过程。许多现代语言学家把这一过程分为 5 个层次：语音分析、词法分析、句法分析、语义分析和语用分析。虽然这些层次之间并非是完全隔离的，但这种层次的划分的确有助于更好地体现语言本身的构成。

（1）语音分析

在有声语言中，最小可独立的声音单位是音素。语音分析就是要根据音位规则，从语音流中区分出一个个独立的音素，再根据音位形态规则找出一个个音节及其对应的词素或词。

（2）词法分析

词法分析是句法分析的前提，主要任务是要从句子中切分出一个个单词，找出词汇的各个词素，从中获得语言学信息，并确定单词的词义。

（3）句法分析

句法分析是对句子和短语的结构进行分析。分析的方法有多种，如短语结构语法、格语法、扩充转移网络、功能语法等。句法分析的最大单位是一个句子。分析的目的是找出词、短语等的相互关系，以及它们在句子中的作用等，并用一种层次结构加以表达。这种层次结构可以是句子的成分关系，也可以是语法功能关系。

（4）语义分析

语义分析是通过对句子的分析得出它表达的实际含义。尽管自然语言中的句子是由词组成的，句子的意义也是与词直接相关的，但是句子的意义不是词义的简单相加。例如，“我问他”和“他问我”，词是完全相同的，但表达的意义是完全相反的。因此，语义分析不仅要考虑词义，还需要考虑词的结构意义及其结合意义。

（5）语用分析

语用分析就是研究语言所在的外界环境对语言使用所产生的影响，描述语言的环境知识、语言与语言使用者在某个给定语言环境中的关系。

在上述自然语言理解的五个层次中，语音分析属于感知范畴，语用分析涉及上下文，故不对它们进行讨论，本节讨论的重点是词法分析、句法分析和语义分析。

8.1.2 词法分析

词法分析的主要任务是要找出词汇的各个词素，从中获得语言信息。在英语等语言中，找出句子中的一个个词汇是一件容易的事情，因为词与词之间是用空格分隔的。但要找出各词素就复杂得多，如 importable 可以是 im-port-able，也可以是 import-able。这是因为 im、port、import 都是词素。而在汉语中要找出一个个词素则是一件容易的事，因为汉语中的每个字都是一个词素。但要切分出各词就比较困难。例如，“我们研究所有计算机”可以是“我们—研究—所有—计算机”，也可以是“我们—研究所—有—计算机”。

通过词法分析可以从词素中获得许多语言学信息。例如，英语中词尾的词素“s”通常表示名词复数或动词第三人称单数；“ed”通常是动词的过去时与过去分词；“ly”是副词的后缀等。另一方面，一个词又可以变化出许多别的词，如 work 可以变化出 works、worked、working、worker 等。这些信息对于词法分析都是十分重要的。

以英语为例，其词法分析的基本算法如下：

```
repeat
   look for word in dictionary
   if not found
   then modify the word
until word is found or no further modification possible
```

其中，word 是一个变量，其初始值就是当前词。

例 8.1 用上述算法分析 catches。

解：其分析过程如下：

catches	词典中查不到
catche	修改 1：去掉 s
catch	修改 2：去掉 e

可以看出，在修改 2 时就查到了 catch。当然，这只是一个很简单的例子，完整的词法分析还应该包括复合词的切分等。此外，英语词法分析的难度在于词意判断，原因是一个单词往往有多种解释，仅靠字典是无法解决的，还需要结合其他相关单词和词组的分析等。

8.1.3 句法分析

前面讨论了语言的组成，从图 8.1 可以看出，语言由词汇和语法组成。事实上，任何一种自然语言都有自己的一套语法规则，用来指出词汇之间的正确搭配关系及句子的合理结构。一个句子，只有当它符合语法规则时，才是一个合法的句子。要让计算机理解自然语言，首先必须使它能够掌握该语言的语法规则，就需要把自然语言的语法用适合计算机处理的形式语法规则表示出来。本节首先讨论句法规则的表示方法，再利用这些方法讨论句法分析问题。

1．句法规则的表示方法

在自然语言处理中，长期占主导地位的形式语法规则有乔姆斯基（Noam Chomsky）提出的上下文无关文法和变换文法、伍兹（W. Woods）提出的扩充转移网络等。本节主要讨论乔姆斯基文法。

（1）句子结构的表示

一个句子是由作用不同的各部分组成的，这些部分称为句子成分。句子成分可以是单词，也可以是词组或从句。在句子中起主要作用的句子成分有主语、谓语，起次要作用的有宾语、宾语补语、定语、状语、表语等。在自然语言理解中，一个句子及其句子成分可用一棵树来表示。例如，句子“He wrote a book”可用如图 8.2 所示的树形结构来表示。

从另一个角度看，句子又是由若干词类构成的，如名词、动词、代词、形容词等。在上例中，He 是人称代词，wrote 是动词，a 是冠词，book 是名词。这些词在句子中分别担任了不同的句子成分，构成了一个完整的句子。若从句子的词类来考虑，一个句子也可用一棵树来表示，这种树称为句子的分析树。分析树是一种常用的句子结构表示方法。上例的分析树如图 8.3 所示。

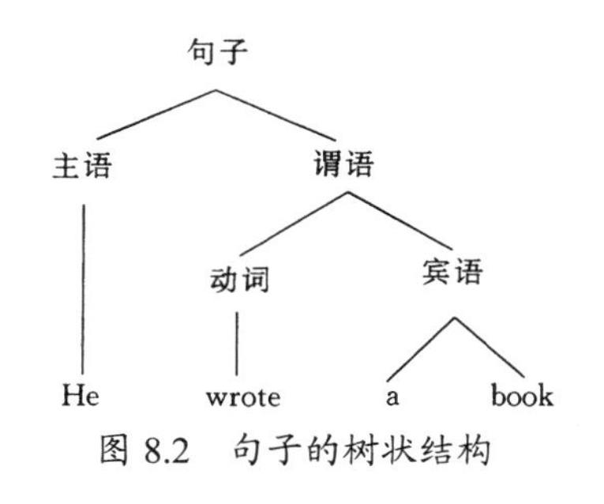

图 8.2　句子的树状结构

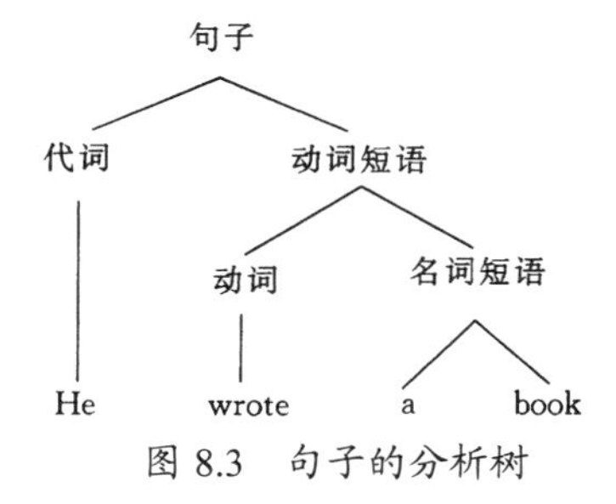

图 8.3　句子的分析树

（2）上下文无关文法

上下文无关文法（context free grammar）是乔姆斯基提出的一种能对自然语言语法知识进行形式化描述的方法。在这种文法中，语法知识是用重写规则表示的。作为一个例子，下面给出英语的一个很小的子集，这个英语的子集的上下文无关文法如图 8.4 所示。

在图 8.4 中，作为终结符的有英语单词 the、professor、wrote、book、trains、Jack 及终标符“.”，其余均为非终结符，并且在所有非终结符中，“语句”是一个特殊的非终结符，称为起始符。上述文法之所以称为上下文无关，其原因是这些重写规则的左边均为孤立的非终结符，它们可以被右边的符号串替换，而不管左边出现的上下文。

每个上下文无关文法都定义了一种语言，这种语言中的所有语句均可以从该文法的起始符开始，经过有限次使用重写规则而得到。

例 8.2　利用图 8.4 所示的上下文无关文法，给出如下语句的文法分析树。

The professor trains Jack.

解：这是一个符合该文法所定义语言的语句，其文法分析树如图 8.5 所示。

语句→句子　终标符
句子→名词短语　动词短语
动词短语→动词　名词短语
名词短语→冠词　名词
名词短语→专用名词
冠词→the
名词→professor
动词→wrote
名词 book
动词→trains
专用名词→Jack
终标符→.

图 8.4　一个英语子集的上下文无关文法

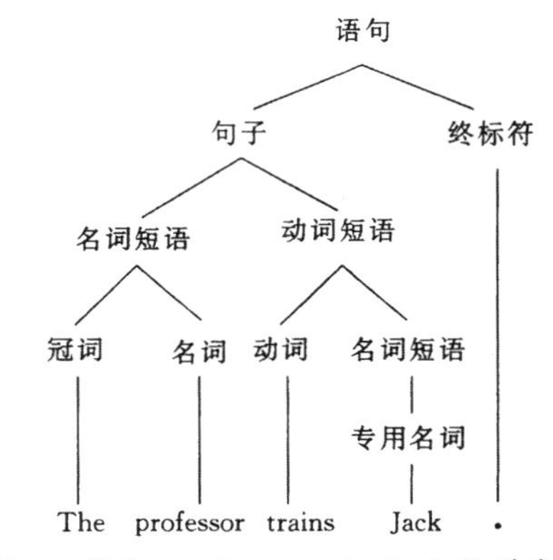

图 8.5　“The professor trains Jack.”的分析树

上下文无关文法反映了自然语言结构的层次特性，用它对自然语言的语法进行形式化描述既严谨，又便于计算机实现，因此已成为一种较方便的自然语言语法规则的表示方法。

（3）变换文法

用上下文无关文法描述自然语言比较方便，也存在一定的局限性。例如，对谓语动词和主语的一致性，以及对主动语句和被动语句不同结构形式的转换等，上下文无关文法都遇到了许多困难。其主要原因是，上下文无关文法反映的仅是一个句子本身的层次结构和生成过程，不可能与其他句子发生关系。自然语言是上下文有关的，句子之间的关系也是客观存在的。为了解决这一类问题，乔姆斯基提出了变换文法（transformational grammar）。变换文法认为，英语句子的结构有深层和表层两个层次。例如，句子

She read me a story　和　She read a story to me

的表层结构不一样，但指的是同一回事，即这两个句子的深层结构是一样的。再如，主动句和被动句也只是表层结构不同，其深层结构则是相同的。

在变换文法中，句子深层结构和表层结构之间的变换是通过变换规则实现的，变换规则把句子从一种结构变换为另一种结构。图 8.6 给出了一条把主动句变换为被动句的变换规则。

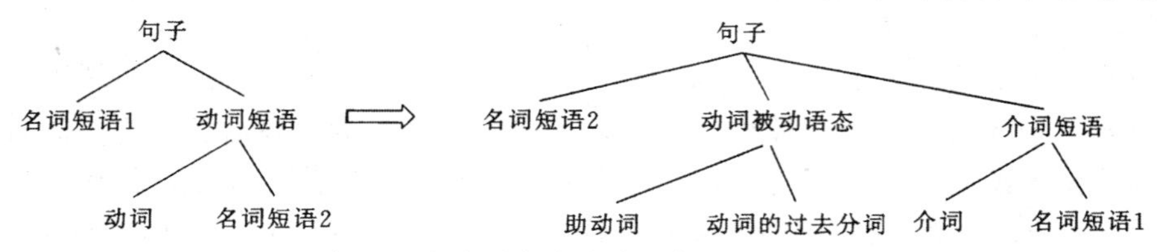

图 8.6　由主动句变为被动句的变换规则

变换文法的工作过程是先用上下文无关文法建立相应句子的深层结构，再应用变换规则将深层结构变换为符合人们习惯的表层结构。

例 8.3　利用变换文法，将图 8.4 所示的主动句变为被动句。

解：其变换过程是：先从非终结符“句子”开始产生一个主动句：

The professor trains Jack.

然后应用如图 8.6 所示的变换规则，把它变为被动句：

Jack is trained by the professor.

其变换过程如图 8.7 所示。

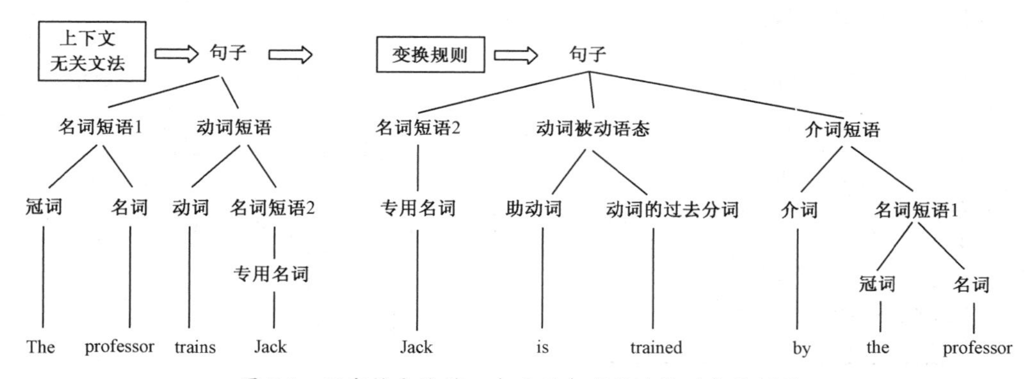

图 8.7　用变换文法将一个主动句变换为被动句的例子

2. 句法分析过程

使用给定文法对语句进行分析的过程可以看成根据输入语句中的单词，找出该语句对应的文法分析树的过程。实现这一分析过程的方法主要有自顶向下和自底向上两种方法。

（1）自顶向下分析法

自顶向下分析是指从起始符开始应用文法规则，一层一层地向下产生分析树的各个分支，直至生成与输入语句相匹配的完整的句子结构为止。例如，如图 8.4 所示的上下文无关文法采用自顶向下分析方法对语句

The professor trains Jack.

进行分析的过程如下。

首先，从起始符“语句”开始，正向运用规则：

语句→句子　　终标符

把分析树的根节点“语句”替换为它的两个子节点“句子”和“终标符”。然后再对新生成的节点“句子”使用规则：

句子→名词短语　　动词短语

将其替换为两个子节点“名词短语”与“动词短语”。对于“名词短语”，文法规则中有两条规则可用，若按规则的排列顺序来使用规则，则选用

名词短语→冠词　　名词

这样，“名词短语”可被替换为“冠词”和“名词”，生成两个新节点。对“冠词”使用规则：

冠词→The

对名词使用规则：

名词→professor

这就在分析树上生成了两个可与输入语句匹配的终结符“The”和“professor”。再对“动词短语”运用规则：

动词短语→动词　　名词短语

就可得到如图 8.8 所示的分析树。

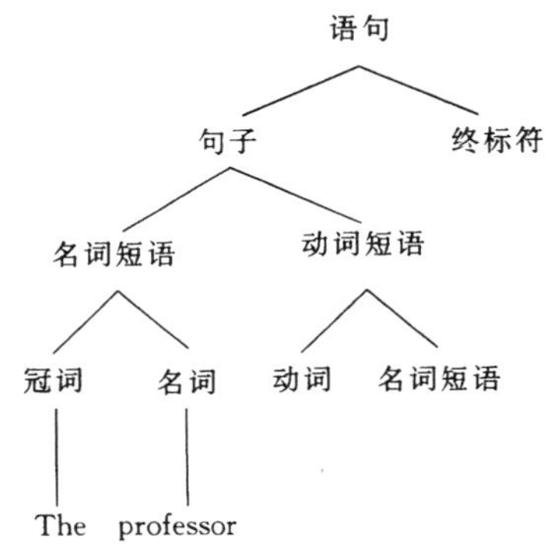

图 8.8　自顶向下分析的例子

继续向下分析，节点“动词”也有两条规则可供使用，若按规则的排列顺序，应选用规则

动词→wrote

但这会在分析树中生成与输入语句不匹配的终结符“wrote”，致使分析过程失败。此时，可通过回溯再回到“动词”节点，选用下一条适用的规则：

动词→trains

从而生成与输入语句匹配的终结符“trains”。当对“名词短语”进行分析时，又遇到了与“动词”相同的问题，也需要通过回溯来得到可与输入语句匹配的终结符。经过一系列的分析工作，最后可得到如图 8.5 所示的分析树。

由以上分析过程可以看出，自顶向下产生分析树的过程是一个正向使用重写规则的搜索过程。搜索时需要考虑以下两点：

① 当对一个节点使用重写规则时，往往会有许多规则可用，究竟选用哪一条规则，是一个搜索策略问题，本书讨论的搜索策略均可使用。上例是按照规则在文法中的排列顺序选用规则的。

② 在分析过程中经常会发生需要回溯的情况，何时进行回溯，也存在一个策略问题。上例是优先选择最新生成的节点，一旦发现有不匹配的终结符，及时进行回溯。

（2）自底向上分析法

所谓自底向上分析，是以输入语句的单词为基础，首先按重写规则的箭头指向，反

方向使用那些最具体的重写规则，把单词归并成较大的结构成分，如短语等，然后对这些成分继续逆向使用规则，直到分析树的根节点为止。仍以语句

The professor trains Jack.

为例，逆向使用图 8.4 中的那些具体规则后，可得到如图 8.9 所示的部分分析树。继续逆向使用规则，一步步归并，直到根节点“语句”为止，最后可生成如图 8.5 所示的完整的分析树。

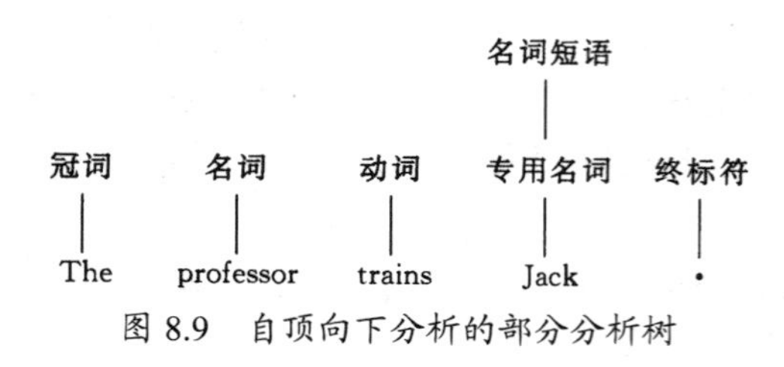

图 8.9　自顶向下分析的部分分析树

自顶向下分析方法与自底向上分析方法虽然思路清晰，但分析效率不高。为了提高分析效率，实际使用中可采用自顶向下与自底向上相结合的分析方法。

8.1.4　语义分析

语法分析仅是在句法范围内根据词性信息来分析自然语言中句子的文法结构的。由于它没有考虑句子本身的含义，也就不能排除像

The paper received the professor.

这种在语法结构上正确，但实际语义上错误的句子。为了保证句子含义的正确性，还需要对句子进行语义上的分析。

语义分析就是识别一句话表达的实际意义。即弄清楚“干什么了”“谁干的”“这个行为的原因和结果是什么”，以及“这个行为发生的时间、地点及其所用的工具或方法”等。目前，用于语义分析的技术比较多，本节仅讨论其中最基本的两种，即语义文法和格文法。

1. 语义文法

语义文法（semantic grammar）是在上下文无关文法的基础上，将“名词短语”“动词短语”“名词”等不含有语义信息的纯语法类别，用所讨论领域的专门信息，像“山”“水”“动物”等具有很强语义约束的语义类别来代替。利用语义文法进行语义分析，就可以排除像“论文收到教授”这类无意义的句子。

为了说明语义文法在语义分析方面的作用，下面给出一个关于舰船信息的具体例子：

```
S→PRESENT the ATTRIBUTE of SHIP
PRESENT→what is | can you tell me
ATTRIBUTE→length | class
SHIP→theSHIPNAME | CLASSNAME class ship
SHIPNAME→Huanghe | Changjiang
CLASSNAME→carrier | submarine
```

上述重写规则从形式上与上下文无关文法一样。其中，用大写英文字母的单词表示非终结符，小写英文字母表示终结符，竖线表示“或”的意思。

语义文法的分析过程与上下文无关文法类似，利用上面给出的语义文法，可以从语义上识别以下输入：

What is the length of the Huanghe?

Can you tell me the class of the Changjiang?

作为练习，请读者自己完成这两个句子的语义分析过程。

语义文法不仅可以排除无意义的句子，还具有较高的分析效率。但是它只能适应于严格限制的领域，当把一个应用领域的文法移植到另一领域时，修改文法的工作量相当大，有的甚至需要完全重写。

2. 格文法

格文法（case grammar）是以句子的中心动词为主导，并用格来表示其他成分与此中心动词之间的语义关系的一种描述方法。格文法及其分析比较复杂，这里仅讨论格的简单概念、格框架的简化表示，以及格文法分析的大致过程。

（1）格和格框架

“格”这个词来源于传统语法，但与传统语法中的格有着本质不同。在传统语法中，格仅表示一个词或短语在句子中的功能，如主格、宾格等，反映的也只是词尾的变化规则，故称为表层格。在格文法中，格表示的是语义方面的关系，反映的是句子中包含的思想、观念等，故称为深层格。“格”是一个一般的概念，相对于中心动词的不同语义关系，可以分为许多种。例如，在句子

John gave the book to Sally

中，相对于中心动词 gave，John 是这个行为的发出者，称为动作格；the book 是行为作用的对象，称为受动格；Sally 是行为作用对象所到达的目标，称为目标格。

至于一套正确的深层格究竟应包括多少个格，以及这些格的明确含义是什么，目前尚无定论。下面给出一个描述行为的句子，它所涉及的深层格主要如下。

- Agent（施事）：动作主格，指行为的施动者。
- Object（受事）：受动者格，指行为作用的对象。
- Co-Agent（共施事）：帮助者格，指行为施动者实施该行为时的合作者。
- Instrument（工具）：工具格，指施事者或共施事者实现行为中所使用的对象。
- Time（时间）：时间格，指行为发生的时间。
- Source（来源）：来源格，指行为作用对象移出的位置。
- Goal（目标）：目标格，指行为作用对象到达的位置。
- Trajectory（轨迹）：轨迹格，指从来源到目标所经过的路径。

在格文法中，每个句子都联系着一个框架。其中，框架名可以是相应句子的中心动词，框架的槽可分别对应相应句子的各深层格，每个槽的槽值为该深层格在相应句子中所代表的语义成分。通常，把这种用来描述句子深层格的框架称为格框架。以上述句子为例，其格框架可简化描述如下：

```
[GAVE
```

```
        Agent:       John
        Object:      thebook
        Co-Agent:
        Instrument:
        Time:
        Source:      John
        Goal:        Sally
        Trajectory:
    ]
```

其中，中心动词 GAVE 是这个格框架的主要概念，并作为此格框架的名字；各种格用大写字母开头的词表示，且作为相应槽的槽名；句子中具有一定语义的词或短语是格的填充物，也作为相应槽的槽值。

（2）格文法分析

应用格文法分析一个句子的过程，包括对该句子格框架空槽的填充过程，即对格框架中的每个深层格都要在输入句子中查找有无相应的格填充物。当框架中的每个深层格都被处理完后，如果输入句子能被全部识别，则分析过程正常结束，其结果将得到一个代表输入句子所含语义的实际格框架。相反，如果输入句子中还有未被识别的部分，则发生错误。其错误原因有以下两种可能：一种是输入句子不合语法，另一种是所使用的格文法不完备。作为一个正常结束的例子，前述句子分析结束时所得到的实际格框架为：

```
    [GAVE
        Agent:       John
        Object:      thebook
        Source:      John
        Goal:        Sally
    ]
```

在对格框架的分析填充过程中，虽然需要用到语法知识，但用更多的是语义知识。

上面对格文法分析过程的说明是非常粗略的，若要更详细的描述，还必须为分析过程建立一部辞典，为格框架增加相应的注释信息，需要为深层格进行某种形式的分类，甚至当格框架递归定义时，还需要对其分析算法进行递归描述，等等。这些无疑会增加格框架及其分析算法的复杂性。对于这些问题，有兴趣的读者可参考有关文献。

格文法的主要优点有：可以递归地处理关系从句和其他的语言结构；能够综合运用语法和语义知识，从而减少了语法和语义的歧义等。因此，格文法是一种有用的自然语言分析和理解技术。

8.2 专家系统简介

专家系统是人工智能走向实际应用的一个成功典范，于 20 世纪 70 年代问世后，在全世界范围内得到了广泛应用，并产生了巨大的社会效益和经济效益。本节主要讨论专家系统的有关概念、基本类型及开发过程。

8.2.1 专家系统概述

专家系统是一种具有大量领域专家的经验和专门知识，能够模拟领域专家的思维过程，解决该领域中需要专家才能解决的复杂问题的智能程序系统。本小节简单介绍专家系统的主要功能、成长过程及基本结构。

1. 专家系统的主要功能

专家系统作为一种具有大量专门知识和经验的智能程序系统，从总体上看应具有以下主要功能。

（1）丰富的专门知识

知识是专家系统工作的基础。专家系统具有的领域专家知识的多少很大程度上决定了该系统的功能。通常，专家系统拥有的领域专家知识越多，其功能会越强。

（2）并行分布式处理功能

并行分布计算是现代硬件环境和软件技术的一个基本特征，基于各种并行算法和并行技术，实现并行环境下专家系统的并行分布处理功能是专家系统的一个重要特征。该特征要求专家系统应该做到功能的均衡分布和知识、数据的合理分布。

（3）多专家协同工作机制

为了拓宽专家系统解决问题的领域、提高专家系统解决问题的能力，往往需要在专家系统中建立多个子专家系统，并且这些子专家系统之间能够相互协调，合作进行问题求解。因此，多专家协同工作也应该是专家系统的一个重要功能。

（4）强大的自学习能力

知识获取一直是专家系统的一个“瓶颈”问题，突破这一“瓶颈”，提供强大的知识获取和学习功能，既是先进专家系统追求的一个目标，也是先进专家系统的一个特征。

（5）多种类推理机制

专家系统应具多种推理功能，如归纳推理、模糊推理、不完备知识推理和非标准逻辑推理等。

（6）先进的智能接口

让专家系统能够理解自然语音，实现语声、文字、图形和图像的直接输入/输出，构造先进的人机接口，也是专家系统的一个特征。

这里需要说明的是，在目前条件下，要求每个专家系统都具备上述所有功能还有一定困难，但至少应该具备其中的一些主要功能。

2. 专家系统的产生与发展

20 世纪 60 年代中期以前，人工智能的研究多以搜索为主体，没能重视知识在智能系统中的作用。1965 年，美国斯坦福大学费根鲍姆领导的研究小组开始研制化学专家系统 DENDRAL，并于 1968 年研制成功。这是世界上第一个专家系统。

1976 年，费根鲍姆又领导他的研制小组研制成功了用于细菌感染患者的诊断和治疗的医学专家系统 MYCIN，为专家系统的研究与开发提供了范例和经验。

1981 年，斯坦福大学国际人工智能中心杜达（R.D. Duda）等人研制成功了地质勘探专家系统 PROSPECTOR，为专家系统的实际应用提供了最成功的典范。

除了上述典型系统，在世界各国还有无数的专家系统被成功地应用于工业、农业、商业、医学、气象、环境、交通、教育、军事等众多领域。我国的第一个实用专家系统是由中国科学院自动化所涂序彦教授领导的控制理论研究小组研究成功的"关幼波肝病诊断治疗专家系统"。

目前，随着应用的深入和信息技术的发展，专家系统在并行分布、多专家协同、学习功能、知识表示、推理机制、智能接口、Web 技术等方面都有了较大进展，出现了一些新型的专家系统，如模糊专家系统、神经网络专家系统、分布式专家系统、协同式专家系统和基于 Web 的专家系统等。

3．专家系统的基本结构

专家系统的结构是指专家系统各组成部分的构造方法和组织形式。尽管不同应用领域和不同类型的专家系统的结构会存在一些差异，但其基本结构还是大致相同的。通常，专家系统的基本结构由知识库、数据库、推理机、解释模块、知识获取模块和人机接口六大部分组成，如图 8.10 所示。

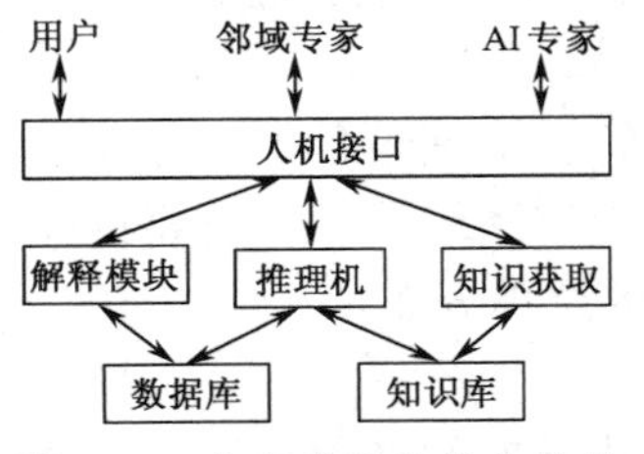

图 8.10　专家系统的基本结构

（1）知识库

知识库是专家系统的知识存储器，用来存放求解问题的领域知识。对这些领域知识，需要用相应的知识表示方法将其表示出来，再进行形式化，并经编码放入知识库中。通常，知识库中的知识分为两大类型：一类是领域中的事实，称为事实性知识，这是一种广泛公用的知识，如印刷在书本上的知识；另一类是启发性知识，它是领域专家在长期工作实践中积累起来的经验总结。专家系统开发中的一个十分重要的任务就是认真细致地对领域专家的这类知识进行分析。

通常，领域专家拥有的经验性、判定性知识，实际上是一种直觉性和诀窍性的知识。在知识库建立过程中，这种知识是最难获得的，原因是不少专家很少意识到自己是如何使用这些知识解决问题的，甚至没有意识到自己在解决问题时究竟使用了多少这样的知识。而且让他们把这些直觉、诀窍、经验讲出来，本身就是一件比较困难的事情。但是，这些知识又恰恰是知识库的核心部分。正如费根鲍姆所指出的：专家系统的力量来自于它拥有的知识，那些知识本来是存储在专家头脑里的，而要把它取出来，则是人工智能专家面临的最大难题。为此，人工智能专家应与领域专家很好地合作，认真提取领域专家的知识，并根据计算机对这些知识的表示和使用要求，从领域专家大脑中将这些知识转化成知识库的一个个组成部分。知识库一经建立，便可供专家系统在推理时使用。

（2）数据库

数据库也称为全局数据库或综合数据库，用来存储有关领域问题的事实、数据、初始状态（证据）和推理过程中得到的各种中间状态及目标等。实际上，它相当于专家系统的工作存储器。数据库的规模和结构可根据系统的目的不同来确定。而且，随着问题的不同，数据库的内容也可以是动态变化的。总之，数据库存放的是该系统当前要处理对象的一些事实。例如，在医疗专家系统中，数据库存放的仅是当前患者的情况，如姓名、年龄、症状等，以及推理过程中得到的一些中间结果、病情等；在气象专家系统中，数据库存放的是当前气象要素，如云量、温度、气压，以及推理得到的中间结果等。

由以上分析可以看出，专家系统中的数据库只是一个存储量很小的用于暂存中间信息的工作存储器（也称为内涵数据库），而不是通常概念上的用于存放大量信息的数据库（也称为外延数据库）。仅从研制专家系统来看，没有必要在其内部建立一个规模庞大、功能齐全的数据库。但是，通常要使专家系统达到实用，并使之为广大信息管理系统工作者所接受，必须解决专家系统对现存（外延）大型数据库的访问问题。

（3）推理机

推理机是一组用来控制、协调整个专家系统的程序。它根据数据库当前输入的数据，利用知识库中的知识，按一定的推理策略，去求解当前的问题，解释外部输入的事实和数据，推导出结论并向用户提示等。由于专家系统是模拟人类专家进行工作的，因此设计推理机时，应使它的推理过程和专家的推理过程尽量相似，并最好完全一致。推理机采用的推理方法可以是正向推理、逆向推理或正逆向结合的双向推理。并且，这三种推理方式中都包含精确推理和非精确推理。

此外，对于一些大中型专家系统，由于其知识库中的知识数量较多，因此其推理机制由知识库管理系统和推理机两个主要部分组成。其中，知识库管理系统实现对知识库中知识的合理组织和有效管理，并能根据推理过程的需求去搜索运用知识和对知识库中的知识做出正确的解释。推理机则主要用于生成并控制推理的进程和使用知识库中的知识。目前，在更大的专家系统中，知识库管理系统已从推理机中独立出来，专门用来管理庞大的知识库，需要解决知识库的一致性、完备性、相容性等问题。

（4）解释模块

专家系统应该能够以用户便于接受的方式解释自己的推理过程。例如，回答用户提出的“为什么”，给用户说明“结论是如何得出的”等。通过这种解释，既可以使专家系统更取信于用户，也可以帮助系统建造者发现知识库及推理机中的错误。因此，无论对用户还是对系统自身，解释机构都是不可缺少的。

解释模块实际上也是一组程序，包括系统提示、人机对话、能书写规则的语言，以及解释部分的程序，其主要功能是解释系统本身的推理结果，回答用户的提问，使用户能够了解推理的过程及所运用的知识和数据。因此，在设计解释机构时，应预先考虑好：在系统运行过程中，应该回答哪些问题，后根据这些问题，设计好如何回答。目前，大多数专家系统的解释模块都采用人机对话的交互式解释方法。

例如，在基于规则的专家系统中，系统的解释通常是与某种规则的追踪形式相联系的，当系统进行解释时，那些被追踪的规则将被触发。当然，要对一个结论做出更满意的解释，还需要系统能够把推理同领域的基本原理（常识性知识）联系起来。

（5）知识获取模块

知识获取应该是专家系统的一项重要功能，但由于目前专家系统的学习能力较差，多数专家系统的知识获取模块的主要任务是为修改知识库中的原有知识和扩充新知识提供相应手段。其基本任务是把知识加入到知识库中，并负责维持知识的一致性和完整性，建立起性能良好的知识库。对不同学习能力的专家系统，其知识获取模块的功能和实现方法差别较大。对没有学习能力的专家系统，首先由知识工程师向领域专家获取知识，再通过相应的知识编辑软件把知识送到知识库中；有的系统自身就具有部分学习功能，由系统直接与领域专家对话获取知识；有的系统具有较强的学习功能，可在系统运行过程中通过归纳、总结出新的知识。无论采取哪种方式，知识获取都是目前专家系统研制中的一个重要问题。

（6）人机接口

人机接口是专家系统的另一个关键组成部分，作为专家系统与外界的接口，主要用于系统与外界之间的通信和信息交换。通常，与专家系统打交道的有用户、领域专家和知识工程师。在这三种人员中，用户和领域专家一般不是计算机专业人员，因此用户界面必须适应非计算机人员的需求，不仅应把系统的输出信息转换为便于用户理解的形式，还应使用户能方便地控制系统运行。一般来说，用户界面应尽可能拟人化，尽可能使用接近于自然语言的计算机语言，并能理解和处理声音、图像等多媒体信息。

8.2.2 基于规则和基于框架的专家系统

这是两种经典的专家系统类型，它们在早期的专家系统研究和应用中占据着重要位置，即使在专家系统快速发展的今天，它们仍然是建造专家系统的重要基础。

1. 基于规则的专家系统

基于规则的专家系统是指采用产生式知识表示方法的专家系统，以产生式系统为基础，技术比较成熟，可用工具较多，是专家系统开发中常用的一种方式。基于规则的专家系统已在许多领域得到了非常成功的应用。

基于规则的专家系统最基本的工作模型如图 8.11 所示。规则库是基于规则专家系统的知识库，由于专家系统的知识采用产生式规则表示，因此称为规则库。事实库是基于规则专家系统的综合数据库，用来存放推理前的已知事实和推理过程中得到的中间事实。推理机是基于规则专家系统的推理机构。以正向推理为例，它把规则库中规则的前提条件与事实库中的已知事实进行匹配，找出可使用规则，并利用这些规则进行推理，直到推出需要的结论或推理失败结束为止。基于规则专家系统的完整结构与图 8.10 类似，这里不再讨论。

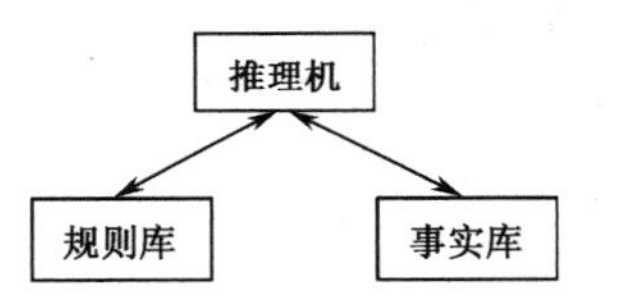

图 8.11　基于规则专家系统的工作模型

基于规则专家系统的优缺点与产生式系统的优缺点类似。其主要优点是表达自然，控制结构清晰，模块性强，一致性好，便于扩展，易于表示不确定性知识等；主要缺点是表示效率较低，不能表示结构性知识等。

基于规则的专家系统的最简单的例子是动物识别系统，该系统采用基于规则的确定性知识表示和推理方法，规则库由 15 条规则组成，可以识别老虎、金钱豹、斑马、长颈鹿、企鹅、信天翁 6 种动物。

基于规则的专家系统的典型代表是 MYCIN 专家系统，采用基于规则的不确定性知识表示方法。以规则 047 为例，其表示形式为：

```
IF 培养物的部位是血液，
   本微生物的类别确实不知道，
   本微生物的染色斑是革兰氏阴性，
   本微生物的外形呈杆状，
```

```
    病人被严重地烧伤
THEN  该微生物的类别是假单菌，置信度为0.4
```

其中，置信度0.4表示当规则前提满足时，对结论的可信程度是0.4。MYCIN的推理采用基于可信度的不确定性推理方法。

2. 基于框架的专家系统

基于框架的专家系统是指采用框架知识表示方法的专家系统，以框架系统为基础，具有较好的结构化特性。基于框架的专家系统自20世纪80年代到90年代兴起，目前已在仿真、控制等领域得到了成功应用。

基于框架专家系统的基本结构也与如图8.10所示的专家系统类似，其主要区别在于知识库中知识的表示和组织方式，综合数据库中事实的表示方式，推理机的推理方法和系统推理过程的控制策略等。

基于框架专家系统中的知识库由表示问题领域知识的框架系统所组成。至于框架与框架系统的概念和结构已在第2章讨论过，它们可用来表示比较复杂的结构性知识。

框架专家系统的推理过程主要是通过对框架的继承、匹配和填槽来实现的。当需要求解问题时，首先要把该问题用框架表示出来。然后利用框架之间的继承关系，把它与知识库中的已有框架进行匹配，找出一个或多个候选框架，并在这些候选框架引导下进一步获取附加信息，填充尽量多的槽值，以建立一个描述当前情况的实例。最后用某种评价方法对候选框架进行评价，以决定是否接收该框架。

框架系统的特性继承主要是通过ISA，AKO链来实现的。当需要查询某一事物的某个属性，且描述该事物的框架未提供其属性值时，系统就沿ISA和AKO链追溯到具有相同槽的类或超类框架。

框架的匹配实际上是通过对相应槽的槽名和槽值逐个进行比较来实现的。如果两个框架的各对应槽没有矛盾，或者满足预先规定的某些条件，就认为这两个框架可以匹配。由于框架间存在继承关系，一个框架所描述的某些属性及属性值可能是从超类框架继承过来的，因此两个框架的比较往往会涉及超类框架，这就增加了匹配的复杂性。

8.2.3 模糊专家系统和神经网络专家系统

这是两种基于计算智能技术的专家系统，也是专家系统的两种典型类型，它们分别体现了更新的推理机制和更强的自学习能力。

1. 模糊专家系统

模糊专家系统是指采用模糊技术来处理不确定性的一类专家系统。关于模糊逻辑、模糊知识表示和模糊推理已在第3章中介绍，这里主要讨论模糊专家系统的基本结构和推理机制。

（1）模糊专家系统的基本结构

模糊专家系统的基本结构与传统专家系统类似，一般由模糊知识库、模糊数据库、模糊推理机、模糊知识获取模块、解释模块和人机接口六部分组成，如图8.12所示。

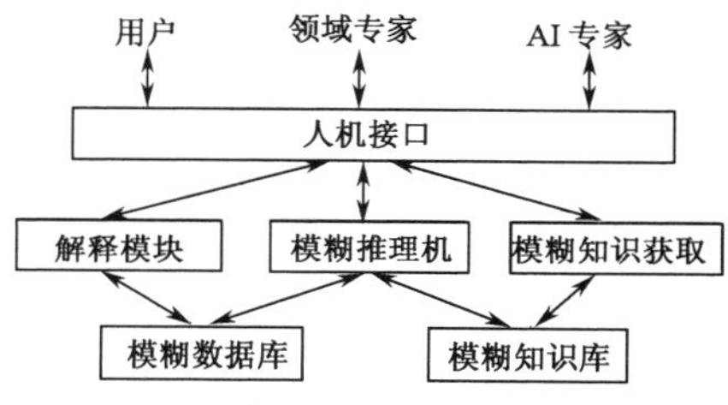

图8.12 模糊专家系统的基本结构

① 模糊知识库。存放从领域专家那里得来的与特定问题求解相关的事实与规则。这些事实与规则的模糊性由模糊集及模糊集之间的模糊关系来表示。

② 模糊数据库。用于存放系统推理前已知的模糊证据和系统推理过程中所得到的模糊的中间结论。

③ 模糊推理机。它是模糊专家系统的核心，根据初始模糊信息，利用模糊知识库中的模糊知识，按照一定的模糊推理策略，推出可以接受的模糊结论。

④ 模糊知识获取模块。主要功能是辅助知识工程师把由领域专家用自然语言描述的领域知识转换成一定的模糊知识形式，并存入模糊知识库。

⑤ 解释模块。其作用与传统专家系统的解释模块类似，用于回答用户提出的问题，即给出模糊推理的过程和结论。

⑥ 人机接口。它是模糊专家系统与外界的接口，实现系统与用户、领域专家和知识工程师之间的信息交流。并且，它们之间交换的信息是模糊的。

（2）模糊专家系统的推理机制

模糊推理机制是一种根据初始模糊信息，利用模糊知识求出模糊结论的过程。目前，常用的模糊推理方法主要有模糊关系合成推理和模糊匹配推理两种。其中，模糊关系合成推理是最常用的一种推理方式。

① 模糊关系合成推理

模糊关系合成推理实际上就是第 3 章不确定性推理中所讨论的模糊假言推理、模糊拒取式推理和模糊假言三段论推理。以模糊假言推理为例，其基本方法如下：

假设有模糊规则

$$\text{IF } x \text{ is } A \quad \text{THEN } y \text{ is } B$$

已知模糊证据

$$x \text{ is } A'$$

求模糊结论

$$y \text{ is } B'$$

其推理过程是：先求出 A 和 B 之间的模糊关系 $\boldsymbol{R}$，再利用 $\boldsymbol{R}$ 求出 B'

$$B' = A \circ \boldsymbol{R}$$

式中，$\boldsymbol{R}$ 可以是第 3 章不确定性推理中所讨论的 $\boldsymbol{R}_{\mathrm{m}}$，$\boldsymbol{R}_{\mathrm{c}}$，$\boldsymbol{R}_{\mathrm{g}}$ 等。

② 模糊匹配推理

模糊匹配推理实际上就是第 3 章不确定性推理中所讨论的，用语义距离、贴近度等来度量两个模糊概念之间相似程度（即匹配度）的一种模糊推理方法。它先由领域专家给定一个阈值，当两个模糊概念之间的匹配度大于阈值时，认为这两个模糊概念之间是匹配的，否则为不匹配，并以此来引导模糊推理过程。

2. 神经网络专家系统

神经网络专家系统是神经网络与传统专家系统集成得到的一种专家系统形式。它将传统专家系统基于知识表示方法的显式的知识表示，变为基于神经网络及其连接权值的隐式知识表示，把基于逻辑的串行推理技术变为基于神经网络的并行联想和自适应推理。

（1）神经网络与传统专家系统的集成方法

神经生理学研究表明，在人类智能中，知识存储与低层信息处理是并行分布的，高层信息处理是顺序的。由于神经网络具有高度的分布并行性、联想记忆功能、容错功能、自组织和自学习功能等，因此比较适合模拟人类的低层智能。而传统专家系统以逻辑推理为主，因此适合模拟人类的高层智能。把神经网络与传统专家系统集成，可以做到优势互补。其集成方法有以下 3 种。

① 神经网络支持专家系统。这种模式是一种以传统专家系统为主，以神经网络的有关技术为辅的集成技术。例如，当用神经网络辅助实现知识自动获取时，领域专家只需要提供与领域知识有关的实例及其解，然后通过神经网络的自学习过程，即可将获得的知识分布到神经网络的互连接构及其连接权值上。

② 专家系统支持神经网络。这种模式是一种以神经网络的有关技术为核心，建立相应领域的专家系统，采用传统专家系统的相关技术完成解释等方面的工作。

③ 协同式神经网络专家系统。这是一种处理大型复杂问题的专家系统模式，它将一个大的问题分解为若干个子问题，并针对每个子问题的特点，选用神经网络专家系统或传统专家系统来实现，并在神经网络和传统专家系统之间建立一种耦合关系。

（2）神经网络专家系统的基本结构

神经网络专家系统的主要目标是利用神经网络的自学习能力和大规模分布并行处理功能等，实现自动化知识获取和并行联想自适应推理，以提高专家系统的智能化水平、实时处理能力和鲁棒性。神经网络专家系统的基本结构如图 8.13 所示。

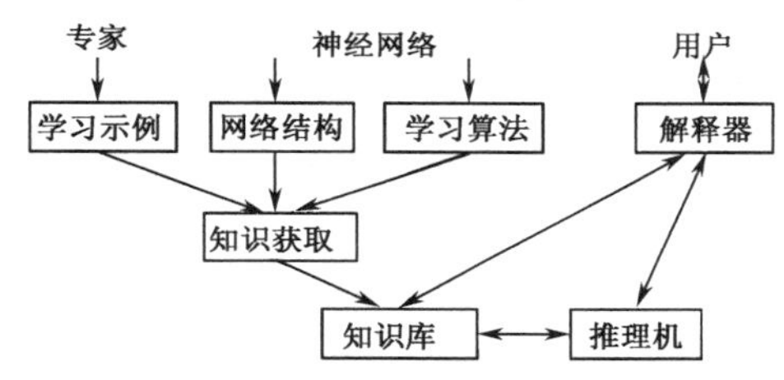

图 8.13 神经网络专家系统的基本结构

神经网络专家系统各部分的主要功能如下：

① 知识库。知识库由神经网络来实现，实际上是一个经过训练达到稳定权值分布的神经网络，领域知识被隐式地分散存储在神经网络的各个连接权值和阈值中。神经网络专家系统知识库的建立过程实际上就是神经网络的学习过程。

② 知识获取。知识获取主要表现为训练样本的获取和神经网络的训练两方面。其中，训练样本是领域问题中有代表性的实例，对训练样本的选择应遵循完备性和可扩充性的原则；网络训练是神经网络的学习过程，其训练结果应该是一个满足训练样本要求的达到稳定权值分布的神经网络。

③ 推理机。神经网络专家系统的推理过程是一个非线性数值计算过程，是一种并行推理机制。其推理过程主要由以下两部分组成：第一，将当前输入模式变换为神经网络的输入模式；第二，由输入模式计算网络的输出模式。

④ 解释器。解释器的主要作用是对神经网络的输出模式进行解释，即把由数字表示的神经网络的输出模式变换为用户能够理解的自然语言形式。由于神经网络专家系统的知识是一些用数字形式隐式标志的连接权值，不具备自然解释能力，因此其解释机制的实现较为困难。

（3）神经网络专家系统的设计

与其他类型的专家系统相比，神经网络专家系统设计的重点是其知识库，以 BP 网络为例，建造一个 BP 网络专家系统的主要步骤如下：

① 根据输入/输出的参数要求及训练样本数目，确定神经网络的结构。如果系统比较简单，可直接用一个 BP 网络组建专家系统；如果系统比较复杂，其连接权值的数目会很多，训练样本的组合也会很巨大，因此可将神经网络划分成多个子系统，即由多个子神经网络来组建专家系统。

② 根据领域问题及其要求，依次确定各神经网络的训练样本。

③ 利用训练样本，对神经网络进行训练，以获得各神经元的连接权值和阈值。

④ 将训练后的神经网络作为专家系统的知识库，并建立神经网络专家系统。

8.2.4 基于 Web 的专家系统

基于 Web 的专家系统是 Web 数据交换技术与传统专家系统集成所得到的一种专家系统形式。它利用 Web 浏览器实现人机交互，基于 Web 专家系统中的各类用户都可通过浏览器访问专家系统。

1. 基于 Web 的专家系统的结构

随着 Internet 技术的发展，网络化已成为现代软件的一个基本特征，采用基于 Web 的专家系统技术，是专家系统发展的一种必然趋势。基于 Web 专家系统的简单结构如图 8.14 所示，由 Web 浏览器、应用服务器和数据库服务器组成，包括 Web 接口、推理机、知识库、数据库和解释器。

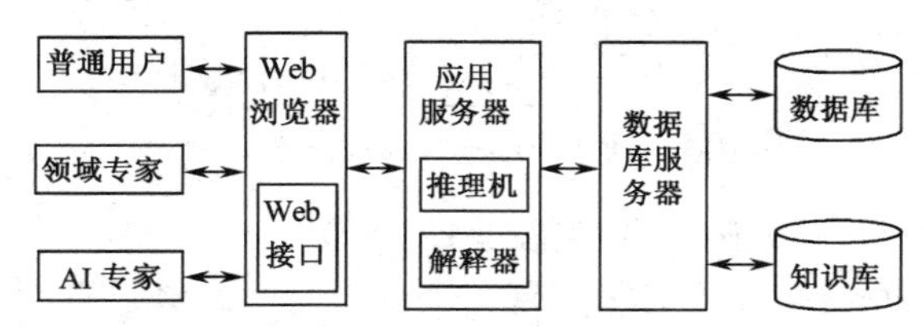

图 8.14　基于 Web 的专家系统的结构

在图 8.14 中，各部分的功能与其他类型专家系统类似，Web 接口用来实现用户与系统之间在 Internet 层次上的交互；推理机用来实现系统推理和控制系统的运行；解释器用来向用户解释专家系统的推理过程；知识库用来存放领域知识；数据库用来存放初始事实和中间结果。

基于 Web 的专家系统将人机交互定位在 Internet 层次上，系统中的各类用户，包括领域专家、知识工程师和普通用户都可通过浏览器访问专家系统的应用服务器，将问题传递给 Web 推理机，然后 Web 推理机通过后台数据库服务器，并利用数据库和知识库进行推理，推导出问题的结论，最后将推出的结论告诉用户。

2. 基于 Web 的专家系统的开发

基于 Web 的专家系统多采用 B/S 模式。例如，可采用浏览器/Web/服务器的三层体系结构，用户通过浏览器向 Web 服务器发送服务请求，服务器端的专家系统收到浏览器传来的请求信息后，调用知识库，运行推理模块，进行推理判断，最后将产生的推理结构显示在浏览器上。

用户页面可设计成 HTML 格式，利用 Web 技术，实现与远程服务器专家系统的连接。目前，实现 Web 与专家系统连接的可用技术较多，如 CGI（Common Gateway Interface）、ISAP、Java Applet、ASP（Active Server Page）、PHP（Personal Home Page）等。

数据库设计应选用主流数据库管理系统来实现。例如，可选择 SQL Server 作为专家系统的数据库管理系统。SQL Server 不仅是一个高性能的多用户数据库管理系统，还提供了 Web 支持，具有数据容错、完整性检查和安全保密等功能；利用 SQL Server 的数据库管理功能，可实现 B/S 模式下的知识库管理与维护，可对知识库提供方便的增、删、改等操作，能更好地保证知识库的正确性、完整性和一致性。

8.2.5 分布式和协同式专家系统

分布式和协同式是两种不同的专家系统形式，各自的侧重点不同。分布式专家系统强调并行和分布，而协同式专家系统强调协作和协同。

1．分布式专家系统

分布式专家系统（Distributed Expert System，DES）是具有并行分布处理特征的专家系统，可以把一个专家系统的功能分解后，分布到多个处理机上去并行执行，从而在总体上提高系统的处理效率。分布式专家系统的运行环境可以是紧密耦合的多处理器系统，也可以是松耦合的计算机网络环境。

从结构上看，分布式专家系统由多个可分布并行执行的分专家系统组成，并且知识库、推理机、数据库、解释模块等部件都是可分布的。因此，要设计和建立一个分布式专家系统，需要解决以下一些特殊问题。

（1）功能分布

功能分布是指把系统功能分解为多个子功能，并均衡地分配到各处理节点上。每个节点仅实现一个或两个子功能，各节点合在一起作为一个整体完成一个完整的任务。在分布式系统中，每个节点处理任务的时间都由以下两部分组成：一部分是推理求解时间，另一部分是各子任务间的信息交换时间。任务分解越细，节点越多，系统的并行性越高，但节点之间的信息交换时间会越长；反之，任务分解越粗，节点越少，系统的并行性降低，但节点之间的信息交换时间会越短。因此，任务分解的“粒度”（即子任务的大小）应视具体情况而定。

（2）知识分布

知识分布是指根据功能分布的情况，把有关知识合理划分后，分配到各处理节点上。分布式系统中的知识分布是非常重要的，原因是一个节点上的程序访问本地知识要比以通信方式访问其他节点的知识快得多。因此，一方面要尽量减少各节点知识的冗余，另一方面各节点的知识应该存在一定的冗余，以求处理的方便和系统的可靠性。

（3）接口设计

接口设计主要是指各部分之间接口的设计，有以下两个重要目标：一是各部分之间易于通信和同步，二是各部分之间要相互独立。

（4）系统结构

分布式专家系统的结构一方面与问题本身的性质有关，另一方面与硬件环境有关。

如果领域问题本身具有层次性，则系统最适宜的结构是树形的层次结构。这样，系统的功能分布与知识分布都比较自然，而且也符合分层管理的原则。

对星型结构的系统，中心节点与外围节点之间的关系可以不是上下级关系，因此可把中心节点设计成一个公共的知识库和可供进行问题讨论的“黑板”。各节点既可以往“黑板”上写各种信息，也可以从“黑板”上读取各种信息。

如果系统的节点分布在一个距离不远的地区内，而且节点上用户之间的独立性较大，则可将系统设计成总线结构或环形结构。

（5）驱动方式

当系统的结构确定以后，就需要考虑各模块之间的驱动方式，可选的驱动方式包括控制驱动、数据驱动、需求驱动和事件驱动。

① 控制驱动是当需要某个模块工作时，就直接将控制转到该模块，或将它作为一个过程直接调用，使它能够立即工作。控制驱动实现方便，是一种最常用的驱动方式，但其并行性有时会受到影响。原因是被驱动模块是被动地等待驱动命令，有时即使自己具备执行条件，若无其他模块来驱动，自身也不能自动开始运行。

② 数据驱动是当一个模块所需的输入数据齐备后，该模块就可以自行启动工作。数据驱动方式可以自行发掘可能的并行处理，其并行性较高。

③ 需求驱动亦称为目的驱动，是一种自顶向下的驱动方式。它从最顶层的目标开始，逐层向下驱动下层的子目标。

④ 事件驱动是比数据驱动更为广义的一个概念，一个模块的输入数据齐备可认为仅仅是一种事件。此外，还可以有其他各种事件，如某些条件得到满足或某些物理事件发生等。事件驱动是指当且仅当一个模块的相应事件集合中的所有事件都已经发生时，才驱动该模块开始工作。从广义上讲，数据齐备和需要启动也都属于事件，因此事件驱动可广义地包含数据驱动和需求驱动等。

2. 协同式专家系统

协同式专家系统（Cooperative Expert System，CES），亦称群专家系统，是一种能综合若干个相近领域或同一领域内多方面的分专家系统相互协作、共同解决单个分专家系统无法解决的更广领域或更复杂问题的专家系统。协同式专家系统是解决单专家系统存在的知识的“窄台阶”问题的一条重要途径。

从结构上看，协同式专家系统和分布式专家系统有一定的相似之处，它们都涉及多个分专家系统。但在功能上却有较大差异，分布式专家系统强调的是功能分布和知识分布，要求系统必须在多个节点上并行运行；协同式专家系统强调的则是各分专家系统之间的协同，各分专家系统可以在不同节点上运行，也可以在同一个节点上运行。因此，要设计和建立一个协同式专家系统，一般需要解决以下问题。

（1）任务的分解

根据领域知识，将确定的总任务合理地划分为若干子任务（各子任务之间允许有一定的重叠），每个子任务对应着一个分专家系统。至于一个分布式专家系统应该划分为多少个分专家系统，一般应尊重领域专家的意见。

（2）公共知识的导出

公共知识导出是指把各子任务所需的公共知识部分分离出来，形成一个公共知识库，供各分专家系统共享。各子任务所需的专用知识仍分别存放在各分专家系统的专用知识库中。这种对知识的共享和专用存放方式，可减少知识冗余，便于对知识的维护和修改。

（3）“讨论”方式

协同式专家系统通常把“黑板”作为各分专家系统进行讨论的园地。所谓黑板，实际上是一个设在内存的可供各分专家系统随机存取的存储区。各分专家系统可以随时从黑板上了解其他分专家系统对某个问题的“意见”，获取需要的各种信息，也可随时将自己的“意见”发表在黑板上，供其他分专家系统参考。

（4）裁决问题

裁决问题是指如何由多个分专家系统来决定某个问题。其解决办法往往与问题本身的性质有关。若问题是一个非选择题，则可采用表决法或加权平均法。其中，表决法是指以多数分专家系统的意见作为最终的裁决，加权平均法是指对参与解决该问题的不同分专家系统给予不同的权值。若问题是一个评分问题，则可采用加权平均法等办法。若问题是一个互补问题，则可采用互相配合的方法。

（5）驱动方式

尽管协同式专家系统的各分专家系统可能在同一个处理机上执行，仍然存在用什么方式将各分专家系统激活的问题，即驱动方式问题。协同式专家系统的驱动方式与分布式专家系统中采用的驱动方式基本上是一样的，在分布式专家系统中介绍的驱动方式对协同式专家系统同样可用。

8.2.6 专家系统的开发

前面已经讨论了专家系统的基本结构和有关技术，本节主要从构建专家系统的角度讨论专家系统的开发步骤、知识获取和开发工具等。

1. 开发步骤

专家系统作为一种程序系统，现有的软件开发技术均可供其使用。同时，专家系统作为一种基于知识的特殊程序系统，与一般软件的开发方法存在较大差别。对专家系统开发过程的划分，不同开发人员有着不同的看法。例如，有人将专家系统的生命期简单地划分为：问题确定、概念化、形式化、实现和测试 5 个阶段。但是，这种传统的划分方法无法解决专家系统建造过程在知识获取及知识的形式化方面存在的“瓶颈”问题。原型技术是解决瓶颈问题的一种较好方法。

采用原型技术的专家系统开发过程如图 8.15 所示，可分为设计初始知识库、原型系统开发与实验、知识库的改进与归纳三个主要步骤。

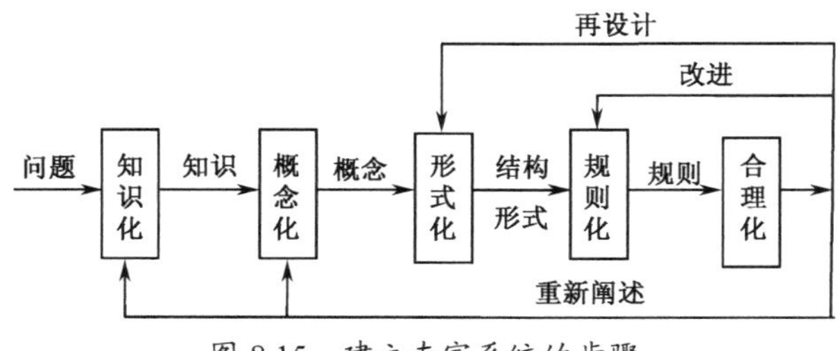

图 8.15 建立专家系统的步骤

（1）设计初始知识库

知识库是专家系统最重要的一个组成部分，知识库的设计与建立是专家系统开发中最重要的一项任务，它包括以下 5 项主要工作：

① 问题知识化。对要解决的领域问题，确定问题的定义方式、要完成的主要任务、包含的主要数据、子任务的分解等。

② 知识概念化。概括知识表示需要的关键概念及其关系，如数据类型、初始条件、目标状态、控制策略等。

③ 概念形式化。确定用来组织知识的数据结构形式，把概念化过程所得到的有关概念用相应的知识表示方法表示出来。

④ 形式规则化。把形式化了的知识变换为由编程语言表示的可供计算机执行的语句和程序。

⑤ 规则合理化。确认规则化了的知识的合理性，检查规则的有效性。

（2）原型系统的开发与实验

当知识表示方式确定后，即可着手建立原型系统，包括整个模型的典型知识，而且只涉及与实验有关的简单的任务和推理过程。

（3）知识库的改进与归纳

在原型系统的基础上，对知识库和推理机反复进行改进试验，归纳出更完善的结果。如此进行下去，不断提高专家系统的水平，直至达到满意程度为止。

2．知识获取

知识获取泛指把领域专家解决问题的经验和知识变为专家系统解决问题需要的专门知识。尽管不同专家系统的知识获取方法存在较大差异，但其获取方式和任务大致相同。

（1）知识获取的方式

如果按照知识获取的自动化程度将其分为非自动知识获取、自动知识获取和半自动知识获取三种方式。其中，非自动知识获取是一种由知识工程师来完成知识获取任务的方式；自动知识获取是一种由专家系统自身来完成知识获取任务的方式；半自动知识获取是一种由知识工程师和专家系统共同完成知识获取任务的方式。

在非自动知识获取方式中，知识获取任务由知识工程师来完成，包括三个主要步骤：① 知识工程师通过与领域专家的反复交流和对相关领域的了解，获取专家系统需要的领域知识；② 知识工程师用某种知识表示方法把获取的领域知识表示出来，并送到专家系统的知识库中；③ 在专家系统开发和完善过程中，与领域专家合作，进一步检验知识的正确性、一致性和完备性。

在自动知识获取方式中，知识获取任务由专家系统自身的知识获取和自学习功能来完成。系统不仅可以直接与领域专家对话，从领域专家提供的原始信息中“学习”专家系统需要的知识，还能从系统运行实践中总结、归纳出新的知识，发现和改正自身存在的错误，并通过不断的自我完善，使知识库逐步趋于完整和一致。

在半自动知识获取方式中，知识获取任务由知识工程师和专家系统的知识获取功能共同来完成。尽管有许多人工智能工作者在知识获取方面做了大量的研究工作，但至今仍无一种可以完全代替知识工程师的自动化方法，实际专家系统开发中使用较多的仍然是半自动方式，即还需要通过知识工程师与领域专家的反复交流、学习和组织来获取领域知识。

（2）知识获取的任务

知识获取的主要任务是为专家系统获取知识，建立起健全、完善、有效的知识库，以满足领域问题求解的需求。其主要工作包括抽取知识、表示知识、输入知识和检验知识等，如图 8.16 所示。

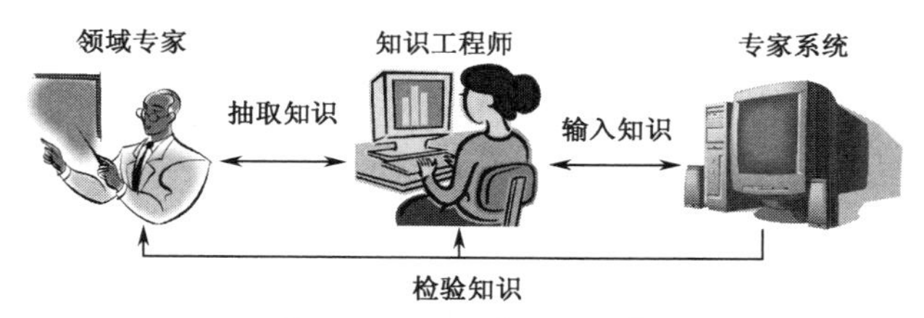

图 8.16　知识获取的任务

① 从知识源抽取知识

知识源是指专家系统知识的来源，如领域专家、书本、相关论文、实例研究、经验数据及系统自身的运行实践等。抽取知识是指把蕴涵于知识源中的知识经识别、理解、筛选、归纳等处理后抽取出来，以便用于知识库的建立。

通常，知识并不是以某种现成的形式存在于知识源中的，为了从知识源中抽取知识，还需要做大量的工作。例如，领域专家虽然可以利用自己的经验解决该领域中的各种困难问题，但他们往往缺少对自己经验的总结与归纳，甚至有些经验只可意会不可言传。

另一方面，如果要求系统能够在自身的运行实践中通过机器学习功能从已有知识或实例中演绎、归纳出新知识，则系统自身必须具有一定的“学习”能力。这就对抽取知识提出了更高的要求。

② 表示知识

通常，知识源中的知识是以自然语言、图形、表格等形式表示的，而知识库中的知识则是用计算机能够识别的形式来表示的，二者之间有很大差别。为使专家系统能够使用从知识源中抽取出来的知识，首先需要把这些知识用适当的知识表示方法表示出来。这一工作通常是由知识工程师来完成的。

③ 输入知识

把用某种知识表示方法表示的知识经编辑、编译后送入知识库的过程称为知识输入。目前，知识的输入一般有两条途径：一是利用计算机系统提供的编辑软件，二是利用专门编制的知识编辑系统。前者的优点是简单、方便，无须编制专门程序即可直接使用；后者的优点是针对性、实用性强，更符合知识输入的要求。

④ 检验知识

在上述建立知识库的过程中，无论哪一步出现错误，都会直接影响到专家系统的性能。因此，必须对知识库进行检测，以便尽早发现和纠正可能出现的错误。检测的主要任务是知识库中知识的一致性和完整性。在采用原型技术的专家系统开发方法中，这一工作通常是由领域专家与知识工程师共同完成的。

3．开发工具与环境

专家系统开发工具与环境实际上是一种为高效率开发专家系统而设计的高级程序系统或高级程序设计环境。使用专家系统开发工具与环境建造专家系统，能够简化专家系统的开发步骤，加快专家系统的开发速度，提高专家系统的开发效率与开发质量。常用的专家系统开发工具和环境可按其性质分为程序设计语言、骨架型工具、语言型工具、开发环境及一些先进专家系统开发工具等。

（1）程序设计语言

程序设计语言包括人工智能语言和通用程序设计语言。它们是专家系统开发的最基础的语言工具。人工智能语言主要有以 LISP 为代表的函数型语言和以 PROLOG 为代表的逻辑型语言等；通用程序设计语言的主要代表有 C、C++、Java 及 Python 等。

在上述人工智能语言中，LISP（LISt Processing language）是麦卡锡和他的研究小组 1960 年研究出来的，在专家系统发展的早期，有许多著名的专家系统都是用这种语言开发出来的，如 MYCIN 和 PROSPECTOR 等。

PROLOG（PROgramming in LOGic）语言是由科瓦尔斯基（R. Kowalski）首先提出，并于 1972 年由科麦瑞尔（A. Comerauer）及其研究小组研制成功的一种逻辑程序设计语言。由于它具有简捷的文法及一阶逻辑的推理能力，因而被广泛地应用于人工智能的许多研究领域中。

C++语言既是一种通用程序设计语言，又是一种很好的人工智能语言，以强大的功能和面向对象特征，在人工智能中得到了广泛的应用。目前，已有不少人直接用它来开发专家系统或各种专家系统工具。尤其是 Visual C++的发展，为专家系统对多媒体信息的处理、可视化界面的设计、基于网络的分布式运行等提供了一种很好的语言环境。

此外，近几年来 Python 语言发展迅猛，应用广泛，已成为当下最为流行的程序设计语言之一，同时也是一种很好的人工智能语言。

（2）骨架型工具

骨架型工具也称为专家系统外壳，是由一些已经成熟的具体专家系统演变来的。其演变方法是，抽去这些专家系统中的具体知识，保留它们的体系结构和功能，再把领域专用的界面改为通用界面，这样就可得到相应的专家系统外壳。可见，在专家系统外壳中，知识表示模式、推理机制等都是确定的。

由于专家系统外壳是由具体专家系统精炼出来的一个专家系统的空壳，它缺少的仅是知识，因此当用它来建造专家系统时，只需把领域的专家知识用外壳规定的模式表示出来，并装入知识库，就可以快速地产生一个新的专家系统。

用外壳型工具开发专家系统具有省时、速度快、效率高等优点，但其灵活性和通用性较差，原因是外壳的推理机制和知识表示方式是固定不变的。典型的专家系统外壳主要有 EMYCIN 和 KAS 等。

EMYCIN（Empty MYCIN）是由美国斯坦福大学的迈尔（Melle）在 MYCIN 的基础上开发的一个专家系统外壳。该外壳沿用了 MYCIN 的知识表示方式、推理机制及各种辅助功能（如解释、咨询等），并提供了一个用于开发知识库的环境，使得开发者可以用更接近于自然语言的规则语言来表示知识，而且该环境可以在知识编辑和输入时进行语法、一致性、包含等检查。在 EMYCIN 中，知识采用的是产生式规则表示法，不确定性采用的是可信度方法，推理过程的控制采用的是反向链深度优先搜索的控制策略。该外壳适用于开发咨询、诊断及分析类专家系统，而且仅限于采用产生式规则知识表示方法和目标驱动推理机制。

KAS（Knowledge Acquisition System）是美国加州斯坦福研究院 AI 中心开发成功的一个专家系统工具。它原来是矿物勘探专家系统 PROSPECTOR 的知识获取系统，后来发展成为把 PROSPECTOR 的具体知识抽去以后的专家系统外壳。它与 PROSPECTOR 的关系和 EMYCIN 与 MYCIN 的关系相同。KAS 的知识表示主要采用的是产生式规则、语义网络及概念层次三种方式；推理采用的是正逆向混合推理，在推理过程中，推理方向是不断改变的。KAS 也被用来开发了一些专家系统。例如，用于帮助化学工程师选择化工生产过程中的物理参数的专家系统 CONPHYDE 等。

（3）语言型工具

语言型工具是一种通用型专家系统开发工具，不依赖于任何已有专家系统，不针对任何具体领域，完全重新设计的一类专家系统开发工具。与骨架系统相比，语言型工具具有更大的灵活性和通用性，并且对数据及知识的存取和查询提供了更多的控制手段。常用的语言型工具有 CLIPS 和 OSP 等。

CLIPS（C Language Integrated Production System）是美国航空航天局于 1985 年推出的一种通用产生式语言型专家系统开发工具，具有产生式系统的应用特征和 C 语言的基本语言成分，已获广泛应用。OPS（Official Production System）是美国卡内基•梅隆大学（CMU）的麦克德莫特（J. McDermott）、纽厄尔（A. Newell）等人于 1975 年用 LISP 语言研制开发的一个基于规则的通用型知识工程语言。

（4）开发环境

专家系统开发环境（development environment for expert system）是一种为高效率开发专家系统而设计和实现的大型智能计算机软件系统。专家系统开发环境一般由调试辅助工具、输入/输出设施、解释设施和知识编辑器 4 个典型部件组成。其中，调试辅助工具通过跟踪设施和断点程序包来跟踪和显示系统的操作，使用户能够在一些重复发生的错误之前中断程序，对错误进行跟踪检查；输入/输出设施提供系统运行期间用户与系统的对话的功能和知识获取功能；解释设施为系统提供完整的系统解释机制，供专家系统开发者直接使用；知识编辑器提供知识库编辑机制，包括语法检查、一致性检查和知识录入等功能。

① 开发环境的发展趋势

随着信息技术和人工智能技术的不断发展，专家系统开发工具正朝着大型、通用、多功能的方向发展。在专家系统开发环境的研究方面，有两个明显趋势和实现途径：一是综合与集成，二是通用与开放。

综合与集成是采用多范例程序设计、多种知识表示、多种推理和控制策略、多种组合工具，向系统的综合集成方向发展。由这种途径实现的专家系统开发环境又称为专家系统开发工具箱。从当前发展趋势看，按综合集成途径实现的专家系统开发环境包括：知识获取工具或辅助知识获取工具；由各种知识表示模式所组成的模式库及其管理系统；知识编辑器及知识库一致性检查工具；知识工程语言及专家系统描述语言；专家系统建立及开发工具；专家系统调试工具及解释工具；能识别声、文、图等多媒体，并能进行自然语言理解的智能接口等。

通用与开放是在当前网络、分布式、客户—服务器（C/S）开放环境支持下，采用统一的程序设计方法（如面向对象程序设计）、统一的知识-数据表达（如面向对象表示）

来开发大型、通用、开放的人工智能开发环境——知识库-数据库一体化的管理系统。它采用面向对象程序设计方法，将知识和数据都作为对象融为一体，构成面向对象的知识库-数据库开发环境。这实际上是“人工智能”+“面向对象”+“数据库”的综合集成。

以上两条途径强调的都是系统的通用性和开放性，主要是针对专家系统本身所存在的脆弱性、封闭性、狭窄性等缺陷和专家系统开发技术方面存在的不足而发展起来的。目前，在网络、Internet、Web、分布式、C/S 等技术的支持下，通过专家系统开发环境提供统一的知识-数据表达形式和解决访问现存数据库的问题，可以为多专家协作系统、多库（数据库+知识库+模型库+方法库）支持下的综合知识库、分布式人工智能和开放分布式环境下的多 Agent 协同工作等人工智能最新应用提供支持环境。

② 开发环境实例

目前，在国外已有一批较有影响的专家系统开发环境，如 KEE、GUGU 等。KEE 是由美国加州 Intellicorp 公司推出的一个集成化的专家系统开发环境，把基于框架的知识表示、基于规则的推理、逻辑表示、数据驱动的推理、面向对象的程序设计等结合在一起，可以满足各领域开发专家系统的需求。GUGU 是由微数据公司 MDBS 于 1985 年用 C 语言研制的一个功能很强的混合型专家系统开发环境，包含关系数据库系统、标准的 SQL 查询语言、远程通信、多功能程序设计等功能。

国内的一个典型专家系统开发环境是由中国科学院、浙江大学、武汉大学等七个单位于 1990 年联合完成的“天马”系统。该系统有四部推理机，即常规推理机、规划推理机、演绎推理机及近似推理机；有三个知识获取工具，即知识库管理系统、机器学习、知识求精；有四套人机接口生成工具，即窗口、图形、菜单及自然语言；有多种知识表示模式，如框架、规则及过程等。应用该开发环境，曾经成功地开发过暴雨预报、旅游咨询和石油测井数据分析等专家系统。

习 题 8

8.1 什么是自然语言和自然语言理解？自然语言理解过程有哪些层次？各层次的功能如何？

8.2 对下列每个语句给出文法分析树：

（1）John wanted to go the movie with Sally.

（2）John wanted to go to the movie with Robert Redford.

（3）I heard the story listening to the radio.

（4）I heard the kids listening to the radio.

8.3 用格结构表达下列语句：

（1）The plane flew above the clouds.

（2）John flew to New York.

（3）The co-pilot flew the plane.

8.4 什么是专家系统？它有哪些基本特征？

8.5　专家系统由哪些基本部分所组成？每一部分的主要功能是什么？

8.6　什么是模糊专家系统？它由哪些主要部件所组成？

8.7　什么是神经网络专家系统？它与传统专家系统的主要区别是什么？

8.8　什么是分布式专家系统？什么是协同式专家系统？它们的主要区别是什么？

8.9　知识获取的主要任务是什么？为什么说它是专家系统建造的“瓶颈”问题？

8.10　按照原型技术，建造一个专家系统要经历哪几个阶段？

8.11　有哪几类专家系统开发工具？各有什么特点？

附录A 新一代人工智能简介

为了把握人工智能发展的重大战略机遇，构筑我国人工智能发展的先发优势，加快建设创新型国家和世界科技强国，2017年7月8日，国务院印发《新一代人工智能发展规划》通知，并提出了三步走的发展战略。本附录主要从基础理论和关键共性技术两方面对新一代人工智能进行简单介绍。

A.1 新一代人工智能基础理论简介

人工智能基础理论是人工智能技术发展源泉。瞄准那些应用目标明确、有望引领人工智能技术升级的重大基础理论重点突破，是我国新一代人工智能发展的一项重要战略。这些重大基础理论包括应用基础理论和前沿基础理论两类。应用基础理论主要包括大数据智能、跨媒体感知计算、人机混合智能、群体智能和自主协同与决策理论五个方面。

1. 大数据智能理论

大数据是当今人工智能所处的一个基本环境。事实上，除传统的互联网大数据外，社会各领域、各行业的大数据都呈现着一种爆炸式增长趋势，如工业大数据、农业大数据、城市大数据、医疗大数据、教育大数据、健康大数据、交通大数据、经济大数据、金融大数据等。然而，目前的大数据智能理论还基本上停留在以数据驱动的零知识起点的机器学习阶段。

大数据智能理论的重点是如何突破无监督学习、综合深度推理等难点问题，建立数据驱动、以自然语言理解为核心的认知计算模型，形成从大数据到知识、从知识到决策的大数据智能理论体系。其主要研究内容包括：第一，数据驱动与知识引导相结合的人工智能新方法；第二，以自然语言理解和图像图形为核心的认知计算理论和方法；第三，综合深度推理与创意人工智能理论和方法；第四，非完全信息下智能决策基础理论和框架；第五，数据驱动的通用人工智能数学模型和理论等。

2. 跨媒体感知计算理论

机器感知是人工智能感知外界环境信息的必要手段。按照认知科学的观点，感知包括感觉和知觉两个基本过程。其中，感觉是对事物个别属性的认识，如大小、形状、颜色、轻重等的认识；知觉是对事物整体和相互关系的认识，或者说是对感觉的有机综合。实际上，人的知识和经验在知觉过程中起着十分重要的作用。

跨媒体指相互信息在不同媒体之间的整合与互动，这些媒体包括声音、文字、图形、图像、颜色、气味等。跨媒体是新一代人工智能的重要组成部分，可以通过视觉感知、听觉感知、机器学习和语言计算等理论，构建出现实世界的统一的语义表达，然后通过跨媒体分析和推理把数据转换为智能。

跨媒体感知计算理论的重点是如何突破低成本低能耗智能感知、复杂场景主动感知、自然环境听觉与言语感知、多媒体自主学习等理论方法，实现超人感知和高动态、高维度、多模式分布式大场景感知。其主要研究内容包括：第一，超越人类视觉能力的感知获取；第二，面向真实世界的主动视觉感知及计算；第三，自然声学场景的听知觉感知及计算；第四，自然交互环境的言语感知及计算；第五，面向异步序列的类人感知及计算；第六，面向媒体智能感知的自主学习等。

3. 混合增强智能理论

混合智能是指人类的生物智能与人造的机器智能的混合，以生物智能和机器智能的深度融合为目标，试图通过相互连接通道，建立兼具人类智能的感知、记忆、学习、推理、决策能力和机器智能的信息整合、搜索、计算能力的新型混合-增强智能形态。

从新一代人工智能的角度，混合增强智能分为两种基本形态：一种形态是人在回路的混合增强智能，另一种形态是基于认知计算的混合增强智能。其中，人在回路的混合增强智能是把人的感知、认知能力，尤其是对模糊、不确定等问题处理的高级认知机制与机器强大的运算和存储能力相结合，构成“1+1>2”的混合增强智能形态；基于认知计算的混合增强智能是通过模仿生物大脑的智能机理，包括其感知、学习、推理和决策机理，建立像人脑一样感知、学习、推理决策的智能计算模型。

混合增强智能理论重点突破人机协同共融的情境理解与决策学习、直觉推理与因果模型、记忆与知识演化等理论，实现接近或超过人类智能水平的混合增强智能模型。其主要研究内容包括：第一，“人在回路”的混合增强智能；第二，人机智能共生的行为增强与脑机协同；第三，机器直觉推理与因果模型、联想记忆模型与知识演化方法；第四，复杂数据和任务的混合增强智能学习方法、云机器人协同计算方法；第五，真实世界环境下的情境理解及人机群组协同。

4. 群体智能理论

在传统人工智能中，群体智能是指群居性生物通过协作表现出的宏观智能行为特征。例如，模仿蚂蚁智能行为的蚁群算法，模仿鸟群行为的粒子群算法等。在新一代人工智能中，群体智能的概念更加宽泛，是指基于互联网、移动互联网，把人类智能、机器智能融合到一起所形成的一种群体智能形态，即“群智空间”。

群体智能理论的重点是要突破群体智能的组织、涌现、学习的理论与方法，建立可表达、可计算的群智激励算法和模型，形成基于互联网的群体智能理论体系。其主要研究内容包括：第一，群体智能的结构理论和组织方法；第二，群体智能激励机制和涌现机理；第三，群体智能学习理论和方法；第四，群体智能通用计算范式和模型。

5. 自主协同控制与优化决策理论

自主协同控制是指在没有人的干预下，系统将自身的感知、决策、协同、行动能力有机的结合起来，根据一定的控制策略，实现非结构化环境中的自我决策，并持续执行一系列控制功能完成预定目标的能力。

在新一代人工智能中，自主协同控制与优化决策理论的重点是突破面向自主无人系统的协同感知与交互、自主协同控制与优化决策、知识驱动的人机物三元协同与互操作等理论，形成自主智能无人系统创新性理论体系架构。其主要研究内容包括：第一，面向自主无人系统的协同感知和交互理论；第二，面向自主无人系统的协同控制和优化决策理论；第三，以知识驱动的人机物三元协同和互操作的理论等。

6．前沿基础理论

新一代人工智能的前沿性基础理论包括高级机器学习理论、类脑智能计算理论和量子智能计算理论三方面。

（1）高级机器学习理论

机器学习是人工智能的重要领域，要使机器有智能，首先它必须具备学习功能。前面讨论了多种机器学习方法，这些方法都存在一定的局限性。如目前广泛使用的深度学习，其对大规模数据的依赖，对巨量计算资源的消耗，尤其是学习结果的不可解释和不可泛化等，形成了机器学习的瓶颈。如何解决小数据甚至无数据的学习，机器学习面临巨大挑战。

在新一代人工智能中，高级机器学习理论重点突破自适应学习、自主学习等理论方法，实现具备高可解释性、强泛化能力的人工智能机器学习方法。其重点研究领域包括：统计学习、不确定性推理与决策、分布式学习与交互、隐私保护学习、小样本学习、深度强化学习、无监督学习、半监督学习、主动学习等基础理论和高效模型。

（2）类脑智能计算理论

类脑智能计算是人工智能研究的一个新兴前沿领域，其目的是让机器能够以类脑的方式工作，并具备像人脑一样的能力，即基于人脑神经系统的结构和机理，建造在信息处理机制上类脑，认知行为上类人，智能水平上超人的智能机器。其研究涉及人脑神经机理、类脑信息处理方法、类脑器件及类脑计算机。实现类脑智能计算是人工智能研究中极具挑战性的研究内容。

在新一代人工智能中，类脑智能计算理论的重点是突破类脑的信息编码、处理、记忆、学习与推理理论，形成类脑复杂系统及类脑控制等理论和方法，建立大规模类脑智能计算的新模型和脑启发的认知计算模型。其重点研究内容包括：类脑感知、类脑学习、类脑记忆机制与计算融合、类脑复杂系统、类脑控制等理论和方法。

（3）量子智能计算理论

量子计算是一种基于量子力学原理，按照量子力学规律，通过对量子信息单元的调控进行计算的新型计算模式。量子计算的计算模式与经典计算不同，经典计算是基于电子芯片的串行运算，量子计算则是基于量子芯片的并行运算，且其并行度能以指数形式增长。可见，经典计算模式下的人工智能算法不能适应量子计算模式下的这种超并行需求，因此需要研究相应的量子人工智能算法，即量子人工智能算法。

量子智能计算理论的重点是突破量子加速的机器学习方法，建立高性能计算与量子算法混合模型，形成高效精确自主的量子人工智能系统架构。其重点研究内容包括：脑认知的量子模式与内在机制，高效的量子智能模型和算法，高性能高比特的量子人工智能处理器，以及可与外界环境交互信息的实时量子人工智能系统等。

A.2 新一代人工智能关键共性技术简介

新一代人工智能对关键技术的确定，主要源于我国人工智能国际竞争力和经济社会智能化进程的急切需求，其基本思想是以算法为核心，以数据和硬件为基础，以提升感知识别、知识计算、认知推理、运动执行、人机交互能力为重点，形成开放兼容、稳定成熟的技术体系。新一代人工智能关键共性技术也可以分为应用性关键共性技术和前沿性关键共性技术两大类。其中，应用性关键共性技术包括知识计算引擎与知识服务技术、跨媒体分析推理技术、群体智能关键技术、混合增强智能新架构和新技术、自主无人系统的智能。

1. 知识计算引擎与知识服务技术

知识计算引擎与知识服务技术重点突破知识加工、深度搜索和可视交互核心技术，实现对知识持续增量的自动获取，具备概念识别、实体发现、属性预测、知识演化建模和关系挖掘能力，形成涵盖数十亿实体规模的多源、多学科和多数据类型的跨媒体知识图谱。

其重点研究内容包括：第一，知识计算和可视交互引擎；第二，创新设计、数字创意和以可视媒体为核心的商业智能等知识服务技术；第三，大规模生物数据的知识发现。

2. 跨媒体分析推理技术

跨媒体智能是指把声音、图像、文字、自然语言等融合在一起所形成的智能。跨媒体分析推理是跨媒体智能一个重要组成部分，其重点是要突破跨媒体统一表征、关联理解与知识挖掘、知识图谱构建与学习、知识演化与推理、智能描述与生成等技术，实现跨媒体知识表征、分析、挖掘、推理、演化和利用，构建分析推理引擎。

其重点研究内容包括：第一，跨媒体统一表征、关联理解和知识挖掘；第二，跨媒体知识图谱构建和学习；第三，跨媒体知识演化和推理；第四，跨媒体智能描述和生成；第五，跨媒体分析推理引擎和验证系统。

3. 群体智能关键技术

群体智能关键技术是指能够支持大规模群智空间构造、运行、协同和演化等的核心技术。其研究重点是要突破基于互联网的大众化协同、大规模协作的知识资源管理与开放式共享等技术，建立群智知识表示框架，实现基于群智感知的知识获取和开放动态环境下的群智融合与增强，支撑覆盖全国的千万级规模群体感知、协同和演化。

群体智能关键技术的研究重点包括：第一，群体智能的主动感知和发现，即对环境信息的主动感知和对互联网群体智能行为的多模态信息感知；第二，知识的获取和生成，包括对网络化感知信息的知识表示、获取和生成技术；第三，群智空间的协同和共享，即面向群体智能涌现机制的大众化协同与开放式共享技术；第四，群智空间的评估和演化，即保证群智成果汇聚质量的持续性评估与可行演化技术；第五，人机整合和增强，即开放动态环境下群体与机器的协同强化及循环演进技术；第六，群智空间中智能体的自我维持和安全交互技术；第七，群智空间的服务体系架构；第八，移动群体智能的协同决策和控制技术。

4．混合增强智能新架构和新技术

人类智能与机器智能的交互、混合是未来社会发展的一种必然形态，人机协同的混合增强智能应该是新一代人工智能的基本特征。混合增强智能新架构与新技术重点突破人机协同的感知与执行一体化模型、智能计算前移的新型传感器件、通用混合计算架构等核心技术，构建自主适应环境的混合增强智能系统、人机群组混合增强智能系统及支撑环境。

混合增强智能的重点研究内容包括：第一，混合增强智能核心技术及认知计算框架，如人脑对真实世界环境的理解机制，对非完整信息和复杂时空关联任务的处理机制，对非认知因素与认知功能之间的相互作用机制等；第二，新型混合计算架构；第三，人机共驾及在线智能学习技术；第四，平行管理和控制的混合增强智能框架。所谓平行管理，是一种采用人工系统、计算实验、平行执行方法对复杂系统进行双闭环管理的方法。

5．自主无人系统的智能技术

自主无人系统是人工智能的一个重要应用领域，自主无人系统的智能技术也应该是人工智能的一项重要应用技术。自主无人系统的智能技术是要重点突破自主无人系统计算架构、复杂动态场景感知和理解、实时精准定位、面向复杂环境的适应性智能导航等共性技术，无人机自主控制以及汽车、船舶和轨道交通自动驾驶等智能技术，服务机器人、特种机器人等核心技术，支撑无人系统应用和产业发展。

自主无人系统的智能技术的主要研究内容包括：第一，无人机自主控制和汽车、船舶、轨道交通自动驾驶等智能技术；第二，服务机器人、空间机器人、海洋机器人、极地机器人技术，无人车间/智能工厂智能技术；第三，高端智能控制技术和自主无人操作系统；第四，复杂环境下基于计算机视觉的定位、导航、识别等机器人及机械手臂自主控制技术。

6．前沿性关键共性技术

新一代人工智能的前沿性关键技术主要包括虚拟现实智能建模技术、智能计算芯片与系统和自然语言处理技术三方面。

（1）虚拟现实智能建模技术

虚拟现实智能建模技术是要重点突破虚拟对象智能行为建模技术，提升虚拟现实中智能对象行为的社会性、多样性和交互逼真性，实现虚拟现实、增强现实等技术与人工智能的有机结合和高效互动。

其主要研究内容包括：虚拟对象智能行为的数学表达和建模方法，虚拟对象与虚拟环境和用户之间进行自然、持续、深入交互等问题，以及智能对象建模的技术和方法体系。

（2）智能计算芯片与系统

智能计算芯片与系统是要重点突破高能效、可重构类脑计算芯片和具有计算成像功能的类脑视觉传感器技术，研发具有自主学习能力的高效能类脑神经网络架构和硬件系统，实现具有多媒体感知信息理解和智能增长、常识推理能力的类脑智能系统。其重点研究内容包括：神经网络处理器和高能效、可重构类脑计算芯片等，新型感知芯片与系统、智能计算体系结构与系统，人工智能操作系统，适合人工智能的混合计算架构等。

（3）自然语言处理技术

自然语言处理技术是要重点突破自然语言的语法逻辑、字符概念表征和深度语义分析的核心技术，推进人类与机器的有效沟通和自由交互，实现多风格多语言多领域的自然语言智能理解和自动生成。其主要研究内容包括：短文本的计算与分析技术，跨语言文本挖掘技术，面向机器认知智能的语义理解技术，以及多媒体信息理解的人机对话系统。

参 考 文 献

[1] 王万森．人工智能及其应用（第 3 版）．北京：电子工业出版社，2012.
[2] 刘鹏，张燕．深度学习．北京：电子工业出版社，2018.
[3] 王国胤，刘群，于洪，曾宪华．大数据挖掘及应用．北京：清华大学出版社，2017.
[4] 焦李成，赵进，杨淑媛，刘芳．深度学习、优化与识别．北京：清华大学出版社，2017.
[5] 周志华．机器学习．北京：清华大学出版社，2016.
[6] 吴岸城．神经网络与深度学习．北京：电子工业出版社，2016.
[7] （美）Neil R.Carlson．生理心理学——走进行为神经科学的世界（第九版）．苏彦捷等译．北京：中国轻工业出版社，2016.
[8] 史忠植．人工智能．北京：机械工业出版社，2016.
[9] （美）Li Deng，Dong Yu．深度学习方法及应用．谢磊译．北京：机械工业出版社，2016.
[10] 王万良．人工智能及其应用（第三版）．北京：高等教育出版社，2016.
[11] （美）Jure Leskovec, Anand Rajaraman, Jeffrey David Ullman．大数据互联网大规模数据挖掘与分布式处理（第 2 版）．王斌译．北京：人民邮电出版社，2015.
[12] 蔡自兴，刘丽珏，蔡竞峰，陈白帆．人工智能及其应用（第 5 版）．北京：清华大学出版社，2016.
[13] 肖南峰．服务机器人．北京：清华大学出版社，2013.
[14] 张燕平，张铃．机器学习理论与算法．北京：科学出版社，2012.
[15] 贲可荣，张彦铎．人工智能（第 2 版）．北京：清华大学出版社，2013.
[16] 刘凤岐．人工智能．北京：机械工业出版社，2011.
[17] 肖秦琨，高嵩．贝叶斯网络在智能信息处理中的应用．北京：国防工业出版社，2012.
[18] 王志良，李明，谷学静．脑与认知科学概论．北京：北京邮电大学出版社，2011.
[19] 段海滨，张祥银，徐春芳．仿生智能计算．北京：科学出版社，2011.
[20] 史忠植．神经网络．北京：高等教育出版社，2009.
[21] 李国勇，李维民．人工智能及其应用．北京：电子工业学出版社，2009.
[22] 王宏生．人工智能及其应用．北京：国防工业出版社，2009.
[23] 王志良，祝长生，谢仑．人工情感．北京：机械工业出版社，2009.
[24] 王志良．人工心理．北京：机械工业出版社，2007.
[25] 高济．人工智能高级技术导论．北京：高等教育出版社，2007.
[26] 史忠植．智能科学．北京：清华大学出版社，2006.
[27] 涂序彦等．人工智能：回顾与展望．北京：科学出版社，2006.
[28] 焦李成，杜海峰，刘芳等．免疫优化计算：学习与识别．北京：科学出版社，2006.

[29] 朱福喜，朱三元，伍春香．人工智能基础教程．北京：清华大学出版社，2006．
[30] 李德毅，杜鹃．不确定性人工智能．北京：国防工业出版社，2005．
[31] 史忠植．高级人工智能（第二版）．北京：科学出版社，2006．
[32] （美）Patrick Henry Winston．人工智能（第 3 版）．崔良沂，赵永昌译．北京：清华大学出版社，2005．
[33] 孟昭兰．情绪心理学．北京：北京大学出版社，2005．
[34] 吴庆麟，胡谊．教育心理学．上海：北京大学出版社，2005．
[35] （美）Stuart Russell, Peter Norving．人工智能——一种现代化方法（第二版）．姜哲，金奕江，张敏等译．北京：人民邮电出版社，2004．
[36] （美）George F. Luger．人工智能：复杂问题求解的结构和策略．史忠植，张银奎，赵志崑等译．北京：机械工业出版社，2004．
[37] 马少平，朱小燕．人工智能，北京：清华大学出版社，2004．
[38] 李兰娟．智能医疗的进展与前景．中国科技产业，2017(1):66-67．
[39] 赵春江．人工智能引领农业迈入崭新时代．中国农村科技，2018, 272:29-31．
[40] 国务院. 新一代人工智能发展规划，2017.

反侵权盗版声明